R 기반
성향점수분석
루빈 인과모형 기반 인과추론

백영민·박인서 지음

한나래
아카데미

R 기반 성향점수분석
루빈 인과모형 기반 인과추론

2021년 2월 10일 1판 1쇄 박음
2021년 2월 20일 1판 1쇄 펴냄

지은이 | 백영민·박인서
펴낸이 | 한기철

펴낸곳 | 한나래출판사
등록 | 1991. 2. 25. 제22-80호
주소 | 서울시 마포구 토정로 222, 한국출판콘텐츠센터 309호
전화 | 02) 738-5637·팩스 | 02) 363-5637·e-mail | hannarae91@naver.com
www.hannarae.net

ⓒ 2021 백영민·박인서
ISBN 978-89-5566-245-0 93310

　　사회현상이라는 특징 때문이기도 하지만 사회과학연구를 하다 보면 무작위배치가 포함된 실험설계를 따르지 않는, 이른바 관측연구(observational study) 데이터를 기반으로 인과관계를 밝혀야 하는 경우가 많습니다. '설문조사 데이터', '아카이브 데이터', 혹은 '텍스트마이닝으로 수집된 데이터' 등을 기반으로 얻은 사회과학 데이터들은 모두 관측연구 데이터입니다. 이러한 관측연구 데이터를 분석할 때는 교란효과를 야기할 수 있는 교란변수들을 통제한 후 원인변수와 결과변수의 관계를 테스트하는 회귀분석 기법을 흔히 사용합니다.

　　이번 책에서 다룰 분석방법들은 '성향점수분석(propensity score analysis)'이라는 이름으로 포괄되는 기법입니다. 성향점수분석 기법은 통상적 방식의 회귀분석 기법의 문제점을 극복하고 보다 타당한 인과관계를 추정하는 데이터 분석기법입니다. 성향점수분석은 현실적 한계 혹은 윤리적 문제로 무작위배치가 포함된 실험설계를 실시하기 어려운 연구분야(이를테면 의학·약학·간호학)에서 인과관계를 밝히거나, 현실사회에서 특정 정책을 실시하였을 경우의 정책효과를 분석하는 작업 등에서 유용하게 사용할 수 있습니다.

　　그러나 성향점수분석 기법들은 통상적 회귀분석 기법에 익숙한 분들에게 다소 낯설게 느껴질 수 있습니다. 거의 대부분의 사회과학분과에서 통상적 회귀분석 기법이 널리 사용된다는 점에서 성향점수분석 기법들은 아직 적극적으로 활용되지 않는 것 같습니다. 아마도 두 가지 이유가 있는 듯합니다. 첫째, 성향점수분석 기법의 인과추정방식은 통상적 회귀분석 기법의 인과추정방식과 철학적으로 상당히 다릅니다. 둘째, 성향점수분석 기법들은 너무 다양하고, 각각의 과정들은 언뜻 상당히 복잡해 보입니다. 이에 본서에서는 성향점수분석 기법의 인과추정방식, 즉 '루빈 인과모형(Rubin's causal model)'을 가급적 쉬운 용어와 사례로 설명하여 성향점수분석이 어떤 면에서 통상적 회귀분석 기법과 구분되는지 서술하였습니다. 그리고 성향점수분석 기법들을 '성향점수가중', '성향점수매칭', '성향점수층화', '준-정확매칭'으로 구분한 후, 각 방법에 대해 시뮬레이션된 데이터와 현실 데이터 두 가지를 사례로 단계별 실습과정을 제시하고 가급적 쉬운 용어로 설명하였습니다.

본서에 관심 있는 독자분들께 다음과 같은 부탁을 드리고자 합니다.

- 첫째, R에 대한 기초지식을 습득하신 후에 본서를 보시기 바랍니다. 이 책은 R을 소개하는 입문서가 아니라, R을 활용하여 '성향점수분석'에 속하는 여러 데이터 분석기법들을 소개하는 책입니다. 따라서 본서에 관심 있는 독자분은 R이 무엇이며 어떻게 설치하고 어떻게 사용하는지에 대한 기초적 지식을 갖추셔야 합니다. 만약 R이 낯설게 느껴지신 다면 이 책에 앞서 R입문서를 먼저 학습해주시기 바랍니다[예를 들어 졸저《R 기반 데이터 과학: tidyverse 접근》(2018a) 혹은 이와 유사한 다른 입문서들].

- 둘째, 성향점수분석은 단순한 기법이 아니라 '루빈 인과모형'이라는 특정한 철학적 배경 속에서 탄생한 인과관계 추정기법입니다. 따라서 인과관계 추정과 관련된 전통적인 연구방법론에 대한 지식이 필수적입니다. 특히 무작위배치(random assignment), 실험조작(experimental manipulation) 등과 같은 전통적인 실험설계[흔히 RCT(randomized control trial)로 불리는]에 대한 기본적인 지식과 함께 교란변수(confounding variable), 허위상관관계(spurious correlation) 등과 관련된 인과관계 추정과정에서 종종 등장하는 연구방법론 개념들에 대한 기초적 지식도 필수적입니다.

- 셋째, tidyverse 패키지의 내장함수들에 대한 지식이 필수적입니다. 최근 R 기반 데이터 과학 분야에서 tidyverse 패키지는 매우 널리 사용되고 있습니다. 특히 tidyverse 패키지에 속해 있는 ggplot2 패키지는 현재의 R 이용자들에게 필수품이 되었다고 해도 무방합니다. 효과적인 데이터 관리는 물론 데이터 분석결과의 시각화를 위해서는 tidyverse 패키지의 내장함수들에 대한 지식이 필수적입니다. 아울러 성향점수분석 기법에서 언제나 등장하는 공변량 균형성 점검에 특화된 cobalt 패키지의 경우, tidyverse 패키지에 속해 있는 ggplot2 패키지에 대한 지식이 어느 정도 있어야 효과적인 시각화가 가능합니다. tidyverse 패키지에 대한 전반적 소개와 이용방법에 대해서는 졸저《R 기반 데이터과학: tidyverse 접근》(2018a) 혹은 다른 참고서적을 먼저 학습해주시기 바랍니다.

- 넷째, 본서에서 소개한 성향점수분석에 어느 정도 익숙해지는 데 만족하시지 말고, 참고문헌에 제시한 기타 논문들과 교재들도 살펴보시기 바랍니다. 아울러 독자분께서 활동하고 계신 학문분과에서 벌어지는 성향점수분석과 관련된 논의들을 반드시 추가 학습하시기 바랍니다. 본서는 성향점수분석 기법에 대한 친숙한 소개를 위해 난이도를 많이 낮추었습니다. 연구자들에 따라 선호하는 성향점수분석 기법이 다르고, 소프트웨어에 따라 성향점수분석 추정방식과 결과가 조금씩 다르다는 점에서 독자께서는 반드시 자신의 학문분과에서 선호되는 혹은 통용되는 성향점수분석 기법이 무엇인지 살펴보신 후 추가적인 심화학습을 수행하시기 바랍니다. 본서가 독자분들에게 성향점수분석 기법에 대한 보다 심화된 학습을 이끌어낼 수 있다면, 그보다 더 큰 보람은 없을 것입니다.

끝으로 본서에서 소개한 R코드들과 예시용 데이터는 모두 저자의 홈페이지(https://sites.google.com/site/ymbaek/)에서 다운로드 가능하니 본서를 이해하는 데 유용하게 사용하실 수 있길 바랍니다. 이전까지는 출판사 홈페이지에 자료파일들을 업로드했습니다만, 많은 독자분들이 데이터를 찾는 데 어려움을 겪는 듯하여 이번부터는 관련 자료를 홈페이지에 업로드해두었습니다.

R 관련 도서를 내면서 언제나 느끼는 것이지만, R은 참 매력적인 언어입니다. R과 관련하여 제게 엄청난 자극과 통찰력을 주시는 가톨릭대학교 심장내과 문건웅 교수님께 이 자리를 빌려 감사의 말씀을 드립니다. 아울러 어려운 출판환경 속에서도 소명의식으로 전문도서 출간에 애써주시는 한나래출판사의 조광재 상무님과 한기철 사장님께도 감사의 말씀을 드립니다.

2020년 7월 6일
연세대학교 아펜젤러관에서
대표저자 백영민

차례

3부   **마무리**

1부

성향점수분석

개요

1부의 목적은 성향점수분석 기법들을 이해하기 위한 배경지식을 전달하고, 성향점수분석 기법을 실습하기 위해 필요한 것이 무엇인지를 살펴보는 것입니다. 1부는 총 3개의 장(章)으로 구성되어 있습니다.

1장에서는 원인과 결과 사이의 인과관계 추론과정이 데이터가 어떤 과정에서 수집되는지에 따라 어떻게 달라지는지를 사회과학 연구방법론 관점에서 설명하였습니다. 1장의 핵심은 무작위배치(random assignment)가 적용된 실험설계 데이터를 통해 추정된 인과관계가 무작위배치가 보장되지 않은 관측연구 데이터를 통해 추정된 인과관계와 어떻게 다른지를 이해하는 것입니다. 이를 위해 성향점수분석 기법의 기본 이론틀인 루빈 인과모형(RCM, Rubin's causal model; Holland, 1986; Rosenbaum & Rubin, 1983; Rubin, 1974)을 소개하였습니다. 연구자에 따라 루빈 인과모형은 '대안사실 모형(counterfactual framework)', '잠재결과 인과추론 모형(potential outcomes framework)' 등으로 불리기도 합니다. 루빈 인과모형을 기반으로 성향점수분석 기법에서 등장하는 효과추정치들로 ATT, ATC, ATE를 소개한 후, 성향점수분석 기법의 이론적 가정으로 ITAA(무작위배치화), SUTVA(사례별 안정처치효과) 가정이 무엇인지 소개하였습니다.

2장에서는 성향점수분석 기법의 핵심 도구인 '성향점수(propensity score)'를 추정하는 방법을 설명하였습니다. 성향점수란 원인처치 배치과정 및 결과변수와 상관관계를 갖는 공변량들이 주어졌을 때, 표본 내 특정 사례가 '통제집단(control group)'이 아닌 '처치집단(treated group)'에 배치될 확률을 의미합니다(Rosenbaum & Rubin, 1983). 본서에서는 로지스틱 회귀모형, 즉 일반화선형모형(GLM, generalized linear model)을 이용해 성향점수를 추정하는 방법을 소개한 후, 처치집단 사례들과 통제집단 사례들 사이의 공통지지영역을 어떻게 점검하는지 살펴보았습니다.

3장에서는 성향점수분석 기법을 실습하기 위한 R 패키지들과 각 패키지가 어떤 역할을 수행하는지 간략하게 소개하였습니다. R을 써보신 분들은 익숙하시겠지만, 성향점수분석 기법을 실행할 수 있는 R 패키지들은 정말 많습니다. 3장에서는 저희들이 R 패키지들 중에서 어떤 패키지를 어떤 기준으로 소개하고, 또 소개하지 않았는지 간략한 이유를 밝혔습니다. 2부의 내용을 실습하기 위해서는 3장에 소개된 R 패키지들을 먼저 설치해주셔야 합니다.

1장

연구설계와 인과추론

어떤 사건을 합리적으로 이해하기 위해서는 '사건이 벌어진 맥락과 배경'을 알아야 합니다. 마찬가지로 데이터 분석결과를 기반으로 원인과 결과의 인과관계를 합리적으로 추론하기 위해서는 '어떤 상황에서 어떻게 데이터가 생성되었는지' 알아야 합니다.

이번 장에서는 인과추론을 적용하는 연구를 데이터가 생성되는 '연구설계'를 기준으로 '실험설계를 따르는 실험연구'와 '실험설계를 따르지 않는 관측연구'로 구분한 후, 원인변수의 처치여부(treated vs. untreated)의 수준별 기댓값 차이를 처치효과로 간주하는 통상적 데이터 분석방법[이를테면 티테스트(*t*-test)나 일반화선형모형(GLM)]으로 관측연구의 인과추론을 진행할 때 어떤 문제가 발생할 수 있는지 간략하게 설명하였습니다.

이후 관측연구 상황에서 보다 타당한 인과추론 기법으로 본서에서 소개할 성향점수분석 기법들의 이론적 설명체계인 '잠재결과 설명체계(potential outcome framework)'를 간략하게 설명한 후, 성향점수분석 기법들의 대략적인 진행과정을 소개하였습니다.

1 효과추정치 수계산

행동주의 사회과학(behavioral social sciences)에서는 데이터 분석결과를 통해 연구가설을 테스트하는 것이 보통이고, 대부분의 연구가설은 원인변수(X, cause variable)와 결과변수(Y, outcome variable)의 인과관계로 제시됩니다.[1] 그러나 사회과학 연구에서 나타난 모든 원인변수와 결과변수 사이의 관계가 정말 '인과관계'인지는 불명확한 경우가 적지 않습니다. 사실 이러한 문제는 사회과학 연구에서만 나타난다고 보기 어렵습니다. 무작위배치(random assignment)와 체계적인 실험조작(experimental manipulation)이 동반된 연구, 흔히 '통제집단 포함 무작위배치 실험(RCT, randomized control trial)'을 거치는 연구를 제외하고는 원인변수와 결과변수 사이의 관계가 '타당한 인과관계'라고 부를 수 있는 경우는 없다고 보는 것이 보통입니다.

일반적으로 행동주의 사회과학에서는 과학적으로 타당한, 혹은 내적 타당성(internal validity)을 확보한 인과관계의 조건으로 다음의 세 가지를 제시합니다(Schutt, 2018).

① 원인변수의 변화와 결과변수의 변화는 서로 상관관계를 갖는다.
② 원인변수의 변화가 결과변수의 변화보다 시간적으로 먼저 발생한다.
③ 원인변수의 변화와 결과변수의 변화 사이의 상관관계를 설명할 수 있는
　다른 요인(변수)들은 존재하지 않는다.

과학적 인과관계를 테스트할 수 있는 RCT를 먼저 살펴봅시다. 2019년 11월에 시작되어 2020년까지 전세계를 강타하고 있는 COVID-19에 대한 치료제를 누군가 개발했다고 가정해봅시다. 개발된 치료제가 정말 '치료효과'를 갖고 있는지 RCT를 이용해 테스트하는 과정을 설명하면 다음과 같습니다. 우선 COVID-19에 감염된 환자들을 모집한 후 이들을 무작위로 두 집단으로 나눕니다. 무작위로 나뉜 두 집단 중 한 집단에는 위약(僞藥, placebo)을 투약하고, 다른 한 집단에는 COVID-19 치료제를 투약합니다. 약효가 발휘될 시간이 지난 후 위약을 투약받은 집단보다 COVID-19 치료제를 투약받은 집단에서 치료효과(증상 개선을 포함한 체내 COVID-19 바이러스 소멸여부)가 통계적으로 무시하기 어려운 수준으로 확인되었다면, "개발된 COVID-19 치료제는 치료효과를 갖고 있다"고 결론

1　보통 사회과학 연구에서는 원인변수를 독립변수(independent variable)로, 결과변수를 종속변수(dependent variable)로 부릅니다. 그러나 본서에서는 독립변수, 종속변수라는 표기법을 의도적으로 사용하지 않았습니다. 왜냐하면 관측연구 상황에서 가정하는 원인변수는 독립변수의 '독립'이라는 표현과 어울리지 않기 때문입니다. 본서에서 핵심이 되는 성향점수는 관측연구 상황에서의 원인변수를 일종의 '종속변수'로 취급하고 있다는 점에서 '독립변수'라고 부르는 것이 타당하지 않습니다. 이 점은 2장에서 다시 언급하겠습니다.

내릴 수 있을 것입니다.

　이 가상사례는 앞서 언급한 내적 타당성이 확보된 인과관계의 세 조건을 완전하게 충족합니다. 첫째, COVID-19 치료제 투약여부와 COVID-19 치료여부는 통계적으로 무시할 수 없을 정도로 뚜렷한 상관관계를 갖고 있기 때문에 ①의 조건을 충족합니다. 둘째, COVID-19 치료제 투약여부가 COVID-19 치료여부가 나타나기 이전에 발생했기 때문에 ②의 조건을 충족합니다. 셋째, COVID-19에 감염된 환자들을 '통제집단(즉 위약 투약집단)'과 '처치집단(즉 COVID-19 치료제 투약집단)'을 무작위로 배치하였기 때문에 ③의 조건을 충족합니다.

　그러나 위와 같이 RCT를 이용해 인과관계를 '깔끔하게' 확정할 수 없는 상황이 훨씬 더 많습니다. 예를 들어 "마스크를 착용하면 COVID-19 감염확률을 낮출 수 있다"와 같은 인과관계는 RCT를 적용하기가 매우 까다롭습니다. 물론 아주 불가능한 것은 아닐지도 모릅니다. 예를 들어 COVID-19에 감염되지 않은 사람들을 무작위로 나눈 후에 한 집단에는 'KF80 마스크를 착용'시키고 다른 한 집단은 마스크를 착용시키지 않은 채, 두 집단을 COVID-19 바이러스에 일정 시간 노출시킨 후 COVID-19 감염여부를 조사한다면 RCT를 기반으로 '마스크 착용이 COVID-19 감염에 미치는 효과'를 과학적으로 연구할 수 있을 것입니다. 그러나 이런 연구는 불가능할 것입니다. 왜냐하면 어느 누구도 이런 실험에 동원되고 싶지 않을 것이기 때문입니다. 그리고 만약 자발적 참여자가 존재한다고 하더라도 이런 실험을 진행하는 사람은 연구윤리를 망각한, 마치 2차 세계대전 기간 한국인과 중국인 등을 대상으로 생체실험을 진행한 일본 731부대 소속 과학자나 유대인을 대상으로 생체실험을 실시한 나치스 과학자 취급을 받을 것이기 때문입니다.

　그렇다면 "마스크를 착용하면 COVID-19 감염확률을 낮출 수 있다"와 같은 인과관계는 어떻게 내적 타당성을 확보할 수 있을까요? 연구윤리에 저촉되지 않는 범위에서 다음과 같은 연구를 수행할 수 있을 것입니다. 흔히 '관측연구(observational study)'라고 불리는 방식의 한 가지 사례입니다. COVID-19 유행이 종료된 후 대규모 설문조사를 실시하여 COVID-19 유행기간 동안 마스크 착용여부와 COVID-19 감염여부 사이의 상관관계를 추정하는 것입니다. 만약 이 두 변수 사이에 통계적으로 무시하기 어려운 상관관계가 존재한다면, 어쩌면 "마스크를 착용하면 COVID-19 감염확률을 낮출 수 있다"는 인과관계가 인정받을지도 모르겠습니다. 그러나 이와 같은 연구결과는 앞서 밝혔던 내적 타당도를 확보한 인과관계의 조건 ①과 ②를 충족시킬지는 모르지만 ③을 충족시키기는 어렵습니다. 왜냐하면 마스크 착용여부와 COVID-19 감염여부의 관계를 설명할 수 있는 수없이 많은 요인들이 존재하기 때문입니다. 예를 들어 위생수칙을 중요하게 생각한 사람일수록 마스크 착용가능성이 높고, COVID-19에 감염되지 않았을 가능성도 높을 수 있습니다. '위생수칙 준수여부' 등과 같이 무수히 많은 제3의 변수들, 즉 연구자가 주장하고 싶은 인과관계에 대한 교란변수들(confounders)이 존재할 수 있습니다. 이러한 교란변수들로 인해 원인변수와 결과변수의 관계가 편향되는 현상을 흔히 '자기선택 편향(self-selection bias)'이라고 부릅니다.

본서에서 소개하는 일련의 성향점수분석(PSA, propensity score analysis) 기법들은 RCT 적용이 어렵거나 애초에 불가능한 경우에 수집된 관측연구 데이터를 통계적 모델링 과정을 통해 RCT 상황과 비슷하게 혹은 이에 준하여 추정할 수 있다는 가정을 적용하여 원인변수가 결과변수에 미치는 효과, 즉 처치효과(treatment effect)를 추정하는 기법입니다. 성향점수분석의 핵심을 다음과 같이 다르게 표현할 수도 있습니다. RCT 연구와 관측연구는 '무작위배치(random assignment)' 여부에 따라 구분됩니다. RCT 연구는 무작위배치를 통해 자기선택 편향을 통제하였지만, 관측연구는 무작위배치가 적용되지 않아 언제나 자기선택 편향 위험성에서 자유롭지 않습니다. RCT 연구에서는 무작위배치를 통해 '교란변수들로 인한 편향을 제거'하는 반면, 관측연구 상황에서 수집한 데이터를 대상으로 한 성향점수분석에서는 '교란변수들을 활용해 개체가 처치집단에 배치될 확률을 의미하는 성향점수(propensity score)를 추정한 후 이를 모형화하여 무작위배치와 동등하거나 혹은 매우 유사한 상황을 창출'합니다.

성향점수분석의 목적이 무엇이고 어떤 기본 아이디어에서 시작한 것인지를 염두에 두시면, 성향점수분석의 진행과정을 이해하고 성향점수분석 결과의 장단점이 무엇인지를 아는 데 큰 도움이 될 것입니다. 성향점수분석을 살펴보기에 앞서 성향점수분석을 이해하기 전에 익혀야 할 필수 용어들의 의미를 정리해보겠습니다.

• 원인변수(cause variable): 연구자가 주장하고자 하는 인과관계에서 원인이 되는 사건 (event)의 발생여부를 기록한 변수를 뜻합니다. 원인변수는 최소 두 가지 이상의 사건으로 구성됩니다. 가장 간단한 형태의 원인변수에는 '처치집단'과 '통제집단'의 두 수준(level)이 존재합니다(보다 복잡한 형태의 원인변수들은 본서 후반부에 다시 소개하겠습니다). '처치집단'과 '통제집단'의 의미는 다음과 같습니다.

– 처치집단(treated group): 원인이 되는 사건에 노출된 사례들을 '처치집단'이라고 부릅니다. 약물실험의 경우 약효가 있을 것으로 생각되는 약을 처방받은 집단이 처치집단입니다.

– 통제집단(control group): 원인이 되는 사건에 노출되지 않은, 혹은 원인이 되는 사건과 비교 가능한 다른 사건을 경험하거나 그 사건에 노출된 사례들을 '통제집단'이라고 부릅니다. 약물실험의 경우 투약을 받지 못하거나 혹은 실제 약효가 없는 위약(僞藥)을 처방받은 집단이 통제집단입니다.

• 결과변수(outcome variable): 연구자가 주장하고자 하는 인과관계에서 결과가 되는 사건(event) 혹은 속성(attribute)의 수준을 측정한 변수를 뜻합니다. 결과변수 역시 최소 둘 혹은 그 이상의 수준으로 구성됩니다. 선거연구에서 흔히 등장하는 결과변수로는 '투표참여여부(참여시 1, 미참여시 0)'와 같은 이분변수, 혹은 특정 후보에 대한 태도(1에 가까울수록 부정적 태도, 7에 가까울수록 긍정적 태도)와 같은 연속형 변수 등을 언급할 수 있습니다.

• 처치효과(treatment effect): 다른 변수들의 효과를 통제하였을 때, 원인사건이 발생하지 않았을 경우에 나타나는 결과변수 기댓값 대비 원인사건이 발생했을 경우 나타나는 결과변수 기댓값의 차이를 의미합니다. '다른 변수들의 효과를 통제'하는 방법으로는 실험연구 상황에서의 '무작위배치', 그리고 본서에서 소개할 관측연구 상황에서의 '성향점수분석' 등이 존재합니다. 실험의 경우 어떤 개체가 처치집단과 통제집단에 배치될 확률이 동등하기 때문에 다음과 같이 처치효과를 정의할 수 있습니다(여기서 $T=1$은 처치집단인 경우를, $T=0$은 통제집단인 경우를 의미하며, τ는 처치효과를 뜻함).

$$\tau = E(Y|T=1) - E(Y|T=0)$$

반면 관측연구 상황인 경우, 어떤 개체가 처치집단과 통제집단에 배치될 확률이 동등하지 않기 때문에 위의 공식과 같은 처치효과를 계산하는 것이 불가능합니다. 관측연구 상황에서의 처치효과는 '처치집단 대상 처치효과(ATT, average treatment effect for the treated)', '통제집단 대상 처치효과(ATC, average treatment effect for the control)', '전체집단 대상 처치효과(ATE, average treatment effect)'로 세분화됩니다(Guo & Fraser, 2014; Morgan & Winship, 2015). ATT, ATC, ATE의 의미에 대해서는 나중에 '루빈 인과모형 (RCM)'을 소개하면서 자세히 설명하겠습니다.

- 공변량(covariate): 원인변수의 변화와 결과변수의 변화와 연관관계를 가질 것으로 기대 되는 변수(혹은 변수들)를 의미합니다. 원인변수와 결과변수 사이의 인과관계에 대한 대 안적 설명을 제공하는 공변량의 경우 교란변수(confounder, confounding variable)라고 불리기도 합니다.

- 실험연구 데이터(experimental data): '실험조작'과 '무작위배치', 두 가지 조건이 충족된 연구설계를 통해 수집한 데이터를 말합니다. '실험조작'과 '무작위배치'의 의미는 다음 과 같습니다.
  – 실험조작(experimental manipulation, manipulation of experimental conditions): 연구자 가 원인변수의 수준을 조작·통제할 수 있다는 것을 의미합니다. 예를 들어 실험참여자 는 자신의 내적 욕구와 무관하게 처치집단에 혹은 통제집단에 배치될 수 있는데, 이렇게 실험자극을 배치하는 것이 바로 실험조작입니다. 반면 실험참여자의 성별은 실험조작될 수 없습니다. 왜냐하면 연구자는 결코 실험참여자의 성별을 조작할 수 없기 때문입니다 (예를 들어 여성인 실험참여자가 '남성'이 되도록 만들 수 있는 연구자는 존재하지 않습니다).
  – 무작위배치(random assignment): 원인변수의 수준, 즉 처치집단과 통제집단에 배치될 확률이 동등하도록, 다시 말해 특정 개체(case) 혹은 특정 응답자(respondent)가 특정 집 단에 배치될 확률이 치우치지 않도록 무작위로 배치하는 것을 의미합니다. 무작위배치 를 실시하면 확률적으로 '자기선택 편향'을 없앨 수 있습니다.

- 관측연구 데이터(observational data): 실험연구 데이터의 두 가지 조건 중 어느 하나 혹 은 두 가지 모두를 충족시키지 못하는 데이터를 통칭합니다. 맥락에 따라 '비(非)-실험 연구 데이터'와 '준(準)-실험연구 데이터'로 구분하기도 합니다.
  – 비(非)-실험연구 데이터(non-experimental data): '실험조작'과 '무작위배치' 두 가지 조건 모두를 충족하지 못하는 데이터를 의미합니다. 사회과학 분야의 경우 '설문조사 데이터'가 비-실험연구 데이터에 속합니다.

- 준(準)-실험연구 데이터(quasi-experimental data): '무작위배치' 조건은 충족하지만 '실험조작' 조건이 완전하게 충족되지 못하는 데이터를 의미합니다. 예를 들어 꾸준하게 복용해야 하는 약물(이를테면 혈압약)의 경우를 살펴보겠습니다. 처치집단에 속한 실험참여자들이라고 해도 꾸준하게 약을 복용하지 않은 경우(예를 들어 간헐적으로 약을 복용하거나, 의도적으로 복용을 거부한 경우)에는 실질적인 처치효과를 기대할 수 없습니다. 즉 같은 처치집단에 속했다고 해도 연구자가 의도한 실험처치에 순응(compliance)[2]한 실험참여자와 실험처치에 불응(non-compliance)한 실험참여자는 동일하게 취급될 수 없습니다. 이러한 '순응'의 문제는 통제집단에서도 나타날 수 있습니다. 이렇듯 실험상황에 따라 '실험조작' 조건이 완전히 충족되지 못한 데이터는 생각보다 많으며, 특히 사회과학의 경우 매우 빈번합니다. 예를 들어 실험메시지 노출효과를 테스트하는 경우, 제시받은 실험메시지에 충분히 주목하지 않는 실험참여자들이 적지 않습니다. 보통 처치집단의 순응여부를 고려하지 않고 추정한 ATT를 처치의도(ITT, intention-to-treat)효과라고 부르며(Angrist et al., 1996)[3], 처치순응 수준이 높을수록 ITT효과의 추정치와 ATT는 서로 엇비슷합니다.

이제 본격적으로 성향점수분석이 무엇인지 살펴보겠습니다. 성향점수분석을 이해하기 위해서는 우선 성향점수분석의 이론적 배경이라고 할 수 있는 루빈 인과모형(RCM)을 이해해야 합니다(Rosenbaum & Rubin, 1983; Rubin, 1974).

---

2 연구자에 따라 '준수(adherence)'라고 부르기도 합니다. 실험설계, 혹은 준-실험설계에서 종종 등장하는 '순응'에 대해 소개한 문헌으로는 앵그리스트 등(Angrist et al., 1996)이나 이마이(Imai, 2005), 궈와 프레이저(Guo & Fraser, 2014) 등을 참조하시기 바랍니다.

3 앵그리스트 등(Angrist et al., 1996)은 처치순응 수준에 따라 ATT가 편향되게 추정될 수 있다는 점을 강조하면서 ITT효과를 분석하는 것의 문제점을 지적하고 있습니다[순응여부를 선거운동방식의 효과와 접목시킨 인상적인 연구로는 이마이(Imai, 2005) 참조]. 그러나 연구목적에 따라 ATT가 아닌 ITT효과에 주목하는 것이 더 적합할 수도 있습니다. 예를 들어 어떤 사회정책을 실시할 때, 모든 사회구성원들이 해당 사회정책에 완전하게 순응할 것이라고 가정하는 것은 매우 비현실적입니다. 다시 말해 원인처치의 순응여부를 법적으로 강제하기 어려운 사회적 상황 혹은 윤리적 상황을 다루는 경우라면 ATT가 아닌 ITT효과에 주목하는 것이 훨씬 더 타당할 수 있습니다(Guo & Fraser, 2014).

2 루빈 인과모형: 잠재결과와 인과관계 추론

성향점수분석의 이론적 배경인 루빈 인과모형(RCM)을 이해하기 위해서는 먼저 '대안사실(counterfactual)' 혹은 '잠재결과(potential outcome)'라는 논리학적 개념을 이해해야 합니다(Holland, 1986; Morgan, 2001; Morgan & Winship, 2015; Pearl, 2000). 본서에서는 'counterfactual'이라는 용어를 '대안사실(代案事實)'이라고 번역했습니다. 우리나라에서 흔히 통용되는 영한사전에서 'counterfactual'을 찾아보면 '반(反)사실적 조건문' 혹은 '반(反)사실적 생각'이라고 번역되어 있습니다(연구방법론 교재에서도 종종 이렇게 번역됩니다). 개인적인 생각입니다만, 과도한 직역으로 인해 원래 개념을 오해할 위험성이 높은 번역어라고 생각합니다. 왜냐하면 '반(反)사실적'이라는 표현만 보면 마치 '사실이 아닌 것' 혹은 '사실과 대립되는 것'처럼 인식되기 때문입니다. 하지만 'counterfactual'이라는 용어의 속뜻은 절대로 그렇지 않습니다.

사실 우리는 일상생활에서 수없이 많은 '대안사실'을 생각하고 말이나 글로 표현합니다. 인생을 조금만 살아본 사람이라면 누구나 '후회'를 합니다. 자신이 팔아버린 주식이 폭등할 경우 누구나 "그때 그 주식을 팔지 않았으면 떼돈을 벌었을 텐데……"라고 후회하곤 합니다. 역사에서도 마찬가지입니다. 한국인이라면 누구나 한 번쯤은 "신라가 아니라 고구려가 삼국통일을 했다면……"이라는 생각을 하거나, 혹은 이런 생각을 하는 사람을 접해본 적이 있을 것입니다. 아쉬운 점만 그런 것이 아닙니다. 무엇인가를 성취하거나 누구에 대한 감사를 표현할 때 역시 '대안사실'이 등장합니다. 현충일이나 삼일절 등의 기념사에 자주 쓰이는 "순국선열의 희생이 없었더라면, 오늘날의 대한민국은 없었을 것입니다"와 같은 말이나, 책의 저자서문에 쓰이는 "○○의 지원이 없었다면 이 책을 완성할 수 없었을 것이다"와 같은 표현은 모두 '대안사실'이 어떻게 일상적으로 사용되는지를 매우 잘 보여줍니다.[4]

다시 말해 '대안사실'이란 어떤 원인이 되는 사건이 발생하지 않았다고 가정했을 때,

---

4 인간의 인과추론에 '대안사실'이 왜 필수적일 수밖에 없는지에 대한 가장 흥미롭고 쉬운 입문서로는 펄과 맥킨지(Pearl & Mackenzie, 2018)를 참조하시기 바랍니다.

또는 반대로 발생할 수 있었으나 발생하지 않았던 사건이 발생했다고 가정했을 때, 현재 '존재하는 사실'이 어떻게 '대안적으로 다르게 존재하는 사실'이 될 수 있을지를 표현하는 개념입니다. 즉 인과관계라는 점에서 '사실(factual)'은 '현재의 원인변수의 값에 따라 존재하는 결과변수의 값'을 의미하며, '대안사실'은 '원인변수가 달라지면 존재할 수 있는 결과변수'를 뜻합니다. RCM에서는 사실과 대안사실이란 용어 대신 원인변수의 조건에 따라 다르게 나타날 수 있는 결과변수의 값을 모두 '잠재결과(potential outcome)', 즉 관측되지 않은 결과변수의 값으로 가정하고 있습니다. 다시 말해 RCM에서 '사실(factual)'은 '실현된(realized) 잠재결과'를 의미하며, '대안사실'은 '실현되지 않은(unrealized) 잠재결과'를 의미합니다.

가상사례를 통해 '대안사실'을 보다 구체적으로 살펴봅시다. 현재 고열에 시달리고 있는 A와 B 두 사람이 있습니다. A는 장년(만40세), B는 청년(만21세)입니다. A와 B가 해열제를 먹었을 경우 나타날 수 있는 '잠재결과'가 다음 [표 1-1]과 같다고 가정해봅시다.

[표 1-1] 해열제 처치여부에 따른 잠재결과 (가상사례)

	해열제를 먹을 경우 잠재결과(체온)	해열제를 먹지 않을 경우 잠재결과(체온)
A(40세)	36.5℃	39.0℃
B(21세)	36.0℃	38.0℃

우선 A에게서 나타난 해열효과(τ_A)를 구해보면 다음과 같습니다.

$$\tau_A = 36.5 - 39.0 = -2.5$$

다음으로 B에게서 나타난 해열효과(τ_B)를 구해보면 다음과 같습니다.

$$\tau_B = 36.0 - 38.0 = -2.0$$

이제 전체표본, 즉 A와 B에게서 나타난 처치효과의 평균($\tau.$)을 구하면 다음과 같습니다.

$$\tau. = \frac{\tau_A + \tau_B}{2} = \frac{-2.5 - 2.0}{2} = -2.25$$

여기서 한 가지 주목할 것이 있습니다. 바로 A와 B의 연령입니다. 적어도 [표 1-1]에 따르면 A는 B에 비해 나이가 많으며, 동시에 전반적으로 체온이 높습니다. 다시 말해 [표 1-1]에서 연령은 원인변수와 결과변수 모두에 영향을 미치는 '공변량'입니다.

A는 해열제를 먹었는데 B는 먹지 않았다고, 다시 말해 연령이 높을수록 해열제를 먹을 확률이 높았다고 가정해봅시다. 이제 우리는 실현된 잠재결과를 관측할 수 있고, 반대로 실현되지 않은 잠재결과는 관측할 수 없게 될 것입니다. RCM 관점에서 보면 실현된 잠재변수는 관측값(observed value)이지만, 실현되지 않은 대안사실은 결측값(missing value)이 됩니다(Rubin, 1987; Williamson et al., 2012). [표 1-1]은 다음의 [표 1-2]와 같이 바뀌게 됩니다.

[표 1-2] 해열제 처치여부에 따라 실현된 잠재결과와 실현되지 않은 잠재결과 (가상사례)

	해열제를 먹을 경우 잠재결과(체온)	해열제를 먹지 않을 경우 잠재결과(체온)
A(40세)	**36.5℃ (사실-관측됨)**	39.0℃ (대안사실-관측되지 않음)
B(21세)	36.0℃ (대안사실-관측되지 않음)	**38.0℃ (사실-관측됨)**

※ 진하게 처리된 값은 관측값을, 취소선이 그어진 값은 결측값을 의미함.

[표 1-2]를 대상으로 A에게서 나타난 해열효과(τ_A)와 B에게서 나타난 해열효과(τ_B)를 구할 수 있을까요? 구할 수 없습니다. 왜냐하면 사실에 해당되는 잠재결과 값은 있는데, 대안사실에 해당되는 잠재결과 값이 없기 때문입니다. [표 1-2]에서 우리가 구할 수 있는 것은 전체표본을 대상으로 얻은 처치효과뿐이며, 그마저도 A와 B가 동일한 사람이라고 가정하지 않으면 계산을 하는 것 자체가 불가능합니다. 다시 말해 A가 해열제를 먹지 않았을 경우의 체온이 해열제를 먹은 B의 체온과 동일하다고 가정할 수 있어야만, [표 1-1]에서 우리가 얻었던 처치효과 τ.를 계산할 수 있습니다. 만약 'A가 해열제를 먹지 않았을 경우의 체온이 해열제를 먹은 B의 체온과 동일하다고 가정'한다면 평균처치효과는 다음과 같이 −1.5로 계산되며, 이는 앞서 [표 1-1]을 통해 우리가 얻었던 −2.25의 값과 꽤 큰 차이가 있습니다.

$$\tau. = 36.5 - 38.0 = -1.5$$

물론, 실제 분석에는 [표 1-2]처럼 2명으로 구성되는 간단한 데이터를 사용하지 않습니다. 일반적으로 분석에서는 충분한 사례수를 확보한 데이터를 이용하는 것이 보통입니다. 이제 [표 1-1]을 수학적 표기방법을 이용하여 보다 보편적인 방식으로 바꾸어 표현해 봅시다.

- i : 데이터의 개체. $i = 1, 2, 3, \cdots, N$
- T_i : 해열제를 복용한 경우 즉 처치집단으로 배치된 경우 1의 값을 가지고,
  해열제를 복용하지 않은 경우 즉 통제집단으로 배치된 경우 0의 값을 가지는 원인변수
- Y_i^1 : 원인처치를 받은 경우의 잠재결과
- Y_i^0 : 원인처치를 받지 않은 경우의 잠재결과
- X_i : 원인변수와 결과변수에 모두 영향을 미치는 공변량
- τ^1 : 처치집단에서 나타날 처치효과(해열제 복용효과)
- τ^0 : 통제집단에서 나타날 처치효과(해열제 복용효과)
- τ : 전체집단에서 나타날 처치효과(해열제 복용효과)
- π : 전체집단 내 처치집단 비율(예를 들어 100개의 사례로 구성된 집단에서 30명이
  처치집단인 경우 $\pi = 0.30$)

[표 1-3] 해열제 처치여부에 따른 잠재결과 (가상사례)

	해열제를 먹을 경우 잠재결과(체온)	해열제를 먹지 않을 경우 잠재결과(체온)	공변량(X_i, 이를테면 연령)
$T_i = 1$	$Y_i^1 \mid T_i = 1$	$Y_i^0 \mid T_i = 1$	$E(X_i) = 40$
$T_i = 0$	$Y_i^1 \mid T_i = 0$	$Y_i^0 \mid T_i = 0$	$E(X_i) = 20$

[표 1-3]을 기반으로 처치집단에 속한 사람들($T_i = 1$)에게서 나타날 수 있는 처치효과 기댓값(τ^1)은 다음과 같은 공식으로 표현할 수 있습니다. 이 공식을 말로 풀어쓰면 '해열제를 먹은 사람들'에게서 '해열제를 먹을 경우 나타날 잠재결과'에서 '해열제를 먹지 않을 경우 나타날 잠재결과'를 뺀 기댓값입니다.

$$\tau^1 = E(Y_i^1 - Y_i^0 \mid T_i = 1)$$

동일한 사람에게서 얻은 2개의 잠재결과값(Y_i^1, Y_i^0)의 차이값을 계산한다는 점에서 위의 공식은 다음과 같이 바꾸어 표현할 수 있습니다. RCM에서는 처치집단에서 추정한 처치효과인 τ^1을 '**처치집단 대상 평균처치효과(ATT, average treatment effect for the treated)**'라고 부릅니다.

$$\tau^1 = E(Y_i^1 \mid T_i = 1) - E(Y_i^0 \mid T_i = 1)$$

마찬가지로 통제집단에 속한 사람들($T_i = 0$)에게서 나타날 수 있는 처치효과 기댓값(τ^0)도 아래와 같이 표현할 수 있습니다. 즉 '해열제를 먹지 않은 사람들'에게서 '해열제를 먹었다면 나타날 잠재결과'에서 '해열제를 먹지 않았다면 나타날 잠재결과'를 뺀 기댓값이 바로 τ^0입니다. RCM에서 통제집단에서 추정한 처치효과인 τ^0을 '**통제집단 대상 평균처치효과(ATC, average treatment effect for the control)**'라고 부릅니다.

$$\tau^0 = E(Y_i^1 - Y_i^0 \mid T_i = 0)$$
$$= E(Y_i^1 \mid T_i = 0) - E(Y_i^0 \mid T_i = 0)$$

이렇게 얻은 ATT와 ATC, 전체집단 내 처치집단 비율 정보(π)를 이용하면 처치집단과 통제집단을 모두 포괄하는 '**전체집단 대상 평균처치효과(ATE, average treatment effect)**'[5]를 얻을 수 있습니다. ATE(τ)는 다음과 같은 공식으로 표현됩니다.

$$\tau = \pi \cdot \tau^1 + (1 - \pi) \cdot \tau^0$$

RCM에서는 방금 소개한 ATT, ATC, ATE 세 가지 종류의 평균처치효과가 매우 자주 등장합니다. RCM을 기반으로 한 연구들은 주로 ATT를 분석하는 데 집중합니다. 그러나 연구목적에 따라 ATC나 ATE 역시도 매우 중요한 의미를 갖습니다. 연구목적에 따

---

5 ATE를 계산할 때 본서에서는 모건과 원쉽(Morgan & Winship, 2015)을 따랐습니다. 성향점수분석을 실행할 수 있는 패키지에 따라 ATE를 계산하는 방식은 조금씩 다를 수 있습니다.

라 ATT, ATC, ATE가 어떤 함의를 지니는지는 조금 후에 설명하겠습니다.

이제 [표 1-3]으로 다시 돌아가봅시다. 아마도 몇몇 독자께서는 "ATT(τ^1), ATC(τ^0), ATE(τ)는 개념적 허상에 불과하지 않나? 잠재결과 Y_i^1, Y_i^0 중에 데이터에서 실제로 관측되는 것은 단 하나뿐인데, 어떻게 $Y_i^1 - Y_i^0$을 계산할 수 있단 말인가?"[6]라고 말씀하실 수도 있을 것입니다. 사실이며, 정확한 지적입니다. 어느 누구도 $Y_i^1 - Y_i^0$을 계산할 수 없습니다. 왜냐하면 Y_i^1이 관측되면 Y_i^0이 관측되지 않고, 반대로 Y_i^0이 관측되면 Y_i^1이 관측되지 않기 때문입니다. 처치효과를 계산하기 위해서는 Y_i^1, Y_i^0 두 가지를 모두 얻어야 하는데, 어떠한 경우라도 둘 다 얻는 것은 불가능하고 이 중 하나만 얻을 수 있습니다. 홀랜드(Holland, 1986)의 표현을 빌리자면 이는 '인과추정의 근본문제(fundamental problem of causal inference)'(p. 947)입니다. RCM을 소개하면서 홀랜드는 '인과추정의 근본문제'를 해결하는 두 가지 방법으로 '과학적 해결법(scientific solution)'과 '통계적 해결법(statistical solution)'을 언급하고 있습니다.

우선 '과학적 해결방법'은 바로 '실험'입니다. 즉 '실험조작'과 '무작위배치' 두 가지가 포함된 실험설계 방식으로 수집된 데이터를 이용해 인과추정, 즉 처치효과를 추정할 수 있다는 것입니다. 앞에서 설명했듯이 '무작위배치'를 실시하면 표본의 모든 개체가 실험처치를 받을 확률이 동일해집니다. 다시 말해 $T_i = 1$일 때 관측이 불가능한 $Y_i^0 | T_i = 1$을 $T_j = 0$일 때 실제 관측된 $Y_j^0 | T_j = 0$으로 바꾸는 것이 가능합니다(여기서 $i \neq j$). 왜냐하면 '무작위배치' 덕분에 '이론적으로' i와 j는 실험처치를 받을 확률이 동일할 것이라고 가정할 수 있기 때문입니다. 실험이 우리가 알고 있는 '과학적인 인과관계'를 확인할 수 있는 유일한 연구기법이라고 말하는 이유는 바로 이 때문입니다. 즉 '무작위배치'를 적용하면 처치집단에 속한 개체들에 대해 기대하는 특징과 통제집단에 속한 개체들에 대해 기대하는 특징이 동일하다고, 즉 표본의 모든 개체가 동일한 특징을 보일 것이라고 가정할 수 있습니다. 따라서 처치집단과 통제집단의 결과변수 평균값이 처치집단 대상 평균처치효과(ATT, τ^1), 통제집단 대상 평균처치효과(ATC, τ^0), 전체집단 대상 평균처치효과(ATE, τ)라고 예상할 수 있습니다.

---

6 데이워드(Dawid, 2000)는 철학적 관점에서 RCM의 타당성을 날카롭게 비판한 바 있습니다. 이에 관해서는 본서 후반부에 성향점수분석에 대한 비판을 언급할 때 보다 자세하게 소개하겠습니다.

그러나 '무작위배치'를 활용하여 얻은 실험 데이터의 경우 우리는 $Y_i^0 \mid T_i = 1$이 $Y_j^0 \mid T_j = 0$과 동일하다는 것을 '이론적으로' 믿을 수 있을 뿐, 결코 '실제로, 즉 실증적으로' $Y_i^0 \mid T_i = 1$이 $Y_j^0 \mid T_j = 0$과 동일하다고 확신할 수는 없습니다. 여러 이유 중 두 가지만 소개해보겠습니다. 첫째, 무작위배치로 표본의 모든 개체가 실험처치를 받을 확률이 동일할 것이라고 기대할 수는 있지만 실제로 동일하게 나타났다고 확신할 수 없습니다. 둘째, 첫째에서 말씀드린 '기대'와 '실제'의 간극은 표본이 작으면 작을수록 더 벌어집니다. 예를 들어 남녀 각각 2명씩 총 4명을 동전을 던져서 두 집단으로 나눈다고 가정해봅시다. 이론적으로 각 집단의 남녀비율은 동등할 것입니다(즉, 각 집단에 남녀 1명씩). 그러나 실제로 두 집단을 나누었을 때 '남남'으로 한 집단, '여여'로 한 집단으로 분류되는 경우가 적지 않게 나타납니다. 물론 표본의 크기를 키우면 무작위배치의 이점을 완벽하게 구현할 수 있습니다(예를 들어 남녀 각각 2명이 아니라 2000만 명이라면 별다른 문제없이 각 집단의 성비가 1:1에 매우 가까워질 것입니다). 문제는 현실적 문제로 인해 표본을 무작정 더 많이 확보할 수 없다는 것입니다.

즉 '무작위배치'를 활용한 실험 데이터의 경우 타당한 인과추론은 오직 이론적으로만 가능할 뿐입니다. 바로 이 때문에 과학에서는 '반복(replication)'이 강조됩니다. 즉 한 번의 실험으로 얻은 인과추론보다는 여러 차례 서로 다른 연구자가 동일하게 혹은 유사하게 확인한 인과추론이 훨씬 더 타당하다는 것입니다.

과학에서는 '통제집단 포함 무작위배치 실험(RCT)'이라는 '과학적 해결방법'을 통해 타당한 인과관계들을 성공적으로 확인할 수 있습니다. 그러나 연구 주제나 대상에 따른 현실적·윤리적 문제로 '무작위배치'를 적용할 수 없는 관측연구 상황의 경우 '과학적 해결방법'을 동원하는 것이 불가능합니다. 이때는 어쩔 수 없이 '통계적 해결법(statistical solution)'을 써야 합니다. RCM에서 이야기하는 '통계적 해결방법'은 개념적으로는 매우 간단합니다. '무작위배치'가 이루어지지 않아 '자기선택 편향'이 발생한다면, 자기선택 편향을 일으키는 요인들을 확정하고 이 요인들에 따른 처치집단 배치확률을 계산한 후 이를 이용해 관측연구 데이터를 '무작위배치와 동일하거나 혹은 무작위배치에 매우 가까운 상황'에 맞도록 바꾸어주는 것이 바로 '통계적 해결방법'입니다.

위에서 언급한 내용을 로젠바움과 루빈(Rosenbaum & Rubin, 1983)의 표현을 이용해 다시 나타내봅시다.[7] 로젠바움과 루빈(Rosenbaum & Rubin, 1983)에 따르자면 무작위배치가 적용된 실험상황은 다음과 같이 표현할 수 있습니다. 여기서 ⊥은 잠재결과 Y^1, Y^0은 원인변수 T에 대해 서로 독립적이라는 의미입니다.

$$(Y^1, Y^0) \perp T$$

반면 무작위배치가 적용되지 않은 관측연구의 경우, 자기선택 편향이 발생할 가능성이 매우 높습니다. 자기선택 편향을 일으키는 요인, 즉 공변량 X를 알고 있으며 측정할 수 있다고 가정해보죠. 만약 이러한 공변량 X가 주어진다면 잠재결과 Y^1, Y^0과 원인변수 T의 관계가 서로 독립적이라고 가정할 수 있습니다. 이는 다음과 같이 표현할 수 있습니다.

$$(Y^1, Y^0) \perp T | X$$

그러나 현실에서 자기선택 편향을 일으키는 요인은 보통 다양합니다. 만약 여러 개의 공변량들이 존재한다면 이들 공변량을 하나의 차원으로 압축하여 표현한 점수(score)를 사용할 수 있습니다. 예를 들어 처치집단에 1, 통제집단에 0의 값을 부여한 원인변수를 종속변수로 하고 공변량들을 독립변수로 하는 로지스틱 회귀모형을 사용하면, 표본의 특정 개체가 원인처치를 받을 확률[$e(X) = P(T=1|X)$[8]]을 계산할 수 있습니다. 자기선택 편향을 일으키는 공변량들을 이용해 특정 개체가 원인처치를 받을 확률을 추정한 것이 바로 '성향점수(propensity score)'입니다. 로젠바움과 루빈은 다음과 같은 표현으로 성향점수를 이용하여 잠재결과 Y^1, Y^0과 원인변수 T의 관계가 서로 독립적이 될 수 있음을 보여주었습니다(Rosenbaum & Rubin, 1983, p. 43).

$$(Y^1, Y^0) \perp T | e(X), \ 0 < e(X) = prob(T=1|X) < 1$$

---

[7] 로젠바움과 루빈의 표기방식(notation)은 Y를 r로, T를 z로 표기하였습니다.

[8] 로젠바움과 루빈의 표기방식(notation)은 $e(X)$를 v로 표기하였습니다.

위와 같은 가정, 즉 "자기선택 편향을 발생시키는 공변량들의 조건에 따라 개체가 실험처치를 받을 확률은 두 가지 잠재결과와 독립적일 수 있다"는 성향점수분석의 가장 중요한 이론적 토대입니다. 흔히 이 가정을 '강한 원인처치 배치과정 무작위화 가정(assumption of strong ignorability of treatment assignment)', '무작위배치화 가정(ITAA, the ignorable treatment assignment assumption)', 혹은 '강한 무교란성(strong unconfoundedness)'이라고 부릅니다. 본서에서는 ignorable, ignorability 등의 단어들을 '무작위' 혹은 '무작위화'로 번역했는데, 그 이유는 공변량들의 수준에 따른 원인처치 배치를 '무시(ignore)'한다는 말을 실험설계의 무작위배치와 유사하게 만든다는 의미로 파악했기 때문입니다. 아무튼 ITAA는 매우 중요합니다.

연구자와 문헌에 따라 ITAA는 다양한 용어들과 함께 등장합니다. 예를 들어 로젠바움과 루빈(Rosenbaum & Rubin, 1983)은 ITAA를 '무교란성(unconfoundedness)'이라는 특징으로 파악했습니다. 적합한 방식으로 성향점수를 추출하면 교란효과(confounding effects)가 존재하지 않는다고 본 것입니다. 바나우 등(Barnow, Cain, & Goldberger, 1980)은 '관측된 공변량들에 따른 선택(selection on observables)'이라는 표현을 쓴 바 있고, 레크너(Lechner, 1999)는 '조건부 독립(conditional independence)'이라는 말을 쓰기도 했습니다. 용어와 함의는 조금씩 다르지만, 핵심은 사실 동일합니다. 즉 '자기선택 편향을 발생시키는 모든 공변량들을 알고 있다면' 관측연구 데이터라고 하더라도 실험연구 데이터처럼 변환시킬 수 있다는 것입니다. 그러나 여전히 문제는 존재합니다. 과연 우리는 '자기선택 편향을 발생시키는 모든 공변량들'을 알 수 있을까요? 바로 이 때문에 궈와 프레이저(Guo & Fraser, 2014, p. 25)는 RCM은 "적절한 이론과 탄탄한 지식을 기반으로 할 때만 이 신뢰할 수 있다(reliable only under the guidance of appropriate theories and substantive knowledge)"는 점을 강조합니다.

ITAA와 함께 RCM에서 자주 등장하는 가정은 '사례별 안정처치효과 가정(SUTVA, the stable unit treatment value assumption)'입니다. SUTVA는 "표본 내 어떤 개체가 원인처치에 노출되었을 때, 그 개체에 대한 원인처치 배치 메커니즘이 어떠하든, 그리고 그 개체 외의 다른 개체가 어떤 원인처치에 배치되든 그 개체의 잠재결과는 동일하다는 가정[a priori assumption that the value of Y for unit u(본서에서는 i) when exposed to treatment t(본서에서는 T) will be the same no matter what mechanism is used to assign treatment t(본서에서는 T) to unit u(본서에서는 i) and no matter what treatments the other units receive"(Rubin, 1986, p. 961)]입니다. 문장을 잘 읽어보시면 드러나지만 SUTVA에는 두 가지 조건이 있습니다. 첫째, 원인처치 T는 무작위배치를 바탕으로 하는 실험연구든 아니면 공변량들을 이용하여 성향점수를 산출하는 관측연구든(no matter what mechanism) 사례에 미치는 효과가 동일하다고 가정됩니다. 다시 말해 연구방법이 실험연구에서 관측연구가 되거나, 또는 그 반대의 경우라도 본질적인 T의 효과는 변하지 않습니다. 이는 앞서 이야기한 ITAA와 본질적으로 동일합니다. 둘째, 표본 내 개체들 사이의 상호작용이 존재하지 않아야 합니다. 사회과학 연구에서 처치집단에 속한 사람과 통제집단에 속한 사람이 상호작용할 경우, 처치효과의 확산(diffusion)이나 모방(imitation)이 일어나 정확한 처치효과를 얻을 수 없습니다. 사회과학 연구방법론에서 흔히 등장하는 '보상적 경쟁심(compensatory rivalry)', '분노로 인한 사기저하(resentful demoralization)' 등의 현상들은 모두 표본 내 개체들의 상호작용으로 인해 처치효과가 실제보다 약하게 혹은 강하게 나타나는 현상을 의미합니다(Schutt, 2018).

ITAA와 SUTVA를 이해하였다면 성향점수분석의 기본 아이디어는 어느 정도 이해했다고 보아도 큰 문제가 없을 듯합니다. 이번 절을 끝내기 전에 '성향점수'가 무엇인지 다시 정리한 후, 성향점수분석에서 흔히 접하게 될 이론적·현실적 문제점들을 간단하게 살펴보도록 하겠습니다.

- 성향점수(propensity score): 성향점수는 특정 개체가 통제집단이 아닌 처치집단에 배치될 확률을 의미합니다. 실험연구의 경우 무작위배치로 인해 데이터를 구성하는 모든 개체가 통제집단에 배치될 확률과 처치집단에 배치될 확률이 동일하기 때문에 모든 개체는 0.50의 성향점수를 갖습니다. 그러나 관측연구의 경우에는 개체에 따라 성향점수가 매우 다릅니다. 앞서 소개한 "마스크를 착용하면 COVID-19 감염확률을 낮출 수 있다"는 인과관계를 예로 들자면, '위생수칙'을 중요하게 생각하는 사람일수록 '마스크 착용'이라는 처치집단으로 배치될 가능성이 높습니다. 다시 말해 위생수칙을 중요하게 생각하는 사람은 위생수칙을 대수롭지 않게 생각하는 사람에 비해 성향점수가 훨씬 더 크게(즉 1.00에 가깝게) 나타날 것입니다. 타당한 인과추론(여기서는 ATT)을 위해서는 처치집단 사례의 성향점수와 동일한(혹은 동일하다고 가정할 수 있는) 성향점수를 가진 통제집단 사례를 찾아 매칭(짝짓기, matching)하는 방법, 처치집단의 성향점수와 통제집단의 성향점수가 동등하도록 가중치를 부여하는 방법, 혹은 처치집단과 통제집단을 성향

점수가 비슷한 사례들끼리 층화(層化, subclassification)시킨 후 처치효과를 계산하여 이를 통합하는 방법 등을 사용합니다. 본서의 목적은 성향점수를 이용한 가중치 부여, 매칭, 층화 등과 관련된 구체적인 방법들을 R을 통해 실습하는 것입니다.

끝으로 성향점수 추정과 관련된 여러 이론적·현실적 문제점들을 소개한 후 이번 절을 마치겠습니다.

첫째, 정확한 성향점수를 측정하기 위해서는 '원인처치 배치'와 관련된 공변량들을 파악하는 것이 매우 중요합니다. 그러나 관련된 공변량을 모두 파악하는 것이 과연 가능할까요? 다시 말해 성향점수 추정과정에서 누락변수편향(omitted variable bias)이 발생하지 않는다고 확신할 수 있을까요? 우선 누락변수편향이 존재하기 때문에 성향점수분석의 타당성이 없다고 부정하고 싶지 않습니다. 그러나 인간이 신이 아닌 이상 원인처치 배치에 영향을 미치는 공변량들을 완전하게 파악하는 것은 불가능하다고 생각합니다. 누락변수편향에 대한 대안으로 성향점수분석 창안자들과 옹호자들은 민감도분석(sensitivity analysis)을 제안합니다. 즉 성향점수분석으로 얻은 처치효과 추정결과가 누락변수들의 존재에도 불구하고 얼마나 강건한가(robust)를 테스트하는 민감도분석을 병행함으로써 RCM을 기반으로 한 인과추정결과의 타당성을 보강하는 방법입니다(Carnegie et al., 2016; Rosenbaum, 2015; Rosenbaum & Rubin, 1983).

둘째, 민감도분석을 통해 누락변수편향의 문제점을 일부 해결(혹은 완화)할 수 있다고 하더라도 모형을 구성하는 사람에 따라 어떤 변수가 공변량인지 다르게 판단할 수 있습니다. 예를 들어 원인변수 T, 결과변수 Y와 상관관계를 갖고 있는 X라는 변수가 있다고 가정해봅시다. T와 Y 모두에 영향을 미친다는 점에서 X는 공변량으로 볼 수 있지만, 동시에 T와 Y의 인과관계를 매개하는 매개변수일 가능성도 배제하기 어렵습니다.[9] 만약 X가 실제는 '매개변수'인데, 연구자가 잘못된 이론을 적용해서 '공변량'으로 가정한 후 성향점수를 구했다고 가정해봅시다. 매개변수를 공변량으로 잘못 파악하여 포함시킨 성향점수를 이용해 추정된 처치효과는 실제 처치효과와 다를 수밖에 없습니다. 왜냐하면 만약 매개변

---

9 만약 X라는 변수가 원인처치 이후에 측정된 것이 확실하다면 '공변량'이라고 볼 수 없으며, '매개변수'로 보는 것이 타당합니다. 그러나 만약 X라는 변수를 얻은 시점이 원인변수 측정 시점과 동일하다면 X가 '공변량'인지 아니면 '매개변수'인지 판단할 수 있는 유일한 기준은 '과학적 이론'입니다.

수의 매개효과가 '완전 매개효과'라면 추정된 매개효과는 '0'에 가까울 수밖에 없고, '부분 매개효과'라면 추정된 매개효과는 실제 매개효과보다 작을 수밖에 없기 때문입니다. 다시 말해 어떤 모형에 기반해 성향점수를 추정하는가에 따라 성향점수분석을 통해 얻은 처치효과는 다를 수도 있습니다. 앞서 말씀드린 대로 실험연구와 달리 관측연구에서는 '과학적 이론'이 매우 중요하며, 잘못된 이론을 적용할 경우 잘못된 처치효과를 얻을 수밖에 없습니다.

셋째, 성향점수 추정방법에 따라 성향점수분석 결과가 달라질 수도 있습니다. 최초 연구(Rosenbaum & Rubin, 1983)의 경우 로지스틱 회귀분석을 사용하여 성향점수를 추정했습니다. 당연한 것이지만, 로지스틱 회귀분석이 아닌 다른 방법[이를테면 프로빗 회귀분석(probit regression)이나 기계학습(machine learning) 기법 등]을 사용하면 추정된 성향점수가 달라질 가능성을 배제할 수 없습니다. 또한 공변량들을 어떤 방법으로 투입하는가에 따라서도 추정된 성향점수가 달라질 수 있습니다. 예를 들어 공변량들의 주효과만을 고려한 모형에서 얻은 성향점수와 공변량들의 상호작용효과항까지 추가로 고려하여 얻은 성향점수는 다를 수 있습니다. 따라서 성향점수분석을 소개하는 여러 문헌(Guo & Frazer, 2014; Ho et al., 2007; Leite, 2017)에서는 다양한 성향점수 추정방식을 시도해서 얻은 처치효과들을 비교해볼 것을 권합니다.

넷째, 처치집단 사례들과 동일한 혹은 유사한 성향점수를 갖는 통제집단 사례들이 존재하지 않는 경우가 종종 발생합니다(Guo & Fraser, 2014; Ho et al., 2007). 앞서 말씀드렸듯이 RCM에서는 처치집단의 사례와 동일하거나 동일하다고 볼 수 있을 정도로 유사한 통제집단 사례의 Y를 비교하는 방법으로 ATT를 계산합니다. 즉 처치집단의 성향점수 분포와 통제집단의 성향점수 분포는 반드시 공유되는, 즉 겹쳐지는 영역이 존재해야만 합니다. 성향점수분석에서는 이 공유영역을 '공통지지영역(common support region)'이라고 부르고, 이 공통지지영역이 충분하지 않을 경우 흔히 '분리(separation)' 현상이 나타났다고 부릅니다.[10] 만약 공통지지영역이 없거나 처치효과를 계산하기에 부족할 정도로 작을 경우 '완전분리(complete separation)'라고 부릅니다. 일반적으로 완전분리가 나타나는 경우

---

[10] 분리현상이 발생한 데이터를 대상으로 일반화선형모형(GLM)에 기반한 통상적 데이터 분석방법을 적용하여 추정한 처치효과는 종종 매우 심각하게 왜곡되기도 합니다. 공통지지영역에서 벗어난 관측값들을 고려하지 않고 처치효과를 추정할 때 나타날 수 있는 문제점에 대해서는 호 등(Ho et al., 2007)을 참조하시기 바랍니다(특히 pp. 210-211).

는 빈번하지 않습니다만, 공통지지영역에서 벗어난 처치집단의 사례(혹은 통제집단의 사례)는 매우 자주 발생합니다. 성향점수분석에서는 보통 공통지지영역을 벗어난 사례는 분석에서 제외한 후 처치효과를 추정하지만, 분석에서 제외되는 사례가 많을 경우에는 당연히 추정된 처치효과의 적용범위가 제한될 수밖에 없습니다.

3 공변량을 통제한 회귀분석 추정의 문제

RCM의 인과관계 추정방법은 통상적인 행동주의 사회과학(behavioral social sciences)의 인과관계 추정방법과 철학적 틀이 매우 다릅니다. 이 때문에 통상적인 사회과학 통계기법을 배웠던 분들이 처음 RCM을 접하면 당혹스러워하는 경우가 많습니다. 왜냐하면 처치효과 설명에 사용되는 용어들은 물론이고 설명방식 역시 매우 다르기 때문입니다. 특히 가장 많이 하는 질문은 "회귀모형에 공변량을 추가로 투입하는 방식으로 통제한 후, 더미변수인 처치변수를 추가로 투입하면 자기선택 편향을 조정한 '처치효과'를 얻을 수 있지 않은가?"입니다.

일단 교과서적인 답변을 드리자면 "그렇지 않습니다". 왜냐하면 원인변수(즉 처치여부)의 '외생성(exogeneity)'이 보장되지 않았기 때문입니다. 사실 관측연구 데이터에서 처치효과를 추정할 때 '회귀방정식'에 공변량을 통제한 후 원인변수를 추가로 투입하여 얻은 원인변수의 회귀계수를 '처치효과'라고 추정하는 방식에 대한 비판은 RCM과는 상관없이 예전부터 반복적으로 지적된 바 있습니다(이와 관련하여 Berk, 2004; Freedman, 1991, 1997; Rogosa, 1987 참조).

관련해서 여러 비판들이 존재합니다만, RCM과 관련되는 부분은 바로 '외생성의 부재', 다시 말해 '원인변수의 내생성(endogeneity)' 문제입니다. 앞서 말씀드렸듯, 관측연구의 경우 원인변수와 결과변수의 관계를 대안적으로 설명할 수 있는 수많은 교란변수, 즉 공변량들이 존재합니다. 다시 말해 원인변수는 '외부에서 생성된 특성(외생성)'을 띠기보다, 개체의 내적 특성에 따라 처치집단의 선택확률이 달라지는 '내부에서 생성된 특성(내생성)'을 띱니다. 그렇다면 '내생성'을 갖는 원인변수를 회귀방정식에 투입하여 얻은 '회귀계수'로는 왜 처치효과를 적절하게 추정할 수 없을까요?

이유는 원인변수와 오차의 상관관계 때문입니다(이하 내용은 Guo & Fraser, 2014, pp. 29-33을 정리한 것입니다). 결과변수 y를 원인변수 x로 예측하는 단순선형회귀모형(simple linear regression model)은 다음과 같습니다. 계산의 편의를 위해 y, x 모두 평균중심변환(mean-centering)을 실시하였다고 가정하겠습니다[다시 말해 절편(intercept)을 고려하지 않음]. 여기서 β는 x 변화에 따른 y 변화량의 '참값'을 의미합니다.

$$y \mid x = \beta x + e$$

OLS 회귀모형에서 회귀계수는 다음과 같이 표현됩니다. $\hat{\beta}$은 추정된 회귀계수를 의미합니다.

$$\hat{\beta} = \frac{\sum_{i=1}^{n} x_i y_i}{\sum_{i=1}^{n} x_i^2}$$

$y \mid x = \beta x + e$를 위의 공식에 대입하면 회귀계수는 다음과 같이 표현할 수 있습니다.

$$\hat{\beta} = \beta + \frac{\sum_{i=1}^{n} x_i e_i}{\sum_{i=1}^{n} x_i^2}$$

여기서 $\dfrac{\sum_{i=1}^{n} x_i e_i}{\sum_{i=1}^{n} x_i^2}$ 부분을 눈여겨보시기 바랍니다. 만약 x_i와 e_i가 양의 상관관계를 갖는다고 가정할 경우 $\hat{\beta}$은 β보다 큰 값을 갖게 됩니다(즉 과대추정). 반대로 x_i와 e_i가 음의 상관관계를 갖는 경우 $\hat{\beta}$은 β보다 작은 값을 갖게 됩니다(즉 과소추정).

만약 원인변수의 '외생성'이 확보되었다면 별문제가 없습니다. e_i와 x_i의 상관관계가 0일 것이라고 가정할 수 있기 때문입니다. 그러나 관측연구의 경우 원인변수의 수준이 공변량 수준에 따라 달라질 수 있습니다(다시 말해 e_i와 x_i는 상관관계를 가집니다). 따라서 관측연구 데이터에서 OLS 회귀모형으로 추정한 처치효과는 편향되어 있을 가능성을 배제하기 어렵습니다. 그러나 만약 내생성을 띠는 원인변수 x가 성향점수분석 기법을 통해 외생성을 확보하였다고 가정할 수 있다면, 성향점수분석 기법을 적용한 후의 원인변수 x를 이용해 편향되지 않은 처치효과를 추정할 수 있을 것입니다.[11]

'내생성 문제'와 아울러 통상적인 회귀분석의 중요한 문제점 중 하나는 '모형의존성(model dependence) 문제'입니다(Ho et al., 2007). 관측연구 데이터에서는 원인변수, 결과변수, 공변량이 서로서로 연관되어 있습니다. 이런 데이터를 대상으로 통상적 회귀모형을 실시한다고 가정해봅시다. 종속변수에 결과변수(Y)를, 그리고 독립변수에 공변량(X)과 원인변수(T)를 투입한 후 얻은 회귀모형 추정결과가 다음과 같이 나타났다고 가정해봅시다. 해석의 편의를 위해 공변량과 결과변수는 평균중심화 변환을 실시했습니다.

$$\hat{Y} = b_1 T + b_2 X$$

보통의 경우 원인변수의 회귀계수 b_1을 처치효과로 파악하고 b_1을 다음과 같이 해석합니다. "공변량 변수가 결과변수에 미치는 효과를 통제할 때(즉, 평균중심화한 공변량 변수가 0인 경우), 통제집단에 비해 처치집단의 결과변수 추정값은 b_1만큼 크다(즉 처치효과는 b_1이다)". 그러나 관측연구 데이터 상황에 따라 b_1을 처치효과로 해석하는 것이 큰 편향을 초래할 수도 있습니다. 왜냐하면 처치집단과 통제집단의 공변량 수준이 다를 수 있기 때문입니다. 즉 '공변량 변수가 결과변수에 미치는 효과를 통제할 때(즉, 평균중심화한 공변량 변수가 0인 경우)'라는 조건이 타당하려면 처치집단과 통제집단의 공변량이 0으로 동등하게 가정

---

11 RCM에 기반한 성향점수분석의 필요성을 강조하는 문헌들의 주장은 타당합니다. 그러나 개인적으로는 다음과 같은 점들을 고려해보아야 하지 않나 싶습니다. 첫째, 만약 내생성 문제가 존재한다고 하더라도 아주 심각한 것이 아니라면 추정된 처치효과가 아주 심각하게 편향되지는 않았다고 볼 수 있지 않을까요? 실제로 성향점수분석과 통상적 회귀분석 결과를 비교한 실증논문들(Shah et al., 2005; Stürmer et al., 2006)에 따르면 내생성 문제가 심각한 경우는 그리 많지 않은 듯합니다. 둘째, 모든 통계모형의 추정치들은 가정된 '참값'과 비교해볼 때, 어느 정도는 틀릴 수밖에 없습니다. 일부 행동주의 사회과학자들에게서 나타나는 회귀분석의 오용문제(Freedman, 1991, 1997) 및 과도한 의미부여 등은 충분히 비판받아야 하겠지만, 어느 정도는 편향되어 있더라도 간편하고 쉽게 이해할 수 있는 추정치라면 그것 자체로 지식 증진에 기여하는 것은 아닐까요? 셋째, 분명 성향점수분석 기법은 행동주의 사회과학에서 사용되는 통상적인 회귀분석 기법들의 내재적 문제들을 극복하고 있다고 생각합니다. 그러나 성향점수분석 기법의 경우 연구표본의 일부만 사용한다는 점에서 처치효과의 대표성 문제에서 자유로울 수 없으며, '민감도분석'에도 불구하고 '누락변수편향'에서는 통상적인 회귀분석만큼이나 취약합니다. (덧붙이면, 이번 각주의 내용은 지극히 개인적인 생각에 불과합니다. 독자분들께서는 주체적으로 판단해주시기 바랍니다.)

될 수 있어야 하는데, 관측연구에서는 T와 X가 상호연결되어 있기 때문에 이 조건이 타당하지 않은 경우가 종종 발생합니다[이에 대해서는 호 등(Ho et al., 2007)의 그림1(Figure 1)을 참조]. 특히 관측연구 데이터에 적용한 통상적 회귀모형의 경우 공변량과 결과변수의 관계를 어떻게 지정하는지(이를테면 일차항만 넣거나 아니면 2차 이상의 고차항을 넣거나 등)에 따라 처치효과 추정치가 변할 가능성도 있습니다. 즉 통상적인 회귀모형의 처치효과 추정치는 모형의 설정방식에 따라 변할 가능성이 있으며 이를 '모형의존성'이라 부릅니다(Ho et al., 2007).

그러나 앞서 설명해드렸듯 성향점수분석에서는 처치집단과 통제집단의 사례 중 '공통지지영역'에 속하는 사례들을 이용해 처치효과를 추정합니다. 즉 성향점수분석을 적용한 데이터의 경우에는 두 집단 모두 비교 가능한 공변량 조건들을 갖는 사례(즉 공통지지영역에 속한 사례)이기 때문에 앞서 언급한 공변량의 조건 문제가 해결됩니다. 이런 점에서 어떤 학자는 성향점수분석 기법을 '데이터 가지치기(pruning)'[12]로 부르는 것이 낫다고 주장하기도 합니다(Ho et al., 2007, p. 212).

---

12 타당한 처치효과를 추정하기 위해 불필요한 사례들, 즉 공통지지영역에서 벗어난 사례들을 데이터에서 '쳐낸다 (pruning)'는 의미입니다.

성향점수분석의 진행 절차는 다음의 [표 1-4]와 같이 크게 7단계로 구분할 수 있습니다 (Guo & Fraser, 2014; Leite, 2017; Rosenbaum, 2017).

[표 1-4] 성향점수분석의 주요 단계 개괄

주요 단계	주요 체크사항
1. 연구설계	• 진행하려는 연구가 통제집단포함 무작위배치 실험(RCT)으로 진행할 수 없는 연구인가? • 연구자가 상정하는 인과관계의 원인변수가 외생성(exogeneity)을 확보하고 있는가? 즉 처치물(treatment)이 개체 내부의 특성이 아닌 외부에서 조작(manipulation) 가능한 것인가? • 연구설계시 원인변수와 결과변수의 관계에 대한 교란변수(confounders)를 확인한 후 공변량으로 측정하였는가?
2. 데이터 전처리	• 결과변수, 원인변수, 공변량은 모두 적절하게 리코딩하였는가? • 분석에 투입되는 변수들 중 결측값이 발생했다면, 적절한 방식으로 결측값을 처리하였는가?
3. 성향점수 추정	• 성향점수를 추정할 수 있는 가능한 방법들을 충분히 고려하였으며, 이들 중 가장 적절한 방법을 선택하였는가? • 투입되는 공변량들 사이의 상호작용효과를 고려할 필요가 있는지 살펴보고, 이에 맞도록 상호작용효과항들을 투입하였는가?
4. 성향점수분석 실행	• 연구목적에 맞는 성향점수분석을 시행하고 있는가? 예를 들어 성향점수매칭 기법의 경우, 매칭에 사용되는 알고리즘(algorithm)은 적절한지, 어느 정도까지의 성향점수를 비슷하게 처리하는 것이 타당한지(caliper), 매칭작업 대상이 되는 통제집단 사례들을 반복적으로 뽑을지, 처치집단 사례와 매칭되는 통제집단 사례들의 비율(ratio; 1-to-1 매칭, 1-to-k 매칭, 전체 매칭 등)은 타당한지, 공통지지영역에서 벗어나는 사례들에 대한 처리방법은 적절한지 등.
5. (공변량) 균형성 점검	• 성향점수분석 실시 후 처치집단과 통제집단 사이의 성향점수 및 공변량의 평균차이가 0 혹은 0에 근접한다고 볼 수 있는지? • 성향점수분석 실시 후 처치집단과 통제집단 사이의 성향점수 및 공변량의 분산비율이 1 혹은 1에 근접한다고 볼 수 있는지?
6. 처치효과 추정	• 적절한 방법으로 처치효과를 추정하였는가?
7. 민감도분석	• 추정된 처치효과는 '누락변수편향' 수준에 따라 얼마나 달라지는가? 과연 누락변수편향에도 불구하고 추정된 처치효과는 충분히 강건한가(robust)?

1단계 연구설계: 성향점수분석 소개서들의 경우 RCM을 기반으로 '관측연구' 데이터를 이용해 인과추론을 진행하는 방법을 서술하고 있습니다. 그러다 보니 대부분의 책에서는

'연구설계' 단계를 언급하지 않는 것이 보통입니다. 그러나 '관측연구'를 진행할 때도 가장 중요한 것은 연구자의 연구가설을 효과적으로 테스트하고 연구문제에 타당한 답을 줄 수 있도록 정교한 연구를 설계하는 것입니다.

첫째, 연구자는 우선 자신의 연구에서 '통제집단 포함 무작위배치 실험(RCT)'이 불가능한 것인지 고민해보는 것이 좋습니다. 이유는 두 가지입니다. 하나는 RCT는 ITAA나 SUTVA와 같은 통계적 가정을 요구하지 않기 때문입니다. 불필요한 통계적 가정을 요구하지 않는다는 점에서 RCT는 관측연구보다 더 낫습니다. 다른 하나는 RCT를 통해 얻은 데이터를 분석하는 것이 관측연구 데이터를 대상으로 성향점수분석을 실시하는 것보다 훨씬 더 쉽고 간편하며, 무엇보다 청중이나 독자가 더 쉽게 이해할 수 있기 때문입니다. 즉 연구 목적이나 윤리와 상충하지 않는다면, 관측연구보다 RCT를 통해 보다 타당하고 편리한 인과추론을 실시할 수 있습니다.

둘째, 연구자가 살펴보고자 하는 인과관계의 원인변수에 외생성(exogeneity)이 보장되는지를 살펴보아야 합니다. 즉 원인변수가 표본 내 개체의 내적 특징(internal feature)을 반영하는 것이 아니라, 표본 내 개체가 처치상황에 놓이는 외부 사건(external event)이어야 합니다. 예를 들어 사람의 성별이나 나이와 같이 응답자의 내적인 특징을 반영하는 변수는 RCM에서 원인변수로 사용될 수 없습니다. 반면 직업훈련 프로그램(job training program) 참여여부나 약물투약여부, 광고노출여부 등과 같은 외부 사건의 경우 성향점수분석의 원인변수로 취급될 수 있습니다.

셋째, 원인변수와 결과변수의 인과관계에 대한 교란변수들(confounders)을 확인한 후 공변량으로 측정해야 합니다. ITAA 가정을 설명하면서 말씀드렸듯, 성향점수분석에서는 무작위배치가 적용되지 않는 관측연구의 경우 공변량을 이용해 무작위배치가 적용된 것과 동등한(혹은 유사한) 상황을 만들어낼 수 있다고 가정합니다. 즉 존재한다고 알려진, 혹은 존재할 것으로 예상되는 교란변수들을 성공적으로 측정하지 못하면(다시 말해 누락변수들로 인한 편향이 존재하면), 성향점수분석으로 타당한 인과관계를 얻기 어렵습니다. 교란변수들을 성공적으로 파악하기 위해서는 연구자가 탐구하고자 하는 인과관계를 다룬 선행연구들을 면밀하게 살펴야 하며, 연구대상에 대한 세밀한 관찰을 통해 선행연구들에서 미처 주목하지 못한 교란변수는 없는지도 살펴보아야 합니다. 공변량이 제대로 측정되지 못한 데이터를 대상으로 성향점수분석을 통해 얻은 처치효과는 편향될 수밖에 없습니다.

2단계 데이터 전처리: 다른 통계분석 방법들과 마찬가지로 모형에 투입될 변수들에 대한 전처리(preprocessing)를 실시해야 합니다. 예를 들어 원인변수의 경우 통제집단을 0으로, 처치집단을 1로 리코딩해야 합니다(왜냐하면 '성향점수'가 공변량들이 주어졌을 때 특정 개체가 0~1의 값을 갖는 처치집단에 배치될 확률을 의미하기 때문입니다). 또한 연구목적에 따라 결과변수를 표준화시킬 필요가 있습니다.

일상적인 변수 리코딩 외에 가장 중요한 것은 공변량의 '결측값(missing value)' 처리입니다.[13] 관측연구의 경우 연구자가 데이터 수집 과정을 통제할 수 없다는 점에서 실험연구에 비해 결측값이 발생할 가능성이 매우 높습니다. 특히 관측연구의 경우 처치집단과 통제집단 간 공변량의 결측값 발생확률이 달라지는 경우가 빈번하게 발생한다는 점에서 '쌍별(pairwise)' 혹은 '리스트별(listwise)' 결측치 제거(deletion)를 적용한 후 얻은 처치효과는 왜곡될 가능성이 매우 높습니다.

본서의 목적은 예시데이터를 통해 성향점수분석 기법을 실습하는 것이기 때문에 아쉽게도 여기서는 별도의 결측데이터 분석(missing data analysis) 기법을 소개하지 않았습니다. 공변량들에 결측값이 많은 데이터를 분석해야 하는 독자께서는 성향점수분석을 실시하기 전에 다중투입(MI, multiple imputation)(Rubin, 1987)과 같은 결측값 분석기법[14]을 적용한 후 성향점수를 추정하고 성향점수분석을 실시하시기 바랍니다.

3단계 성향점수 추정: 세 번째 단계에서는 확정된 공변량들을 이용하여 표본의 개체가 처치집단에 배치될 확률, 즉 '성향점수'를 추정합니다(Rosenbaum & Rubin, 1983). 로

---

13 결과변수나 원인변수의 결측값에 대해서는 논란이 있을 수 있습니다. 왜냐하면 원인변수의 경우 성향점수를 추정할 때 '종속변수'로 사용되며, 결과변수의 경우 처치효과를 추정할 때 '종속변수'로 사용되기 때문입니다. 예를 들어 폰히펠(von Hippel, 2007)은 처치효과를 추정할 때 결측값의 대체투입값을 고려하지 않는 것이 타당하다고 주장한 반면(즉 결측값의 대체투입값은 추정하되, 대체투입값을 분석에 포함시키지 말 것), 랭과 리틀(Lang & Little, 2018)은 종속변수의 결측값의 대체투입값을 지우지 말고 그대로 사용할 것을 권하고 있습니다. 개인적으로는 두 번째 입장, 즉 종속변수의 결측값의 대체투입값을 처치효과를 분석할 때 사용하는 것이 좋다는 입장을 취하고 있습니다.

14 결측값 발생과 관련된 일련의 가정들(MCAR, missing at completely random; MAR, missing at random; MNAR, missing not at random)과 결측값 처리기법들[최대우도법(ML, maximum likelihood)과 다중투입(MI, multiple imputation)]에 대한 쉬운 소개서로는 앨리슨(Allison, 2001), 엔더스(Enders, 2010)를 추천하며, 보다 포괄적인 소개를 원하시면 리틀과 루빈(Little & Rubin, 2020)을 참조하시기 바랍니다. R에서 결측값 분석 함수를 제공하는 패키지로는 Amelia, mice, mi, missForest 등이 있습니다.

젠바움과 루빈이 제안한 최초의 성향점수 추정방법은 '로지스틱 회귀분석'이었습니다 (Rosenbaum & Rubin, 1983). 즉 통제집단을 0으로 처치집단을 1로 코딩한 더미변수를 종속변수로 투입하고 공변량들을 독립변수로 투입하여 종속변수의 예측확률을 얻은 후, 이를 '성향점수'로 정의하는 방식입니다. 물론 꼭 로지스틱 회귀분석을 쓸 필요는 없습니다. 중요한 것은 보다 '타당한 성향점수', 다시 말해 다섯 번째 단계에서 확인할 공변량 균형성 (covariate balance)을 잘 달성할 수 있는 '성향점수'를 얻는 것입니다. 따라서 로지스틱 회귀분석이 아닌 '프로빗(probit) 회귀분석' 등의 다른 회귀모형을 이용해도 '타당한 성향점수'만 추정해낼 수 있다면 상관없습니다.

로지스틱 회귀분석과 같은 모수통계기법을 이용하여 성향점수를 추정할 때 중요하게 고려할 것이 있습니다. 그것은 바로 공변량들의 상호작용효과를 어느 수준까지 고려할지에 관한 것입니다. 모수통계기법을 이용할 경우 대부분 '주효과들'만을 고려하거나, 상호작용효과를 고려하더라도 '공변량들 사이의 2원 상호작용효과들'만을 고려하는 것이 일반적입니다. 상호작용효과항들을 추가로 고려할 경우 보다 타당한 성향점수를 얻을 가능성이 높지만, 모형이 복잡해지고 무엇보다 공변량의 개수에 비해 표본크기가 상대적으로 작을 경우 모형추정과정에 문제가 발생합니다. 예를 들어봅시다. 성향점수 추정을 위해 총 20개의 공변량(더미변수 혹은 연속형 변수라고 가정했을 때)을 고려하는 경우 주효과항은 20개, 그리고 190개의 2원 상호작용효과항을 얻게 되어 모형에는 총 210개의 모수들이 사용됩니다. 즉 공변량의 개수가 증가할수록, 상호작용효과항의 개수는 폭발적으로 증가합니다.

최근에는 GLM이 아닌 기계학습(machine learning) 기법을 이용해 성향점수를 계산하기도 합니다. 모수통계기법에 비해 기계학습기법을 사용할 경우 최소 두 가지 장점이 있습니다(McCaffrey et al., 2004; McCaffrey et al., 2013). 첫째, 성향점수를 추정할 때 독립변수(즉, 공변량)와 종속변수(즉, 원인처치변수) 사이의 특정한 함수형태를 가정할 필요가 없습니다. 둘째, 공변량들의 상호작용효과를 보다 효과적으로 처리하여 보다 타당한 성향점수를 추정할 수 있습니다. 특히 공변량의 개수가 많을 경우, 로지스틱 회귀분석과 같은 모수통계기법으로 얻은 성향점수보다 기계학습으로 얻은 성향점수를 이용할 때 처치집단과 통제집단을 보다 균형된 방식으로 비교할 수 있다고 알려져 있습니다(McCaffrey et al., 2004; McCaffrey et al., 2013).

본서에서는 성향점수를 추정할 때 기계학습기법이 아닌 모수통계기법, 구체적으로 로지스틱 회귀모형을 사용하였습니다. 최근 기계학습기법이 효용성을 인정받고 있는 것은 사실이며, 저희들 역시도 그 가치를 십분 인정합니다. 그러나 다음의 두 가지 이유에서 로지스틱 회귀모형을 사용하였습니다. 첫째, 최초 성향점수분석 논문(Rosenbaum & Rubin, 1983)에서 사용한 방법이 로지스틱 회귀모형이었을 정도로 이해하기 쉽고 사용하기 편합니다(아울러 성향점수를 추정하는 계산속도 역시 월등하게 빠릅니다). 둘째, 기계학습기법을 사용하기 위해서는 기계학습에서 등장하는 개념들의 의미와 알고리즘에 대해 개략적이나마 설명해야 하는데, 본서의 목적은 성향점수분석을 소개하는 것이지 기계학습기법을 소개하는 것이 아니기 때문입니다. 저희들은 기계학습기법은 성향점수를 추정하기 위한 방법 중 하나일 뿐, 성향점수분석의 전반적 과정을 이해하는 데 필수적인 내용은 아니라고 생각했습니다. 성향점수분석과 관련한 기계학습기법 적용과정에 대한 소개로는 맥카프레이 등(McCaffrey et al., 2004; McCaffrey et al., 2013)의 연구를 참조하시고, R에서 어떻게 활용할 수 있는지는 twang 패키지의 설명서(Ridgeway et al., 2020)를 참조하시기 바랍니다.

이후 본격적으로 성향점수분석을 실행하기 전에 공통지지영역에서 벗어난 처치집단 사례들이 얼마나 되는지 살펴봅니다. 공통지지영역에서 벗어난 사례들이 전혀 없는 것이 가장 이상적이지만, 만약 그러한 사례들이 발생했다면 왜 처치집단과 통제집단이 서로 '분리(separation)' 현상을 보이는지 곰곰이 생각해보아야 할 것입니다. 분리 현상이 너무 심각한 경우라면 둘을 별개의 집단으로 보는 것이 더 타당할 수 있으며, 따라서 성향점수분석 사용을 재고해보는 것이 좋을 수 있습니다. 한편 분리 현상이 약한 수준으로 나타났다면, 공통지지영역에서 벗어난 처치집단 사례들을 분석에서 제외할지 아니면 처치를 받은 개체들을 더 확보하기 위해 분석에 포함할지 최종 판단을 내려야 합니다.

4단계 성향점수분석 실행: 3단계에서 추정한 성향점수를 이용해 성향점수분석을 실행합니다. 이때 가장 먼저 고려할 사항은 연구자가 사용하고 싶은 성향점수분석 기법을 선정하는 것입니다. 본서 5장부터 8장까지의 내용은 성향점수분석 기법에 관한 것입니다. 5장에서는 성향점수를 이용해 가중치를 부여한 후 처치효과를 추정하는 '성향점수가중(propensity score weighting) 기법'을, 6장에서는 '성향점수매칭(propensity score matching) 기법'을, 7장에서는 '성향점수층화(propensity score subclassification) 기법'을, 8장에서는 최근 제안된 '준-정확매칭(coarsened exact matching) 기법'을 소개하였습니다. 보다 구체적으로 6장에서는 성향점수매칭 기법들로 일반적으로 널리 사용되는 '그리디(greedy) 매칭', '최적(optimal) 매칭', '전체(full) 매칭', '유전(genetic) 매칭' 기법 등을 소개하였습니다. 본격적인 내용은 2부에서 예시와 함께 소개하도록 하겠습니다.

이외에도 성향점수분석 기법을 시행하기 위해서는 각 기법의 세부사항들을 어떻게 지정할지 심사숙고해야 합니다. 예를 들어 성향점수매칭 기법 중 '그리디 매칭'을 사용한다고 하더라도, 동일하다고 판단할 수 있는 성향점수 반경(caliper)을 어떻게 설정할지, 처치집단 사례당 통제집단 사례를 몇 개나 매칭시킬지, 매칭작업 대상이 되는 통제집단 사례들을 반복적으로 뽑을지, 공통지지영역에서 벗어나는 사례들을 포함할지 아니면 배제할지 등등의 여러 옵션을 이해하고 적절한 방식으로 사용해야 합니다. 성향점수분석 기법을 실시할 때 필요한 사항과 고려할 요인에 대해서는 2부에서 본격적으로 소개하겠습니다.

5단계 (공변량) 균형성 점검: 성향점수분석의 목적은 추정된 성향점수를 이용하여 무작위배치가 적용되지 않는 관측연구의 원인처치 배치과정을 무작위배치가 적용된 실험연구의 원인처치 배치과정과 유사하게 맞추는 것입니다. 5단계에서는 이러한 성향점수분석의 목적이 성공적으로 달성되었는지를 점검합니다. 즉 성향점수분석의 목적이 달성되었다면 처치집단과 통제집단의 공변량은 균형을 이루어야, 즉 서로서로 비슷한 평균과 분산을 가져야 합니다.

공변량 균형성 점검에서는 크게 두 가지를 살펴봅니다. 첫째, 처치집단과 통제집단 사이의 공변량들의 평균이 서로 동등한지 살펴봅니다. 아울러 성향점수분석 기법에 따라 두 집단 사이 성향점수의 평균도 서로 동등한지 살펴봅니다. 둘째, 처치집단과 통제집단 사이 공변량들의 분산이 서로 동등한지 살펴봅니다. 마찬가지로 필요하다면 공변량뿐만 아니라 두 집단의 성향점수의 분산도 서로 동등한지 살펴봅니다.

처치집단과 통제집단 사이 공변량들의 평균과 분산이 서로 동등한지를 살펴보는 것은 성향점수분석의 타당성을 확보하기 위해 필수적으로 수행해야 하는 일입니다. 만약 공변량 균형성을 확보하는 데 실패했다면 성향점수를 추정하는 과정에 문제가 없었는지, 혹은 연구자가 사용한 성향점수분석 기법에 문제가 없었는지를 다시금 세심하게 검토해야 합니다.

6단계 처치효과 추정: 공변량 균형성이 확보되었다고 판단할 경우, 처치효과를 추정할 수 있습니다. 성향점수분석 기법 중 매칭이나 층화 기법을 적용한 경우, 가중치 부여 평균값을 이용해 처치효과를 구하거나 가중치를 부여한 GLM을 활용하면 됩니다. 성향점수가중 기법의 경우 가중치를 부여한 GLM을 활용하면 됩니다. 본서에서는 R의 Zelig 패키지를 활용하여 부트스트래핑 기법으로 처치효과의 95% 신뢰구간(CI, confidence interval)을 계산하는 방법을 소개하였습니다. Zelig 패키지를 이용한 이유는 두 가지입니다. 첫째, 성향점수분석 기법들은 편향 없는(unbiased) 효과추정치를 얻는 데 집중하는 경향이 있으며, 아직까지 표준오차(SE, standard error)를 어떻게 계산할 것인가에 대한 합의된 공식이 없는 것으로 알고 있습니다(Morgan & Winship, 2015). 이 때문에 동일한 데이터에 대해 동일한 성향점수분석 기법을 적용해도 패키지 개발자에 따라 추정된 표준오차가 다를 수 있습니다. 따라서 본서에서는 비모수통계기법을 사용하여 효과추정치에 대한 통계적 유의도 테스트를 진행하였습니다(Morgan & Winship, 2015; Stuart et al., 2011). 둘째, 본서에서는 MatchIt 패키지를 이용해 성향점수매칭 기법을 실행하였는데, MatchIt 패키지 개발자들은 Zelig 패키지를 활용하여 효과추정치를 추정할 것을 권합니다.[15]

7단계 민감도분석: 민감도분석은 추정된 처치효과가 '누락변수편향(omitted variable bias)'에 얼마나 취약한지를 테스트합니다. 만약 추정된 처치효과가 누락변수편향이 매우 심하게 발생한다고 가정했을 때에도 여전히 유효하다면, 추정된 처치효과는 타당성이 높은 인과추론이라고 할 수 있습니다. 반면 누락변수편향이 아주 미미하게 발생했다고 가정하기만 해도 추정된 처치효과가 더 이상 유효하지 않다면, 추정된 처치효과는 타당성이 높은 인과추론이라고 보기 어렵습니다. 안타깝게도 몇몇 성향점수분석 기법들의 경우 민감도분석 도구가 갖추어지지 않은 상황입니다. 예를 들어 성향점수층화 기법과 준-정확매칭 기법의 경우 민감도분석 방법은 아직 제안되지 않은 것으로 알고 있습니다.[16] 본서에서는 성향점수가중 기법을 이용해 추정된 처치효과에 대해서는 카네기·하라다·힐(Carnegie,

---

15 단 ATT, ATC를 추정하는 방법은 본서와 조금 다릅니다. 본서에서는 모건과 윈십(Morgan & Winship, 2015)의 제안을 따랐습니다.

16 이는 2020년 2월 3일 기준 준-정확매칭 기법의 개발자인 하버드대학교의 게리 킹(Gary King) 교수님과의 전자메일을 통해 확인한 것입니다.

Harada, & Hill, 2016)의 민감도분석을 소개하였으며, 성향점수매칭 기법을 이용해 추정된 처치효과의 경우 로젠바움(Rosenbaum, 2007, 2015)의 민감도분석을 소개하였습니다.

2장

성향점수 추정

성향점수분석을 위한 첫 단계는 성향점수를 추정하는 것입니다. 반복해서 말씀드리지만, 성향점수는 원인변수와 결과변수의 관계를 교란시키는(confounding) 공변량 정보가 주어졌다고 가정할 때 표본의 개체가 처치집단에 배치될 확률을 의미합니다(Rosenbaum & Rubin, 1983). 성향점수는 원인처치 배치과정을 모형화하여 추정한 처치집단 배치확률이며, 추정된 성향점수는 무작위배치가 적용된 실험연구의 원인처치 배치와 동등하도록(혹은 유사하도록) 처치집단과 통제집단의 균형성을 맞추는 데 사용됩니다.

2장에서는 성향점수를 추정할 때 사용하는 공변량이란 무엇인지를 살펴본 후, 일반화선형모형(GLM, generalized linear model)을 이용하여 성향점수를 추정해보겠습니다. 또한 추정된 성향점수를 이용하여 처치집단 사례와 통제집단 사례 사이의 공통지지영역을 점검해보겠습니다.

본격적인 성향점수분석은 2부에서 소개되지만, 성향점수를 추정하고 처치집단과 통제집단 사이의 공통지지영역을 점검하기 위해서는 R의 기본적 활용법을 숙지하고 계셔야 하며, 특히 시각화 부분을 이해하기 위해서는 tidyverse 패키지의 ggplot2 패키지 활용법에 익숙하셔야 합니다. 2부에서 성향점수분석 기법을 실시하기 위해서는 R과 tidyverse 패키지 활용법이 필수인 만큼 여기서 제시되는 R 프로그래밍 내용이 익숙하시지 않은 분들은 졸저 《R 기반 데이터과학: tidyverse 접근》(2018a)이나 다른 tidyverse 패키지 활용법 소개 문헌을 먼저 참조해주시기 바랍니다.

1 공변량 선정

성향점수 추정의 첫 단계는 공변량을 선정하는 것입니다. 원인변수와 결과변수 사이의 인과관계를 추정할 때 보통 다음과 같은 변수들이 등장하며, 이를 사회과학에서 흔히 사용하는 경로모형 형태로 나타내면 [그림 2-1]과 같습니다(Leite, 2017, p. 21을 수정 제시).

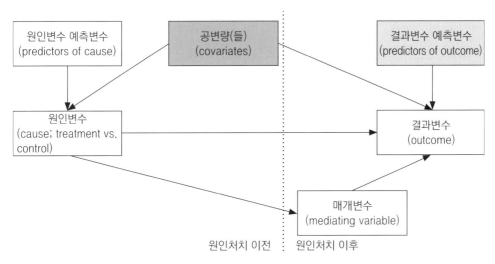

[그림 2-1] 성향점수 추정을 위한 공변량 선정

성향점수 추정 시 가장 중요한 것은 원인처치의 배치과정 및 결과변수와 연관성을 갖는 공변량을 확정한 후, 이를 성향점수 추정모형에 투입하는 것입니다. [그림 2-1]의 가운데 점선을 기준으로 공변량들은 모두 시간적으로 원인처치가 발생하기 이전 혹은 발생한 순간과 관련된 것들이며, 원인처치가 발생한 이후에 측정된 것이 아니어야 합니다[사회과학 연구방법론에서 흔히 강조되는 법칙정립적 인과성(nomothetic causality)의 '시간적 선행' 조건을 떠올리시기 바랍니다].

이론적으로는 간단하지만, 현실적으로 무엇이 공변량인가를 파악하는 것은 그리 쉽지 않습니다. 만약 연구자가 분석하는 데이터가 종단 데이터(longitudinal data)라면, 공변량을 선정하는 문제는 그리 어렵지 않을지 모릅니다. 다시 말해 원인처치 배치과정이 발생한 단계(t_1)와 결과변수를 측정한 단계(t_2)가 데이터 측정시점으로 명확하게 구분된다면, 성향점수 추정에 사용할 공변량들은 모두 t_1에서 측정된 변수들일 것이고, t_2에서 측정된 변수들 중 결과변수를 제외한 변수들은 '성별'이나 '인종' 등과 같은 시간 변화와 무관한 변수가 아닌 이상 공변량이 아니라 '매개변수' 혹은 '결과변수의 예측변수'라고 보는 것이 타당할 것입니다.

반면 연구자가 분석하는 데이터가 횡단 데이터(cross-sectional data)라면, 공변량을 선정하는 문제는 상당히 까다롭습니다. 왜냐하면 어떤 변수가 공변량이고 어떤 변수가 매개변수인지 구분하는 것이 쉽지 않기 때문입니다. 예를 들어 A라는 이름의 회사가 새로 출시한 P라는 제품의 광고노출 처치효과가 어떤지 연구하려는 연구자가 있다고 가정해봅시다. 또 이 연구자가 갖고 있는 데이터를 횡단 데이터라고 가정해보죠. 만약 해당 데이터에 'A회사에 대한 태도'라는 변수가 있는데, 이 변수가 '원인변수(광고노출여부)' 및 '결과변수(P제품의 구매의도)'와 상관관계가 있는 변수였다면, 'A회사에 대한 태도'는 공변량일까요? 아니면 매개변수일까요? 먼저 '공변량'이라고 보는 사람은 다음과 같이 말할 것입니다. "A회사에 대해 긍정적 태도를 갖고 있는 사람은 A회사의 신제품인 P제품에 대한 광고에 노출될 가능성이 높고, 동시에 A회사 제품인 P를 구매할 의향도 높기 때문에 공변량이라고 보는 것이 타당하다." 반면 '매개변수'라고 보는 사람은 다음과 같이 말할지도 모릅니다. "P제품을 소개하는 광고에 노출된 잠재적 소비자들은 P제품을 만든 A회사의 우수성을 높게 평가하여 긍정적 태도를 형성하게 될 것이고, 이는 결국 P제품 구매의향을 늘리게 될 것이다." 글쎄요, 두 가지 다 일리가 있다고 생각합니다. 이 분야의 전문가가 아니라 확실하게 말씀드릴 수는 없습니다만, 여기서 드리고 싶은 말씀은 "이론이 바뀌면 변수의 성격도 다르게 파악될 수 있다"는 것이고, 올바른 과학적 이론은 성향점수분석 기법을 이용해 타당한 인과추정을 진행할 때 매우 중요하다는 것뿐입니다.

공변량을 선정하는 것과 아울러 성향점수를 추정할 때 중요한 것은 '공변량이 아닌 변수들을 빼는 것'입니다. 첫째, 앞서 말씀드렸던 '매개변수'는 성향점수를 추정할 때 절대 고려하지 말아야 합니다. 이유는 간단합니다. 만약 원인변수와 결과변수의 인과관계를 매개변수가 '완전하게 매개하는 경우(full mediation)'를 가정해봅시다. 완전매개효과가 발생할 경우 원인변수는 오로지 매개변수를 경유하여 결과변수에 영향을 미칩니다. 다시 말해 매개변수를 통제하면 원인변수가 결과변수에 미치는 효과는 '0'이 됩니다. 즉 매개변수를 공변량이라고 오해하여 추정된 성향점수를 이용하면, 처치집단과 통제집단 사이의 결과변수의 기댓값은 동일하게 될 것이며, 따라서 실제로 존재하는 처치효과를 존재하지 않는다고 판단할 가능성이 높아집니다.

둘째, 결과변수와는 상관관계가 없지만, 원인처치 배치과정과는 상관관계를 갖는 변수들(원인변수 예측변수들, "variables related to the exposure but not the outcome"; Brookhart et al., 2006, p. 1150)의 경우 성향점수 추정과정에 포함시켜도 혹은 포함시키지 않아도 무방하지만, 연구표본이 작은 경우 포함시키지 않는 것이 낫습니다. 브룩하트 등(Brookhart et al., 2006)의 시뮬레이션 연구에 따르면 '원인변수 예측변수들'을 성향점수 추정과정에 포함시켰을 때, 추정된 처치효과의 편향성이 개선되지 않습니다. 그러나 '원인변수 예측변수들'을 포함시키면서 성향점수에 불필요한 오차(error)가 개입될 가능성이 높아지기 때문에, 연구표본이 작은 경우 처치효과 추정의 변동성(분산, variance)이 증가할 가능성이 높아지면서 처치효과 추정의 효율성을 감소시킬 위험이 존재한다고 합니다. 즉 성향점수 추정과정에 원인변수 예측변수를 포함시키는 경우 처치효과의 검증력(power)이 감소할 위험이 높아집니다.

셋째, 원인처치 배치과정과는 상관관계가 없지만, 결과변수와는 상관관계를 갖는 변수들(결과변수 예측변수들, "variable related to the outcome but not the exposure"; Brookhart et al., 2006, p. 1150)의 경우 성향점수 추정과정에 포함시키는 것이 낫습니다. 브룩하트 등(Brookhart et al., 2006)의 시뮬레이션 결과에 따르면 결과변수 예측변수들을 성향점수 추정과정에 포함시키는 경우, 처치효과 추정치의 편향성에는 별 변동이 없으나 처치효과 추정의 변동성(분산, variance)을 감소시켜 처치효과 추정의 효율성을 증가시킨다고 합니다. 즉 성향점수 추정과정에 결과변수 예측변수를 포함시키는 경우 처치효과의 검증력(power)을 높일 수 있습니다.

성향점수 추정 시 사용해야 할 변수는 무엇이고 사용하지 말아야 할 변수는 무엇인지 요약하자면 이렇습니다.

• 원인처치 배치과정과 결과변수 모두와 상관관계가 있는 공변량 변수들은 모두 포함시킨다.
• 원인처치 배치과정과 결과변수 모두와 상관관계가 있더라도 처치효과를 매개하는 매개변수는 배제한다.
• 원인처치 배치과정과는 무관하지만 결과변수와 상관관계가 있는 결과변수 예측변수는 포함시킨다.

- 연구표본이 충분하지 않은 경우, 원인처치 배치과정과 상관관계를 갖지만 결과변수와는 무관한 원인변수 예측변수는 배제한다.

    그러나 안타깝게도 현실은 [그림 2-1]과 같이 깔끔하게 분류되기 어렵습니다. 같은 현상을 두고도 경쟁하는 이론들이 공존하는 것이 현실입니다(앞서 설명한 공변량과 매개변수의 미묘한 차이를 떠올려보세요). 심지어 이론적 관점을 공유하는 연구자라고 하더라도 그때그때 상황에 따라 연구표본이 다르게 표집될 수도 있습니다. 예를 들어 어떤 변수 Z가 있다고 가정합시다. 동일한 현상을 다루지만 한국의 연구자 '철수'의 경우 Z가 원인변수 예측변수인 것으로 나타날 수 있습니다(즉 원인변수 배치과정과는 상관관계가 유의미하게 나타나지만, 결과변수와는 상관관계가 유의미하게 나타나지 않음). 반면 일본의 연구자 '이치로'의 경우 Z가 결과변수 예측변수인 것으로 나타날 수 있습니다(즉 원인변수 배치과정과는 상관관계가 유의미하게 나타나지 않으나, 결과변수와는 상관관계가 유의미하게 나타남). 이런 경우 Z라는 변수의 정체는 어떻게 파악해야 할까요? 답을 알고 있다고 가정한 상황에서 결과를 얻는, 다시 말해 브룩하트 등(Brookhart et al., 2006, p. 1150)의 시뮬레이션 연구결과를 현실 데이터에 곧바로 적용하기가 쉽지 않은 것이 보통입니다. Z의 정체가 무엇인가에 대한 질문에 대해 데이터 분석결과로는 쉽게 답할 수 없습니다. 다시금 강조합니다만, 성향점수분석에서 가장 중요한 것은 '적절한 이론과 탄탄한 지식(appropriate theories and substantive knowledge)'입니다(Guo & Fraser, 2014, p. 25). 그것은 데이터로만 답할 수 없는 인간 이성의 영역일 것이며, 분과학문 종사자의 치열한 이론적 고민과 논쟁의 결과일 것입니다.

2 일반화선형모형(GLM) 기반 성향점수 추정

이번 절에서는 성향점수를 추정하는 방법을 예시하기 위해 저희들이 시뮬레이션한 데이터를 이용하겠습니다(파일이름: simdata.csv). 이 시뮬레이션 데이터는 2부에서도 계속 사용할 예정입니다. 시뮬레이션 데이터를 간단하게 소개하면 다음과 같습니다.

- 데이터의 표본규모 $N = 1,000$이며, 데이터는 1개의 결과변수(y), 1개의 원인변수(treat), 3개의 공변량(V1, V2, V3)으로 총 5개의 변수로 구성된다. Rtreat는 원인변수 treat를 역코딩한 것이기 때문에 본질적으로 treat 변수와 동일한 변수다(즉 treat 변수의 1은 Rtreat 변수의 0이며, treat 변수의 0은 Rtreat 변수의 1이다).
- 처치집단으로 배정될 확률은 15%이며($\pi = 0.15$; 통제집단은 85%), 3개의 공변량의 값이 높을수록 처치집단에 속할 확률이 증가한다(즉, 원인처치는 무작위배치가 아닌 선택 메커니즘 과정을 따른다). 시뮬레이션 결과로 얻은 표본의 처치집단 사례들의 경우 모수로 설정했던 15%보다 약간 많은 160명이 처치집단에 배치되었다($\hat{\pi} = 0.16$).
- 결과변수는 원인처치변수와 공변량들의 값에 따라 달라진다. 다시 말해 세 공변량들의 값이 클수록 종속변수의 값도 증가하며 양(+)의 처치효과가 발생한다. 그리고 처치효과는 공변량값의 수준에 따라 달라진다.
- 효과추정치의 크기는 통제집단 대상 평균처치효과(ATC)의 값은 약 1.00, 처치집단 대상 평균처치효과(ATT)는 약 1.50 정도로 나타나도록 설정하였다.
- 전체집단 대상 평균처치효과(ATE)는 $ATE = \hat{\pi} \cdot ATT + (1 - \hat{\pi}) \cdot ATC$ 공식에 따라 계산하기로 한다.

앞서 설명했던 성향점수는 공변량들이 주어졌을 때 표본 내 사례가 처치집단에 배치될 확률입니다. 이를 위해 기계학습 기법을 사용할 수도 있지만, 여기서는 최초의 성향점수분석 연구라고 할 수 있는 로젠바움과 루빈(Rosenbaum & Rubin, 1983)의 연구에서 사용되었던 로지스틱 회귀모형을 사용하겠습니다. 로지스틱 회귀모형 추정을 위해서는 R base의 glm() 함수를 사용하였으며, 추정된 성향점수를 이용하여 처치집단과 통제집단 사례들의 공통지지영역을 시각적으로 비교할 때는 ggplot2 패키지(즉 tidyverse의 부속 패키지) 함수들을 이용하였습니다. glm() 함수의 활용과 ggplot2 패키지를 이용한 시각화 방법에 대해서는 졸저 《R 기반 데이터과학: tidyverse 접근》(2018a) 혹은 관련 문헌들을 참조하시기 바랍니다.

이제 simdata.csv 데이터를 R 공간으로 불러와 봅시다.

```
> library("tidyverse")  # 시각화를 위해
-- Attaching packages ---------------------------------- tidyverse 1.3.0 --
  ggplot2 3.2.1    purrr 0.3.3
  tibble 2.1.3    dplyr 0.8.4
  tidyr 1.0.2    stringr 1.4.0
  readr 1.3.1    forcats 0.5.0
-- Conflicts ---------------------------------- tidyverse_conflicts() --
x dplyr::filter() masks stats::filter()
x dplyr::lag()   masks stats::lag()
> # 데이터 소환
> setwd("D:/data")
> mydata=read_csv("simdata.csv")
Parsed with column specification:
cols(
 V1=col_double(),
 V2=col_double(),
 V3=col_double(),
 treat=col_double(),
 Rtreat=col_double(),
 y=col_double()
)
> mydata
# A tibble: 1,000 x 6
       V1      V2      V3 treat Rtreat      y
    <dbl>   <dbl>   <dbl> <dbl>  <dbl>  <dbl>
 1 -2.11    1.68   -1.18      1      0  -2.57
 2  0.248   0.279   1.36      1      0   5.50
 3  2.13   -0.0671 -0.825     1      0   3.15
 4 -0.415   1.24    1.04      1      0   3.57
 5 -0.280   0.292  -0.645     0      1  -1.49
 6  0.403   0.688  -0.659     0      1  -1.95
 7 -0.151   1.56    0.524     0      1   2.80
 8 -0.960   0.781   1.02      0      1   1.35
```

```
 9  -1.39    1.33    1.03      0       1   1.22
10  0.449   0.578   -1.44      0       1  -0.294
# ... with 990 more rows
```

　　성향점수 추정을 위해 원인변수 treat를 종속변수로, 공변량 V1, V2, V3를 독립변수
로 투입하는 로지스틱 회귀분석을 실시하면 다음과 같습니다.


```
> # GLM, 로지스틱 회귀모형을 이용한 성향점수 추정
> logis_ps=glm(treat ~ V1+V2+V3, data=mydata,
+               family=binomial(link="logit"))
> summary(logis_ps)

Call:
glm(formula=treat ~ V1+V2+V3, family=binomial(link="logit"),
  data=mydata)

Deviance Residuals:
    Min      1Q  Median      3Q     Max
-1.1819 -0.6275 -0.4832 -0.3565  2.4860

Coefficients:
            Estimate  Std. Error  z value   Pr(>|z|)
(Intercept) -1.79789     0.09718  -18.501   < 2e-16 ***
V1           0.62749     0.11012    5.698  1.21e-08 ***
V2           0.58582     0.10687    5.482  4.21e-08 ***
V3           0.67233     0.10586    6.351  2.13e-10 ***
---
Signif. codes: 0 '***' 0.001 '**' 0.01 '*' 0.05 '.' 0.1 ' ' 1

(Dispersion parameter for binomial family taken to be 1)

    Null deviance: 879.34 on 999 degrees of freedom
Residual deviance: 817.65 on 996 degrees of freedom
AIC: 825.65

Number of Fisher Scoring iterations: 5
```

성향점수 추정에 사용한 로지스틱 회귀모형 추정결과를 잠깐 살펴봅시다. 세 공변량 V1, V2, V3 모두 표본 내 사례들의 처치집단 배치여부와 강한 상관관계를 보이는 것으로 나타났습니다.

다음으로 성향점수를 추정해보겠습니다. 추정한 로지스틱 회귀모형을 이용해 각 사례가 처치집단에 배치될 확률을 추정하면 됩니다. 이때 로지스틱 회귀모형을 사용하여 성향점수를 추정할 때 주로 두 가지 방법이 사용됩니다. 첫째는 각 사례가 처치집단에 배치될 확률을 추정하는 것입니다. 즉 0에 가까울수록 통제집단에, 1에 가까울수록 처치집단에 배치되는 추정확률값을 구하는 방법입니다. 로젠바움과 루빈의 최초 연구(Rosenbaum & Rubin, 1983)에서는 이 방법을 사용하였습니다. 둘째는 각 사례가 처치집단에 배치될 확률 대신, 로지스틱 함수를 이용해 확률값으로 변환시키기 이전의 '선형로짓(linear logit)'을 사용하는 것입니다. 선형로짓의 경우 $-\infty$에 가까울수록 통제집단에, $+\infty$에 가까울수록 처치집단에 배치될 가능성이 높습니다.

대개의 경우 두 방법(추정확률, 선형로짓)은 크게 다르지 않습니다. 그러나 상대적으로 선형로짓을 사용하는 것이 보다 낫습니다. 이유는 두 가지입니다. 첫째, 이론적으로 성향점수가 확률이기는 하지만, 성향점수를 추정하는 목적은 통제집단과 처치집단의 균형성을 확보하는 것이지 성향점수 그 자체를 추정하는 것이 아닙니다. 다시 말해 '균형성'만 확보된다면 추정확률과 선형로짓의 차이는 로지스틱 함수 적용방식이라는 기술적 차이에 불과합니다. 둘째, 선형로짓은 추정확률에 비해 0에 매우 가까운 혹은 1에 매우 가까운 사례들을 보다 잘 분별할 수 있습니다. 예를 들어 선형로짓이 -4인 사례(사례1)와 -3인 사례(사례2), -2인 사례(사례3)를 비교해봅시다. 이때 사례1과 사례2, 사례2와 사례3의 차이는 각각 '1'입니다. 이제 선형로짓을 추정확률로 전환해봅시다. 각각 0.018, 0.047, 0.119의 값을 얻을 수 있습니다.[1] 그러나 사례1과 사례2의 차이는 0.029인 반면, 사례2와 사례3의 차이는 0.072가 됩니다. 다시 말해 0이나 1쪽에 쏠려 있는 사례들을 얼마나 잘 분별하는가라는 관점에서 본다면 선형로짓이 추정확률보다 낮습니다.

추정확률 형태의 성향점수를 얻는 방법, 그리고 선형로짓 형태의 성향점수를 얻는 방법은 다음과 같습니다. predict() 함수의 type 옵션을 조정하시면 됩니다.

```
> #성향점수 추정결과
> mydata$ps_prob=predict(logis_ps, mydata,
+                                 type="response") #확률
> mydata$ps_logit=predict(logis_ps, mydata,
+                                 type="link")  #로짓
```

이제 선형로짓 형태의 성향점수와 추정확률 형태의 성향점수의 분포를 히스토그램을 통해 비교해보겠습니다. 시각화 과정과 결과는 아래와 같습니다.

```
> #선형로짓과 추정확률의 차이
> plot_logit=mydata %>%
+ ggplot(aes(x=ps_logit))+
+ geom_histogram(bins=40)+
+ labs(x="선형로짓(logit, -∞ ~ +∞) 형태의 성향점수",y="빈도")+
+ theme_bw()
> plot_prob=mydata %>%
+ ggplot(aes(x=ps_prob))+
+ geom_histogram(bins=40)+
+ labs(x="추정확률(probability, 0~1) 형태의 성향점수",y="빈도")+
```

---

1 R을 이용해 다음과 같은 값을 얻을 수 있습니다.
```
> ## 각주
> plogis(-4); plogis(-3); plogis(-2)
[1] 0.01798621
[1] 0.04742587
[1] 0.1192029
> plogis(-2)-plogis(-3)
[1] 0.07177705
> plogis(-3)-plogis(-4)
[1] 0.02943966
```

```
+ theme_bw()
> gridExtra::grid.arrange(plot_logit,plot_prob) #그림합치기
```

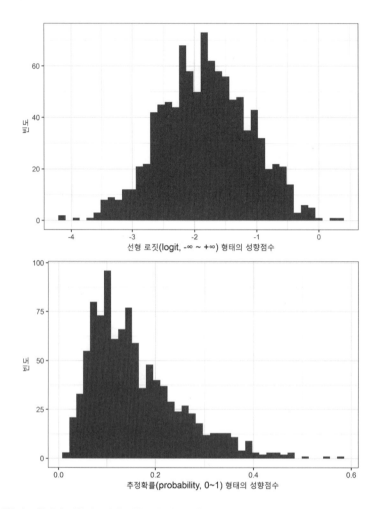

[그림 2-2] 성향점수 형태의 성향점수와 추정확률 형태의 성향점수의 분포

[그림 2-2]의 하단을 보면 추정확률이 0에 근접하는 사례들(다시 말해 통제집단에 배치될 가능성이 높은 사례들)의 밀집도가 증가하는 것을 볼 수 있습니다. 반면 [그림 2-2]의 상단에서는 통제집단에 배치될 가능성이 높은 사례들의 밀집도가 상대적으로 낮은 것을 확인할 수 있습니다.

    이상 로지스틱 회귀모형을 이용해 어떻게 성향점수를 추정할 수 있는지 살펴보았습니

다. 로지스틱 회귀모형이 아닌 다른 GLM을 사용하여 성향점수를 추정하는 경우도 마찬가지입니다. 예를 들어 프로빗 회귀모형을 사용할 때도 프로빗 함수를 적용하기 이전의 선형화된(linearized) 형태의 성향점수를 사용할 수도 있고, 아니면 프로빗 함수를 적용한 후에 전환된 확률값 형태의 성향점수를 사용할 수도 있습니다. glm() 함수의 family 옵션에 다른 링크 함수들(이를테면 cloglog, cauchit 등)을 적용하는 경우에도 선형 형태의 성향점수를 이용할 수도 있고, 확률 형태의 성향점수를 이용할 수도 있습니다.

3 공통지지영역 점검

성향점수를 추정했으니, 처치집단의 성향점수와 통제집단의 성향점수가 얼마나 겹쳐지는지(overlapped), 즉 공통지지영역(common support region)이 얼마나 확보되는지 살펴봅시다. 앞서 설명했듯 처치집단과 통제집단의 성향점수가 서로 겹쳐지지 않는 '분리(separation)' 현상이 나타나면 두 집단은 서로 비교될 수 없으며, 다시 말해 처치효과를 계산하는 것이 불가능해집니다. 공통지지영역을 점검하는 가장 좋은 방법은 시각화로, 일반적으로 히스토그램, 박스플롯(box-whisker plot)을 이용하는 두 가지 방법이 많이 사용됩니다.

먼저 히스토그램을 통해 공통지지영역을 살펴보겠습니다.

```
> #히스토그램 이용
> plot_prob_cs=ggplot(data=mydata,aes(x=ps_prob))+
+ geom_histogram(data=mydata %>% filter(treat==1),
+                bins=40,fill="red",alpha=0.2)+
+ geom_histogram(data=mydata %>% filter(treat==0),
+                bins=40,fill="blue",alpha=0.2)+
+ labs(x="추정확률(probability, 0~1) 형태의 성향점수",y="빈도")+
+ theme_bw()+
+ ggtitle("추정확률 이용시 공통지지영역")
> plot_logit_cs=ggplot(data=mydata,aes(x=ps_logit))+
+ geom_histogram(data=mydata %>% filter(treat==1),
+                bins=40,fill="red",alpha=0.2)+
```

```
+ geom_histogram(data=mydata %>% filter(treat==0),
+                     bins=40,fill="blue",alpha=0.2)+
+ labs(x="선형로짓(logit, -∞ ~ +∞) 형태의 성향점수",y="빈도")+
+ theme_bw()+
+ ggtitle("선형로짓 이용시 공통지지영역")
> gridExtra::grid.arrange(plot_logit_cs,plot_prob_cs,nrow=1)
```

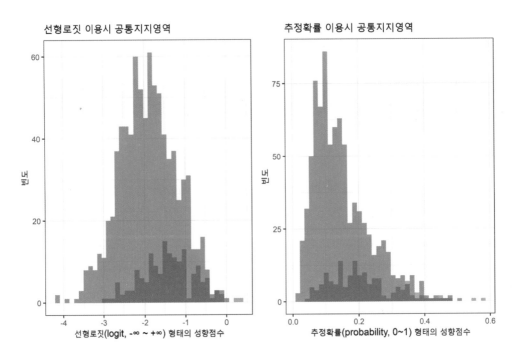

[그림 2-3] 히스토그램 이용 공통지지영역 점검

[그림 2-3]은 처치집단과 통제집단 사이의 공통지지영역이 어떻게 나타나는지를 잘 보여줍니다. [그림 2-3]의 왼쪽과 오른쪽 히스토그램에서 모두 잘 확인할 수 있듯, 일부 처치집단 사례들(보라색이 아니라 붉은색으로 나타난 막대)은 공통지지영역에서 벗어난 사례들이며, 따라서 동등하다고 가정할 수 있는 통제집단 사례들이 없습니다. 그러나 대부분의 처치집단 사례들은 공통지지영역에 속해 있기 때문에 처치효과를 추정하는 데 큰 문제가 없다고 볼 수 있습니다.

다음으로 박스플롯을 이용해서 공통지지영역을 점검해보겠습니다.

```
> #박스플롯 이용
> boxplot_prob_cs=mydata %>%
+ mutate(treat=ifelse(treat==0,"통제집단","처치집단")) %>%
+ ggplot(aes(y=ps_prob,color=treat))+
+ geom_boxplot()+
+ labs(x="추정확률(probability, 0~1) 형태의 성향점수",y="분포",
+     color="집단구분")+
+ theme_bw()+
+ ggtitle("추정확률 이용시 공통지지영역")
> boxplot_logit_cs=mydata %>%
+ mutate(treat=ifelse(treat==0,"통제집단","처치집단")) %>%
+ ggplot(aes(y=ps_logit,color=treat))+
+ geom_boxplot()+
+ labs(x="선형로짓(logit, -∞ ~ +∞) 형태의 성향점수",y="빈도",
+     color="집단구분")+
+ theme_bw()+
+ ggtitle("선형로짓 이용시 공통지지영역")
> gridExtra::grid.arrange(boxplot_logit_cs,boxplot_prob_cs,nrow=1)
```

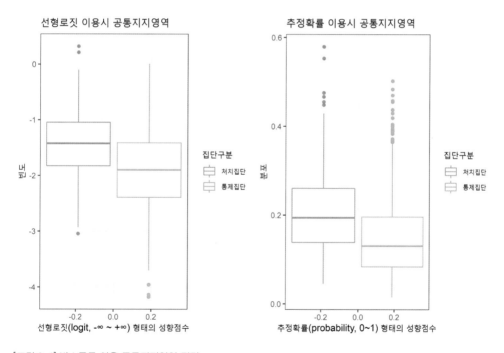

[그림 2-4] 박스플롯 이용 공통지지영역 점검

[그림 2-4]의 결과 역시 [그림 2-3]과 동일합니다. 처치집단의 일부 사례들은 동등한 수준의 성향점수(오른쪽의 추정확률이든, 왼쪽의 선형로짓이든)를 갖지 못해 공통지지영역에서 벗어난 것을 확인할 수 있습니다. 즉 소수의 처치집단 사례들이 공통지지영역에서 벗어나 있지만, 대부분의 처치집단 사례들이 공통지지영역에 포함되어 있다는 점에서 처치효과를 추정하는 것에 큰 문제가 없다고 볼 수 있습니다.

공통지지영역을 점검하는 두 가지 시각화 방법 중 어떤 것을 사용해도 무방합니다. 개인적으로는 히스토그램을 이용하는 것이 더 유용한 것 같습니다만, 연구자의 취향 혹은 연구자가 속한 분과의 관례에 맞게 적절한 방식을 택하면 될 것 같습니다.

성향점수를 추정했으니 이제 성향점수분석 기법을 사용하면 됩니다. 본격적인 성향점수분석 기법들에 대해서는 2부에서 소개하겠습니다. 다만 2부를 진행하기 전에 두 가지에 대해 양해 말씀을 드리겠습니다.

첫째, 2부에서 소개할 MatchIt 패키지의 경우 별도의 성향점수 추정과정을 요구하지 않습니다. 다시 말해 여기서 소개해드린 glm() 함수와 predict() 함수를 사용하는 것과 같은 방식으로 성향점수를 별도 추정할 필요는 없습니다. 2부에서는 MatchIt 패키지의 matchit() 함수에서 성향점수를 추정하는 방법을 지정하는 방식을 소개하도록 하겠습니다. 그러나 성향점수(혹은 일반화성향점수)를 이용하여 처치역확률(혹은 역확률) 가중치를 계산한 후 가중하는 방법을 사용할 경우에는 성향점수를 별도 추정해야 합니다.

둘째, 공통지지영역 점검 역시 2부에서 소개할 MatchIt 패키지와 cobalt 패키지를 통해 간단하게 진행할 수 있습니다. MatchIt 패키지의 summary() 함수를 이용하면 공통지지영역에서 벗어난 처치집단의 사례빈도와 통제집단의 사례빈도를 쉽게 얻을 수 있습니다. 또한 cobalt 패키지의 bal.plot() 함수를 이용하면 처치집단의 성향점수 분포와 통제집단의 성향점수 분포를 비교하는 시각화 결과물을 쉽게 얻을 수 있습니다.

본서에서는 '학습' 목적을 위해 사용하기 편한 함수들이 존재함에도 성향점수를 추정하는 과정을 소개하였습니다. 왜냐하면 성향점수를 추정하고 공통지지영역이 어떤지 점검하는 구체적 과정을 살펴보는 것은 성향점수분석 기법을 이해하는 데 중요하기 때문입니다. 또한 왜 선형로짓 형태의 성향점수가 추정확률 형태의 성향점수보다 성향점수분석에 더 적합한지를 이해하기 위해서는 R 패키지의 편리한 함수를 사용하는 것보다는 조금 번거롭더라도 여기에 소개한 방식을 따라가는 것이 더 좋다고 생각합니다.

3장

성향점수분석 기법 실습을 위한 R 패키지

성향점수분석 기법을 실습하기 위해 본서에 소개할 R 패키지들은 다음과 같이 크게 네 가지로 묶을 수 있습니다.

첫째, 성향점수분석 기법과 직접적 관련은 없으나 데이터 관리 및 사전처리, 그리고 모형추정과 모형추정결과 시각화를 위한 일반적 R 패키지들입니다. 이 패키지들은 1장에서 소개한 성향점수분석의 2단계와 6단계 작업을 진행할 때 필요합니다. 성향점수분석의 주요 7단계를 다시 말씀드리면, 1단계는 연구설계, 2단계는 데이터 전처리입니다. 3단계 성향점수 추정 후 4단계 성향점수분석을 실행하고, 5단계 균형성을 점검합니다. 균형성이 확보되었다고 판단하면 6단계 처치효과를 추정하고, 마지막 7단계로 민감도분석을 실시합니다. 성향점수분석 기법 역시 넓게 보면 데이터 분석의 한 갈래이며, 따라서 데이터 관리 및 시각화를 위한 R 패키지들에 대한 지식은 필수적입니다. 여기에 속하는 패키지들로 본서에서는 tidyverse, Zelig, nnet, Hmisc를 사용하겠습니다.

둘째, 성향점수분석을 실시하기 위한 패키지들입니다. 1장에서 소개한 성향점수분석의 3단계와 4단계 작업을 진행하기 위한 패키지들로, 성향점수분석의 핵심 과정을 담당하고 있습니다. 여러 R 패키지들이 개발된 상황이지만, 다양한 성향점수분석 기법들을 지원하며 상대적으로 이용하기 쉬운 MatchIt 패키지 사용방법을 위주로 설명하였습니다.

셋째, 성향점수분석을 실시한 후, 처치집단과 원인집단의 공변량 균형성을 점검하는 cobalt 패키지를 소개하였습니다. 이는 성향점수분석의 5단계에 해당되는 작업입니다. cobalt 패키지의 함수를 이용하면 공변량 균형성을 쉽게 확인할 수 있으며, 무엇보다 균형성 점검 결과의 시각화 결과를 효과적으로, 그리고 간편하게 얻을 수 있습니다.

넷째, 성향점수분석을 통해 처치효과를 추정한 후, 이 처치효과가 '누락변수편향(omitted variable bias)'에서 얼마나 강건한지(robust) 테스트하는 '민감도분석' 패키지들입니다. 이 패키지들은 성향점수분석의 7단계를 진행할 때 필요합니다. 여러 R 패키지들이 개발된 상황이지만 여기서는 treatSens, sensitivitymw, sensitivityfull 패키지를 소개하였습니다. treatSens 패키지는 '성향점수가중(propensity score weighting)' 기법으로 추정한 처치효과에 대해 민감도분석을 진행할 때 사용하였고, sensitivitymw, sensitivityfull 패키지는 '성향점수매칭(propensity score matching)' 기법으로 추정한 처치효과를 대상으로 민감도분석을 진행할 때 사용하였습니다.

treatSens 패키지[1]를 제외한 다른 패키지들의 경우 CRAN에 등록된 패키지들로 install.packages() 함수를 이용하여 인스톨할 수 있습니다. 3장에서는 성향점수분석 기법 실습에 필요한 R 패키지들과 각 패키지의 역할과 기능에 대해 먼저 간략하게 소개하겠습니다. 패키지 설명 과정에 등장하는 용어들이 낯설게 느껴지실 수도 있습니다. 2부에서 해당 개념들을 이해하여도 무방하니 여기서는 그냥 넘어가셔도 괜찮습니다. 중요한 것은 2부를 시작하기 전에 여기서 소개하는 9개의 패키지를 성공적으로 인스톨하는 것입니다. 참고로 이 책을 서술할 때 저희들이 사용한 R은 version 3.6.3이었으며, 2020년 4월을 기준으로 본서에서 사용하고 있는 패키지들에서 별다른 버그는 발견되지 않았습니다.

1 일반적 R 패키지들: tidyverse, Zelig, nnet, Hmisc

여기서 소개할 패키지들은 성향점수분석 기법과 직접적 관련은 없지만, 데이터 관리 및 변수에 대한 사전처리 작업, 그리고 처치효과 추정을 위한 가중평균비교 혹은 일반화선형모형(GLM) 등을 추정하고 그 결과를 시각화하는 작업에 필요합니다. 총 네 가지 패키지를 사용하였습니다.

---

[1] 이 책의 초고를 작성하던 2019년까지만 하더라도 treatSens 패키지는 CRAN에 등록되어 있었지만, 2020년에 CRAN에서 빠졌습니다.

첫째, tidyverse 패키지(version 1.3.0)는 데이터 관리 및 사전처리에 혁신을 가져온 패키지입니다. tidyverse 패키지의 함수들은 성향점수분석 기법 실습과정 전반에 사용하였습니다. 파이프 오퍼레이터인 %>%와 함께 select(), filter(), mutate(), summarize() 등의 함수를 이용하면 데이터를 효율적으로 관리하고 사전처리할 수 있습니다. 그리고 무엇보다 tidyverse 패키지의 부속 패키지인 ggplot2 패키지는 최근 R 이용자들에게 표준적 시각화 도구로 인정받고 있습니다. tidyverse 패키지 함수들에 대한 보다 자세한 설명으로는 졸저 《R 기반 데이터과학: tidyverse 접근》(2018a)을 참조하시기 바랍니다.

둘째, Zelig 패키지(version 5.1.6.1)는 매칭된 데이터를 기반으로 추정한 ATT, ATC, ATE와 같은 효과추정치(estimand)의 95% 신뢰구간을 추정하기 위해 사용한 패키지입니다. Zelig 패키지의 함수들은 매칭된 데이터를 이용해 효과추정치를 추정할 때 사용하였습니다. tidyverse 패키지와 마찬가지로 Zelig 패키지 역시 여러 부속패키지를 포괄하는 통합패키지(umbrella package)입니다. 그러나 tidyverse 패키지가 데이터 과학을 표방하는 다양한 학술분과에서 널리 사용되고 있는 것과 달리, Zelig 패키지는 정치학, 특히 하버드대학교의 '정량적 사회과학 연구소(Institute for Quantitative Social Science)' 소속 연구자들을 중심으로 다소 협소하게 사용되고 있습니다. 이 때문에 책에서 Zelig 패키지를 소개하는 것이 타당한지에 대해 고심하였습니다만, Zelig 패키지를 사용하기로 최종 결정하였습니다. 사용 결정의 가장 중요한 이유는 Zelig 패키지를 이용하면 비모수통계기법(nonparametric methods)을 통해 효과추정치의 95% 신뢰구간(CI)을 쉽게 계산할 수 있기 때문입니다. 성향점수분석 기법들은 편향없는(unbiased) 효과추정치를 얻는 데 집중하는 경향이 있기 때문에 아직까지는 표준오차(SE, standard error)를 어떻게 계산할 것인가에 대한 합의된 공식이 없는 것으로 알고 있습니다(Morgan & Winship, 2015). 이 때문에 동일한 데이터에 대해 동일한 성향점수분석 기법을 적용해도 패키지 개발자에 따라 추정된 표준오차가 다르게 계산되는 것이 보통입니다. 이러한 이유로 성향점수분석 기법을 소개하는 문헌들에서는 표준오차를 추정할 필요 없이 효과추정치에 대한 통계적 유의도 테스트를 진행할 수 있는 비모수통계기법을 추천하고 있습니다(Morgan & Winship, 2015; Stuart et al., 2011).

그러나 안타깝게도 이 책을 서술했던 시기인 2020년 4월에는 Zelig 패키지가 CRAN 목록에서 빠진 상황이었습니다. 반면 책의 출간을 준비하는 시점인 2020년 12월에는 Zelig 패키지(version 5.1.7)를 install.packages() 함수를 이용하여 자동으로 설치할 수 있게 되었습니다. 본서 내용과 정확하게 동일한 결과를 얻고자 하는 독자께서는 구버전의 Zelig 패키지(version 5.1.6.1)를 아래와 같은 방식으로 수동설치하시고, 성향점수분석의 전반적 과정을 이해하고자 하는 분이라면 신버전의 Zelig 패키지(version 5.1.7)를 install.packages() 함수로 설치하시면 됩니다.

본서와 동일한 Zelig 패키지(version 5.1.6.1)를 설치하시고자 하는 독자분들께서는 CRAN의 아카이브(archive)[2]를 방문하여 "Zelig_5.1.6.1.tar.gz" 파일을 다운로드한 후 수동으로 설치하시기 바랍니다. 해당 파일을 다운로드한 후 R Studio의 Tools 탭을 클릭하고 Install Packages를 클릭하면 아래와 같은 박스를 보실 수 있습니다.

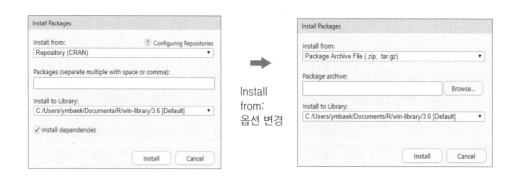

여기서 Install from:이라는 부분을 Package Archive File (.zip; .tar.gz)로 바꾼 후 다운로드받았던 "Zelig_5.1.6.1.tar.gz" 파일을 클릭하면 Zelig 패키지를 수동으로 설치할 수 있습니다. 만약 여기서 Zelig 패키지의 '의존 패키지들(dependencies)'이 먼저 설치되어 있지 않은 경우 아래와 같은 에러 메시지가 나타날 수 있습니다.

```
ERROR: dependencies 'AER', 'Amelia', 'geepack', 'maxLik', 'survey', 'VGAM' are not
available for package 'Zelig'
```

---

2 https://cran.r-project.org/src/contrib/Archive/Zelig/

에러 메시지가 나타날 경우 메시지에 언급된 패키지들(앞의 에러 메시지를 예로 들면 'AER', 'Amelia', 'geepack', 'maxLik', 'survey', 'VGAM')을 install.packages() 함수를 이용해 먼저 인스톨한 후, Zelig 패키지를 다시 수동 설치하시면 됩니다.

셋째, 원인변수가 세 집단 이상으로 구성된 경우 일반화성향점수(GPS, generalized propensity score)를 계산하기 위해 nnet 패키지(version 7.3-13)의 multinom() 함수를 이용하여 다항 로지스틱 회귀모형을 추정하였습니다. 다항 로지스틱 회귀모형은 종속변수가 '무순위 범주형(unordered categorical) 변수'인 경우 사용하는 로지스틱 회귀모형입니다. 다항 로지스틱 회귀모형이 무엇이며, 추정된 결과를 어떻게 해석해야 하는가에 대해서는 졸저《R 기반 제한적 종속변수 대상 회귀모형》(2019) 혹은 다른 관련 문헌들을 참조하시기 바랍니다.

끝으로, 원인변수가 세 집단 이상으로 구성된 경우에는 집단 간 균형성이 달성되었는지를 살펴보기 위해 Hmisc 패키지(version 4.3-1)의 wtd.mean(), wtd.var() 함수들을 이용하여 가중평균(weighted mean), 가중분산(weighted variance)을 계산하였습니다. 성향점수분석 기법을 적용하여 처치집단과 통제집단의 균형을 맞추는 과정에서 각 데이터 사례들에 가중치가 부여됩니다. 현재까지 개발된 대부분의 성향점수분석 기법 패키지들은 이분변수 형태의 원인변수들을 대상으로 하고 있습니다. 이 때문에 원인변수가 세 집단 이상으로 구성된 경우, 집단 간 균형성이 달성되었는지를 살펴보기 위해서는 데이터 맥락에 맞도록 연구자가 직접 가중평균과 가중분산을 계산한 후 비교해야 합니다. 성향점수분석 기법과 무관하지만 Hmisc 패키지는 다른 데이터 분석기법들에서도 널리 애용되는 만큼, 패키지에 포함된 함수들을 살펴보시길 권해드립니다.

2 성향점수분석 작업 패키지: MatchIt

성향점수분석 작업은 성향점수분석 기법의 핵심과정입니다. 본서에서는 MatchIt 패키지(version 3.0.2)를 중점적으로 소개하였습니다.[3] 물론 MatchIt 패키지 외에도 R에는 여러 성향점수분석 기법 패키지가 존재합니다. 저희들이 아는 범위에서 MatchIt 패키지 외에 R 이용자들이 자주 사용하는 성향점수분석 작업 패키지로는 Matching(version 4.9-6), optmatch(version 0.9-11), cem(version 1.1.19), rgenoud(version 5.8-3.0), designmatch(version 0.3.1), twang(version 1.5) 등을 언급할 수 있습니다. 여러 패키지 중에서 MatchIt 패키지를 선택한 이유는 두 가지입니다.

첫째, 안타깝게도 MatchIt 패키지를 제외한 다른 패키지들은 몇몇 소수의 성향점수분석 기법들만 적용할 수 있고, 여러 성향점수분석 기법들을 포괄적으로 적용하기 어렵습니다. 예를 들어 Matching 패키지의 경우 전체사례 매칭, 최적 매칭, 준(準)-정확매칭 기법을 적용할 수 없고, optmatch 패키지로는 유전 매칭이나 준(準)-정확매칭 기법을 적용할 수 없습니다. 또한 cem 패키지는 준(準)-정확매칭 기법만 사용할 수 있고, rgenoud 패키지는 유전 매칭 기법만 사용할 수 있습니다. designmatch 패키지와 twang 패키지 역시 비슷합니다. 반면 MatchIt 패키지로는 정확 매칭, 성향점수기반 최인접사례 매칭, 마할라노비스 거리점수기반 최인접사례 매칭, 전체사례 매칭, 최적 매칭, 유전 매칭, 준(準)-정확매칭, 성향점수기반 층화(subclassification) 기법을 모두 사용할 수 있습니다.

둘째, 다른 패키지들에 비해 MatchIt 패키지가 가장 사용하기 쉽게 구성되어 있습니다. 성향점수 추정과 같은 원인변수 선택 메커니즘을 모형화하는 matchit() 함수는 R 베이스 함수인 lm(), glm() 함수와 유사한 구성방식을 택하고 있어 이해하기가 쉬운 편입니다. 또한 matchit() 함수의 옵션을 바꾸는 것으로 다양한 성향점수분석 기법들을 손쉽게 적용할 수 있다는 점에서 다른 성향점수분석 기법 패키지들에 비해 사용이 간편합니다. 특히 성향점수기반 층화 기법을 사용하는 경우 다른 성향점수분석 기법 패키지들에

---

3 책의 출간을 준비하는 시점(2020년 12월 25일)에서 MatchIt 패키지가 버전업되었습니다. 책에서 소개한 구버전과 새로 업데이트된 버전의 차이에 대해서는 "MatchIt 패키지 업데이트로 인한 변경 내용"(p. 384)을 참조하시기 바랍니다.

비해 MatchIt 패키지를 사용하는 것이 쉽고 간편합니다.

끝으로, 원인변수가 연속형 변수인 경우에는 별도의 패키지를 사용하지 않기로 고민 끝에 결정하였습니다. 나중에 보다 자세히 설명하겠습니다만, 본서에서는 원인변수가 연속형 변수일 때 사용 가능한 성향점수분석 기법들 중 가장 이해하기가 쉬운 역확률가중(IPW, inverse probability weighting) 기법(Robins et al., 2000)만을 소개하였습니다. 원인변수가 연속형 변수인 경우 일반적으로 causaldrf 패키지가 널리 사용됩니다. causaldrf 패키지의 마지막 세 글자는 복용량–반응 함수(dose-response function)의 두음자(頭音字)입니다. 즉 약물실험에서 약물투입량(원인변수)을 늘릴 때 약물반응(종속변수)이 어떻게 변하는가를 탐구하는 관점에서 연속형 변수 형태의 원인변수의 처치효과를 살펴보고 있습니다. 본서에서는 소개하지 않았으나, 원인변수가 연속형 변수인 경우에 가장 널리 알려진 성향점수분석 기법인 히라노·임벤스 추정 기법에 관심 있는 분들께서는 causaldrf 패키지의 hi_est() 함수를 이용해보시기 바랍니다.

3 균형성 점검 패키지: cobalt

성향점수분석 기법의 성패는 처치집단과 통제집단의 공변량(기법에 따라 추정 성향점수도 여기에 포함됨)이 균형성을 이루었는가에 따라 갈립니다. 따라서 성향점수분석 기법을 소개하는 모든 문헌들은 성향점수분석 작업을 실행한 후 균형성이 달성되었는지를 점검하도록 강하게 권고하고 있습니다. 또 거의 모든 성향점수분석 기법 패키지들은 균형성을 점검할 수 있는 함수들을 제공하고 있습니다. 본서에서 집중적으로 소개하고 있는 MatchIt 패키지의 경우 matchit() 함수를 이용한 성향점수분석 작업 결과물의 균형성을 summary() 함수를 이용하여 점검할 수 있으며, plot() 함수를 이용해 시각화할 수도 있습니다. 본서에서도 MatchIt 패키지의 내장함수들을 이용한 균형성 점검 방법에 대해 간단하게 소개하였습니다.

그러나 본서에서는 공변량 균형성 점검이 주목적인 cobalt 패키지(version 4.0.0)를 사용하였습니다. MatchIt 패키지의 내장함수들을 사용하는 대신 cobalt 패키지를 사용한 데에는 세 가지 이유가 있습니다.

첫째, 균형성 달성 여부를 확인할 수 있는 시각화 측면에서 cobalt 패키지가 매우 탁월한 결과를 제시하고 있기 때문입니다. 균형성 달성 수준을 보여주는 시각화 결과물은 매우 효율적이며 동시에 효과적입니다. 우선 연구자 입장에서 성향점수분석 작업이 얼마나 잘 달성되었는지, 그리고 다른 공변량들에 비해 어떤 공변량에서 추가적 성향점수분석 작업이 필요한지를 쉽게 확인할 수 있습니다. 무엇보다 연구자 입장에서 볼 때, 효과적인 시각화 결과물은 청중이나 독자에게 처치집단과 통제집단 사이의 공변량 균형성이 어떤 수준인지를 쉽게 소개할 수 있다는 장점이 있습니다.

둘째, cobalt 패키지는 MatchIt 패키지에서 제공하지 않는 균형성 점검 통계치 혹은 시각화 결과물을 제공합니다. 대표적인 예로 토마스 러브(Thomas E. Love)가 제안한 '러브플롯(Love plot)', 그리고 대니얼 루빈(Daniel B. Rubin)의 '루빈의 규칙(Rubin's rules)'(Rubin, 1987) 등을 언급할 수 있습니다[물론 MatchIt 패키지의 matchit() 함수 출력 결과를 별도의 프로그래밍을 통해 시각화할 수는 있습니다만, 이는 번거로운 일일 것 같습니다].

셋째, cobalt 패키지를 이용하면 처치집단과 통제집단의 공변량과 성향점수·거리점수의 평균 균형성은 물론이고 분산 균형성 달성 여부도 손쉽게 확인할 수 있습니다.

4 민감도분석 패키지: sensitivitymw, sensitivityfull, treatSens

민감도분석의 목적은 성향점수분석 기법을 통해 얻은 효과추정치가 얼마나 누락변수편향에 취약한지를 알아보는 것입니다.

먼저 성향점수분석 기법들 중 가장 널리 사용되는 성향점수매칭(propensity score matching) 기법에 적용할 수 있는 민감도분석 R 패키지들은 상당히 많습니다. 우선 로젠바움 민감도분석을 고안한 로젠바움이 개발한 패키지들로 sensitivitymv(version 1.4.3), sensitivitymw(version 1.1), sensitivitymult(version 1.0.2), sensitivityfull(version 1.5.6) 등을 꼽을 수 있으며, 이외에도 성향점수분석 기법이 적용되는 데이터 상황에 맞는 다양한 R 패키지[4]가 개발되어 CRAN에 업로드된 상황입니다. CRAN에 업로드되어 있지 않지만 깃허브(Github)를 통해 다운로드할 수 있는 민감도분석 패키지로는 sensitivityR5 패키지(version 0.1)를 고려해볼 수 있습니다. 솔직히 어떤 패키지로 민감도분석을 실습해야 할지를 상당히 고민하였습니다. 사용하기 쉽다는 점을 고려하면 sensitivityR5 패키지의 pens2() 함수가 적합하겠지만, 안타깝게도 매칭과정에서 공통지지영역(common support region)을 벗어난 처치집단의 사례들을 배제하는 경우에는 사용할 수 없으며, 또한 특정 성향점수분석 기법[구체적으로 그리디 매칭(greedy matching)을 사용한 성향점수매칭 기법]에만 사용할 수 있다는 한계가 있습니다. 물론 sensitivityR5 패키지가 개발 초기 단계(version 0.1)라는 점을 감안하면, 어쩌면 독자 여러분께서 이 책을 읽으실 때는 저희가 언급한 단점들이 해결되었을지도 모르겠습니다.

아무튼 언급한 이유들로 인해 본서에서는 로젠바움이 개발한 R 패키지들 중 sensitivitymw 패키지의 senmw() 함수를 이용해 민감도분석을 어떻게 실시하고, 그 결과를 어떻게 해석할 수 있는지 소개하였습니다. sensitivitymw 패키지의 senmw() 함수를 이용하면 처치집단과 통제집단의 사례가 일대일(1-to-1) 혹은 일대 k(1-to-k) 방식으로 매칭된 데이터를 대상으로 민감도분석을 실시할 수 있습니다.[5] 안타깝게도 senmw()

---

4 2019년 7월을 기준으로 여러 패키지들 중 가장 흥미로웠던 민감도분석 패키지는 로체스터 대학교 정치학과의 매튜 블랙웰(Mattew Blackwell) 교수가 개발한 causalsens 패키지(version 0.1.2)였습니다. 성향점수분석 기법과 관련된 대부분의 민감도분석 기법들이 로젠바움의 민감도분석을 기반으로 특정 Γ값을 기준으로 통계적 유의도를 산출하는 방식을 택하고 있습니다. 그러나 로젠바움 민감도분석 결과의 경우 결과를 받아들이는 독자가 Γ통계치의 의미를 알지 못하는 경우 민감도분석 결과를 이해하는 것이 매우 어렵습니다. 그러나 블랙웰의 민감도분석에서는 누락변수편향을 Γ통계치가 아닌 R^2 통계치로 대체하여 제시하고 있습니다. 다시 말해 성향점수분석 기법에 대해 전문적 지식을 갖고 있지 않은 일반 연구자라도 민감도분석 결과가 무엇을 의미하는지 쉽게 이해할 수 있습니다. 그러나 아직 개발 초기 단계이기 때문에 실제 사용하기에는 문제점들이 적잖이 눈에 띕니다. 가장 아쉬운 점은 공통영역범위를 벗어나는 사례들을 제거할 수 없다는 점, 그리고 무엇보다 추정확률로 계산된 성향점수를 기반으로 그리디 매칭(greedy matching) 알고리즘을 사용할 경우에만 민감도분석을 실시할 수 있다는 점입니다. 그러나 causalsens 패키지를 개발한 블랙웰 교수 스스로 이러한 한계점들을 잘 알고 있으며 조만간 패키지를 확장·개선할 것으로 생각됩니다. 블랙웰의 민감도분석의 이론적 측면에 관심 있는 독자분들은 블랙웰(Blackwell, 2014)을 읽어보시길 권합니다.

5 처치집단과 통제집단의 사례가 1-1 혹은 1-k 방식을 따르지 않는 매칭 데이터의 경우, 데이터 상황에 맞는 다른 패키지를 사용해야 합니다. 예를 들어 sensitivitymv는 처치집단의 사례별로 매칭된 통제집단의 사례수가 들쑥날쑥한 경우에 사용할 수 있습니다. sensitivitymult는 처치효과 분석에 사용된 결과변수가 2개 이상인 경우 사용합니다. 로젠바움이 개발한 민감도분석 패키지의 경우 본문에 소개한 sensitivitymw 패키지의 senmw() 함수와 구성방식이 동일하기 때문에 본서를 통해 민감도분석을 실습해본 분들이라면 그다지 어렵지 않게 응용하실 수 있을 것입니다.

함수의 경우 MatchIt 패키지와 연동되지 않기 때문에 매칭된 데이터를 senmw() 함수에서 요구하는 입력값(input) 형태로 수동변환을 실시해야 합니다. 수동변환 과정이 너무 까다롭다고는 생각하지 않습니다만 R 프로그래밍에 익숙하지 않은 분이라면 꽤 애를 먹을 수도 있을 것 같습니다. 나중에 다시 설명하겠지만, 본서에서는 민감도분석 통계치로 가장 널리 사용되는 '후버(Huber's) M-통계치(M-statistics)'를 소개하였습니다[senmw() 함수의 디폴트 옵션]. 그리고 성향점수매칭 기법들 중 '전체 매칭(full matching)' 알고리즘을 사용한 경우는 sensitivityfull 패키지를 이용해 민감도분석을 진행하였습니다. 전체 매칭으로 추정된 처치효과에 대한 민감도분석을 진행하기 위해서도 매칭된 데이터를 sensitivityfull 패키지의 senmw() 함수에 맞도록 변환시켜야 하는데, 이 부분 역시 꽤 복잡하다고 느끼실 수 있습니다.

끝으로 성향점수분석 기법들 중 성향점수가중(propensity score weighting) 기법을 사용하여 추정된 처치효과에 대한 민감도분석은 카네기·하라다·힐(Carnegie, Harada, & Hill, 2016)이 개발한 treatSens(version 3.0) 패키지의 treatSens() 함수를 이용하였습니다. treatSens 패키지의 경우 2019년까지는 CRAN에 등록되어 있었으나, 2020년부터는 CRAN 목록에서 빠져 깃허브(Github)를 통해서 인스톨해야 합니다. 먼저 install.packages() 함수를 이용하여 devtools 혹은 remotes 패키지를 설치한 후 다음과 같이 실행하면 treatSens 패키지를 쉽게 인스톨할 수 있습니다.

```
> remotes::install_github("vdorie/treatSens")
#혹은 devtools::install_github("vdorie/treatSens")
```

지금까지 소개한 tidyverse, Zelig, nnet, Hmisc, MatchIt, cobalt, sensitivitymw, sensitivityfull, treatSens 9개 패키지를 install.packages() 함수를 이용해 모두 인스톨하셨나요? 그렇다면 이제 2부부터 성향점수분석 기법을 본격적으로 실습해보도록 하겠습니다.

2부

성향점수분석

실습

2부의 목적은 여러 성향점수분석 기법들과 각 기법에서 사용하는 개념들을 소개한 후, R을 활용하여 어떻게 각각의 성향점수분석 기법을 실행할 수 있는지 실습과정을 소개하는 것입니다.

4장에서는 매우 간단한 데이터를 이용해 여러 성향점수분석 기법들을 어떻게 진행하는지 수계산을 통해 살펴보았습니다. 물론 실제 데이터를 대상으로 성향점수분석을 실시할 때 수계산을 실시할 일은 없을 것입니다. 그러나 간단한 데이터를 대상으로 수계산을 해보면 성향점수분석이 어떻게 진행되는지 보다 구체적으로 이해할 수 있습니다.

5장부터 9장까지는 원인변수에 처치집단과 통제집단의 두 수준이 존재하는 경우에 사용할 수 있는 성향점수분석 기법들을 소개하였습니다. 이때 5장부터 8장까지는 시뮬레이션된 데이터를 대상으로 각각의 성향점수분석 기법을 소개하였으며, 9장에서는 실제 데이터를 대상으로 5장부터 8장까지 소개했던 각각의 성향점수분석 기법들로 추정한 처치효과를 비교하였습니다. 그리고 10장과 11장에서는 원인변수가 처치집단과 통제집단으로 구성되지 않은 경우 사용할 수 있는 성향점수분석 기법들을 소개하였습니다.

5장부터 11장까지의 내용을 간략하게 소개하면 다음과 같습니다.

5장에서는 성향점수가중(propensity score weighting) 기법을 소개하였습니다. 성향점수가중 기법은 성향점수를 이용하여 처치역확률가중치(IPTW, inverse probability of treatment weights)를 도출한 후, 이 가중치를 이용해 처치집단과 통제집단을 비교 가능하게 조정하는 방식으로 처치효과를 추정하는 성향점수분석 기법입니다.

6장에서는 성향점수분석 기법들 중 가장 널리 사용되는 성향점수매칭(propensity score matching) 기법을 소개하였습니다. 성향점수매칭 기법은 처치집단 사례와 동등하다고 볼 수 있는 통제집단 사례를 찾아 '짝짓는, 즉 매칭하는(matching)' 기법이며, 매칭에 사용하는 다양한 알고리즘들이 존재합니다. 본서에서는 일반적으로 널리 사용되는 '그리디 매칭(greedy matching)', '최적 매칭(optimal matching)', '전체 매칭(full matching)', '유전 매칭(genetic matching)' 네 가지를 소개하도록 하겠습니다.

7장에서는 성향점수층화(propensity score subclassification) 기법을 소개하였습니다. 성향점수층화 기법은 추정된 성향점수를 이용해 처치집단 사례들을 몇 개의 집단으로 분류한 다음 각 집단의 성향점수 범위와 동일한 범위를 갖는 통제집단 사례들을 비교합니다. 그리고 각 집단별로 처치효과를 추정한 후, 이들 처치효과를 가중평균하는 방식을 통해 최종 처치효과를 추정하는 기법입니다.

8장에서는 준-정확매칭(CEM, coarsened exact matching) 기법을 소개하였습니다. 준-정확매칭은 엄밀히 말해 성향점수분석 기법에 속하지 않습니다. 5장부터 7장에서 소개한 성향점수분석 기법들이 '성향점수'라는 일종의 '요약통계치(summary statistic)'를 이용하는 반면, 준-정확매칭에서는 성향점수를 추정하지 않고 공변량들의 값들을 곧바로 사용하여 매칭작업을 실시한다는 특징을 갖고 있습니다. 그러나 본서에서는 준-정확매칭의 진행과정 역시 다른 성향점수분석 기법들과 크게 다르지 않다는 점에서 성향점수분석 기법 맥락에서 소개하였습니다.

9장에서는 시뮬레이션 데이터가 아닌 실제 데이터에 대해 앞서 5장부터 8장까지 소개했던 기법들을 적용한 후, 추정된 처치효과를 비교해보았습니다. 즉 9장의 목적은 5장부터 8장까지의 내용을 비교·정리하는 것입니다.

10장에서는 원인변수가 3수준 이상의 범주형 변수인 경우 적용할 수 있는 성향점수분석 기법들을 간략하게 소개하였습니다. 본서에서는 원인변수가 3수준 이상의 범주형 변수일 때는 성향점수를 추정할 때 '다항 로지스틱 회귀모형(multinomial logistic regression)'을 사용하였으며, 이를 기반으로 처치역확률가중(IPTW) 기법을 적용하여 처치효과를 추정하는 방법을 간단하게 소개하였습니다.

끝으로 11장에서는 원인변수가 연속형 변수인 경우 사용을 고려할 수 있는 성향점수분석 기법을 소개하였습니다. 연속형 원인변수(continuous treatments)에 대해 사용할 수 있는 성향점수분석 기법은 비교적 최근에 등장하였습니다. 여기서는 일반화성향점수(GPS, generalized propensity score)를 기반으로 역확률가중치(IPW, inverse probability weights)를 계산하고, 이 가중치를 부여한 후 원인변수와 결과변수의 관계를 추정하였습니다.

4장

예시 데이터 수계산

여기서는 아래의 [표 4-1]과 같이 8개의 사례로 이루어진 간단한 데이터를 통해 루빈 인과모형(RCM, Rubin's causal model)에서 말하는 세 가지 효과추정치인 처치집단 대상 평균처치효과(ATT, average treatment effect on the treated), 통제집단 대상 평균처치효과(ATC, average treatment effect on the control), 전체집단 대상 평균처치효과(ATE, average treatment effect)를 수계산한 후, 전통적인 회귀모형을 통한 평균처치효과의 문제점은 무엇이며 성향점수분석 기법을 통해 이 문제점을 어떻게 극복할 수 있는지 살펴보겠습니다.

[표 4-1] 효과추정치 수계산을 위한 데이터

아이디 (id)	공변량 (X)	통제집단에 놓일 경우 종속변수값(Y^0)	처치집단에 놓일 경우 종속변수값(Y^1)	원인변수 (T)	관측된 종속변수값(Y)
A	0	0	0	1	0
B	0	0	0	0	0
C	0	0	0	0	0
D	0	0	0	0	0
E	1	0	20	0	0
F	1	0	20	0	0
G	1	0	20	1	20
H	1	0	20	1	20

※ 원인변수 T의 경우 '1'은 처치집단을, '0'은 통제집단을 의미함. Y^0와 Y^1에서 음영 표시된 데이터는 관측되지 않은 데이터임을 의미함.

1 효과추정치 수계산

[표 4-1]에서 알 수 있듯이 공변량(X)의 값이 1인 사례일수록 공변량(X)의 값이 0인 사례에 비해 처치집단에 배치될 확률이 높아집니다. 구체적으로 $X=0$인 경우(A~D의 네 사례) 처치집단에 배치될 확률은 0.25인 데 반해, $X=1$인 경우(E~H의 네 사례) 처치집단에 배치될 확률은 0.50입니다. 다시 말해 공변량 수준에 따라 처치집단에 배치될 확률이 증가하며, 관측된 종속변수값(Y) 또한 공변량이 클수록 그리고 통제집단에 비해 처치집단에 배치될 때 더 큰 값이 나타나는 것을 확인할 수 있습니다.

앞서 설명하기는 했지만, 대안사실모형에서 언급하는 세 가지 효과추정치인 ATT, ATC, ATE가 무엇인지 다시 떠올려보시기 바랍니다. 루빈 인과모형에서는 평균처치효과를 $\tau=E(Y^1)-E(Y^0)$, 즉 '처치집단의 종속변수값 Y^1의 평균에서 통제집단의 종속변수값 Y^0의 평균을 뺀 값'으로 정의하였습니다. 데이터의 사례들 중 원인처치를 받은 처치집단에서 얻은 평균처치효과를 '처치집단 대상 평균처치효과(ATT)', 원인처치를 받지 않은 통제집단에서 얻은 평균처치효과를 '통제집단 대상 평균처치효과(ATC)', 그리고 원인처치를 받았는지 여부와 상관없이 전체 사례에서 나타난 평균처치효과를 '전체집단 대상 평균처치효과(ATE)'로 정의합니다.

이제 수계산을 실시해보죠. [표 4-1]은 매우 간단한 데이터이니 독자 여러분도 연습지를 이용해 직접 수계산을 해보시길 권합니다.

먼저 ATE(전체집단 대상 평균처치효과)를 계산해보겠습니다. 계산은 어렵지 않습니다. 처치집단에 놓일 경우 종속변수값인 Y^1의 평균[$E(Y^1)$]에서 통제집단에 놓일 경우 종속변수값인 Y^0의 평균[$E(Y^0)$]을 빼면 ATE를 계산할 수 있습니다. 수계산을 하면 아래와 같습니다.

$$
\begin{aligned}
\text{ATE} &= \frac{0+0+0+0+20+20+20+20}{8} - \frac{0+0+0+0+0+0+0+0}{8} \\
&= 10 - 0 \\
&= 10
\end{aligned}
$$

다음으로 ATT(처치집단 대상 평균처치효과)를 계산해보겠습니다. A~H까지의 사례들 중 A, G, H의 세 사례(37.5%)가 처치집단에 속한 것을 알 수 있습니다. 이들 세 사례를 대상으로 ATT를 계산하면 다음과 같습니다.

$$ATT = \frac{0+20+20}{3} - \frac{0+0+0}{3}$$
$$= 13.3333.... - 0$$
$$= 13.3333....$$

끝으로 ATC(통제집단 대상 평균처치효과)를 계산해보죠. A~H까지의 사례들 중 B, C, D, E, F의 다섯 사례(62.5%)가 통제집단에 속해 있습니다. 이들 다섯 사례를 대상으로 ATC를 계산하는 것 역시 어렵지 않습니다.

$$ATC = \frac{0+0+0+20+20}{5} - \frac{0+0+0+0+0}{5}$$
$$= 8 - 0$$
$$= 8$$

그리고 1부에서 설명했듯이 전체사례 중 원인처치를 받은 집단의 비율(π), ATT, ATC의 세 통계치를 알고 있으면, 다음과 같이 ATE를 계산할 수도 있습니다. A~H까지의 사례들 중 A, G, H의 세 사례(37.5%)가 처치집단에 속해 있으므로 $\pi = 0.375$이고, ATT와 ATC는 위에서 계산한 바와 같습니다. 따라서 아래에서 확인할 수 있듯이 앞서 8개의 전체사례를 대상으로 얻은 ATE값과 동일한 값을 얻을 수 있습니다.

$$ATE = \pi \times ATT + (1-\pi) \times ATC$$
$$= 0.375 \times 13.333.... + 0.625 \times 8$$
$$= 10$$

이제 정리를 해보죠. 우리는 ATT ≈ 13.33, ATC = 8, ATE = 10의 효과추정치를 얻었습니다. 만약 [표 4-1]의 데이터를 기반으로 Y를 종속변수로, T를 독립변수로, 그리고 X를 공변량(통제변수)으로 투입한 통상적인 OLS 회귀분석을 실시했다고 가정해보겠습니다. 이러한 회귀분석 결과에서 독립변수 T의 회귀계수는 과연 어떤 효과추정치일까요? 전체집단을 대상으로 OLS 회귀분석을 실시했으니 ATE의 값에 해당될 것으로 생각하시나요? R을 이용하여 [표 4-1]의 데이터에 대해 OLS 회귀분석을 실시해보죠. OLS 회귀모형을 수계산을 통해 추정하는 것은 번거로운 일이니 OLS 회귀모형 추정은 R을 이용하겠습니다. 먼저 데이터를 불러온 후 Y를 종속변수로, T와 X를 독립변수로 함께 투입한 OLS 회귀분석을 실시한 결과는 아래와 같습니다.

```
> library("tidyverse") #데이터관리 및 사전처리, 시각화를 위해
> # 예시데이터 호출
> setwd("D:/data")
> myd=read_csv("SmallData.csv") #데이터 호출
Parsed with column specification:
cols(
 id=col_character(),
 x=col_double(),
 t=col_double(),
 y=col_double(),
 tr=col_double()
)
> myd  #데이터 확인
# A tibble: 8 x 5
  id     x     t     y    tr
  <chr> <dbl> <dbl> <dbl> <dbl>
1 A      0     1     0     0
2 B      0     0     0     1
3 C      0     0     0     1
4 D      0     0     0     1
5 E      1     0     0     1
6 F      1     0     0     1
7 G      1     1    20     0
8 H      1     1    20     0
> lm(y~t+x,myd)   #전통적 OLS회귀모형

Call:
lm(formula=y ~ t+x, data=myd)

Coefficients:
(Intercept)       t         x
    -2.857    11.429     7.143
```

공변량 X의 효과를 통제한 후 얻은 독립변수 T의 회귀계수는 약 11.429로 앞서 우리가 계산한 ATE값 10보다 더 큰 값을 나타내고 있습니다. 즉 전체표본에서 나타난 평균처치효과를 추정하지 못하고 있습니다. 또한 이 값은 앞서 우리가 얻었던 ATT값 13.33보다 작은 값이며, ATC값 8보다는 큰 값입니다. 다시 말해 OLS 회귀모형을 통해 얻은 효과추정치는 처치집단이나 통제집단을 대상으로 얻은 효과추정치도 아니며, 또한 전체표본에서 나타난 효과추정치도 아닌 것을 알 수 있습니다.

그렇다면 성향점수분석 기법을 이용하면 정확한 효과추정치를 얻을 수 있을까요? 여러 성향점수분석 기법 중 성향점수매칭 기법부터 말씀드리겠습니다. [표 4-1]의 경우 공변량이 X 하나뿐이기 때문에 별도로 성향점수를 구하지 않아도 짝짓기(매칭)가 가능합니다.

[표 4-1]의 데이터에서 처치집단에 속한 사례인 A, G, H에 초점을 맞추어봅시다. 사례 G와 H의 공변량의 경우 $X=1$인 반면, 사례 A의 공변량의 경우 $X=0$입니다. 즉 매칭기법을 적용할 경우 A에는 '통제집단에 속하면서 공변량이 0의 값을 갖는($X=0$ & $T=0$)' B, C, D 중 하나를 매칭시켜야 하며, 사례 G와 H에는 '통제집단에 속하면서 공변량이 1의 값을 갖는($X=1$ & $T=0$)' E, F를 매칭시켜야 할 것입니다.

이제 수작업을 통해서 [표 4-1]의 데이터를 [표 4-2]와 같이 매칭된 데이터로 변경해봅시다.

[표 4-2] ATT 계산을 위해 매칭된 데이터

아이디 (id)	공변량 (X)	원인변수 (T)	관측된 종속변수값(Y)	아이디 (id)	공변량 (X)	원인변수 (T)	관측된 종속변수값(Y)
A	0	1	0	B	0	0	0
G	1	1	20	E	1	0	0
H	1	1	20	F	1	0	0

※ 원인변수(T)의 경우 '1'은 처치집단을, '0'은 통제집단을 의미함.

[표 4-2]를 보면 A-B, G-E, H-F로 매칭된 데이터 사례들은 모두 공변량 조건이 동일하지만 원인변수는 다른 것을 확인할 수 있습니다.

이제 [표 4-2]의 데이터를 이용하여 ATT를 계산해보죠. 이처럼 ATT를 계산하기 위해서는 처치집단을 중심으로, 처치집단의 사례들과 가장 가까운 통제집단의 사례들을 매칭시킵니다.

$$ATT = \frac{0+20+20}{3} - \frac{0+0+0}{3} = 13.3333.....$$

앞서 루빈 인과모형을 근거로 Y^0, Y^1을 이용해 계산했던 ATT와 동일한 ATT값 13.33을 얻을 수 있습니다.

다음으로 ATC를 계산해봅시다. 통제집단에 속한 B, C, D, E, F 다섯 사례 역시 공변 량 조건이 동일하지 않습니다. B, C, D의 경우 공변량이 0이며($X=0$) E, F의 경우 공변량 이 1입니다($X=1$). 따라서 B, C, D는 공변량 조건이 동일한 A와 반복적으로 매칭되어야 하며, E, F는 공변량 조건이 동일한 G, H에 대해 매칭되어야 합니다. 이제 수작업을 통해 서 [표 4-1]의 데이터를 [표 4-3]과 같은 매칭된 데이터로 바꾸어봅시다.

[표 4-3] ATC 계산을 위해 매칭된 데이터

아이디 (id)	공변량 (X)	원인변수 (T)	관측된 종속변수값(Y)	아이디 (id)	공변량 (X)	원인변수 (T)	관측된 종속변수값(Y)
B	0	0	0	A	0	1	0
C	0	0	0	A	0	1	0
D	0	0	0	A	0	1	0
E	1	0	0	G	1	1	20
F	1	0	0	H	1	1	20

※ 원인변수(T)의 경우 '1'은 처치집단을, '0'은 통제집단을 의미함.

[표 4-3]을 보면 B-A, C-A, D-A, E-G, F-H로 매칭된 데이터 사례들은 모두 공변량 조건이 동일하지만 원인변수는 다른 것을 확인할 수 있습니다. [표 4-3]의 데이터를 이용 하여 ATC를 계산하면 아래와 같습니다. ATC를 계산하기 위해서는 통제집단을 중심으 로, 통제집단의 사례들과 가장 가까운 처치집단의 사례들을 매칭시킵니다.

$$ATC = \frac{0+0+0+20+20}{5} - \frac{0+0+0+0+0}{5} = 8$$

매칭기법을 통해 얻은 ATC 역시 앞서 우리가 얻었던 ATC값 8과 동일합니다.

이제 표본에서 처치집단 사례들의 비율 $\pi=.375$를 이용하면 위에서 우리가 얻었던 ATE값인 10을 얻을 수 있습니다.

$$ATE = 0.375 \times 13.3333.... + (1-0.375) \times 8 = 10$$

다음으로 성향점수가중 기법을 살펴봅시다. 성향점수가중 기법을 적용하기 위해서는 먼저 '처치역확률가중치(IPTW, inverse probability of treatment weight)'를 계산해야 합니다. 처치역확률가중치(IPTW)란 공변량 수준에 따라 달라지는 처치집단에 배치될 확률, 즉 성향점수의 역수(逆數)를 의미합니다.

앞서 살펴보았듯이 [표 4-1]의 데이터 사례들은 공변량값에 따라 원인처치를 받을 확률이 달라집니다. 공변량 $X=0$인 경우에는 원인처치를 받을 확률이 0.25이지만(A, B, C, D 중 A만 원인처치를 받았음), 공변량 $X=1$인 경우에는 원인처치를 받을 확률이 0.50이 됩니다(E, F, G, H 중 G, H가 원인처치를 받음). 즉 개체의 공변량 수준에 따라 처치집단에 놓일 확률이 달라지는데, 이를 일반화선형모형의 가중치로 부여한 결과를 이용해 평균처치효과를 추정하는 것이 '성향점수가중 기법'입니다.

ATE를 계산하기 위한 처치역확률가중치($iptw_i$)의 공식은 아래와 같습니다. 여기서 T_i는 개체 i가 원인처치를 받았는지 여부를(처치집단의 경우 $T_i=1$, 통제집단의 경우 $T_i=0$), $e_i(X)$는 개체 i가 원인처치를 받을 확률(즉 성향점수)을 나타냅니다. IPTW에 대해서는 다음 장에서 보다 자세하게 설명하겠습니다.

$$iptw_i^{ATE} = \frac{T_i}{e_i(X)} + \frac{1-T_i}{1-e_i(X)}$$

이제 위 공식을 이용하여 각 개체별로 처치역확률가중치($iptw_i$)를 계산하면 [표 4-4]와 같습니다. 이를테면 공변량 $X=1$인 처치집단의 경우에는 $\frac{1}{0.25}+\frac{0}{1-0.25}=4$, $X=0$인 통제집단의 경우에는 $\frac{0}{0.25}+\frac{1}{1-0.25}\approx1.333$의 가중치를 부여받습니다.

[표 4-4] 처치역확률가중치(IPTW) 계산 데이터

아이디 (id)	공변량 (X)	원인변수 (T)	관측된 종속변수값 (Y)	처치집단 배치확률 ($e(X)$)	처치역확률가중치 (IPTW)
A	0	1	0	0.25	4.00
B	0	0	0	0.25	1.33...
C	0	0	0	0.25	1.33...
D	0	0	0	0.25	1.33...
E	1	0	0	0.50	2.00
F	1	0	0	0.50	2.00
G	1	1	20	0.50	2.00
H	1	1	20	0.50	2.00

※ 원인변수 T의 경우 '1'은 처치집단을, '0'은 통제집단을 의미함.

[표 4-4]의 처치역확률가중치(IPTW)를 적용한 후 Y를 종속변수로, 공변량 X와 원인변수 T를 독립변수로 투입한 OLS 회귀분석을 실시하여 T의 회귀계수값을 살펴보겠습니다. 우선 처치확률(probability of treatment)을 구해보겠습니다. 공변량 X별로 처치집단에 놓일 확률, 즉 성향점수를 계산하는 방법은 2장에서 이미 살펴본 바 있습니다. 즉 공변량 변수들에 따라 로지스틱 회귀모형으로 추정된 처치집단 배치확률값을 구한 것이 바로 성향점수(propensity score)입니다. 예시 데이터의 성향점수를 R을 이용해 계산한 결과는 다음과 같습니다.

```
> # 처치역확률가중치(IPTW) 계산
> # 성향점수 계산
> glm(t~x,myd,family=binomial(link='logit')) %>% fitted()
   1    2    3    4    5    6    7    8
0.25 0.25 0.25 0.25 0.50 0.50 0.50 0.50
```

이렇게 계산된 성향점수를 이용하여 IPTW를 계산하면 다음과 같습니다.

```
> # 성향점수를 변수로 저장한 후
> myd$ps=glm(t~x,myd,family=binomial(link='logit')) %>% fitted()
> # 처치역확률가중치(IPTW, inverse probability of treatment weights) 계산
```

```
> myd=myd %>%
+ mutate(
+   iptw=(t/ps)+((1-t)/(1-ps))  #ATE 계산용 가중치
+ )
> #데이터 확인
> myd %>% select(id,x,t,y,ps,iptw)
#A tibble: 8 x 6
      id     x     t     y    ps  iptw
    <chr> <dbl> <dbl> <dbl> <dbl> <dbl>
1     A     0     1     0  0.25  4.00
2     B     0     0     0  0.25  1.33
3     C     0     0     0  0.25  1.33
4     D     0     0     0  0.25  1.33
5     E     1     0     0  0.5    2
6     F     1     0     0  0.5    2
7     G     1     1    20  0.5    2
8     H     1     1    20  0.5    2
```

처치역확률가중치(IPTW)를 부여한 OLS 회귀모형은 아래와 같습니다. *T*의 회귀계수에 주목하시기 바랍니다.

```
> # IPTW 부여 후 회귀분석
> lm(y~t+x,myd,weights=iptw)  # ATE

Call:
lm(formula=y ~ t+x, data=myd, weights=iptw)

Coefficients:
(Intercept)     t     x
         -5    10    10
```

회귀분석 결과에서 잘 드러나듯 t의 회귀계수인 10은 앞서 우리가 수계산했던 ATE와 동일한 값입니다.

지금까지 [표 4–1]의 소규모 데이터를 예시로 ATT, ATC, ATE 세 가지 효과추정치

를 수계산한 후, 공변량 효과를 통제하는 방식의 전통적 회귀모형이 효과추정치를 제대로 추정하지 못하는 것을 확인했습니다. 그러나 성향점수분석 기법들로는 ATT, ATC, ATE를 정확하게 추정할 수 있다는 것을 확인할 수 있었습니다.

2 MatchIt 패키지의 함수를 이용한 수계산 결과 도출 예시

이번 절에서는 성향점수매칭 기법들 중 가장 널리 사용되는 성향점수(propensity score) 기반 '그리디 매칭(greedy matching) 기법'을 [표 4-1] 데이터에 적용해보겠습니다. 성향점수매칭 기법의 경우 6장에서 보다 자세히 설명할 예정이기 때문에 여기서는 성향점수분석 기법이 어떠한 흐름으로 진행되는지를 예시하는 것에 주력하겠습니다. 분석과정에서 등장하는 용어들을 이해하는 데 주력하시기보다 분석과정의 흐름을 전체적으로 파악하는 데 주력하시기 바랍니다.

우선 본서에서 매칭기법 실습을 위해 선택한 MatchIt 패키지를 library() 함수를 이용해 구동시키고 [표 4-1]의 데이터를 준비해봅시다.

```
> #성향점수기반 그리디 매칭
> library('MatchIt') #매칭기법을 위해
> myd=myd%>% select(id,x,t,y) #필요변수만 선택
```

앞에서 ATT를 수계산했을 때 말씀드렸지만, A와 매칭될 수 있는 사례에는 B, C, D가 존재합니다. 다시 말해 매칭과정에서 B, C, D가 A와 매칭될 확률은 동일하며, 최인접사례 매칭의 경우 성향점수가 동일한 사례들이 여럿일 때는 무작위로 지정된 수의 매칭사례를 추출합니다. 만약 본서에서 제시된 결과와 동일한 매칭결과를 얻고자 한다면 반드시 set.seed() 함수를 실행하셔야 합니다. 개인적으로는 반복가능한 매칭결과를 확보하기 위해 매칭작업 이전에 set.seed() 함수를 설정하는 것을 선호합니다. 만약 데이터가 상당히 크고 정확하게 동일한 매칭결과가 필요 없는 경우에는 별도로 set.seed() 함수를 실행하지 않으셔도 됩니다.

> # ATT 계산을 위한 성향점수기반 그리디 매칭
> set.seed(12345) #본서의 매칭결과를 정확하게 반복하기 위해

　　MatchIt 패키지를 이용한 매칭작업은 크게 세 단계로 진행합니다. 1단계는 matchit() 함수를 이용하여 매칭작업을 실시하는 것입니다. 2단계는 match.data() 함수를 이용하여 매칭된 데이터를 도출하는 것입니다. 끝으로 3단계에서는 매칭된 데이터를 대상으로 연구자가 원하는 효과추정치를 추정합니다. 앞서 말씀드렸듯이 본서에서는 Zelig 패키지를 이용하여 비모수 통계기법으로 효과추정치의 95% 신뢰구간을 추정하도록 하겠습니다.

1단계: matchit() 함수는 다음과 같은 입력값으로 구성됩니다(추가적으로 사용되는 옵션이 있지만, 적어도 여기서는 아래의 옵션으로 충분합니다). 현재 제시된 matchit() 함수는 MatchIt 패키지(version 3.0.2) 기준입니다. 2020년 12월 25일 기준 MatchIt 패키지(version 4.1.0)의 matchit() 함수의 형태는 조금 다릅니다. 이에 대해서는 "MatchIt 패키지 업데이트로 인한 변경 내용"(p. 384)을 참조하시기 바랍니다.

```
matchit(formula, data, distance, method, replace)
```

- 첫째, formula는 원인처치 배치 메커니즘을 추정하기 위해 지정된 함수 형태입니다. lm(), glm() 함수에 투입되는 공식과 동일한 형태를 갖습니다. 여기서는 t를 종속변수로, x를 독립변수로 정의하였습니다(t~x).
- 둘째, data는 매칭작업이 진행될 데이터를 의미합니다.
- 셋째, distance는 각 개체에 부여되는 성향점수(다른 매칭기법의 경우 다른 거리점수와 같은 다른 이름으로 불리거나 혹은 정의되지 않는 경우도 있습니다)를 추정하는 방법을 의미합니다. 앞서 말씀드렸듯이 여기서는 로지스틱 회귀모형을 이용하여 각 사례가 처치집단에 배치될 확률을 '성향점수'로 정의하였으나, 2장에서 설명했듯이 선형로짓 형태가 추정확률 형태보다 더 낫기 때문에 distance='linear.logit'으로 지정하였습니다 (만약 추정확률 형태를 사용하고자 한다면 distance='logit'으로 지정하시기 바랍니다).
- 넷째, method에는 적용하고 싶은 매칭기법을 적용하면 됩니다. 여기서는 '그리디 매칭' 기법인 '최인접사례 매칭(nearest neighbor matching)'을 사용하겠습니다. 그리

디 매칭 알고리즘에 대한 설명은 6장에서 다시 자세하게 설명하겠습니다. 여기서는 method='nearest'와 같이 지정하였습니다. 다른 매칭기법을 사용할 때의 method 옵션 지정방법에 대해서도 6장에서 보다 자세하게 다루겠습니다.

- 다섯째, replace 옵션은 매칭대상이 되는 통제집단(t의 값이 0을 갖는 집단) 사례들을 반복추출할 수 있는지 여부를 지정할 때 사용합니다. 반복추출을 원하면 replace=TRUE를, 반복추출을 원하지 않으면 replace=FALSE(디폴트)를 지정하시면 됩니다. 여기서는 수계산에서와 마찬가지로 replace=TRUE를 지정하였습니다.

[표 4-1] 데이터를 대상으로 matchit() 함수를 이용하여 성향점수기반 그리디 매칭 작업을 실시하는 R코드는 아래와 같습니다.

```
> # 1단계: matchit() 함수
> m_out=matchit(t~x, # 원인처치 선택 확률추정 함수
+              myd, # 데이터
+              distance='linear.logit', # 성향점수(선형로짓)
+              method='nearest', # 그리디 매칭, 최인접사례 매칭
+              replace=TRUE)   # 반복추출 허용
> summary(m_out) # 매칭결과 점검

Call:
matchit(formula=t ~ x, data=myd, method="nearest", distance="linear.logit",
  replace=TRUE)
```

Summary of balance for all data:

	Means Treated	Means Control	SD Control	Mean Diff	eQQ Med
distance	-0.3662	-0.6592	0.6017	0.2930	0
x	0.6667	0.4000	0.5477	0.2667	0

	eQQ Mean	eQQ Max
distance	0.3662	1.0986
x	0.3333	1.0000

Summary of balance for matched data:

	Means Treated	Means Control	SD Control	Mean Diff	eQQ Med
distance	-0.3662	-0.3662	0.6343	0	0
x	0.6667	0.6667	0.5774	0	0

	eQQ Mean	eQQ Max
distance	0	0
x	0	0

Percent Balance Improvement:

	Mean Diff.	eQQ Med	eQQ Mean	eQQ Max
distance	100	0	100	100
x	100	0	100	100

Sample sizes:

	Control	Treated
All	5	3
Matched	3	3
Unmatched	2	0
Discarded	0	0

summary() 함수의 추정결과를 살펴보면 매칭작업 이전과 이후에 처치집단과 통제집단의 성향점수(distance라고 표시된 부분)와 공변량 x가 어떻게 변했는지를 확인할 수 있습니다. 예를 들어 Summary of balance for all data: 부분에서 확인할 수 있듯이, 매칭작업 이전의 경우 처치집단의 성향점수 평균값은 −0.3662이고 통제집단의 성향점수 평균값은 −0.6592이며, 처치집단의 공변량 평균값은 0.6667이고 통제집단의 공변량 평균값은 0.4000입니다.

그러나 Summary of balance for matched data: 부분을 보면, 매칭작업 이후에는 두 집단의 성향점수 평균값이 −0.3662, 공변량 평균값이 0.6667로 정확하게 동일한 것을 확인할 수 있습니다. 즉 매칭작업을 통해 처치집단과 통제집단의 공변량의 평균 균형성이 달성된 것을 확인할 수 있습니다. 한 가지 아쉬운 것은 MatchIt 패키지를 통해서는 평균의 균형성을 확인할 수 있을 뿐, 분산의 균형성은 확인하기 어렵다는 점입니다(이 문제는 MatchIt 패키지 version 4.1.0에서 개선되었습니다). 분산의 균형성 확인 및 다변량 상황, 즉 공변량 변수들이 여럿 투입된 상황에서의 균형성 확인에 대해서는 6장에서 cobalt 패키지를 소개하면서 다시 언급하겠습니다. 아무튼 성향점수 및 공변량의 평균 균형성을 달성했다는 점은 Percent Balance Improvement: 부분에서도 확인할 수 있습니다. 100이라는 수치는 평균 균형성이 완벽하게, 즉 100% 달성되었다는 뜻입니다.

summary() 함수의 추정결과 맨 마지막의 Sample sizes: 부분을 보면, 처치집단 사례를 기준으로 통제집단의 사례가 어떻게 매칭되었는지를 확인할 수 있습니다. 우선 처치집단의 경우 전체 3개 사례가 모두 매칭과정에 포함되었으며(Matched 부분), 이들과 매칭되는 통제집단 사례 역시 3개 존재하는데 2개의 경우 매칭에서 무작위로 빠진 것을 알 수 있습니다(Unmatched 부분). 그러나 Discarded 부분에서 확인할 수 있듯이 공통지지영역을 벗어나는 사례는 없는 것을 알 수 있습니다.

2단계: 균형성이 달성된 것을 확인한 후에는 match.data() 함수를 이용해 매칭된 데이터를 생성합니다. 앞서 matchit() 함수를 통해 얻은 결과를 match.data() 함수에 투입한 결과를 오브젝트로 저장한 것이 매칭된 데이터입니다. 위에서 2개 사례가 매칭에서 빠진 결과, 이 데이터에는 매칭에 성공한 데이터만 포함되어 있습니다(B, D는 제외됨).

```
> # 2단계: match.data() 함수
> dm_out=match.data(m_out)
> dm_out
  id x t  y distance weights
1 A 0 1  0 -1.098612       1
3 C 0 0  0 -1.098612       1
5 E 1 0  0  0.000000       1
6 F 1 0  0  0.000000       1
7 G 1 1 14  0.000000       1
8 H 1 1 14  0.000000       1
```

매칭된 데이터를 보면 앞서 우리가 수계산을 통해 얻은 데이터와 동일한 데이터를 확인할 수 있습니다. 한 가지 차이점이 있다면 저희는 A와 B를 매칭시켰는데, 여기서는 A와 C를 매칭시켰다는 점입니다(각각 1번째 가로줄 1 A, 2번째 가로줄 3 C).[1] 그러나 B, C, D의 공변량값이 모두 $X=0$이면서 $T=0$으로 동일했다는 점에서 이러한 차이로 인해 효과추정치 추정결과가 변하는 것은 아닙니다.

---

1 set.seed() 함수의 입력값을 다르게 설정하면 처치집단에 속하는 A, G, H 사례에 매칭된 통제집단 사례가 조금씩 다르게 나타납니다.

또한 매칭 이전과 비교하면, 이 데이터에는 distance, weights 2개의 변수가 새롭게 추가되었습니다. 여기서 distance 변수는 개별 사례에 부여된 성향점수를, weights 변수는 개별 사례에 부여된 가중치를 나타냅니다. 독자분들께서는 특히 weights 변수에 주목하시길 바랍니다. matchit() 함수를 이용해 매칭작업을 실시하는 경우 가중치 변수로 "weights"라는 이름의 변수가 생성됩니다(이때 변수명 "weights"는 디폴트값). 이 가중치는 성향점수 계산방식, 표본 내 처치집단·통제집단 사례수 등, matchit() 함수의 옵션지정방식에 따라 다른 방식으로 계산된 것입니다. 이후 3단계에서 가중치 변수를 활용해 효과추정치를 추정할 것입니다.

3단계: 매칭된 데이터를 이용해 연구자가 원하는 효과추정치를 추정합니다. lm() 함수를 이용할 수도 있지만, 여기서는 MatchIt 패키지 개발자들을 비롯한 여러 문헌에서 권장하듯 비모수통계기법을 사용하였습니다.[2] 이를 위해 본서에서는 Zelig 패키지의 내장함수들을 이용하였습니다. Zelig 패키지를 이용하여 비모수통계기법에 기반한 효과추정치를 추출하는 작업 역시 세 단계로 진행됩니다.

---

2 모수통계기법을 적용하고 싶을 때는 아래와 같이 하면 됩니다.

```
> # 각주: ATT 계산
> lm(y~t+x,dm_out,weights=weights) %>% summary()

Call:
lm(formula=y ~ t+x, data=dm_out, weights=weights)

Residuals:
    1      3      5      6      7      8
-6.667  6.667 -3.333 -3.333  3.333  3.333

Coefficients:
            Estimate Std.  Error t value  Pr(>|t|)
(Intercept)   -6.667  5.443  -1.225   0.3081
t             13.333  5.443   2.449   0.0917
x             10.000  5.774   1.732   0.1817
---
Signif. codes: 0 '***' 0.001 '**' 0.01 '*' 0.05 '.' 0.1 ' ' 1

Residual standard error: 6.667 on 3 degrees of freedom
Multiple R-squared: 0.75, Adjusted R-squared: 0.5833
F-statistic:  4.5 on 2 and 3 DF, p-value: 0.125
```

- 첫째, 효과추정치 추정을 위한 모형을 zelig() 함수를 이용해 설정합니다.
- 둘째, setx() 함수를 이용해 독립변수들의 조건을 지정합니다.
- 셋째, zelig() 함수로 지정된 모형이 setx() 함수를 이용해 지정된 조건에서 여러 차례 재표집(re-sampling)되었을 때 어떤 효과추정치를 얻을 수 있는지 sim() 함수를 이용해 시뮬레이션합니다. 여기서 저희는 재표집 횟수를 1,000으로 설정하였습니다 [1,000은 sim() 함수의 디폴트값입니다. 만약 5,000번을 원하면 추가로 num=5000이라는 옵션을 지정하면 됩니다].

앞서 설명한 Zelig 패키지 사용 순서에 맞게 우리가 얻은 매칭된 데이터 dm_out을 통해 ATT를 계산해보겠습니다. 우선은 Zelig 패키지를 library() 함수를 이용해 먼저 구동하도록 하죠.

```
> # 3단계: Zelig 패키지를 이용하여 모형추정치(여기서는 ATT) 추정
> library("Zelig")
```

먼저 zelig() 함수를 이용해 효과추정치 추정모형을 지정해보겠습니다. zelig() 함수는 lm() 혹은 glm() 함수와 유사한 형태를 띠고 있습니다. zelig() 함수가 lm() 혹은 glm() 함수와 조금 다른 점이 있다면 연구자가 원하는 회귀모형을 추정하기 위해 model 옵션을 지정한다는 점입니다. 예를 들어 OLS 회귀모형을 사용하는 경우 model='ls'를 지정하면 되고, 로지스틱 회귀모형을 원하는 경우 model='logit'을 지정하면 됩니다(기타 다른 모형들의 경우 Zelig 패키지 매뉴얼을 참조하시기 바랍니다). 매칭기법을 통해 효과추정치를 추정할 때 가장 중요한 것은 '가중치 부여(weighting)'입니다. 효과추정치를 추정할 때 반드시 weights 옵션에 가중치 변수를 지정하시기 바랍니다. 앞서 말씀드린 대로, matchit() 함수를 이용하는 경우 가중치 변수의 이름은 "weights"로 설정됩니다. 따라서 weights="weights"와 같은 방식으로 가중치 변수를 지정해주시면 됩니다. 중요한 것은 아닙니다만, 끝으로 Zelig 패키지를 인용하는 안내문을 생략하기 위해 cite=FALSE를 지정하였습니다.

```
> # 3단계: Zelig 패키지를 이용하여 모형추정치(여기서는 ATT) 추정
> library("Zelig")
> # 1) zelig() 함수: 효과추정치 추정모형 설정
> z_psm_att=zelig(y~t+x,data=dm_out,
+                 model='ls', #OLS 모형을 사용한다는 의미
+                 weights="weights", #가중치를 부여한다는 의미
+                 cite=FALSE) #젤리그 인용방식에 대한 안내문이 보이지 않도록
> z_psm_att
Model:

Call:
z5$zelig(formula=y ~ t+x, data=dm_out, weights="weights")

Residuals:
     1      2      3      4      5      6
-6.667  6.667 -3.333 -3.333  3.333  3.333

Coefficients:
            Estimate  Std. Error  t value  Pr(>|t|)
(Intercept)  -6.667        5.443   -1.225    0.3081
t            13.333        5.443    2.449    0.0917
x            10.000        5.774    1.732    0.1817

Residual standard error: 6.667 on 3 degrees of freedom
Multiple R-squared: 0.75,      Adjusted R-squared: 0.5833
F-statistic: 4.5 on 2 and 3 DF,  p-value: 0.125

Next step: Use 'setx' method
```

이제 다음으로 setx() 함수를 이용하여 독립변수(공변량과 원인변수)의 조건을 설정하였습니다. setx() 함수에는 ① zelig() 함수를 통해 저장된 추정모형 오브젝트, ② 독립변수의 조건, ③ 데이터, 세 가지를 입력값으로 투입하시면 됩니다. 지정된 데이터의 독립변수값을 특정하게 지정하지 않은 경우 데이터의 관측값이 조건으로 설정되며, 특정한 고정값을 지정한 경우 해당 고정값이 조건으로 부여됩니다. 여기서 우리는 ATT를 추정하는 것이 목적이기 때문에 원인변수값만 통제집단 상황인 t=0, 처치집단 상황인 t=1을 지정하였고 공변량의 경우 데이터의 관측값을 그대로 조건으로 지정하였습니다.

```
> # 2) setx() 함수: 추정모형을 적용할 독립변수의 조건상정
> x_psm_att0=setx(z_psm_att,t=0,data=dm_out) #통제집단가정 상황
> x_psm_att1=setx(z_psm_att,t=1,data=dm_out) #처치집단가정 상황
```

끝으로 sim() 함수를 통해 1,000번의 재표집 시뮬레이션으로 얻은 효과추정치 기댓 값을 저장하였습니다. sim() 함수에는 ① zelig() 함수를 통해 저장된 추정모형 오브젝 트, ② setx() 함수를 통해 지정된 독립변수 조건, 두 가지를 입력값으로 투입하였습니다. 이를 통해 통제집단과 처치집단의 시뮬레이션 결과를 저장한 후 get_qi() 함수를 적용 하면 효과추정치 기댓값을 추출할 수 있습니다. 이를 통해 얻은 결과들의 차이값, 즉 처치 집단에서 얻은 기댓값(ev_att1 오브젝트)에서 통제집단에서 얻은 기댓값(ev_att0 오브젝 트)을 뺀 결과가 바로 추정된 ATT입니다(PSM_ATT 오브젝트).

```
> # 3단계: 1단계와 2단계를 근거로 기댓값(expected value, ev) 시뮬레이션
> #디폴트는 1000회, 만약 5000번의 시뮬레이션을 원하는 경우 num=5000 옵션추가
> s_psm_att0=sim(z_psm_att,x_psm_att0) #통제집단의 경우 기댓값
> s_psm_att1=sim(z_psm_att,x_psm_att1) #처치집단의 경우 기댓값
> #ATT의 값을 추정한 후 95%신뢰구간 계산
> ev_att0=get_qi(s_psm_att0,"ev") #1000번의 통제집단 기댓값들
> ev_att1=get_qi(s_psm_att1,"ev") #1000번의 처치집단 기댓값들
> PSM_ATT=ev_att1-ev_att0          #1000번 추정된 ATT
```

추정된 ATT의 95% 신뢰구간을 추정하면 다음과 같습니다. 95% 신뢰구간의 하한값 인 2.621은 0보다 큰 값입니다. 다시 말해 원인변수의 처치효과는 통계적으로 유의미한 인 과효과라고 볼 수 있습니다.

```
> quantile(PSM_ATT,p=c(0.025,0.50,0.975)) %>% round(3) #ATT의 95%신뢰구간
  2.5%    50%   97.5%
 2.621 13.354 24.765
```

이제 ATC를 계산해봅시다. ATT를 추정하는 과정과 본질적으로 동일합니다만, 두 가지 다른 점이 있습니다. 첫째, ATT는 처치집단의 사례들을 중심으로 통제집단의 사

레들을 매칭하는 반면, ATC는 통제집단의 사례들을 중심으로 처치집단의 사례들을 매칭합니다. 즉 두 경우는 매칭에서 기준이 되는 집단이 서로 반대입니다. 따라서 1단계인 matchit() 함수를 지정할 때 원인변수의 기준집단(즉 0과 1 중에서 0의 값을 갖는 집단)을 통제집단이 아닌 처치집단으로 설정해야 합니다. 둘째, ATC는 통제집단 대상 평균'처치' 효과를 의미합니다. 따라서 matchit() 함수를 지정할 때 기준집단으로 설정한 처치집단의 기댓값에서 통제집단의 기댓값을 빼주어야 합니다. 다시 말해 ATC는 ATT와 기준집단은 다르지만(2단계 관련), 처치효과를 계산하는 방향은 같아야 합니다(3단계 관련). 조금 혼동될 수 있습니다만, 아래의 실습과정을 따라가다 보면 무슨 이야기인지 이해하실 수 있을 것입니다.

1단계: ATT 계산과 마찬가지로 matchit() 함수를 이용해 성향점수기반 최인접사례 매칭을 실시합니다. 앞서도 말씀드렸지만 ATC는 통제집단 사례들에 매칭될 수 있는 처치집단 사례들을 찾기 때문에 처치집단은 0의 값을, 통제집단은 1의 값을 갖도록 원인변수를 역코딩해야 합니다. 이를 위해 t 변수를 역코딩한 tr 변수를 생성한 후 ATT를 계산하는 첫 번째 단계와 동일한 방식으로 matchit() 함수를 지정합니다. 아래의 R출력결과 중 밑줄 그은 부분만이 ATT 계산과정과 다른 부분입니다.

```
> # ATC 계산을 위한 성향점수기반 최인접사례 매칭
> set.seed(54321) #본서의 매칭결과를 정확하게 반복하기 위해
> # 1단계: matchit() 함수
> # 처치집단과 통제집단을 역코딩한 새로운 원인변수 생성
> myd$tr=ifelse(myd$t==1,0,1)
> m_out_r=matchit(tr~x, # 원인처치 선택 확률추정 함수
+                 myd, #데이터
+                 distance='linear.logit', #성향점수
+                 method='nearest', #최인접사례 매칭
+                 replace=TRUE)   #반복추출 허용
```

이제 summary() 함수를 통해 균형성을 점검해봅시다. 아래의 결과에서 알 수 있듯, 통제집단과 처치집단의 성향점수(distance)와 공변량(x)은 모두 평균균형성을 완벽하게 달성했습니다. 또한 출력결과 맨 마지막 줄에서 알 수 있듯이 공통지지영역에서 벗어난 사

례는 존재하지 않으며(Discarded 부분), 처치집단에 속하는 세 사례 중 한 사례는 매칭과
정에서 빠졌습니다(Unmatched 부분).

```
> summary(m_out_r)   # 매칭결과 점검

Call:
matchit(formula=tr ~ x, data=myd, method="nearest", distance="linear.logit",
  replace=TRUE)

Summary of balance for all data:
          Means Treated  Means Control  SD Control  Mean Diff  eQQ Med
distance         0.6592         0.3662      0.6343     0.2930        0
x                0.4000         0.6667      0.5774    -0.2667        0
          eQQ Mean  eQQ Max
distance    0.3662   1.0986
x           0.3333   1.0000


Summary of balance for matched data:
          Means Treated  Means Control  SD Control  Mean Diff  eQQ Med
distance         0.6592         0.6592      0.7611          0        0
x                0.4000         0.4000      0.6928          0        0
          eQQ Mean  eQQ Max
distance         0        0
x                0        0

Percent Balance Improvement:
          Mean Diff.  eQQ Med  eQQ Mean  eQQ Max
distance         100        0       100      100
x                100        0       100      100

Sample sizes:
          Control  Treated
All             3        5
Matched         2        5
Unmatched       1        0
Discarded       0        0
```

2단계: 균형성이 달성된 것을 확인한 후에는 match.data() 함수를 이용해 매칭된 데이터를 생성합니다. ATT를 계산하기 위해 얻었던 매칭 데이터와는 조금 다른 것을 알 수 있는데요, 가장 두드러진 특징은 weights 변수입니다. ATT를 추정하기 위한 매칭과정의 경우 모든 사례의 가중치 변수(weights)가 1이었던 반면, ATC를 계산하기 위해 얻은 매칭데이터는 공변량이 0인 A사례에는 1.2의 가중치가 부여되고 공변량이 1인 H사례에는 0.8의 가중치가 부여되어 있습니다. 즉 이러한 데이터의 경우 가중치를 부여하지 않고 효과추정치를 추정할 경우 효과추정치를 잘못 추정할 수밖에 없습니다.

```
> # 2단계: match.data() 함수
> dm_out_r=match.data(m_out_r)
> dm_out_r
  id x t y tr    distance weights
1  A 0 1 0  0 1.098612e+00     1.2
2  B 0 0 0  1 1.098612e+00     1.0
3  C 0 0 0  1 1.098612e+00     1.0
4  D 0 0 0  1 1.098612e+00     1.0
5  E 1 0 0  1 2.220446e-16     1.0
6  F 1 0 0  1 2.220446e-16     1.0
8  H 1 1 20 0 2.220446e-16     0.8
```

3단계: 매칭된 데이터를 이용해 ATC를 추정합니다. ATT를 추정했을 때와 마찬가지로 Zelig 패키지의 내장함수들을 이용하면 됩니다. 먼저 zelig() 함수를 이용해 효과추정치 추정모형을 지정합니다. zelig() 함수의 구성방식과 각 옵션의 의미에 대해서는 ATT를 추정하면서 이미 설명한 바 있습니다.

```
> # 3단계: Zelig 패키지를 이용하여 모형추정치(여기서는 ATC) 추정
> # 1) zelig() 함수: 효과추정치 추정모형 설정
> z_psm_atc=zelig(y~tr+x,data=dm_out_r,
+                 model='ls',      #OLS 모형을 사용한다는 의미
+                 weights="weights", #가중치를 부여한다는 의미
+                 cite=FALSE) #젤리그 인용방식에 대한 안내문이 보이지 않도록
> z_psm_atc
Model:

Call:
```

```
z5$zelig(formula=y ~ tr+x, data=dm_out_r, weights="weights")
```

Weighted Residuals:

1	2	3	4	5	6	7
-6.260	2.286	2.286	2.286	-3.429	-3.429	7.667

Coefficients:

	Estimate	Std. Error	t value	Pr(>|t|)
(Intercept)	5.714	4.518	1.265	0.275
tr	-8.000	4.899	-1.633	0.178
x	5.714	4.518	1.265	0.275

Residual standard error: 5.855 on 4 degrees of freedom

Multiple R-squared: 0.5161,　　Adjusted R-squared: 0.2742

F-statistic: 2.133 on 2 and 4 DF, p-value: 0.2341

Next step: Use 'setx' method

이제 setx() 함수를 이용하여 독립변수(공변량과 원인변수)의 조건을 설정하겠습니다. ATT를 추정할 때와 본질적으로 동일하지만, matchit() 함수에 투입된 원인변수가 역코딩되었다는 것을 기억할 필요가 있습니다. 따라서 ATC를 추정하기 위해 원인변수값을 통제집단 상황인 tr=1, 처치집단 상황인 tr=0을 구분하여 지정하고(아래 R출력결과의 밑줄 그은 부분에 주목하세요), 공변량의 경우 데이터의 관측값을 그대로 조건으로 지정해야 합니다.

```
> # 2) setx() 함수: 추정모형을 적용할 독립변수의 조건상정
> x_psm_atc0=setx(z_psm_atc,tr=1,data=dm_out_r) #통제집단가정 상황
> x_psm_atc1=setx(z_psm_atc,tr=0,data=dm_out_r) #처치집단가정 상황
```

ATT를 추정할 때와 마찬가지로 sim() 함수를 통해 1,000번의 재표집 시뮬레이션으로 얻은 효과추정치 기댓값을 저장하겠습니다. 이후 통제집단과 처치집단의 시뮬레이션 결과들을 저장하고, get_qi() 함수를 적용하여 효과추정치 기댓값을 추출합니다. 효과추정치를 얻는 과정은 ATT를 추정할 때와 동일하게 처치집단 기댓값에서 통제집단 기댓

값을 빼주면 됩니다(밑줄 그은 부분에 주목하세요). 추정된 ATC의 95% 신뢰구간을 추정한 결과는 아래와 같습니다. ATT의 경우 통계적으로 유의미한 효과추정치를 얻은 반면, ATC의 경우 95% 신뢰구간의 하한값이 0보다 작은 −1.478로 나타나 ATC는 통계적으로 유의미한 인과효과라고 보기 어렵습니다.

```
> # 3단계: 1단계와 2단계를 근거로 기댓값(expected value, ev) 시뮬레이션
> s_psm_atc0=sim(z_psm_atc,x_psm_atc0) #통제집단의 경우 기댓값
> s_psm_atc1=sim(z_psm_atc,x_psm_atc1) #처치집단의 경우 기댓값
> # ATC의 값을 추정한 후 95%신뢰구간 계산
> ev_atc0=get_qi(s_psm_atc0,"ev") #1000번의 통제집단 기댓값들
> ev_atc1=get_qi(s_psm_atc1,"ev") #1000번의 처치집단 기댓값들
> PSM_ATC=ev_atc1-ev_atc0        #1000번 추정된 ATC
> quantile(PSM_ATC,p=c(0.025,0.50,0.975)) %>% round(3) #ATC의 95%신뢰구간
   2.5%    50%   97.5%
 -1.478  8.132  17.229
```

끝으로 ATE를 추정해보겠습니다. ATE를 추정하기 위해서는 앞서 우리가 추정했던 ATT와 ATC, 그리고 원인처치를 선택한 비율 통계치인 $\hat{\pi}$가 필요합니다. 앞서 소개했던 ATE 공식을 적용하면 ATE의 95% 신뢰구간을 쉽게 추정할 수 있습니다. 먼저 $\hat{\pi}$를 계산한 후 mypi라는 이름의 오브젝트로 저장하고, 앞서 1,000번의 시뮬레이션을 통해 얻은 ATT 추정치와 ATC 추정치를 이용하여 ATE 추정치를 계산하면 아래와 같습니다.

```
> # ATE 계산
> mypi=as.vector(prop.table(table(myd$t)))[2]
> mypi
[1] 0.375
> #공식에 따라 ATE 계산
> PSM_ATE=mypi*PSM_ATT+(1-mypi)*PSM_ATC
```

이제 quantile() 함수로 ATE의 95% 신뢰구간을 추정한 결과를 살펴보죠. 결과에서 알 수 있듯 ATE의 95% 신뢰구간 하한값은 2.547이며, 이는 0보다 큰 값입니다. 즉 ATE는 통계적으로 유의미한 효과추정치임을 알 수 있습니다.

```
> quantile(PSM_ATE,p=c(0.025,0.50,0.975)) %>% round(3)  #ATE의 95%신뢰구간
  2.5%    50%  97.5%
 2.547 10.090 16.922
```

간단한 데이터임에도 분석과정이 상당히 복잡하게 느껴질 수도 있습니다. 하지만 성향점수매칭 기법을 이용하면 전통적 회귀모형으로는 추정할 수 없는 ATT, ATC 효과추정치와 함께 보다 정확한 ATE를 추정할 수 있다는 것을 확인하실 수 있을 것입니다. MatchIt 패키지의 부속함수들의 적용순서, 그리고 Zelig 패키지의 부속함수들을 적용하는 방법이 처음에는 낯설지도 모릅니다. 하지만 성향점수매칭 기법의 진행과정과 비모수통계기법을 통한 효과추정치 추정방법을 이해하시면 결국 동일한 과정이 계속 반복된다는 것을 아실 수 있을 것입니다.

4장에서는 8개 사례와 종속변수, 원인변수, 공변량의 세 변수로 구성된 매우 간단한 데이터를 대상으로 수계산을 통해 성향점수분석 기법들 중 성향점수매칭 기법과 성향점수가중 기법을 실습해보았습니다. 전통적인 회귀모형, 즉 공변량을 통제한 후 원인변수가 종속변수에 미치는 효과를 추정하는 회귀모형으로는 ATT, ATC, ATE의 세 효과추정치를 제대로 추정할 수 없지만, 매칭기법으로는 세 효과추정치를 매우 정확하게 추정할 수 있다는 것을 실습을 통해 학습할 수 있었습니다. 또한 처치역확률가중치(IPTW)를 이용하여 어떻게 ATE를 추정할 수 있는지도 살펴보았습니다.

5장부터는 보다 복잡한 실습데이터와 다양한 성향점수분석 기법들을 소개할 예정입니다. [표 4-1]의 데이터에 대한 수계산을 통해 성향점수분석 기법을 간단하게라도 몸으로 체험하신 뒤에 5장부터의 내용을 학습하시길 부탁드립니다.

5장

성향점수가중 기법

1 개요

성향점수분석 기법 중 첫 번째로 성향점수가중(PSW, propensity score weighting) 기법을 살펴보겠습니다. 앞서 간단한 데이터를 대상으로 성향점수분석 수계산을 실시하면서 성향점수가중(이하 PSW)을 간단하게 살펴보았습니다. 여기서는 PSW와 관련된 개념들을 보다 자세히 살펴보고, 시뮬레이션 데이터에 대해 PSW를 적용하도록 하겠습니다. PSW 실습은 다음과 같은 순서로 진행하겠습니다. 첫째, 성향점수를 추정한 후, 추정된 성향점수를 이용해 '처치역확률가중치(IPTW, inverse probability of treatment weight)'를 계산하겠습니다. 둘째, 처치역확률가중치(이하 IPTW)를 이용해 처치집단과 통제집단 사이의 공변량 균형성을 살펴보겠습니다. 셋째, IPTW를 가중치로 부여하는 방식으로 ATE, ATT, ATC를 추정하겠습니다. 넷째, 카네기·하라다·힐(Carnegie, Harada, & Hill, 2016)의 민감도분석을 통해 '누락변수편향'에도 불구하고 추정된 처치효과가 강건한지(robust) 점검해 보겠습니다.

여기서 사용할 데이터는 저희들이 시뮬레이션한 데이터(simdata.csv)이며, 이 데이터는 2장에서 간략하게 소개한 바 있습니다. PSW 기법이 과연 ATT, ATC, ATE를 적절하게 추정하는지 확인해보기 위해 저희가 설정했던 시뮬레이션 조건들을 다시 말씀드리면 다음과 같습니다.

- 데이터의 표본은 $N=1,000$이며, 결과변수는 y, 원인변수는 treat(처치집단은 1, 통제집단은 0), 공변량 변수들은 V1, V2, V3로 총 5개의 변수로 구성된다. 여기서 Rtreat는 원인변수 treat를 역코딩한 것이다(즉 treat 변수가 0이면 Rtreat 변수는 1, 그리고 treat 변수가 1이면 Rtreat 변수는 0).
- 표본 내 처치집단의 비율은 16%($n=160$)로 나타났다. 즉 $\hat{\pi}=0.16$이다.
- 효과추정치의 경우 ATT는 1.50, ATC는 1.00으로 설정하였고, ATE는 $ATE = \hat{\pi} \bullet ATT + (1-\hat{\pi}) \bullet ATC$ 공식을 따랐다.

PSW 기법을 실습하기 위해 이번 장에서 사용할 R 패키지들은 tidyverse, Hmisc, Zelig, treatSens 네 가지입니다. 각 패키지에 대해서는 3장에서 간략하게 설명한 바 있습니다. library() 함수를 이용해 이들 패키지를 구동시킨 후, 시뮬레이션 데이터를 불러오는 과정은 다음과 같습니다.

```
> library("tidyverse")   #데이터관리 및 변수사전처리
> library("Hmisc")       #가중평균 및 가중분산 계산
> library("Zelig")       #비모수접근 95% CI 계산
> library("treatSens")   #카네기 등의 민감도분석
> #데이터 소환
> setwd("D:/data")
> mydata=read_csv("simdata.csv")
Parsed with column specification:
cols(
 V1=col_double(),
 V2=col_double(),
 V3=col_double(),
 treat=col_double(),
 Rtreat=col_double(),
 y=col_double()
)
> mydata
#A tibble: 1,000 x 6
      V1      V2      V3  treat  Rtreat       y
   <dbl>   <dbl>   <dbl>  <dbl>   <dbl>   <dbl>
 1 -2.11    1.68   -1.18      1       0   -2.57
 2  0.248   0.279   1.36      1       0    5.50
```

3	2.13	-0.0671	-0.825	1	0	3.15
4	-0.415	1.24	1.04	1	0	3.57
5	-0.280	0.292	-0.645	0	1	-1.49
6	0.403	0.688	-0.659	0	1	-1.95
7	-0.151	1.56	0.524	0	1	2.80
8	-0.960	0.781	1.02	0	1	1.35
9	-1.39	1.33	1.03	0	1	1.22
10	0.449	0.578	-1.44	0	1	-0.294

... with 990 more rows

2 성향점수가중치 도출

PSW 기법의 첫 번째 단계는 성향점수를 계산하는 것입니다. 앞서 2장에서는 로지스틱 회귀분석을 이용하여 '선형로짓 형태'의 성향점수와 '추정확률 형태'의 성향점수를 어떻게 추정하는지 살펴보았습니다. 이론적으로 PSW에서는 선형로짓 형태의 성향점수는 사용할 수 없으며, 반드시 추정확률 형태의 성향점수를 사용해야만 합니다. 그 이유는 선형로짓 형태의 성향점수로는 IPTW를 추정할 수 없기 때문입니다. 왜냐하면 IPTW는 본질적으로 가중치이며, 음수(-) 형태의 가중치는 존재할 수 없기 때문입니다.

IPTW 계산을 위해 먼저 추정확률 형태의 성향점수를 구해보도록 합시다. 아래와 같이 로지스틱 회귀분석을 이용하여 성향점수를 추정하였습니다.

```
> # 성향점수 계산
> mydata$pscore=glm(treat~V1+V2+V3,data=mydata,
+         family=binomial(link='logit')) %>%
+ fitted()
```

IPTW 공식은 효과추정치 종류에 따라 조금씩 다릅니다. 먼저 전체집단 대상 처치효과(ATE) 추정을 위한 IPTW는 다음과 같습니다.

$$iptw_i^{ATE} = \frac{T_i}{e_i(X)} + \frac{1-T_i}{1-e_i(X)}$$

공식에서 잘 나타나듯, $iptw_i$는 사례가 처치집단 혹은 통제집단에 속하는지에 따라 다른 가중치의 값이 부여됩니다. 공식을 구성하는 두 부분의 분자가 각각 배타적으로 0 혹은 1의 값을 갖는다는 점에 주목하기 바랍니다(즉 어떤 값이 1이면 다른 값은 0이 됨). ATE 추정을 위한 IPTW는 처치집단의 경우($T_i=1$) 성향점수[$e_i(X)$]의 역수를 취하고, 통제집단의 경우($1-T_i=1$) 1에서 성향점수를 빼준 값의 역수를 취하는 방식으로 계산됩니다. 다시 말해 처치집단의 경우에는 원인처치를 받을 확률의 역수, 통제집단의 경우에는 원인처치를 받지 않을 확률의 역수가 됩니다.

이제 $iptw_i^{ATE}$에서 처치집단 사례들이 부여받는 가중치의 의미에 대해 생각해봅시다. 본질적으로 성향점수란 공변량들이 주어졌을 때 표본 내 개체가 처치집단에 배치될 확률입니다. 즉 처치집단에 배치될 확률이 높은 개체일수록 1에 가까운 값이 부여되고, 처치집단에 배치될 확률이 낮은 개체일수록 0에 가까운 값이 부여됩니다. 만약 처치집단 사례의 성향점수가 1에 가깝다면 해당 사례는 처치집단 내에서 흔히 등장할 것이라 여길 수 있습니다. 그렇다면 통제집단의 경우는 어떨까요? 통제집단에서 흔히 나타나는 사례는 그와 반대, 즉 성향점수가 0에 가까울(처치집단에 배치되지 않을 확률이 높을) 것입니다.

예를 들어 [표 5-1]과 같은 4개 사례를 가정해봅시다.

[표 5-1] ATE 추정을 위한 처치집단과 통제집단별 추정된 성향점수와 처치역확률가중치(IPTW)

	집단배치	성향점수	처치역확률가중치(IPTW)
A	처치집단	0.90	1.11
B	처치집단	0.10	10.00
C	통제집단	0.90	10.00
D	통제집단	0.10	1.11

[표 5-1]에서 IPTW의 값을 살펴봅시다. PSW 기법의 핵심이 무엇인지 매우 잘 드러납니다. 생각해보면 쉽게 이해할 수 있습니다만, 처치집단에서는 A와 같은 사례들이, 그리고 통제집단에서는 D와 같은 사례들이 상당히 빈번하게 등장할 것입니다. 반면 처치집단에서 B와 같은 사례들, 통제집단에서 C와 같은 사례들은 상대적으로 매우 희귀한 사례들일 것입니다. B와 C와 같은 사례들에 더 큰 처치역확률가중치(IPTW)를 부여한다는 의미는 희귀한 사례들을 보다 중요하게 여긴다는 의미입니다. 즉 IPTW를 이용함으로써 집단

간 공변량의 불균형을 보정할 수 있습니다. 다시 말해 가중치를 부여하기 전에는 처치집단과 통제집단의 공변량들이 달랐겠지만, 가중치를 부여한 후에는 두 집단의 공변량들이 서로 유사해질 것입니다.

한편 처치집단 대상 처치효과(ATT) 추정을 위한 IPTW 공식은 다음과 같습니다. ATT 추정용 IPTW의 경우 처치집단 사례들은 모두 '1'의 가중치를 부여받고, 통제집단의 경우 1에서 성향점수를 빼준 값의 역수를 취한 가중치를 부여받습니다.

$$iptw_i^{ATT} = T_i + \frac{1-T_i}{1-e_i(X)}$$

통제집단 대상 처치효과(ATC) 추정을 위한 IPTW 공식은 ATT 추정용 IPTW 공식과 정반대입니다. 즉 ATC 추정용 IPTW의 경우 통제집단 사례들은 모두 '1'의 가중치를 부여받고, 처치집단의 경우 성향점수의 역수를 취한 가중치를 부여받습니다.

$$iptw_i^{ATC} = \frac{T_i}{e_i(X)} + (1-T_i)$$

ATT, ATC의 경우가 ATE 경우와 다른 점은 각각 처치집단 혹은 통제집단이 일괄적으로 '1'의 가중치를 부여받는다는 점입니다. 이는 ATT는 처치집단을 대상으로, ATC는 통제집단을 대상으로 처치효과를 추정하되 상대 집단으로부터 추가정보를 얻어온다는 관점에서 이해할 수 있습니다.

자 이제 추정한 성향점수를 기반으로 앞서 소개한 공식[1]에 맞도록 $iptw_i^{ATE}$, $iptw_i^{ATT}$, $iptw_i^{ATC}$를 계산해봅시다. 다음과 같이 ifelse() 함수를 이용하면 처치집단과 통제집단에 부여될 가중치를 쉽게 계산할 수 있습니다.

```
> # IPTW 계산(각각 ATE, ATT, ATC 추정용)
> mydata=mydata %>%
+   mutate(
+     Wate=ifelse(treat==1,1/pscore,1/(1-pscore)),
+     Watt=ifelse(treat==1,1,1/(1-pscore)),
+     Watc=ifelse(treat==1,1/pscore,1)
+   )
```

---

1 제시한 방식을 이용해서 IPTW를 계산하면 극단적으로 큰 IPTW 값을 얻는 경우가 종종 발생합니다. 극단적으로 큰 IPTW 값을 적용할 경우 PSW 기법으로 추정한 효과추정치가 편향되기 쉽습니다. 이에 몇몇 연구자들은 너무 극단적으로 큰 IPTW의 값을 절단치환(truncation)하는 방식으로 조정하는 방식을 추천합니다(Lee et al., 2011; Gurel & Leite, 2012). 정해진 공식은 없으나 일반적으로 99%를 기준으로 이보다 큰 가중치의 경우 99% 지점의 IPTW로 치환하여 조정해주는 것이 보통입니다.
극단적 IPTW 가중치 조정방법을 R에서 구현하면 다음과 같습니다.

```
> # Gurel & Leite (2012) 극단적 IPTW 조정방법
> mydata$WateTrun=ifelse(mydata$Wate>quantile(mydata$Wate,prob=0.99),
+                        quantile(mydata$Wate,prob=0.99),
+                        mydata$Wate)
> ggplot(mydata, aes(x=Wate,y=WateTrun))+
+   geom_point()+
+   labs(x="Raw weight",y="Truncated weight")+
+   theme_bw()
```

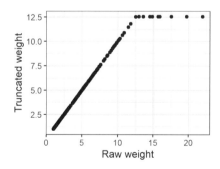

위와 같은 방식으로 조정된 IPTW를 사용하면 효과추정치의 편향과 효율성이 개선된다고 합니다(Lee et al., 2011; Gurel & Leite, 2012). 그러나 여기에서는 조정하지 않은 IPTW를 사용하여 얻은 처치효과와 절단치환하여 조정한 IPTW를 이용해 얻은 처치효과가 크게 다르지 않기에 최초 추정방식으로 얻은 IPTW를 이용하여 처치효과를 추정하였습니다.

IPTW를 계산했다면 처치효과를 추정하는 방법은 간단합니다. 원인변수가 결과변수에 효과를 미치는 일반화선형모형을 추정할 때 가중치를 부여한 후 추정하는 것입니다. 그러나 처치효과를 추정하기 전에 반드시 거쳐야 할 단계가 있습니다. 바로 '공변량 균형성' 점검입니다.

3 공변량 균형성 점검

기본적으로 PSW에서는 IPTW라는 가중치를 이용하여 처치집단 사례들과 통제집단 사례들을 비교 가능하게 조정하는 방식으로 처치효과를 추정합니다. 앞서 우리는 성향점수를 추정한 후 이를 활용하여 IPTW라는 가중치를 도출했습니다. 그렇다면 IPTW 가중치를 이용하면 처치집단과 통제집단 사이의 공변량들을 균형성 있게 조정할 수 있을지 점검해봅시다.

공변량 균형성 점검에서는 성향점수와 성향점수를 추정할 때 사용했던 공변량들을 대상으로 처치집단과 통제집단 사이의 '평균차이(mean difference)'와 '분산비(variance ratio)'를 비교합니다. 이상적인 조건이라면 IPTW를 반영한 후 처치집단과 통제집단 사이의 공변량 평균차이는 '0'이며 분산비는 '1'이 됩니다. 그러나 실제로 0의 평균차이와 1의 분산비가 나오는 경우는 극히 드뭅니다.

일반적인 PSW에서는 다음과 같은 기준에 따라 공변량 균형성을 점검합니다. 첫째, 성향점수와 공변량들을 모두 표준화시킵니다. 표준화 변환을 적용하는 이유는 각각의 공변량의 측정단위가 서로 다르기 때문에, 표준화 변환을 적용하지 않으면 일관된 평균차이 혹은 분산비 기준을 적용할 수 없기 때문입니다. 둘째, 각 공변량과 성향점수에 대해 IPTW를 가중치로 부여한 평균과 분산을 계산합니다. 셋째, 각 공변량과 성향점수에 대해 처치집단과 통제집단 사이의 평균차이와 분산비를 계산합니다. 끝으로 사전결정된 평균차이 및 분산비 역치(threshold)를 기준으로 공변량 균형성 여부를 평가합니다.

첫 번째부터 세 번째까지의 단계에 대해서는 큰 논란이 없습니다. 문제는 마지막 단계, 즉 공변량 균형성이 달성되었는지 여부를 평가하는 단계에서는 연구자들마다 의견이 엇갈립니다. 성향점수분석 기법이 개발되던 초창기의 경우 독립표본 티테스트(independent sample *t*-test)를 이용해 처치집단과 통제집단 사이의 균형성을 점검하기도 했지만, 최근에는 이 방식을 더 이상 사용하지 않고 있습니다(Imai et al., 2008; Morgan & Winship, 2015; Williamson et al., 2012). 왜냐하면 표본크기에 따라 독립표본 티테스트의 통계적 유의도가 크게 달라지기 때문입니다.

일반적으로 사용되는 용인 가능한 평균차이(절댓값 기준) 역치는 0.10 혹은 0.25이며, 용인 가능한 분산비 범위는 0.5~2.0입니다. 다시 말해 처치집단과 통제집단 사이의 성향점수 및 공변량의 평균차이(절댓값 기준)가 0.10이나 0.25보다 작거나, 분산비가 0.5~2.0 사이에 존재한다면 공변량 균형성이 달성되었다고 평가합니다. 여기서는 이 기준들을 이용해 공변량 균형성 달성 여부를 평가하겠습니다.

이제 공변량 균형성 달성 여부를 살펴보겠습니다. IPTW를 가중부여한 평균과 분산을 계산하기 위해 Hmisc 패키지의 wtd.mean() 함수와 wtd.var() 함수를 사용하였습니다. 이 함수들은 변수 벡터 x와 가중치 벡터 weights를 wtd.*(x, weights)와 같이 투입하여 가중평균 및 가중분산을 계산할 수 있습니다. 예를 들어 공변량 V1의 균형성 달성 여부를 살펴보는 과정은 다음과 같습니다. 우선 점검 대상이 되는 공변량을 표준화시킵니다.

```
> # 공변량 균형성 점검
> # 공변량 표준화
> mydata$V1S=(mydata$V1-mean(mydata$V1))/sd(mydata$V1)
```

다음으로 IPTW를 적용하기 이전 처치집단과 통제집단의 평균차이와, IPTW를 적용한 이후 두 집단의 평균차이를 살펴봅시다.

```
> # IPTW적용 전과 적용 후 평균차이 비교
> mean(mydata$V1S[mydata$treat==1])-mean(mydata$V1S[mydata$treat==0])
[1] 0.2604596
> wtd.mean(mydata$V1S[mydata$treat==1],mydata$Wate[mydata$treat==1])-
+ wtd.mean(mydata$V1S[mydata$treat==0],mydata$Wate[mydata$treat==0])
[1] -0.05145972
```

위의 결과에서 잘 나타나듯 IPTW를 적용하기 이전에는 두 집단의 평균차이가 0.26이었지만, IPTW를 적용한 후에는 평균차이가 −0.05로 절댓값을 기준으로 대폭 감소한 것을 알 수 있습니다. 앞서 소개한 통상적인 평균차이(절댓값 기준) 역치(0.10 혹은 0.25)보다 작은 것을 확인할 수 있습니다.

다음으로 처치집단과 통제집단 사이의 분산비를 살펴봅시다.

```
> # IPTW 적용전과 적용 후 분산비 비교
> var(mydata$V1S[mydata$treat==1])/var(mydata$V1S[mydata$treat==0])
[1] 1.08941
> wtd.var(mydata$V1S[mydata$treat==1],mydata$Wate[mydata$treat==1])/
+ wtd.var(mydata$V1S[mydata$treat==0],mydata$Wate[mydata$treat==0])
[1] 1.139132
```

위의 결과를 보면 IPTW를 적용하기 전이나 후에나 두 집단 사이의 분산비는 약 1.00으로 안정된 것을 알 수 있습니다. 즉 앞서 소개한 통상적인 분산비 범위 0.5~2.0을 벗어나지 않는 것을 확인할 수 있습니다.

위의 결과를 통해 우리는 처치집단과 통제집단 사이에 공변량 V1의 균형성이 존재한다는 것을 확인할 수 있습니다. 위의 과정을 다른 두 공변량 V2, V3와 성향점수에도 적용하기 위해 아래와 같은 이용자정의 함수(user-defined function)를 생성하였습니다. 정의된 balance_check_PSW() 함수를 이용해 공변량 V2, V3와 성향점수의 균형성을 점검한 결과는 아래와 같습니다.

```
> # 균형성 점검을 위한 이용자함수 설정
> balance_check_PSW=function(var_treat,var_cov,var_wgt){
+ std_var_cov=(var_cov-mean(var_cov))/sd(var_cov)
+ simple_M1=mean(std_var_cov[var_treat==1])
+ simple_M0=mean(std_var_cov[var_treat==0])
+ simple_V1=var(std_var_cov[var_treat==1])
+ simple_V0=var(std_var_cov[var_treat==0])
+ wgted_M1=Hmisc::wtd.mean(x=std_var_cov[var_treat==1],weights=var_wgt[var_treat==1])
+ wgted_M0=Hmisc::wtd.mean(x=std_var_cov[var_treat==0],weights=var_wgt[var_treat==0])
+ wgted_V1=Hmisc::wtd.var(x=std_var_cov[var_treat==1],weights=var_wgt[var_treat==1])
+ wgted_V0=Hmisc::wtd.var(x=std_var_cov[var_treat==0],weights=var_wgt[var_treat==0])
```

```
+   B_wgt_Mdiff=simple_M1-simple_M0
+   B_wgt_Vratio=simple_V1/simple_V0
+   A_wgt_Mdiff=wgted_M1-wgted_M0
+   A_wgt_Vratio=wgted_V1/wgted_V0
+   balance_index=tibble(B_wgt_Mdiff,A_wgt_Mdiff,
+                            B_wgt_Vratio,A_wgt_Vratio)
+   balance_index
+ }
> # 성향점수와 공변량의 균형성 점검
> # balance_check_PSW(mydata$treat,mydata$V1,mydata$Wate) # 앞에서 확인함
> balance_check_PSW(mydata$treat,mydata$V2,mydata$Wate)
# A tibble: 1 x 4
  B_wgt_Mdiff A_wgt_Mdiff B_wgt_Vratio A_wgt_Vratio
        <dbl>       <dbl>        <dbl>        <dbl>
1       0.160      0.0454         1.02        0.999
> balance_check_PSW(mydata$treat,mydata$V3,mydata$Wate)
# A tibble: 1 x 4
  B_wgt_Mdiff A_wgt_Mdiff B_wgt_Vratio A_wgt_Vratio
        <dbl>       <dbl>        <dbl>        <dbl>
1       0.330      0.0775        0.917        0.809
> balance_check_PSW(mydata$treat,mydata$pscore,mydata$Wate)
# A tibble: 1 x 4
  B_wgt_Mdiff A_wgt_Mdiff B_wgt_Vratio A_wgt_Vratio
        <dbl>       <dbl>        <dbl>        <dbl>
1       0.677      0.0325         1.47        0.940
```

  IPTW 적용 이전(B_로 시작하는 수치)과 비교해 적용 이후(A_로 시작하는 수치)의 결과
는 다음과 같습니다. 처치집단과 통제집단 사이의 평균차이의 경우 V2는 0.05, V3는 0.08,
성향점수는 0.03으로 나타났으며, 이들은 모두 평균차이(절댓값 기준) 역치인 0.10보다 작
은 값입니다. 또한 두 집단의 분산비의 경우 V2는 1.00, V3는 0.81, 성향점수는 0.94로 모
두 용인 가능한 분산비 범위인 0.5~2.0 사이에 놓이는 것을 알 수 있습니다.

  즉 우리가 산출한 IPTW를 이용하면 처치집단과 통제집단 사이의 공변량 균형성이 달
성된다고 결론 내릴 수 있습니다.

공변량 균형성이 달성된 것을 확인하였으니 이제 PSW 기법을 이용한 처치효과를 추정해 보겠습니다. 처치효과를 추정하는 방법은 상대적으로 간단합니다. 추정하고 싶은 효과추정치에 맞는 IPTW를 가중한 일반화선형모형(GLM, generalized linear model)을 추정하면 됩니다. 다시 말해 종속변수의 분포가 정규분포를 띤다고 가정할 수 있으면 OLS 회귀 분석을 실시하고, 만약 종속변수가 이분변수나 범주형 변수와 같은 형태라면 이에 맞는 링크함수를 설정한 GLM을 실행하면 됩니다. ATE를 추정하려면 $iptw^{ATE}$를, ATT를 추정하려면 $iptw^{ATT}$를, ATC를 추정하려면 $iptw^{ATC}$를 가중치로 지정한 후 GLM을 실시하고, 추정결과로 얻은 원인변수의 회귀계수를 처치효과로 사용하면 됩니다.

그러나 효과추정치의 통계적 유의도를 테스트하는 방법은 연구자마다 조금 다릅니다. 여기서는 R base 내장함수를 이용한 모수통계기법과 Zelig 패키지의 내장함수를 이용한 비모수통계기법 두 가지를 소개하겠습니다. 먼저 모수통계기법은 아래와 같습니다. 예시데이터의 결과변수 y는 연속형 변수이기 때문에 여기서는 정규분포를 가정한 lm() 함수를 사용하여 처치효과를 추정하였습니다. 우선 세 효과추정치 중 ATE를 먼저 추정한 후, 추정된 ATE의 95% 신뢰구간(CI, confidence interval)을 추정한 결과는 아래와 같습니다.

```
> lm(y~treat+V1+V2+V3,mydata,weights=Wate)$coef['treat'] #ATE
  treat
1.045059
> lm(y~treat+V1+V2+V3,mydata,weights=Wate) %>%
+ confint("treat") #ATE, 95% CI
           2.5%     97.5%
treat 0.9141558 1.175963
```

ATE의 점추정치는 1.05이며, ATE의 95% 신뢰구간은 (0.91, 1.18)인 것으로 나타났습니다. 이번 장을 시작할 때 말씀드렸듯이 현재 데이터는 저희들이 시뮬레이션한 것입니다. 결과에서 잘 나타나듯, 추정된 ATE는 시뮬레이션에서 상정했던 모수를 매우 정확하게 반영하고 있습니다.

다음으로 나머지 효과추정치들(ATT, ATC)도 추정한 후 비교해보겠습니다.

```
> # 효과추정치 정리
> ate=c(lm(y~treat+V1+V2+V3,mydata,weights=Wate)$coef['treat'],
+       lm(y~treat+V1+V2+V3,mydata,weights=Wate) %>% confint("treat"))
> att=c(lm(y~treat+V1+V2+V3,mydata,weights=Watt)$coef['treat'],
+       lm(y~treat+V1+V2+V3,mydata,weights=Watt) %>% confint("treat"))
> atc=c(lm(y~treat+V1+V2+V3,mydata,weights=Watc)$coef['treat'],
+       lm(y~treat+V1+V2+V3,mydata,weights=Watc) %>% confint("treat"))
> estimands_psw=data.frame(rbind(ate,att,atc))
> names(estimands_psw)=c("PEst","LL95","UL95")
> estimands_psw %>% select(LL95,PEst,UL95) %>% round(3)
     LL95 PEst UL95
ate 0.914 1.045 1.176
att 1.317 1.510 1.703
atc 0.855 0.986 1.116
```

위의 추정결과를 보면 ATT는 1.51, 95% 신뢰구간은 (1.32, 1.70), ATC는 0.99, 95% 신뢰구간은 (0.86, 1.12)로 시뮬레이션을 시작할 때 상정했던 모수들을 매우 잘 추정하는 것을 알 수 있습니다.

모수통계기법으로 추정한 효과추정치들은 다음과 같이 해석할 수 있습니다.

- ATT(처치집단 대상 평균처치효과): 처치집단에 속한 사례들에서 나타난 평균처치효과는 1.51이었으며, 이 평균처치효과의 95% 신뢰구간은 0을 포함하지 않기 때문에 이 처치효과는 통계적으로 유의미한 효과다. ATT는 원인처치를 받은 집단에서 나타날 것으로 기대할 수 있는 처치효과를 뜻한다.
- ATC(통제집단 대상 평균처치효과): 통제집단에 속한 사례들에서 나타난 평균처치효과는 0.99였으며, 이 평균처치효과의 95% 신뢰구간은 0을 포함하지 않기 때문에 이 처치효과는 통계적으로 유의미한 효과다. ATC는 원인처치를 받지 않은 집단이 만약 원인처치를 받았다면 나타날 것으로 기대할 수 있는 처치효과다.
- ATE(전체집단 대상 평균처치효과): 처치집단과 통제집단을 모두 포괄한 전체표본에서 나

타난 평균처치효과는 1.05였으며, 이 평균처치효과의 95% 신뢰구간은 0을 포함하지 않기 때문에 이 처치효과는 통계적으로 유의미한 효과다. ATE는 표본에 포함될 수 있는 모든 사례를 대상으로 기대할 수 있는 처치효과를 뜻한다.

이제는 비모수통계기법을 이용해서 ATT, ATC, ATE의 효과추정치를 추정해보겠습니다. 비모수통계기법을 적용하기 위해 Zelig라는 이름의 R 패키지를 이용하였습니다. Zelig 패키지 주요 함수들의 사용방법에 대해서는 4장에서도 간략하게 소개한 바 있습니다. Zelig 패키지를 이용하여 비모수통계기법을 실시하는 과정은 크게 3단계입니다. 첫 번째는 zelig() 함수를 이용하여 통계치 추정을 위한 모형을 설정하는 단계입니다. 두 번째는 setx() 함수를 이용해 연구자가 살펴보고자 하는 원인변수의 조건을 설정하는 단계입니다. 현재 데이터에서 처치효과를 추정하기 위해 처치집단(treat=1)과 통제집단(treat=0) 조건을 각각 설정하였습니다. 세 번째는 setx() 함수로 설정된 조건에 따라 sim() 함수를 이용해 재표집을 실시하는 단계입니다. 여기서 저희는 재표집수를 1만 번으로 설정하였습니다. 이제 끝으로 총 1만 개의 효과추정치들을 이용해 95% 신뢰구간과 점추정치를 계산하였습니다. Zelig 패키지의 부속함수들을 이용하여 비모수통계기법으로 추정한 ATE의 점추정치와 95% 신뢰구간은 다음과 같습니다.

```
> #비모수통계기법으로 효과추정치 추정
> # ATE 추정
> set.seed(1234) #동일한 결과를 얻고자 한다면....
> z_model=zelig(y~treat+V1+V2+V3,data=mydata,model='ls', #'ls'는 OLS를 의미함
+                 weights="Wate",cite=FALSE)
> x_1=setx(z_model,treat=1,data=mydata)
> x_0=setx(z_model,treat=0,data=mydata)
> s_1=sim(z_model,x_1,num=10000)
> s_0=sim(z_model,x_0,num=10000)
> EST_ate=get_qi(s_1,"ev")-get_qi(s_0,"ev")
> summary_est_ate=tibble(
+ LL95=quantile(EST_ate,p=c(0.025)),
+ PEst=quantile(EST_ate,p=c(0.500)),
+ UL95=quantile(EST_ate,p=c(0.975)),
+ estimand="ATE",model="Propensity score weighting"
+ )
> summary_est_ate
```

```
# A tibble: 1 x 5
  LL95  PEst  UL95 estimand model
  <dbl> <dbl> <dbl> <chr>    <chr>
1 0.916  1.04  1.18 ATE      Propensity score weighting
```

위의 추정결과에서 ATE의 점추정치는 1.04이며, 95% 신뢰구간은 (0.92, 1.18)로 나타났습니다. 이 결과와 모수통계기법으로 추정한 결과[점추정치 1.05, 95% 신뢰구간 (0.91, 1.18)]를 비교해보면 두 결과가 거의 유사한 것을 발견할 수 있습니다.

이제 ATT와 ATC도 비슷한 방법으로 추정해보겠습니다. 각 효과추정치에 맞추어 가중치 옵션(weights=)을 다르게 지정하면 됩니다.

```
> # ATT 추정
> set.seed(1234)  # 동일한 결과를 얻고자 한다면....
> z_model=zelig(y~treat+V1+V2+V3,data=mydata,model='ls', #'ls'는 OLS를 의미함
+                weights="Watt",cite=FALSE)
> x_1=setx(z_model,treat=1,data=mydata)
> x_0=setx(z_model,treat=0,data=mydata)
> s_1=sim(z_model,x_1,num=10000)
> s_0=sim(z_model,x_0,num=10000)
> EST_att=get_qi(s_1,"ev")-get_qi(s_0,"ev")
> summary_est_att=tibble(
+   LL95=quantile(EST_att,p=c(0.025)),
+   PEst=quantile(EST_att,p=c(0.500)),
+   UL95=quantile(EST_att,p=c(0.975)),
+   estimand="ATT",model="Propensity score weighting"
+ )
> # ATC 추정
> set.seed(1234)  # 동일한 결과를 얻고자 한다면....
> z_model=zelig(y~treat+V1+V2+V3,data=mydata,model='ls',
+                weights="Watc",cite=FALSE)
> x_1=setx(z_model,treat=1,data=mydata)
> x_0=setx(z_model,treat=0,data=mydata)
> s_1=sim(z_model,x_1,num=10000)
> s_0=sim(z_model,x_0,num=10000)
> EST_atc=get_qi(s_1,"ev")-get_qi(s_0,"ev")
> summary_est_atc=tibble(
+   LL95=quantile(EST_atc,p=c(0.025)),
```

```
+   PEst=quantile(EST_atc,p=c(0.500)),
+   UL95=quantile(EST_atc,p=c(0.975)),
+   estimand="ATC",model="Propensity score weighting"
+ )
> # 3가지 효과추정치(estimands) 통합
> PSW_estimands=bind_rows(
+   summary_est_att,summary_est_atc,summary_est_ate
+ )
> PSW_estimands
# A tibble: 3 x 5
    LL95  PEst  UL95 estimand model
   <dbl> <dbl> <dbl> <chr>    <chr>
1  1.32  1.51  1.70 ATT      Propensity score weighting
2 0.858 0.986  1.12 ATC      Propensity score weighting
3 0.916  1.04  1.18 ATE      Propensity score weighting
```

비모수통계기법으로 얻은 ATT, ATC 역시 모수통계기법으로 얻은 ATT, ATC와 큰 차이가 없습니다. 또한 비모수통계기법으로 추정한 효과추정치들을 해석하는 방법은 앞서 모수통계기법으로 얻은 효과추정치를 해석하는 방법과 동일합니다. 이에 세 가지 효과추정치에 대한 별도의 해석을 제시하지는 않았습니다. 대신 세 가지 효과추정치를 시각화한 그래프를 [그림 5-1]과 같이 제시해보았습니다.

```
> # 시각화
> PSW_estimands %>%
+   ggplot(aes(x=estimand,y=PEst))+
+   geom_point(size=3)+
+   geom_errorbar(aes(ymin=LL95,ymax=UL95),width=0.1,lwd=1)+
+   labs(x="Estimands",y="Estimates, 95% Confidence Interval")+
+   coord_cartesian(ylim=c(0.5,2.5))+
+   theme_bw()+
+   ggtitle("propensity score weighting")
```

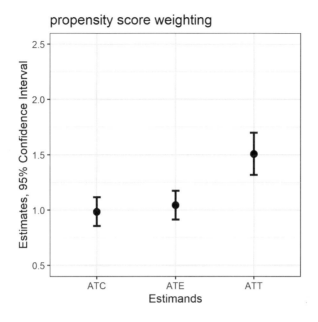

[그림 5-1] 비모수통계기법으로 추정한 처치효과들(ATT, ATE, ATC)

현재 여기서 PSW 기법을 적용한 데이터는 시뮬레이션된 데이터입니다. 따라서 우리는 '모수들'이 어떤 값을 갖는지 이미 알고 있으며, 또한 앞에서 추정한 세 가지 효과추정치가 시뮬레이션에서 가정한 모수들을 매우 잘 반영한다는 것도 알고 있습니다. 그러나 실제 데이터의 경우 모수는 추정의 대상일 뿐, 그 참값은 알려지지 않았습니다. 따라서 모수는 추정된 결과의 타당성을 판단하는 기준으로 사용될 수 없습니다. 특히 원인-결과의 인과관계에 대한 교란변수들(confounders)에 무엇이 있는지, 그리고 이들을 모두 성공적으로 공변량으로 측정할 수 있는지 확신할 수 없습니다. 교란효과를 일으킬 수도 있는 변수들이 누락되어 생기는 편향, 즉 '누락변수편향'이 얼마나 심각한지를 평가하며, 처치효과가 누락변수편향에 대해 얼마나 강건한지(robust) 평가하는 기법이 바로 민감도분석입니다.

　본서에서 소개할 민감도분석 기법은 두 가지입니다. 한 가지는 이번 장에서 소개한 PSW와 관련하여 카네기·하라다·힐(Carnegie, Harada, & Hill, 2016)의 민감도분석이며,

다른 한 가지는 다음 장부터 소개할 성향점수매칭(PSM, propensity score matching) 기법에서 흔히 사용되는 로젠바움(Rosenbaum, 2007, 2015)의 민감도분석입니다. 두 가지 민감도분석 기법 모두 누락변수편향의 발생 가능성을 다루지만 사용할 수 있는 성향점수분석 기법의 맥락이 조금 다릅니다. 로젠바움의 민감도분석은 성향점수매칭 기법인 경우에만 사용할 수 있지만, 카네기·하라다·힐의 민감도분석 기법은 주로 사용되는 성향점수가중 기법 외에도 다른 성향점수분석 기법에서도 사용할 수 있습니다. 분석기법의 범용성이라는 점에서 카네기·하라다·힐의 민감도분석기법이 로젠바움의 민감도분석기법보다 낫다고 생각합니다만, 로젠바움의 민감도분석기법이 상대적으로 더 유명하고 무엇보다 분석결과 해석이 수월합니다.

카네기·하라다·힐의 민감도분석 기법에서는 [그림 5-2]와 같이 원인변수와 결과변수의 인과관계를 교란시킬 수 있는 가상의 '누락변수(U, unobserved variable)'를 상정합니다. 만약 U가 교란효과를 일으킨다고 가정할 수 있다면, 누락변수가 원인처치 배치에 미치는 효과(ζ^T)와 누락변수가 결과변수에 미치는 효과(ζ^Y)가 나타나게 될 것입니다.[2]

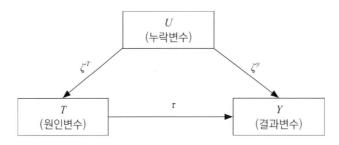

[그림 5-2] 카네기·하라다·힐의 민감도분석

카네기·하라다·힐의 민감도분석에서는 여러 가지 ζ^T과 ζ^Y들의 조건에서 처치효과 τ가 어떻게 변하는지를 살펴봅니다. 예를 들어 만약 매우 작은 ζ^T과 ζ^Y들을 상정했을 때 처치효과 τ가 0과 별반 다르지 않은 값이 나왔다고 가정해봅시다. 이는 우리가 얻은 처치효과 τ가 바로 조그마한 누락변수편향에도 쉽게 사라질 정도로 강건하지 못하다는 방증

---

2 카네기 등(Carnegie et al., 2016)의 경우 원인변수를 Z로 표기하였으며, 누락변수가 원인변수 배치에 미치는 효과는 ζ^Z로 표기하였습니다.

입니다. 반대로 매우 큰 값의 ζ^T과 ζ^Y들을 상정했을 때만 0과 유사한 처치효과 τ를 얻었다고 가정해보죠. 이런 경우에는 아주 극단적인, 다시 말해 비현실적일 정도로 존재하기 어려운 누락변수편향을 가정하지 않는다면 우리가 얻은 처치효과 τ가 여전히 유효하다는 것을 의미합니다.

카네기·하라다·힐의 민감도분석 결과에서는 세 가지 결과가 제시됩니다. 첫째, 처치효과가 사라지는, 즉 $\tau=0$이 되는 지점의 ζ^T과 ζ^Y 값들을 보고합니다. 둘째, 처치효과에 대한 통계적 유의도 테스트 대안가설($\tau \neq 0$)을 받아들이기 어려운 지점의 ζ^T과 ζ^Y 값들을 보고합니다. 셋째, ζ^T과 ζ^Y 값들에 따라 추정되는 처치효과 τ의 값들을 보고합니다. 카네기·하라다·힐의 민감도분석에서는 $\tau=0$일 경우의 ζ^T과 ζ^Y 값과 $\tau \neq 0$을 받아들이기 어려운 지점의 ζ^T과 ζ^Y 값, 그리고 지정된 ζ^T과 ζ^Y 값들에 따라 추정되는 τ의 값을 산출하기 위해 비모수통계기법(nonparametric approach)을 사용합니다.

이제 카네기·하라다·힐의 민감도분석을 실시해보겠습니다. treatSens 패키지의 treatSens() 함수를 사용하면 됩니다. 우선 추정된 ATE에 대한 카네기·하라다·힐의 민감도분석을 실시해봅시다.

```
> SA_PSW_ATE=treatSens(y~treat+V1+V2+V3,
+                      trt.family=binomial(link='probit'), #이분변수인 경우 현재 유일하게 제공되는 옵션
+                      grid.dim=c(7,5),  # zeta_T를 7개, zeta_Y를 5개 (3번째 결과물)
+                      nsim=20,        # 재표집 횟수
+                      standardize=FALSE,  # 누락변수의 효과는 비표준화 회귀계수로
+                      data=mydata,weights=mydata$Wate) # IPTW 부여
model.matrix.default(mt, mf, contrasts)에서 경고가 발생했습니다 :
 non-list contrasts argument ignored
경고: glm.fit: fitted probabilities numerically 0 or 1 occurred
[이후에 제시되는 경고는 제시하지 않았음]
```

우선 treatSens() 함수의 옵션들에 대해 말씀드리겠습니다. 첫 번째 줄의 공식은 처치효과를 추정할 때 사용한 공식입니다. 두 번째 줄의 trt.family 옵션은 원인변수의 분포를 가정한 것입니다. 처치집단과 통제집단으로 구성된 이분변수이며, 현재 treatSens 패키지(version 3.0)에서 이분변수에 대해 제시하는 유일한 링크함수는 프로빗 함수입니다. 세 번째 줄의 grid.dim 옵션에서는 세 번째 출력결과에서 ζ^T과 ζ^Y 값들을 어떻게 가

정할 것인가를 다루고 있습니다. c(7,5)라는 의미는 ζ^T의 개수를 7개, ζ^Y의 개수를 5개 상정한다는 의미입니다. 네 번째 줄의 nsim 옵션은 ζ^T과 ζ^Y를 추정하기 위해 재표집하는 횟수를 의미합니다. 디폴트값은 20이지만 필요하다면 더 큰 값을 입력할 수 있습니다(단, 분석에 소요되는 시간이 증가합니다). 다섯 번째 줄의 standardize=FALSE의 의미는 ζ^T과 ζ^Y을 보고할 때 비표준화 회귀계수의 형태로 보고하라는 의미입니다. 끝으로 weights 옵션의 경우 효과추정치에 맞는 IPTW를 부여하면 됩니다(한 가지 주의할 점은 변수 이름이 아니라 별도의 벡터로 지정해야 합니다).

treatSens() 함수를 실행하면 경고들이 계속 나타납니다. 여기에 나타나는 경고는 일단 신경 쓰지 않아도 큰 문제는 없습니다. 경고문구가 이야기하는 것은 가정된 누락변수가 원인처치 배치과정에 미치는 효과를 추정하는 과정에서 얻은 예측확률이 0 혹은 1의 값이 나타나기도 했다는 뜻입니다. 확률은 이론상 0과 1 사이의 값을 가지므로 예측확률값 역시 0보다 크지만 1보다는 작은 값이 나와야 합니다. 그러나 nsim 옵션이 암시하듯 이론적으로 나올 수 없는 값(0 혹은 1)이 데이터에 따라 나타나기도 합니다.

이제 treatSens() 함수 출력결과를 살펴봅시다. 결과는 다음과 같이 세 부분으로 보고됩니다.

```
> summary(SA_PSW_ATE)
Coefficients on U where tau=0:
     Y      Z
 2.062 -1.772
 1.956 -1.900
 2.062 -2.363


Coefficients on U where significance level 0.05 is lost:
     Y      Z
 2.058 -2.850
 1.827 -1.900
 2.062 -1.627


Estimated treatment effects
          -2.85   -1.9  -0.95      0   0.95    1.9   2.85
      0   1.045  1.045  1.045  1.045  1.045  1.045  1.045
  0.516   1.354  1.334  1.242  1.044  0.841  0.749  0.730
  1.031   1.659  1.621  1.437  1.047  0.623  0.450  0.415
```

```
1.547   1.965   1.882   1.637   1.096   0.365    0.170    0.098
2.062   2.287   2.211   1.948   1.304   0.085   -0.162   -0.230
```

첫 번째 결과(Coefficients on U where tau=0: 부분)는 $\tau=0$이 되는 조건의 ζ^T과 ζ^Y입니다. 여기서 Y 세로줄의 결과는 ζ^Y를, Z 세로줄의 결과는 ζ^T를 나타냅니다. 다시 말해 결과변수에 약 2.00 정도의 영향력을 행사하며(Y 세로줄 결과 2.06, 1.96, 2.06 확인), 원인처치 배치과정에 약 $-2.36 \sim -1.77$ 정도의 영향력을 행사하는(Z 세로줄의 결과) 누락변수를 가정한다면 우리가 얻은 τ는 0이 됩니다.

두 번째 결과(Coefficients on U where significance level 0.05 is lost: 부분)는 $\tau \neq 0$라는 대안가설을 더 이상 받아들이기 힘든 조건의 ζ^T와 ζ^Y입니다. 해석 방법은 첫 번째 결과에 대한 해석과 동일합니다. 즉 결과변수에 약 2.00 정도의 영향력을 행사하며 (Y 세로줄 결과), 원인배치 처치과정에 약 $-2.85 \sim -1.63$ 정도의 영향력을 행사하는(Z 세로줄의 결과) 누락변수를 가정한다면 처치효과는 $\tau=0$이라는 귀무가설을 채택하게 됩니다.

마지막 결과(Estimated treatment effects 부분)는 `treatSens()` 함수의 `grid.dim` 옵션에서 지정된 개수의 ζ^T와 ζ^Y 조건들을 교차시켰을 때 τ의 값이 어떻게 나타나는지를 보여주는 결과입니다. 출력결과의 첫 가로줄인 -2.85 -1.9 -0.95 0 0.95 1.9 2.85는 ζ^T의 7개 조건이며, 출력결과의 첫 세로줄인 0 0.516 1.031 1.547 2.062는 ζ^Y의 5개 조건입니다. 이 조건들은 위에서 추정한 극단치들을 이용해 ζ^T와 ζ^Y의 격자점으로 선택된 값들입니다.[3] 마지막 결과물은 이 조건들을 교차시켰을 때 얻을 수 있는 총 35개의 τ값입니다.

결과들이 많습니다만 위의 결과들을 종합하면 다음과 같은 결론을 얻을 수 있을 것입니다. "우리가 얻은 ATE 1.04(95% 신뢰구간 0.92, 1.18)는 다음과 같은 조건에서는 더 이상 통계적으로 유의미하다고 보기 어렵다. 어떤 누락변수가 존재한다고 가정할 때, 이 누락변수의 1단위 변화가 결과변수는 약 2.00만큼 증가시키고, 누락변수가 존재하지 않을 때에

---

3 예를 들어 ζ^Y의 경우, 0부터 앞서 1단계와 2단계에서 추정한 최댓값 2.062까지로 범위가 설정됩니다(즉 U는 Y에 양(+)의 효과를 주는 누락변수라고 가정됩니다). 마찬가지로 ζ^T의 경우, 1단계와 2단계에서 추정한 극단치 -2.85를 기준으로 $(-2.85, 2.85)$라는 범위를 정합니다. 그런 다음 각각의 범위로부터 간격이 동일하게 ζ^Y는 7개, ζ^T는 5개 값을 계산합니다. 이처럼 프로빗 함수에 대해서는 통상적인 유의수준 $\alpha=.05$를 만족시키는 $\pm 2(Z_{0.025} \approx 1.96)$에 가깝도록 범위를 선정합니다.

비해 누락변수가 존재할 때 사례가 처치집단에 배치될 가능성을 약 48%가량 감소시켜야

만[4] ATE=1.04(95% 신뢰구간 0.92, 1.18)는 통계적으로 더 이상 유의미하지 않게 된다. 그

러나 이렇게 강한 교란효과를 갖는 누락변수가 존재할 수 있을지 상상하기 어렵다는 점에

서 우리가 얻은 ATE 추정치는 통계적으로 유의미한 추정치라고 간주하는 것이 합당하

다."

ATE와 마찬가지로 추정된 ATT와 추정된 ATC에 대해 카네기·하라다·힐의 민감도

분석을 실시하면 아래와 같습니다.

```
> # ATT 대상 카네기.하라다.힐의 민감도분석
> SA_PSW_ATT=treatSens(y~treat+V1+V2+V3,
+                      trt.family=binomial(link='probit'),
+                      grid.dim=c(7,5),nsim=20,
+                      standardize=FALSE,
+                      data=mydata,
+                      weights=mydata$Watt)
model.matrix.default(mt, mf, contrasts)에서 경고가 발생했습니다 :
 non-list contrasts argument ignored
경고: glm.fit: fitted probabilities numerically 0 or 1 occurred
[이후에 제시되는 경고는 제시하지 않았음]
> summary(SA_PSW_ATT)
Sensitivity parameters where tau=0 could not be calculated.

Coefficients on U where significance level 0.05 is lost:
    Y     Z
1.925 2.850
1.985 2.628


Estimated treatment effects
     -2.85   -1.9  -0.95     0   0.95    1.9   2.85
  0  1.510  1.510  1.510  1.510  1.510  1.510  1.510
```

---

4 두 번째 결과에서 ζ^T의 값을 0이라고 가정했을 때와 −2.00 정도라고 가정했을 때, 처치집단 배치확률은 다음과 같
이 변합니다.

   `> pnorm(0,0,1)-pnorm(-2,0,1) # zeta_T (zeta_Z) 해석`

   `[1] 0.4772499`

```
0.496  1.815  1.788  1.695  1.507  1.312  1.209  1.189
0.993  2.118  2.032  1.850  1.515  1.122  0.912  0.859
1.489  2.388  2.260  1.963  1.586  0.991  0.597  0.513
1.985  2.772  2.520  2.159  1.653  0.702  0.223  0.106
```

```
> # ATC 대상 카네기.하라다.힐의 민감도분석
> SA_PSW_ATC=treatSens(y~treat+V1+V2+V3,
+                      trt.family=binomial(link='probit'),
+                      grid.dim=c(7,5),nsim=20,
+                      standardize=FALSE,
+                      data=mydata,
+                      weights=mydata$Watc)
model.matrix.default(mt, mf, contrasts)에서 경고가 발생했습니다 :
 non-list contrasts argument ignored
경고: glm.fit: fitted probabilities numerically 0 or 1 occurred
> summary(SA_PSW_ATC)
Coefficients on U where tau=0:
     Y      Z
 2.094 -1.704
 1.929 -1.900
 2.094 -2.622

Coefficients on U where significance level 0.05 is lost:
   Y      Z
 2.021 -2.850
 1.807 -1.900
 2.094 -1.563

Estimated treatment effects
          -2.85    -1.9   -0.95       0    0.95     1.9    2.85
      0   0.986   0.986   0.986   0.986   0.986   0.986   0.986
  0.523   1.293   1.277   1.180   0.992   0.783   0.688   0.667
  1.047   1.598   1.557   1.388   0.980   0.559   0.382   0.346
   1.57   1.896   1.835   1.604   1.017   0.283   0.081   0.017
  2.094   2.219   2.152   1.910   1.254  -0.009  -0.257  -0.325
```

추정된 ATT와 ATC에 대한 카네기·하라다·힐의 민감도분석 결과 역시 추정된 ATE에 대해 실시한 결과와 마찬가지 방식으로 해석할 수 있습니다. 즉 두 가지 효과추정치 모두 매우 강력한 교란효과를 발생시킨다고 가정해야만 하는 누락변수가 존재해야 효과추정치의 통계적 유의미성이 사라집니다.

끝으로 treatSens 패키지에서는 카네기·하라다·힐의 민감도분석 결과에 대한 시각화결과(구체적으로 마지막의 Estimated treatment effects 부분의 결과)를 시각화시키는 sensPlot() 함수를 제공하고 있습니다. ATC에 대한 카네기·하라다·힐의 민감도분석 결과를 시각화한 결과는 아래 [그림 5-3]과 같습니다. 시각화 결과를 해석하는 것은 어렵지 않습니다. $\zeta^T=0$이면서 $\zeta^Y=0$인 교차점에서 청색 선(처치효과의 통계적 유의도가 0.05보다 큰 값을 가지는 지점, 즉 귀무가설을 받아들이게 되는 지점) 혹은 붉은색 선(처치효과가 0이 되는 지점)에서 멀어질수록 누락변수편향에서 자유롭다고 볼 수 있습니다. 참고로 붉은색 십자가 표시는 공변량들입니다(즉, V1, V2, V3).

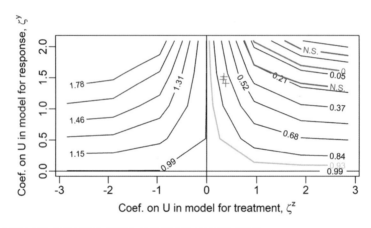

[그림 5-3] 추정된 ATC 대상 카네기·하라다·힐의 민감도분석 결과 시각화
※ 붉은색 십자가 표시는 공변량이 원인변수와 결과변수에 미치는 효과를 나타냄.

참고로 카네기·하라다·힐의 민감도분석에서의 표기방법과 본서의 표기방법이 조금 다릅니다. 즉 X축의 ζ^Z는 ζ^T를 의미하며, Y축의 response는 결과변수(outcome)를 의미합니다. 또한 붉은색 선(오른쪽 위)은 효과추정치(여기서는 ATC)가 0이 되는 지점을 의미하고, 청색 선은 효과추정치가 더 이상 통계적으로 유의미하지 않은 지점을 의미합니다. 숫자와 함께 표기된 선은 ζ^T와 ζ^Y 조건에서 얻을 수 있는 효과추정치를 뜻합니다.

이상으로 성향점수가중(PSW, propensity score weighting) 기법을 살펴보았습니다. PSW 기법의 진행과정은 다음과 같습니다.

첫째, 성향점수(propensity score)를 추정합니다. 여기서는 로지스틱 회귀분석을 사용하였으나 연구자가 가장 선호하는 혹은 연구자가 속한 학문분과에서 가장 선호하는 다른 성향점수 추정기법을 사용해도 무방합니다. 단 추정된 성향점수는 확률 형태여야 하며 선형로짓 형태의 성향점수는 사용할 수 없습니다.

둘째, 추정된 성향점수를 이용하여 처치역확률가중치(IPTW, inverse probability of treatment weight)를 계산합니다. 이때 연구자가 원하는 효과추정치(ATT, ATC, ATE)가 무엇인가에 따라 IPTW 공식을 다르게 적용해야 합니다.

셋째, 공변량 균형성을 점검합니다. 일반적으로 공변량과 성향점수를 표준화시킨 다음, IPTW를 가중한 후 처치집단과 통제집단 사이의 표준화된 공변량 및 성향점수의 평균 차이와 분산비를 점검합니다.

넷째, 공변량 균형성이 확보되었다면, 효과추정치 종류에 맞는 공식에 따라 계산된 가중치를 부여한 GLM을 이용하여 처치효과를 추정합니다.

다섯째, 추정된 처치효과가 누락변수편향에 대해 얼마나 강건한지에 대한 민감도분석(sensitivity analysis)을 실시합니다. 여기서는 카네기·하라다·힐(Carnegi, Harada, & Hill, 2016)의 민감도분석 기법을 적용한 후 그 결과를 어떻게 해석할 수 있는지 소개하였습니다.

6장

성향점수매칭 기법

1 개요

6장에서는 성향점수분석 기법들 중 두 번째로 성향점수매칭(PSM, propensity score matching) 기법을 살펴보겠습니다. 앞서 4장에서는 간단한 데이터를 대상으로 성향점수매칭(이하 PSM) 수계산을 진행하였고, 또한 여기서 집중적으로 설명할 MatchIt 패키지의 부속함수들을 사용하는 방법도 간단하게 살펴보았습니다. 이번 장에서는 다양한 PSM 기법과 이를 이해하기 위한 여러 개념들을 가급적 간단한 용어로 설명하고, PSM 기법을 시뮬레이션 데이터에 어떻게 적용할 수 있는지 살펴보겠습니다. PSM 과정 역시 본질적으로는 5장에서 소개했던 성향점수가중(PSW) 기법과 동일합니다. 다른 점이라면 PSW가 가중치를 이용해 처치집단과 통제집단의 공변량 균형성을 확보하는 반면, PSM에서는 처치집단 사례들과 유사한 통제집단 사례들을 매칭시키는 방식으로 공변량 균형성을 확보한다는 것입니다.

　　PSM 실습은 다음과 같은 순서로 진행하겠습니다. 첫째, 원인처치 배치과정을 추정하기 위한 공변량들을 확정하고, 연구자가 사용하고자 하는 형태의 성향점수를 선택한 후, 아울러 PSM 실행을 위한 여러 조건[매칭 알고리즘, 허용반경(caliper), 공통지지영역 이탈 사례 처리방법, 매칭될 통제집단 사례수의 고정여부, 매칭될 통제집단 사례수(1-to-k 매칭의 k값), 동일 사례 반복매칭 허용여부 등]을 설정합니다. 둘째, 매칭된 데이터를 도출한 후, 통제집단과 처치집단 사이의 공변량 균형성을 살펴봅니다. 셋째, 매칭된 데이터를 이용하여 세 가지 효과

추정치(ATT, ATC, ATE)를 추정합니다. 넷째, 로젠바움(Rosenbaum, 2015)의 민감도분석을 통해 추정된 처치효과가 '누락변수편향'에 어느 정도나 강건한지(robust) 점검합니다.

　　여기서 사용할 데이터 역시 시뮬레이션한 데이터(simdata.csv)입니다. 앞서 소개한 바 있지만, 5장의 성향점수가중 기법을 살피지 않고 바로 6장을 보시는 분도 있을 듯하여, 저희가 설정했던 시뮬레이션 조건들, 즉 모수들을 말씀드리겠습니다. 이를 통해 성향점수매칭(PSM) 기법이 과연 ATT, ATC, ATE를 적절하게 추정하는지 확인해보시기 바랍니다.

- 데이터의 표본은 $N = 1,000$이며, 결과변수는 y, 원인변수는 treat(처치집단은 1, 통제집단은 0), 공변량 변수들은 V1, V2, V3로 총 5개의 변수로 구성된다. 여기서 Rtreat는 원인변수 treat를 역코딩한 것이다(즉 treat 변수가 0이면 Rtreat 변수는 1, 그리고 treat 변수가 1이면 Rtreat 변수는 0이다. treat 변수는 ATT를 추정할 때, Rtreat 변수는 ATC를 추정할 때 사용하였다).
- 표본의 처치집단의 비율은 16%($n = 160$)로 나타났다. 즉 $\hat{\pi} = 0.16$이다.
- 효과추정치의 경우 ATT는 1.50, ATC는 1.00으로 설정하였고,
  ATE는 $\text{ATE} = \hat{\pi} \cdot \text{ATT} + (1 - \hat{\pi}) \cdot \text{ATC}$ 공식을 따랐다.

　　PSM 기법을 실습하기 위해 이번 장에서 사용할 R 패키지들은 tidyverse, Zelig, MatchIt, cobalt, sensitivitymw, sensitivityfull 여섯 가지입니다. 각 패키지에 대해서는 앞서 3장에서 간략하게 설명한 바 있습니다. library() 함수를 이용해 이들 패키지를 구동시킨 후 시뮬레이션 데이터를 불러오는 과정은 다음과 같습니다.

```
> library("tidyverse") #데이터관리 및 변수사전처리
> library("Zelig") #비모수접근 95% CI 계산
> library("MatchIt") #매칭기법 적용
> library("cobalt") #처치집단과 통제집단 균형성 점검
> library("sensitivitymw") #민감도 테스트 실시
> library("sensitivityfull") #민감도 테스트 실시(전체 매칭용)
> #데이터 소환
> setwd("D:/data")
> mydata=read_csv("simdata.csv")
Parsed with column specification:
cols(
 V1=col_double(),
 V2=col_double(),
```

```
  V3=col_double(),
  treat=col_double(),
  Rtreat=col_double(),
  y=col_double()
)
> mydata
# A tibble: 1,000 x 6
        V1       V2      V3  treat  Rtreat       y
     <dbl>    <dbl>   <dbl>  <dbl>   <dbl>   <dbl>
 1  -2.11     1.68   -1.18      1       0   -2.57
 2   0.248    0.279   1.36      1       0    5.50
 3   2.13    -0.0671 -0.825     1       0    3.15
 4  -0.415    1.24    1.04      1       0    3.57
 5  -0.280    0.292  -0.645     0       1   -1.49
 6   0.403    0.688  -0.659     0       1   -1.95
 7  -0.151    1.56    0.524     0       1    2.80
 8  -0.960    0.781   1.02      0       1    1.35
 9  -1.39     1.33    1.03      0       1    1.22
10   0.449    0.578  -1.44      0       1   -0.294
# ... with 990 more rows
```

2 성향점수매칭 실행

PSM 기법의 첫 번째 단계는 성향점수를 추정한 후, 처치집단과 통제집단 사이의 공통지지 영역을 점검하고, 이를 기반으로 처치집단 사례들과 동등하거나 혹은 동등하다고 볼 수 있을 정도로 유사한 통제집단 사례들을 찾는 매칭작업을 실행하는 것입니다. 개념적으로 말하자면 다소 간단하지만, 실제로 PSM을 실시할 때는 매우 다양한 조건들을 고려해야 합니다. PSM 기법들은 정말 다양하기 때문에 모든 옵션을 설명하는 것은 현실적으로 쉽지 않은 일입니다. 우선 PSM 기법과 관련하여 자주 등장하는 조건들에 대해 먼저 설명하겠습니다.

이번 장에서는 MatchIt 패키지의 matchit() 함수를 사용하여 PSM 작업을 실행하였기 때문에, matchit() 함수의 옵션들을 중심으로 PSM 작업에서 고려해야 할 주요 조건들이 무엇인지 소개하였습니다. matchit() 함수의 주요 옵션들은 아래의 [표 6-1]과 같습니다. 2020년 12월 이후 업데이트된 MatchIt 패키지(version 4.1.0 이후)의 matchit() 함수의 표현방식은 본서에 제시된 version 3.0.2의 matchit() 함수 표현방식과 조금 다릅니다. 만약 최근 버전 MatchIt 패키지를 설치하신 독자께서는 "MatchIt 패키지 업데이트로 인한 변경 내용"(p. 384)을 먼저 읽어보시고 여기의 내용을 살펴보시기 바랍니다.

[표 6-1] matchit() 함수의 옵션들로 본 PSM 작업을 위한 조건들

옵션이름	의미	선택지 및 예시
formula	성향점수 추정용 모형 정의. R base의 lm() 함수나 glm() 함수의 공식지정 방법과 동일함	예1) treat~V1+V2+V3 예2) treat~V1+V2+V3+V1:V2+V2:V3+V1:V3 (2원 상호작용효과 추정)
distance	PSM 작업에 사용하게 될 성향점수 종류와 형태	예1) distance="logit" 예2) distance="linear.logit" 예3) distance="mahalanobis" (여러 다른 형태의 옵션지정방식에 대해서는 MatchIt 매뉴얼 참조)
method	매칭작업에 사용하게 될 알고리즘	• 그리디 매칭: method="nearest" • 최적 매칭: method="optimal" • 전체 매칭: method="full" • 유전 매칭: method="genetic" (method="subclass"는 성향점수층화 기법에서 소개하고 method="cem"은 준-정확매칭 기법에서 소개하며, method="exact"의 경우 현실적으로 거의 사용되지 않는다는 점에서 다루지 않았음)
discard[1]	PSM 작업 중 공통지지영역을 벗어나는 사례들 처리방법	• 모두 포함: discard="none" • 모두 제외: discard="both" • 처치집단에서만 제외: discard="treat" • 통제집단에서만 제외: discard="control"
ratio[2]	처치집단 사례당 매칭되는 통제집단 사례 비율(정수형태로만 입력 가능)	예1) ratio=2 [일대이(1-to-2) 매칭]
caliper[2,3]	허용반경(처치집단 사례의 성향점수와 동등하다고 간주할 수 있는 통제집단 사례의 성향점수의 범위를 의미하며 성향점수의 표준편차로 설정됨)	예1) caliper=0.15 예2) caliper=0.25
replace[2,3]	동일사례의 반복매칭을 허용할지 여부	• 허용함: replace=TRUE • 불허함: replace=FALSE

※ [1] 표시 옵션은 최적 매칭 알고리즘, 전체 매칭 알고리즘을 사용한 경우 discard="none"만 지정 가능함.
  [2] 표시 옵션은 전체 매칭 알고리즘을 사용한 경우 지정할 수 없음.
  [3] 표시 옵션은 유전 매칭 알고리즘을 사용한 경우 지정할 수 없음.
  유전 매칭 알고리즘에서 사용되는 pop.size, distance.tolerance, ties 등에 대한 설명은 본문에 제시하였음. data 옵션의 경우 별도의 설명이 필요하지 않을 듯하여 제시하지 않음. verbose, distance.option, restimate, m.order, min.controls, max.controls 등의 옵션들은 과도하게 기술적인 내용을 다루고 있기에 별도로 설명을 제시하지 않았음.

[표 6-1]의 내용을 차례대로 설명하면 다음과 같습니다.

- **formula 옵션**: formula 옵션은 원인변수와 공변량들의 관계를 어떻게 모형화했는지를 정의한 것입니다. R base의 lm() 함수나 glm() 함수와 사용방법이 동일합니다. 여기서는 원인처치 배치과정을 세 공변량 V1, V2, V3의 주효과로 모형화하였습니다. 이를 위해서는 다음과 같이 formula 옵션을 지정하면 됩니다.

formula=treat~V1+V2+V3

만약 연구자가 2원 상호작용효과항들을 추가하고 싶다면 formula 옵션을 다음과 같이 재지정하면 됩니다.

formula=treat~V1+V2+V3+V1:V2+V1:V3+V2:V3

(혹은 formula=treat~V1*(V2+V3)+V2:V3)

별로 권장하지는 않지만, 모든 가능한 상호작용효과항을 고려하여 성향점수를 추정하고 싶다면 formula 옵션을 다음과 같이 재지정하면 됩니다.

formula=treat~V1*V2*V3

- **distance 옵션**: matchit() 함수에서는 정말 다양한 distance 옵션을 제공하고 있습니다. 우선 distance 옵션은 formula 옵션에서 정의된 모형을 통해 어떤 종류, 어떤 형태의 성향점수를 추정할지를 의미합니다. 매칭작업을 진행하기 위해서는 사례들 간 유사성을 측정하는 기준이 필요한데, matchit() 함수에서는 이를 '거리(distance)'라고 부릅니다. 즉 성향점수 또한 원인처치를 받은 사례와 원인처치를 받지 않은 사례들 사이 거리의 일종으로 생각할 수 있습니다. 앞서 2장에서 로지스틱 회귀모형을 이용하여 0~1의 범위를 갖는 추정확률 형태의 성향점수와 $-\infty \sim +\infty$의 범위를 갖는 선형 로짓 형태의 성향점수가 어떻게 다른지 간략하게 설명한 바 있습니다. 추정확률 형태의 성향점수를 사용할 경우 0에 가까운 성향점수값을 갖는 사례들 혹은 1에 가까운 성향

점수값을 갖는 사례들이 잘 분별되지 않을 수도 있다는 점을 감안하여, 여기서는 선형 로짓 형태의 성향점수를 사용하였습니다. 로지스틱 회귀모형을 기반으로 추정한 선형 로짓 형태의 성향점수를 지정하는 방법은 아래와 같습니다.

distance="linear.logit"

만약 추정확률 형태의 성향점수를 지정하고자 한다면 distance 옵션을 아래와 같이 바꾸면 됩니다.

distance="logit"

일반화선형모형(GLM)을 기반으로 성향점수를 추정하는 경우, 링크함수의 형태에 맞게 distance 옵션을 변형시키시면 됩니다. 예를 들어 프로빗 링크함수를 사용하는 경우는 distance="probit"과 같은 형태로 옵션을 바꾸면 됩니다. 가능한 distance 옵션들에 대한 자세한 설명은 MatchIt 패키지 매뉴얼을 참조하시기 바랍니다.

여기서 저희는 PSM 작업에 선형로짓 형태의 성향점수를 사용하였습니다. 그러나 PSM은 아니지만 PSM 기법과 밀접하게 관계된 '마할라노비스 거리점수(Mahalanobis distance score) 기반 매칭 기법'을 소개할 때는 distance="mahalanobis" 옵션을 사용하였습니다. 마할라노비스 거리점수기반 매칭 기법은 성향점수 대신 마할라노비스 거리점수라는 이름의 표본 내 두 사례 사이의 공변량들의 거리를 최소화시키는 방식을 통해 매칭작업을 실시합니다. 즉 성향점수를 사용하지 않고 마할라노비스 거리점수를 사용한다는 점이 다를 뿐, 매칭작업의 전반적 과정은 PSM과 동일합니다.

• **method 옵션**: method 옵션에서는 PSM 작업에 사용하게 될 알고리즘을 지정합니다. method 옵션에는 총 일곱 가지 선택지가 존재하지만, PSM 기법과 관련된 선택지들은 "nearest", "optimal", "full", "genetic" 총 네 가지입니다. "exact", "subclass", "cem"의 경우 PSM 기법들과는 조금 거리가 있습니다.
method 옵션의 선택지들 중 우선 PSM 기법이라고 분류하지 않은 세 가지 선택지를 살퍼봅시다. 첫째, "exact" 선택지는 '정확 매칭'을 의미합니다. '정확 매칭'은 처치집단 사례의 공변량들의 값이 완벽하게, 즉 정확하게, 일치하는 통제집단 사례를 찾아 매칭하는 기법입니다.[1] 매우 '정확'한 방법이지만, 현실성은 매우 낮습니다. 왜냐하면 공변량의 수가 많을수록, 특히 연속형 변수 형태의 공변량이 많을수록 '정확하게 공변량들의 값이 일치하는' 통제집단 사례를 찾아 매칭시키는 것이 불가능하기 때문입니다. 이러한 이유로 '정확 매칭'은 본서에서 아예 다루지 않았습니다. 둘째, "subclass" 선택지는 성향점수층화(propensity score subclassification) 기법에 사용합니다. 성향점수층화 기법에 대해서는 7장에서 자세하게 설명할 예정입니다. 셋째, "cem" 선택지는 준(準)-정확매칭 (CEM, coarsened exact matching) 기법에 사용합니다. 준-정확매칭에 대해서는 8장에서 자세하게 설명할 예정입니다.

이제 이번 장에서 다룰 네 가지 성향점수매칭 알고리즘을 차례대로 살펴보겠습니다. 첫째, "nearest" 선택지는 '그리디 매칭(greedy matching) 알고리즘'을 의미합니다. '그리디(greedy)'라는 단어는 '욕심 많은', '탐욕스러운' 등으로 번역할 수 있는 영어 형용사이며, 본서를 쓰면서 가장 번역하기 어려웠던 용어입니다. 매칭 알고리즘의 이름에 '탐욕스러운'이라는 형용사를 붙인 이유는 그리디 매칭 알고리즘은 처치집단 표본 전체의 매칭 수준보다는 처치집단 표본을 구성하는 개별 사례 각각의 매칭 수준에 초점을 맞추기 때문입니다. 아마도 '탐욕스러운'이라는 형용사를 붙인 이유가 '타인이나 사회 전체를 고려하지 않은 채 자신의 사적 이익을 최대화하려는 개인'을 비유한 것은 아닐까 싶습니다. 아무튼 그리디 매칭 알고리즘에서는 처치집단 사례들을 나열한 후, 각 처치집단 사례의 성향점수와 가장 잘 매칭되는 성향점수를 갖는 통제집단 사례를 차례대로 선택합니다. 일반적으로는 가장 높은 성향점수를 갖는 사례부터 매칭작업을 진행합니다.[2] "nearest" 선택지의 이름은 그리디 매칭 알고리즘을 적용할 때 처치집단 사례의 성향점수와 가장 가까운 (the nearest) 성향점수를 갖는 통제집단 사례를 탐색하는 '최인접사례(nearest neighbor) 탐

---

1 실험자료분석에서 말하는 '블로킹(blocking)'과 개념적으로 유사합니다.

2 matchit() 함수의 디폴트입니다. 만약 성향점수가 가장 낮은 사례부터 그리디 매칭 작업을 진행하고자 한다면 m.order="largest"를 m.order="smallest"로 바꾸시면 됩니다. 만약 무작위로 그리디 매칭 작업을 진행할 경우 m.order="random"을 지정하면 됩니다.

색'을 실시하기 때문에 붙여진 것입니다.

일반적으로 그리디 매칭 알고리즘은 통제집단 사례수에 비해 처치집단 사례수가 많고 공통지지영역에서 벗어난 처치집단 사례가 없는 경우에는 큰 문제가 없다고 알려져 있지만, 개별 사례별 매칭 수준을 높이는 데 집중하다 보니 처치집단의 전체 사례들의 매칭수준을 고려하지 못하는 문제가 종종 발생합니다. 이 문제를 극복하기 위해 제안된 매칭 알고리즘들이 바로 다음에 언급될 '최적 매칭'(Gu & Rosenbaum, 1993; Rosenbaum, 1989)입니다.

둘째, "optimal" 선택지는 '최적 매칭(optimal matching)' 알고리즘(Rosenbaum, 1989)을 의미합니다. 앞서 소개한 그리디 매칭의 경우 처치집단에 속한 개별 사례에 집중하기 때문에 처치집단 전체 사례로 볼 때 매칭수준이 악화되는 경우가 발생하기도 합니다. 이를 극복하기 위해 '최적 매칭'에서는 '네트워크 흐름 최적화 기법(network flow optimization methods)'을 사용합니다. 네트워크 흐름 최적화 기법의 핵심은 매칭된 처치집단 사례들과 통제집단 사례들 사이의 전체 성향점수 거리를 최소화시키는 방식이며, 최적 매칭 알고리즘은 즉 전체적으로 최적화된 결과를 산출할 수 있도록 매칭작업을 실시하는 알고리즘입니다. 구와 로젠바움(Gu & Rosenbaum, 1993)의 시뮬레이션 연구에 따르면 그리디 매칭 알고리즘 보다 최적 매칭 알고리즘을 적용했을 때 공변량 균형성이 더 잘 달성된다고 합니다.

셋째, "full" 선택지는 '전체 매칭(full matching)' 알고리즘(Rosenbaum, 1991)을 의미합니다. 앞서 소개해드린 그리디 매칭 알고리즘이나 최적 매칭 알고리즘은 처치집단 사례에 $k(k$는 1 이상의 양의 정수)개의 통제집단 사례들을 매칭시킵니다. 이와 달리 전체 매칭 알고리즘에서는 처치집단과 통제집단의 모든 사례를 매칭작업에 사용합니다. 매칭 알고리즘의 이름에 '전체(full)'라는 이름을 붙인 이유는 바로 이 때문입니다. 즉 전체 매칭 알고리즘은 주어진 모든 사례의 정보를 활용해 매칭을 실시하는 특징이 있습니다. 또한 전체 매칭 알고리즘은 개별 사례보다 전체 성향점수 거리를 최소화시킨다는 점에서 최적 매칭 알고리즘과 비슷하지만, 표본 중 일부 사례가 아니라 모든 사례를 사용한다는 점에서 최적 매칭 알고리즘과 구분됩니다. 구와 로젠바움(Gu & Rosenbaum, 1993)의 시뮬레이션 연구에 따르면 전체 매칭 알고리즘을 적용한 매칭작업은 그리디 매칭 알고리즘 등 처치집단 사례당 여러 통제집단 사례를 매칭시킨 매칭작업보다 공변량 균형성이 더 낮다고 합니다.

넷째, "genetic" 선택지는 '유전 매칭(genetic matching)' 알고리즘(Diamond &

Sekhon, 2013)을 의미합니다. 유전 매칭 알고리즘을 적용할 때는 공변량들로 추정한 성향점수를 포함시켜 매칭작업을 실시할 수도 있으며, 동시에 성향점수 추정 없이 공변량들만으로 매칭작업을 진행할 수도 있습니다. 앞서 소개한 다른 매칭 알고리즘의 경우 공변량들을 이용해 추정한 성향점수를 이용하여 매칭작업을 진행하는 반면, 유전 매칭 알고리즘에서는 공변량들(혹은 공변량들과 성향점수)을 기반으로 '일반화 마할라노비스 거리점수(GMD, generalized Mahalanobis distance)'를 산출한 후 이를 최소화시키기 위해 '유전 알고리즘(genetic algorithm)'을 적용합니다. 그렇다면 유전 매칭 알고리즘을 탄생시킨 유전 알고리즘은 무엇일까요?

'유전 알고리즘'이란 '유전(genetic)'이라는 이름에서 잘 드러나듯 생물학, 특히 생명체의 진화 메커니즘을 모방한 것입니다. 예를 들어 어떤 유기체가 환경조건과 맞지 않는 신체구조(즉 유전자 구조의 발현)를 가지고 있다고 가정해봅시다. 환경조건과 맞지 않는 신체구조를 가진 유기체가 살아남기 위해서는 환경조건에 가장 잘 부합되도록 자신의 신체구조(유전자 구조)를 변형시켜야 할 것입니다. 생물학에서의 유전자 구조 변형과정은 '세대'를 거치면서 이루어집니다. 다시 말해 환경조건이 동일하다면 부모세대보다는 자식세대가 확률적으로 환경조건에 적합한 유전자 구조를 갖게 될 가능성이 높습니다. '유전 알고리즘'이란 세대변화에 따른 유기체의 신체구조 변화를 '유전자 배치' 관점에서 모형화한 일련의 알고리즘들을 통칭하는 이름입니다. 유전 알고리즘이 생명체의 진화 메커니즘을 모형화하는 과정에서 탄생했지만, 일반적으로 유전 알고리즘은 최적화(optimization) 개념과 관련된 다양한 현실문제들에 대한 해법(솔루션, solution)을 제시하는 데 응용되고 있습니다.

유전 매칭 알고리즘은 바로 앞서 소개했던 매칭된 처치집단과 통제집단 사례들에서 GMD(일반화 마할라노비스 거리점수)가 지정된 용인수준(tolerance)에 이를 정도로 최소화

될 때까지 최적화 과정을 반복합니다. 즉 GMD의 극소화 목표[3] 달성을 위해 유전 알고리즘을 적용한 것입니다. 다시 말해 처치집단 사례들의 조건(유전 알고리즘의 용어로는 '환경조건')에 맞는 통제집단 사례들의 조건(유전 알고리즘의 용어로는 '유기체')을 반복계산(유전 알고리즘의 용어로는 '세대변화')을 통해 확보하는 매칭작업을 수행하는 알고리즘이 유전 매칭 알고리즘입니다.

여기서 예시할 유전 매칭 작업에서는 공변량들과 함께 공변량들로 추정한 성향점수도 추가하여 처치집단과 통제집단 사례들 사이의 GMD를 극소화시키는 유전 매칭 작업을 실습해보도록 하겠습니다.

이번 장에서는 그리디 매칭 알고리즘(method="nearest"), 최적 매칭 알고리즘(method="optimal"), 전체 매칭 알고리즘(method="full"), 유전 매칭 알고리즘(method="genetic")의 네 가지 PSM 기법들을 살펴보겠습니다.

• **discard 옵션**: discard 옵션은 공통지지영역에 놓이지 않은 처치집단 사례들과 통제집단 사례들을 매칭작업 시 어떻게 처리할 것인가를 다루는 옵션입니다. discard 옵션에는 'none', 'treat', 'control', 'both' 총 네 가지 선택지가 존재합니다. discard='none'(디폴트)은 공통지지영역에서 벗어난 사례들도 모두 매칭작업에서 고려한다는 의미이지만, discard='both'는 공통지지영역에서 벗어난 모든 사례를 매칭작업에서 고려하지 않는다는 의미입니다. 반면 discard='treat'는 공통지지영역에서 벗어난 처치집단 사례들만 매칭작업에서 배제한다는 뜻이며, discard='control'은

---

3 거리점수를 극소화시키는 방법으로는 공변량별로 매칭된 처치집단 사례와 통제집단 사례를 대상으로 대응표본 티테스트(paired sample *t*-test)와 콜모고로프-스미르노프 테스트[KS(Kolmogorov-Smirnov) test]를 실시하는 방법을 사용합니다. 대응표본 티테스트는 평균값의 차이에 대한 통계적 유의도 테스트이며, 콜모고로프-스미르노프(KS) 테스트는 변수의 분포가 정규분포를 따르는지를 살펴보기 위한 통계적 유의도 테스트입니다. 즉 매칭작업 맥락에서 대응표본 티테스트는 처치집단과 통제집단의 공변량 평균차이를 평가하기 위해 사용한 것이며, KS 테스트는 두 집단의 분산비율을 평가하기 위해 사용한 것입니다.

물론 이 두 가지 테스트를 사용하는 것이 적절한지에 대해서는 이견(異見)이 존재할 수 있습니다. 특히 대응표본 티테스트와 KS 테스트의 경우 분석대상 표본크기에 따라 결과가 좌우되는 문제점이 존재한다는 사실이 널리 알려져 있습니다. 그러나 매칭작업의 균형성을 점검할 때 공변량을 표준화시킨다는 점, 그리고 매칭작업을 통한 최적화 과정 내에서 표본크기가 일정하게 유지된다는 점에서 '표본크기에 따른 문제점'이 결정적 하자라고 볼 수는 없습니다(Diamond & Sekhon, 2013, p. 934; 또한 Imai et al., 2008 참조).

공통지지영역에서 벗어난 통제집단 사례들만 매칭작업에서 배제한다는 뜻입니다.

ATT를 추정할 때, 공통지지영역에서 벗어난 처치집단 사례들의 경우 동등한 혹은 동등하다고 비교할 수 있는 통제집단 사례들과 매칭될 수 없습니다. 이는 ATC를 추정할 경우에도 마찬가지입니다. 그렇다면 공통지지영역에서 벗어난 사례들을 어떻게 다루어야 할까요?

공통지지영역을 벗어난 사례를 어떻게 배제할 것인가와 관련하여 로젠바움과 루빈(Rosenbaum & Rubin, 1985)은 공통지지영역을 벗어났다 하더라도 '처치집단 사례'들은 배제하지 않는 것이 좋다고 주장합니다. 다시 말해 discard='none'을 사용하라는 것이 로젠바움과 루빈(Rosenbaum & Rubin, 1985)의 조언입니다(ATT와 ATC를 추정할 때 처치집단과 통제집단이 서로 바뀐다는 점에서, 둘 모두를 추정하는 경우 discard='control'을 사용하는 것은 적절하지 않습니다). 아마도 이러한 조언이 discard 옵션의 디폴트 설정에 영향을 끼친 듯합니다.[4]

- **ratio 옵션**: ratio 옵션은 처치집단 사례당 매칭되는 통제집단 사례의 비율을 의미합니다. 처치집단 사례당 통제집단 사례가 하나만 매칭될 경우 '일대일 매칭(1-to-1 matching)'이라고 부르며, 처치집단 사례당 통제집단 사례들이 k개 매칭되는 경우 '일대 k 매칭(1-to-k matching)'이라고 부릅니다.

  일반적으로 ratio의 옵션값을 늘리면 늘릴수록(즉 k의 값이 클수록) 매칭된 사례 고유의 오차를 줄일 수 있는 것으로 알려져 있지만(단일항목 측정치가 아니라 복수항목 측정치를 선호하는 이유와 비슷합니다), 동시에 ratio의 옵션값을 너무 늘리는 것 역시 좋지 않습니다(이질적 사례들이 매칭될 가능성이 점점 높아지면서 공변량 균형성을 악화시킬 수 있기 때문입니다). 만약 처치집단 규모에 비해 통제집단 규모가 충분히 큰 경우, k의 값을 2~4 정도로 지정하는 것이 보통입니다.

  ratio 옵션의 경우 전체 매칭 알고리즘을 적용하는 경우에는 사용할 수 없습니다. 왜냐하면 전체 매칭 알고리즘에서는 처치집단과 통제집단의 모든 사례를 매칭시키기 때

---

4 만약 discard='none'이 아닌 다른 옵션을 사용할 경우 reestimate 옵션을 TRUE로 바꾸어주면 원래 데이터에서 제거된 사례들을 제외한 데이터를 이용해 매칭작업을 다시 시작합니다.

문입니다. 즉 전체 매칭 알고리즘을 사용했을 경우 처치집단 사례당 매칭되는 통제집단 사례는 1개일 수도 있고 여러 개일 수도 있습니다. 아울러 통제집단 사례당 매칭되는 처치집단 사례들 역시 1개일 수도 있고 여러 개일 수도 있습니다.

본서에서는 그리디 매칭 알고리즘, 최적 매칭 알고리즘, 유전 매칭 알고리즘을 사용하여 PSM 기법을 실시할 때 ratio=2를 지정하였습니다[즉 일대이 매칭(1-to-2 matching)].

- **caliper 옵션**: caliper 옵션은 처치집단 사례의 성향점수와 동등하다고 간주할 수 있는 성향점수의 범위를 의미합니다. 예를 들어 0.60의 성향점수를 갖는 처치집단 사례를 가정해봅시다. 이 처치집단 사례와 동등하게 매칭될 수 있으려면 통제집단 사례의 성향점수 역시 0.60이어야 할 것입니다. 그러나 정확하게 동일한 성향점수를 갖는 통제집단 사례가 존재하지 않을 가능성도 배제할 수 없습니다. 이런 경우 사용할 '정확하게는 다르지만 어느 정도의 차이를 허용하는 방식으로 동등하다고 간주할 수 있는' 성향점수 범위가 바로 허용범위(caliper)입니다. 따라서 caliper=0으로 지정하면 허용범위를 고려하지 않는다는 의미이며, 0보다 큰 값을 지정하면 '지정된 값만큼의 성향점수 표준편차'를 허용범위로 인정한다는 의미입니다. 허용범위로 산출된 성향점수의 0.15 표준편차 혹은 0.25 표준편차를 많이 사용합니다(Rosenbaum & Rubin, 1985). 여기서는 caliper 옵션을 0.15로 지정했습니다.

    caliper 옵션은 전체 매칭 알고리즘이나 유전 매칭 알고리즘을 사용하는 경우 적용할 수 없습니다. 먼저, 전체 매칭 알고리즘의 경우 모든 처치집단과 통제집단 사례를 매칭시키기 때문에 특정하게 지정된 성향점수 허용범위(caliper)를 고려할 이유가 없습니다. 그리고 유전 매칭 알고리즘의 경우 성향점수가 아닌 (성향점수를 비롯한) 사례들 사이의 공변량에서 얻은 '일반화 마할라노비스 거리점수(GMD)'를 극소화시키는 방식을 채택하고 있기 때문에 성향점수 허용범위(caliper)라는 개념이 애초에 적용되지 않습니다.

- **replace 옵션**: replace 옵션은 처치집단 사례에 한 번 매칭된 통제집단 사례를 반복표집 방식으로 다음번 매칭에서 다시 사용할 수 있는지 여부를 지정하는 옵션입니다. replace=TRUE를 지정한 경우 동일한 통제집단 사례가 여러 차례 다른 처치집단 사례에 반복적으로 매칭될 수 있지만, 반대로 replace=FALSE를 지정한 경우 한 번 특정 처치집단 사례에 매칭된 통제집단 사례는 다음번에 매칭될 수 없습니다. 만약 반

복적으로 매칭되는 사례들의 수가 많지 않다면 replace=TRUE를 지정하여 매칭작업을 실시하는 것이 공변량 균형성을 달성하는 데 도움이 될 수 있습니다. 하지만 반복적으로 매칭되는 사례들의 수가 많다면 처치효과를 추정할 때 문제가 발생할 수 있기 때문에 통제집단 사례들이 충분하다면[5] replace=FALSE를 지정하는 것이 권장됩니다 (Rosenbaum & Rubin, 1985). 이에 따라 ATT를 추정할 경우에는 replace=FALSE를 지정하였으며(160개 처치집단 사례에 매칭되는 통제집단 사례는 840개이기 때문), ATC를 추정할 경우에는 replace=TRUE를 지정하였습니다(통제집단 사례 840개에 매칭될 수 있는 처치집단 사례는 160개밖에 되지 않기 때문). 한편 replace 옵션도 전체 매칭 알고리즘이나 유전 매칭 알고리즘에는 적용될 수 없습니다.

- **유전 매칭 알고리즘 사용 시 고유 옵션들**: 유전 매칭 알고리즘을 사용할 때 지정해야 할 고유 옵션들로는 pop.size, distance.tolerance, ties 옵션 등을 언급할 수 있습니다.

  첫째, pop.size 옵션은 추정대상이 되는 효과추정치의 모집단 규모를 의미합니다. 디폴트값은 100입니다. 그러나 저희가 시뮬레이션한 데이터의 처치집단은 160으로 디폴트값보다 더 큰 상황입니다. 이에 pop.size=1000으로 옵션을 재지정하였습니다. 독자분들께서는 분석하고자 하는 데이터 상황에 맞도록 pop.size 옵션을 조정하시기 바랍니다.

  둘째, distance.tolerance 옵션은 반복계산(iteration)을 중단할 처치집단 사례와 통제집단 사례의 거리점수 차이값을 지정하는 것입니다. 디폴트값은 $\frac{1}{100,000}$ 입니다. 만약 유전 매칭 작업 후 균형성을 강화하고 싶다면 디폴트 지정값보다 작은 값을 사용하면 됩니다. 그러나 distance.tolerance 옵션에 작은 값을 부여할수록 유전 매칭에 더 긴 시간이 소요됩니다. distance.tolerance 옵션에는 디폴트값을 지정하였습니다(즉, distance.tolerance=1e-05).

  셋째, ties 옵션은 처치집단 사례의 일반화 마할라노비스 거리점수(GMD)와 매칭되는 통제집단의 사례들이 동률을 보이는 경우 모든 통제집단 사례를 포함할지

---

5 4장에서 replace=TRUE로 설정한 이유는 수계산에서 통제집단 사례를 반복적으로 사용했기 때문이었습니다.

(TRUE), 아니면 무작위로 하나를 선택할지(FALSE)를 설정하는 옵션입니다. 디폴트는 ties=TRUE입니다만, 만약 통제집단 사례들 중 동률값이 너무 많아 유전 매칭 작업에 소요되는 시간이 너무 길게 소요될 것 같은 경우에는 ties=FALSE로 바꾸는 것이 보통입니다(단 ties=FALSE는 ties=TRUE에 비해 최적화 가능성이 낮게 나타나는 것이 보통입니다).

이 옵션들 외에도 여러 추가옵션이 있지만, 일반적 수준에서 유전 매칭을 사용하고 이해하는 데는 위의 세 옵션으로도 충분할 것으로 생각합니다. 추가옵션에 대해서는 MatchIt 패키지의 매뉴얼[6]을 참조하시기 바랍니다.

지금까지 PSM 기법에서 다양한 옵션들을 살펴보았습니다. 앞서 언급한 방식으로 옵션들을 지정한 후 총 다섯 가지 PSM 기법을 실습해보겠습니다. 독자들께서는 연구목적이나 몸담고 계신 학문분과의 관례를 따라 옵션들을 조정하신 후에 사용하시면 됩니다.

1) 성향점수기반 그리디 매칭(Greedy matching using propensity score)

ATT를 추정하기 위한 성향점수기반 그리디 매칭 작업은 아래와 같이 진행하였습니다. 지정된 옵션의 의미는 앞에서 이미 설명한 바 있습니다. 다음 결과에서 확인할 수 있듯 총 160개 처치집단 사례 중 2개의 사례는 매칭될 수 있는 통제집단 사례들이 없는 것으로 나타났습니다(다시 말해 공통지지영역에서 벗어난 사례들임).

```
> # 1)ATT-성향점수기반 그리디 매칭(Greedy matching using propensity score)
> set.seed(1234) #정확하게 동일한 결과를 원한다면
> greedy_att=matchit(formula=treat~V1+V2+V3,
+              data=mydata,
+              distance="linear.logit", #선형로짓 형태 성향점수
+              method="nearest", # 그리디 매칭 알고리즘
+              caliper=0.15, #성향점수의 0.15표준편차 허용범위
+              discard='none', #공통지지영역에서 벗어난 사례도 포함
```

---

6 MatchIt 패키지의 유전 매칭 기법은 Matching::GenMatch에 기반하고 있습니다. 옵션에 관한 자세한 설명은 R 콘솔에 ?Matching::GenMatch을 입력하시는 방법으로 확인하실 수 있습니다.

```
+                    ratio=2,  #처치집단 사례당 통제집단 사례는 2개 매칭
+                    replace=FALSE) #동일사례 반복표집 매칭을 허용하지 않음
> greedy_att

Call:
matchit(formula=treat ~ V1+V2+V3, data=mydata, method="nearest",
    distance="linear.logit", discard="none", caliper=0.15,
    ratio=2, replace=FALSE)

Sample sizes:
          Control  Treated
All          840      160
Matched      313      158
Unmatched    527        2
Discarded      0        0
```

ATC를 추정하기 위한 성향점수기반 그리디 매칭 작업은 아래와 같이 진행하였습니다. formula 옵션과 replace 옵션 두 가지를 제외하고 ATT를 추정하는 과정과 동일한 방식으로 옵션들을 지정하였습니다. formula 옵션을 살펴보시면 잘 나타나듯 PSM 기법으로 ATC를 추정할 경우 '표본 개체가 처치집단에 배치될 확률'을 추정한 것이 아니라, '표본 개체가 통제집단에 배치될 확률'을 추정하였습니다(Rtreat~V1+V2+V3). 즉 ATC는 통제집단을 '처치집단'으로 바꾸어 가정한 후 얻은 효과추정치라고 볼 수 있습니다. 또한 통제집단 사례들의 수에 비해 처치집단 사례들의 수가 월등하게 작은 상태이기 때문에 이를 위해 replace 옵션을 TRUE로 바꾸어서 지정하였습니다. 아래의 결과에서 확인하실 수 있듯 총 840개 통제집단 사례 중 36개 사례의 경우 매칭될 수 있는 통제집단 사례들이 없는 것으로 나타났습니다(다시 말해 공통지지영역에서 벗어난 사례들임).

```
> # 1)ATC-성향점수기반 그리디 매칭(Greedy matching using propensity score)
> set.seed(4321)  #정확하게 동일한 결과를 원한다면
> greedy_atc=matchit(formula=Rtreat~V1+V2+V3,  #통제집단을 '처치집단'으로 가정한 후 실행
+                    data=mydata,
+                    distance="linear.logit", #선형로짓 형태 성향점수
+                    method="nearest",  # 그리디 매칭 알고리즘
+                    caliper=0.15, #성향점수의 0.15표준편차 허용범위
+                    discard='none', #공통지지영역에서 벗어난 사례도 포함
```

```
+                ratio=2,  #처치집단 사례당 통제집단 사례는 2개 매칭
+                replace=TRUE) #동일사례 반복표집 매칭을 허용
> greedy_atc

Call:
matchit(formula=Rtreat ~ V1+V2+V3, data=mydata, method="nearest",
    distance="linear.logit", discard="none", caliper=0.15,
    ratio=2, replace=TRUE)

Sample sizes:
          Control Treated
All           160     840
Matched       158     804
Unmatched       2      36
Discarded       0       0
```

ATE는 위와 같은 방식으로 ATT와 ATC를 추정한 결과와 함께 전체표본 내 처치집단 비율($\hat{\pi}$)을 이용하여 최종 추정하면 됩니다.

5장에서 소개하였던 성향점수가중 기법과 마찬가지로 성향점수기반 그리디 매칭 작업결과인 greedy_att와 greedy_atc를 얻은 후에는 공변량 균형성을 점검해야 합니다. 공변량 균형성 점검방법은 다음 절('3. 공변량 균형성 점검')에서 살펴보도록 하겠습니다.

2) 성향점수기반 최적 매칭(Optimal matching using propensity score)

ATT를 추정하기 위한 성향점수기반 최적 매칭 작업은 아래와 같이 진행하였습니다. 지정된 옵션의 의미는 앞에서 이미 설명한 바 있습니다. 성향점수기반 최적 매칭을 사용할 때 discard 옵션은 'none'만 허용됩니다. 성향점수기반 최적 매칭 작업을 완료한 후 나타나는 '경고메시지(들):' 메시지는 신경 쓰지 않아도 괜찮습니다. MatchIt 패키지를 기반으로 최적 매칭 작업을 실시할 때 optmatch 패키지의 함수들을 가져오는데, 이 과정에서 나타나는 문제입니다. 아래 결과에서 볼 수 있듯, 160개 처치집단 사례가 모두 매칭되는 것을 확인할 수 있습니다.

```
> # 2)ATT-성향점수기반 최적 매칭(Optimal matching using propensity score)
> set.seed(1234)  #정확하게 동일한 결과를 원한다면
> optimal_att=matchit(formula=treat~V1+V2+V3,
+                               data=mydata,
+                               distance="linear.logit",  #선형로짓 형태 성향점수
+                               method="optimal",  #최적 매칭 알고리즘
+                               caliper=0.15,  #성향점수의 0.15표준편차 허용범위
+                               discard='none',  #공통지지영역에서 벗어난 사례 보존
+                               ratio=2,  #처치집단 사례당 통제집단 사례는 2개 매칭
+                               replace=FALSE)  #동일사례 반복표집 매칭을 허용하지 않음
경고메시지(들):
In optmatch::fullmatch(d, min.controls=ratio, max.controls=ratio, :
 Without 'data' argument the order of the match is not guaranteed
   to be the same as your original data.
> optimal_att

Call:
matchit(formula=treat ~ V1+V2+V3, data=mydata, method="optimal",
    distance="linear.logit", discard="none", caliper=0.15,
    ratio=2, replace=FALSE)

Sample sizes:
          Control  Treated
All          840      160
Matched      320      160
Unmatched    520        0
Discarded      0        0
```

안타깝지만 처치집단 사례수에 비해 통제집단 사례수가 압도적으로 많은 현재 데이터에서는 성향점수기반 최적 매칭 기법으로 ATC를 추정할 수 없습니다. 또한 성향점수기반 최적 매칭 기법으로 ATC를 추정할 수 없기 때문에 ATE 역시 추정할 수 없습니다.

그러나 성향점수기반 그리디 매칭 기법과 마찬가지로 성향점수기반 최적 매칭 작업결과인 greedy_att를 얻은 후에도 반드시 공변량 균형성을 점검해야 합니다. 그 결과는 다음 절('3. 공변량 균형성 점검')에서 살펴보겠습니다.

3) 성향점수기반 전체 매칭(Full matching using propensity score) 기법

ATT를 추정하기 위한 성향점수기반 전체 매칭 작업은 아래와 같이 진행하였습니다. 지정된 옵션들의 의미는 앞에서 이미 설명한 바 있습니다만, 한 가지 유념할 것은 성향점수기반 전체 매칭을 사용할 때 discard 옵션은 반드시 'none'으로 지정되어야 한다는 점입니다(왜냐하면 전체 매칭 알고리즘에서는 모든 사례를 매칭작업에 활용하기 때문입니다). 성향점수기반 최적 매칭 작업 후에 나타나는 '경고메시지(들):' 메시지와 마찬가지로, 전체 매칭 작업 후 나타나는 '경고메시지(들):' 메시지에 대해서도 신경 쓰지 않아도 괜찮습니다. 아래 결과에서 볼 수 있듯, 160개 처치집단 사례와 840개 통제집단 사례가 모두 매칭된 것을 확인할 수 있습니다.

```
> # 3)ATT-성향점수기반 전체 매칭(Full matching using propensity score)
> set.seed(1234) #정확하게 동일한 결과를 원한다면
> full_att=matchit(formula=treat~V1+V2+V3,
+                   data=mydata,
+                   distance="linear.logit", #선형로짓 형태 성향점수
+                   method="full", # 전체 매칭 알고리즘
+                   discard="none") #공통지지영역에서 벗어난 사례 보존
경고메시지(들):
In optmatch::fullmatch(d, ...) :
 Without 'data' argument the order of the match is not guaranteed
  to be the same as your original data.
> full_att

Call:
matchit(formula=treat ~ V1+V2+V3, data=mydata, method="full",
    distance="linear.logit", discard="none")

Sample sizes:
         Control Treated
All          840     160
Matched      840     160
Discarded      0       0
```

ATC를 추정하기 위한 과정은 앞서 성향점수기반 그리디 매칭 작업을 통해 ATC를

추정하는 과정과 동일합니다(즉 formula 옵션을 Rtreat~V1+V2+V3로 변경함). 총 840개의 통제집단 사례(여기서는 Rtreat 변수를 사용했기 때문에 Treated라는 이름을 갖습니다)와 총 160개의 처치집단 사례가 모두 매칭된 것을 확인하실 수 있습니다.

```
> # 3)ATC-성향점수기반 전체 매칭(Full matching using propensity score)
> set.seed(4321)  #정확하게 동일한 결과를 원한다면
> full_atc=matchit(formula=Rtreat~V1+V2+V3, #통제집단을 '처치집단'으로 가정한 후 실행
+                 data=mydata,
+                 distance="linear.logit", #선형로짓 형태 성향점수
+                 method="full",  # 전체 매칭 알고리즘
+                 discard="none")  #공통지지영역에서 벗어난 사례 보존
경고메시지(들):
In optmatch::fullmatch(d, ...) :
 Without 'data' argument the order of the match is not guaranteed
   to be the same as your original data.
> full_atc

Call:
matchit(formula=Rtreat ~ V1+V2+V3, data=mydata, method="full",
    distance="linear.logit", discard="none")

Sample sizes:
         Control  Treated
All          160      840
Matched      160      840
Discarded      0        0
```

이후의 과정은 성향점수기반 그리디 매칭 기법과 동일합니다. 성향점수기반 전체 매칭 작업결과인 full_att와 full_atc를 얻은 후에 공변량 균형성을 점검해야 합니다. 공변량 균형성 점검방법은 다음 절('3. 공변량 균형성 점검')에서 살펴보겠습니다.

4) 성향점수기반 유전 매칭(Genetic matching using propensity score) 기법

다음으로 성향점수기반 유전 매칭 기법은 아래와 같이 진행하였습니다. ATT를 추정하는 방법은 아래와 같으며, pop.size, distance.tolerance, ties 옵션들의 의미에 대해

서는 앞부분의 설명을 참조하시기 바랍니다. 한 가지 유념하실 것은 다른 매칭 기법들에 비해 성향점수기반 유전 매칭 기법은 추정시간이 꽤 긴 편이라는 점입니다. 저희의 경우 구글 클라우드 플랫폼(Google Cloud Platform)의 가상머신(virtual machine)을 이용하여 성향점수기반 유전 매칭 작업을 진행하였습니다. 만약 로컬PC로 성향점수기반 유전 매칭 기법을 실시하시는 분들은 컴퓨터 사양에 따라 꽤 오랜 시간이 걸릴 수도 있으니 이 점 숙지하시기 바랍니다.

```
> # 4)ATT-성향점수기반 유전 매칭(Genetic matching using propensity score)
> # install.packages("rgenoud") # 패키지 오류가 발생한다면
> set.seed(1234) #정확하게 동일한 결과를 원한다면
> genetic_att=matchit(formula=treat~V1+V2+V3,data=mydata,
+                     method="genetic",
+                     distance="linear.logit",
+                     pop.size=1000, #디폴트는 100인데, 안정적 추정을 위해 늘림
+                     discard='none',
+                     ratio=2,
+                     distance.tolerance=1e-05, # 거리차이 기준값 디폴트
+                     ties=TRUE) #복수의 통제집단 사례들 매칭(디폴트)
Loading required namespace: rgenoud

[수렴과정에 대한 부분은 분량문제로 제시하지 않음]

Thu Apr  2 03:28:08 2020
Total run time : 0 hours 1 minutes and 9 seconds
```

본서의 목적은 유전 알고리즘을 설명하는 것이 아니기 때문에 수렴과정에서 등장하는 용어들에 대해서는 별도로 설명하지 않았습니다. ATT 추정을 위한 성향점수기반 유전 매칭 작업결과는 아래와 같습니다.

```
> genetic_att

Call:
matchit(formula=treat ~ V1+V2+V3, data=mydata, method="genetic",
    distance="linear.logit", discard="none", pop.size=1000,
    ratio=2, distance.tolerance=1e-05, ties=TRUE)
```

```
Sample sizes:
          Control  Treated
All          840      160
Matched      248      160
Unmatched    592        0
Discarded      0        0
```


성향점수기반 유전 매칭 기법을 이용하여 ATC를 추정하는 과정은 그리디 매칭 기법 혹은 전체 매칭 기법과 크게 다르지 않습니다. 통제집단에 배치될 가능성을 추정하는 공식을 설정한 것을 제외하면(formula=Rtreat~V1+V2+V3 부분), ATT를 추정하는 과정과 동일하게 진행하시면 됩니다. ATC 추정을 위한 성향점수기반 유전 매칭 작업결과는 출력결과 맨 아래에서 확인하실 수 있습니다.

```
> # 4)ATC-성향점수기반 유전 매칭(Genetic matching using propensity score)
> set.seed(4321) #정확하게 동일한 결과를 원한다면
> genetic_atc=matchit(formula=Rtreat~V1+V2+V3,data=mydata,
+                     method="genetic",
+                     distance="linear.logit",
+                     pop.size=1000, #디폴트는 100인데, 안정적 추정을 위해 늘림
+                     discard='none',
+                     ratio=2,
+                     distance.tolerance=1e-05, # 거리차이 기준값 디폴트
+                     ties=TRUE)  #복수의 통제집단 사례들 매칭(디폴트)

[수렴과정에 대한 부분은 분량 문제로 제시하지 않음]

Thu Apr  2 03:34:21 2020
Total run time : 0 hours 2 minutes and 21 seconds
> genetic_atc

Call:
matchit(formula=Rtreat ~ V1+V2+V3, data=mydata, method="genetic",
    distance="linear.logit", discard="none", pop.size=1000,
    ratio=2, distance.tolerance=1e-05, ties=TRUE)
```

```
Sample sizes:
          Control  Treated
All           160      840
Matched       154      840
Unmatched       6        0
Discarded       0        0
```

이제는 마찬가지로 성향점수기반 유전 매칭 작업을 통해 얻은 genetic_att와 genetic_atc에 대해 공변량 균형성을 점검해야 합니다. 공변량 균형성 점검방법과 결과는 다음 절('3. 공변량 균형성 점검')에서 제시하였습니다.

5) 마할라노비스 거리점수기반 그리디 매칭(Greedy matching using Mahalanobis distance)

마지막으로 소개할 매칭 기법은 성향점수매칭 기법은 아닙니다. 왜냐하면 매칭작업을 실시할 때 '성향점수'가 아닌 '마할라노비스 거리점수(Mahalanobis distance)'를 사용하기 때문입니다. 사실 네 번째로 소개한 성향점수기반 유전 매칭 기법도 '일반화 마할라노비스 거리점수(GMD)'를 사용하지만, 그 경우에는 공변량들과 함께 성향점수도 같이 마할라노비스 거리점수를 추정할 때 사용합니다.

그러나 여기서 소개할 마할라노비스 거리점수기반 그리디 매칭의 경우에는 공변량들만을 이용하여 마할라노비스 거리점수를 구한 후, 이 거리점수를 이용하여 그리디 매칭을 실시합니다. 마할라노비스 거리점수는 공변량들이 주어졌을 때 특정 사례와 다른 어떤 사례의 거리를 의미합니다. 성향점수매칭 기법들이 다차원의 공변량들을 성향점수라는 단일차원의 성향점수로 '요약'한 후 이 요약치를 이용해 매칭작업을 실시하는 반면, 마할라노비스 거리점수를 이용하는 매칭 기법의 경우 '성향점수'라는 요약치를 경유하지 않고 바로 사례와 사례의 거리를 비교한다는 특성을 갖고 있습니다(King & Nielsen, 2019).[7]

---

7 근본적으로 '성향점수'가 다차원의 공변량을 단일차원으로 요약했다는 점에서, 킹과 닐슨(King & Nielsen, 2019)은 성향점수기반 매칭 기법은 마할라노비스 거리점수기반 매칭 기법이나 자신들이 개발한 준-정확매칭에 비해 매칭작업 결과가 부정확할 가능성이 높다고 주장합니다. 흥미로운 주장이라고 생각합니다만, 킹과 닐슨(King & Nielsen, 2019)의 성향점수매칭 기법에 대한 비판은 성향점수기반 일대일(1-to-1) 그리디 매칭에서만 적용될 수 있는 비판이라는 반론도 존재합니다(이에 대해서는 Jann, 2017 참조).

비록 성향점수매칭 기법은 아니지만, 마할라노비스 거리점수 그리디 매칭 기법을 실시하는 방법은 거의 다르지 않습니다. 먼저 ATT를 추정하는 방법은 아래와 같습니다. distance 옵션이 "mahalanobis"로 바뀐 것에 주목하시기 바랍니다.

```
> # 5)ATT-마할라노비스 거리점수기반 그리디 매칭(Greedy matching using Mahalanobis distance)
> set.seed(1234) #정확하게 동일한 결과를 원한다면
> mahala_att=matchit(formula=treat~V1+V2+V3,
+                    data=mydata,
+                    distance="mahalanobis", #마할라노비스 거리점수
+                    method="nearest", # 그리디 매칭 알고리즘
+                    caliper=0.15, #성향점수의 0.15표준편차 허용범위
+                    discard='none', #공통지지영역에서 벗어난 사례도 포함
+                    ratio=2, #처치집단 사례당 통제집단 사례는 2개 매칭
+                    replace=FALSE) #동일사례 반복표집 매칭을 허용하지 않음
> mahala_att

Call:
matchit(formula=treat ~ V1+V2+V3, data=mydata, method="nearest",
    distance="mahalanobis", discard="none", caliper=0.15,
    ratio=2, replace=FALSE)

Sample sizes:
          Control  Treated
All          840     160
Matched      320     160
Unmatched    520       0
Discarded      0       0
```

ATC를 추정하는 방법 역시 크게 다르지 않습니다. formula 부분을 ATC를 추정하는 방식으로 바꾸기만 하면 됩니다.

```
> # 5)ATC-마할라노비스 거리점수기반 그리디 매칭(Greedy matching using Mahalanobis distance)
> set.seed(4321) #정확하게 동일한 결과를 원한다면
> mahala_atc=matchit(formula=Rtreat~V1+V2+V3, #통제집단을 '처치집단'으로 가정한 후 실행
```

```
+                  data=mydata,
+                  distance="mahalanobis", #마할라노비스 거리점수
+                  method="nearest", # 그리디 매칭 알고리즘
+                  caliper=0.15, #성향점수의 0.15표준편차 허용범위
+                  discard='none', #공통지지영역에서 벗어난 사례도 포함
+                  ratio=2, #처치집단 사례당 통제집단 사례는 2개 매칭
+                  replace=TRUE) #동일사례 반복표집 매칭을 허용
> mahala_atc

Call:
matchit(formula=Rtreat ~ V1+V2+V3, data=mydata, method="nearest",
    distance="mahalanobis", discard="none", caliper=0.15,
    ratio=2, replace=TRUE)

Sample sizes:
          Control  Treated
All          160      840
Matched      155      840
Unmatched      5        0
Discarded      0        0
```

마찬가지로 마할라노비스 거리점수 그리디 매칭 작업을 통해 얻은 mahala_att와 mahala_atc에 대해 공변량 균형성을 점검해야 합니다. 공변량 균형성 점검방법과 결과는 다음 절('3. 공변량 균형성 점검')에서 제시하였습니다.

3 공변량 균형성 점검

성향점수매칭 작업이 끝나면, 매칭작업으로 처치집단 사례들과 통제집단 사례들이 공변량 균형성을 보이는지 점검해보아야 합니다. 앞서 성향점수가중(PSW) 기법들을 적용했을 때와 마찬가지로, 여기서도 다음과 같은 기준으로 공변량 균형성이 달성되었는지 살펴보겠습니다.

- 처치집단과 통제집단 간 표준화시킨 공변량 및 성향점수의 평균차이(절댓값 기준)가 0.10(기준을 다소 완화한다면 0.25)보다 작아야 한다.
- 처치집단과 통제집단 간 표준화시킨 공변량 및 성향점수의 분산비가 0.5~2.0 사이에 놓여야 한다.

아울러 여기서는 cobalt 패키지의 부속함수들을 이용해 처치집단과 통제집단 사이의 공변량 균형성이 얼마나 잘 달성되었는지를 시각화할 수 있는 bal.plot() 함수와 love.plot() 함수 사용방법도 같이 제시하겠습니다.

본서에서는 cobalt 패키지의 부속함수들을 사용하겠습니다만, MatchIt 패키지 함수들을 이용해서도 공분산 균형성을 점검할 수 있습니다. MatchIt 패키지에서는 공분산 균형성 점검을 위해 summary() 함수와 plot() 함수를 제공하고 있습니다. 개인적 경험에 비추어 볼 때, MatchIt 패키지의 함수들은 다음과 같은 점들이 아쉽습니다. 첫째, MatchIt 패키지의 summary() 함수에서는 '처치집단과 통제집단 간 표준화시킨 공변량 및 성향점수의 평균차이' 통계치는 제공하지만 '처치집단과 통제집단 간 표준화시킨 공변량 및 성향점수의 분산비' 통계치는 제공하지 않습니다. 다시 말해 MatchIt 패키지의 summary() 함수를 사용할 경우 '처치집단과 통제집단 간 표준화시킨 공변량 및 성향점수의 분산비' 통계치는 수계산을 통해 별도로 산출해야 합니다. 둘째, MatchIt 패키지의 plot() 함수에서는 'Q-Q플롯', '히스토그램', '지터링(jittering) 포함 산점도', 세 가지 시각화 결과물을 제시하고 있습니다. 이들의 유용성을 부정하는 것은 아닙니다만, 저희가 보았을 때는 cobalt 패키지에서 제공하는 시각화 결과물들이 훨씬 더 이해하기 쉽다고 생각합니다. MatchIt 패키지의 함수들을 이용해 공변량 균형성을 점검하시고 싶은 분들은 본서의 온라인 자료를 살펴보시면 이에 해당되는 R 코드를 확인하실 수 있습니다.

1) 성향점수기반 그리디 매칭

먼저 ATT 추정을 위해 성향점수기반 그리디 매칭 작업결과의 균형성을 점검해보겠습니다. cobalt 패키지의 bal.tab() 함수를 이용하면 쉽고 편리하게 공변량 균형성 점검결과를 확인할 수 있습니다. 아래와 같이 bal.tab() 함수에서 총 4개의 옵션을 지정했습니다. 첫째, continuous 옵션은 "std"로 지정했습니다. 이는 성향점수와 연속형 변수 형태의 공변량들을 표준화시킨다는 의미입니다. 만약 표준화된 형태가 아니라 비표준화된 형태에서 공변량 균형성을 테스트하고자 한다면 "raw"로 바꾸면 됩니다(일반적으로 권장되지 않습니다). 둘째, s.d.denom 옵션은 "pooled"로 지정했는데 이는 균형성 테스트에 사용되는 성향점수 및 공변량의 분산이 매칭된 처치집단과 통제집단 사례들의 분산이라는 뜻입니다(디폴트값은 "treated", 즉 처치집단만 고려). 허용범위(caliper) 옵션을 지정했다면 s.d.denom 옵션을 "pooled"로 지정하는 것이 보다 타당합니다. 셋째, m.threshold 옵션은 처치집단과 통제집단 간 성향점수 및 공변량의 평균차이(절댓값 기준)의 역치를 설정하는 옵션입니다. 저희는 여기서 0.10을 기준으로 설정했습니다. 넷째, v.threshold 옵션은 처치집단과 통제집단 간 성향점수 및 공변량의 분산비의 역치를 설정하는 옵션입니다. 여기서는 2를 기준으로 설정했습니다. 앞서 허용 가능한 분산비의 기준범위를 0.5~2.0이라고 말씀드린 바 있습니다. 0.5는 2의 역수라는 점을 감안할 때 v.threshold=2는 0.5~2.0의 범위를 의미한다는 것을 쉽게 이해하실 것으로 생각합니다.

```
> # 1)ATT-성향점수기반 그리디 매칭 균형성 점검
> # 코발트 패키지
> bal.tab(greedy_att,
+           continuous="std",  #연속형 형태 변수들을 표준화
+           s.d.denom="pooled", # 분산은 처치집단과 통제집단 모두에서
+           m.threshold=0.1, #처치집단과 통제집단 공변량 변수의 평균차이(기준:<0.1)
+           v.threshold=2) #처치집단과 통제집단 공변량 변수의 분산비율(기준:<2)
Call
matchit(formula=treat ~ V1+V2+V3, data=mydata, method="nearest",
    distance="linear.logit", discard="none", caliper=0.15,
    ratio=2, replace=FALSE)


Balance Measures
            Type  Diff.Adj   M.Threshold  V.Ratio.Adj  V.Threshold
distance  Distance   0.0232                  1.0313
V1        Contin.    0.0559  Balanced, <0.1  1.1194  Balanced, <2
V2        Contin.    0.0077  Balanced, <0.1  0.9386  Balanced, <2
V3        Contin.   -0.0336  Balanced, <0.1  1.0068  Balanced, <2

Balance tally for mean differences
                count
Balanced, <0.1      3
```

```
Not Balanced, >0.1     0

Variable with the greatest mean difference
 Variable Diff.Adj   M.Threshold
       V1    0.0559 Balanced, <0.1

Balance tally for variance ratios
                  count
Balanced, <2        3
Not Balanced, >2    0

Variable with the greatest variance ratio
 Variable V.Ratio.Adj  V.Threshold
       V1       1.1194 Balanced, <2


Sample sizes
                      Control Treated
All                   840.000     160
Matched (ESS)         310.112     158
Matched (Unweighted)  313.000     158
Unmatched             527.000       2
```

위의 결과는 매우 알기 쉽습니다. Balance tally for mean differences 부분에서 명확하게 나타나듯, 모든 공변량이 앞서 설정한 평균차이(절댓값 기준) 역치인 0.1을 넘지 않는 것으로 나타났습니다. 또한 Balance tally for variance ratios에서 알 수 있듯 세 공변량들 모두 앞서 설정한 분산비 역치인 2를 넘지 않는 것을 확인할 수 있습니다.

아울러 Balance Measures의 distance로 시작되는 결과에서 확인할 수 있듯 성향점수의 경우도 평균차이가 0.0232이고 분산비는 1.0313으로 성향점수 역시 처치집단과 통제집단 사이에 균형을 이루고 있는 것을 알 수 있습니다.

bal.tab() 함수 출력결과와 함께 cobalt 패키지에서는 공변량 균형성 결과에 대한 유용한 시각화 결과출력 함수들이 존재합니다. 먼저 히스토그램을 이용하려면 bal.plot() 함수를 사용하면 됩니다. bal.plot() 함수는 ggplot2 패키지를 기반으로 한 시각화 결과를 제시하기 때문에, ggplot2 패키지의 부속함수들을 추가로 사용할 수 있습니다. '거울상(mirrored) 히스토그램'을 이용하면 처치집단과 통제집단의 성향점수 혹은 공변량의 분포가 매칭작업 이전과 이후에 어떻게 변했는지를 쉽게 비교할 수 있습니다. 예를 들어 먼저 처치집단과 통제집단의 성향점수 분포가 매칭작업 전후로 어떻게 변했는지 히스토그램으로 시각화하면 아래의 [그림 6-1]과 같습니다.

```
> # 시각화: 히스토그램
> bal.plot(greedy_att,
+          var.name="distance", #거리점수에 대해
+          which="both", #처치집단과 통제집단 모두
+          mirror=TRUE, #두 집단이 서로 마주닿는 형태로
+          type="histogram")
```

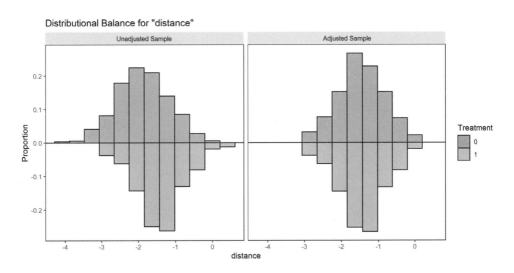

[그림 6-1] ATT 추정을 위한 성향점수기반 그리디 매칭 기법 적용 전후의 처치집단과 통제집단 성향점수 분포 비교

[그림 6-1]의 왼쪽의 거울상 히스토그램과 오른쪽의 히스토그램을 비교하면 매칭 기법을 적용하여 어느 정도나 성향점수 균형성을 이룰 수 있었는지를 쉽게 알 수 있습니다.

[그림 6-1]의 경우 다음과 같이 ggplot2 패키지의 함수들을 추가로 덧붙이는 방식으로 그래프를 개선시킬 수도 있습니다(막대색, 라벨, 배경색 등 변경할 수 있음).

```
> # ggplot2 패키지의 부속함수들을 추가할 수 있음.
> bal.plot(greedy_att,
+           var.name="distance", #거리점수에 대해
+           which="both",  #처치집단과 통제집단 모두
+           mirror=TRUE,  #두 집단이 서로 마주닿는 형태로
+           type="histogram",
+           colors=c("grey80","grey20"))+ #막대색을 바꿈
+ labs(x="Propensity score, as linear logit",
+      y="Proportion",fill="Treatment")+ #라벨 변경
+ ggtitle("Change in distribution of propensity score before/after matching")+
+ theme_bw() #배경을 흑백으로
```

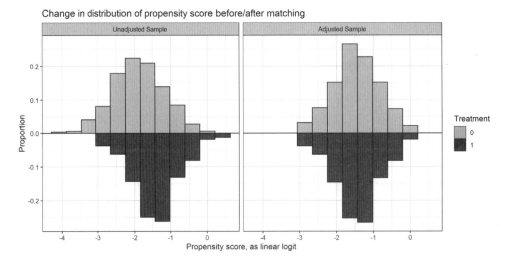

[그림 6-2] bal.plot() 함수에 ggplot2 패키지의 함수들을 추가한 그림1

성향점수 외에 공변량들을 대상으로 성향점수기반 그리디 매칭 작업 전후의 공변량 균형성 변화를 살펴본 거울상 히스토그램은 [그림 6-3]과 같습니다.

```
> # 거리점수와 세 공변량에 대한 조정 전후의 히스토그램 비교
> myf1=bal.plot(greedy_att,"V1",which="both",
+               mirror=TRUE,type="histogram",
+               colors=c("grey80","grey20"))+theme_bw()
> myf2=bal.plot(greedy_att,"V2",which="both",
+               mirror=TRUE,type="histogram",
+               colors=c("grey80","grey20"))+theme_bw()
```

```
> myf3=bal.plot(greedy_att,"V3",which="both",
+                mirror=TRUE,type="histogram",
+                colors=c("grey80","grey20"))+theme_bw()
> gridExtra::grid.arrange(myf1,myf2,myf3,nrow=1)
```

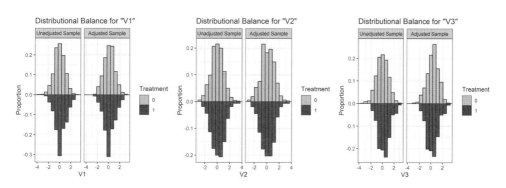

[그림 6-3] ATT 추정을 위한 성향점수기반 그리디 매칭 기법 적용 전후의 처치집단과 통제집단 공변량(V1, V2, V3)의 분포 비교

그러나 위와 같은 거울상 히스토그램보다는 '러브플롯(Love plot)' 방식의 공변량 균형성 점검결과 시각화가 보다 낫다고 생각합니다. 러브플롯은 토마스 러브(Thomas E. Love)가 제안한 공변량 균형성 점검 시각화 방법으로 최근 자주 등장하고 있습니다. 무엇보다 러브플롯은 매칭기법의 균형성 달성여부를 점검할 수 있는 가장 효율적이고 효과적인 그래프라고 생각합니다. 바로 이러한 이유로 본서에서는 앞으로 진행될 모든 매칭기법들을 소개하면서, 균형성 확보여부를 판정할 때 러브 플롯 결과만을 제시할 예정입니다. 즉 앞으로는 bal.tab() 함수나 bal.plot() 함수는 별도의 추정결과를 제시하지 않겠습니다.

love.plot() 함수 역시 ggplot2 패키지를 기반으로 작성된 시각화 함수이기 때문에 ggplot2 패키지 부속함수들과 옵션들을 사용할 수 있습니다. 여기서는 총 7개의 옵션을 지정했습니다. 각 옵션에 제시된 '코멘트(#이 붙은 부분)'를 보시면 각 옵션의 의미를 쉽게 파악하실 수 있을 것으로 생각합니다.

```
> # 러브플롯: Thomas E. Love 박사의 성을 붙인 그래프
> # 1)ATT-성향점수기반 그리디 매칭, 평균차이
> love.plot(greedy_att,
+           s.d.denom="pooled", # 분산은 처치집단과 통제집단 모두에서
```

```
+            stat="mean.diffs", #두 집단간 공변량 평균차이
+            drop.distance=FALSE, #성향점수도 포함하여 제시
+            threshold=0.1, #평균차이 역치
+            sample.names=c("Unmatched", "Matched"), #처치집단/통제집단 표시
+            themes=theme_bw())+
+ coord_cartesian(xlim=c(-0.15,1.00)) #X축의 범위
```

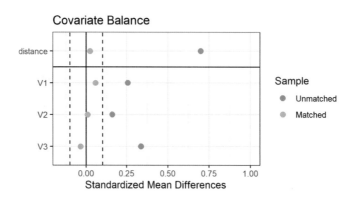

[그림 6-4] ATT 추정을 위한 성향점수기반 그리디 매칭 기법 적용 후 표준화된 성향점수 및 공변량의 평균차이 점검 러브플롯

　　[그림 6-4]를 해석하는 방법은 상당히 쉽습니다. 붉은색 점들은 매칭작업 적용 이전의 성향점수 및 공변량의 평균차이값이며, 푸른색 점들은 매칭작업 적용 이후의 평균차이값입니다. 또한 점선은 평균차이(절댓값 기준)의 역치(0.1)를 나타낸 것입니다. [그림 6-4]에서 명확하게 드러나듯, 매칭작업 결과 성향점수(distance로 표시됨)와 공변량(V1, V2, V3)의 경우 처치집단과 통제집단의 평균차이는 모두 허용 역치를 넘지 않은 것을 확인할 수 있습니다.

　　표준화된 성향점수 및 공변량의 분산비 역시 위와 같은 러브플롯으로 시각화할 수 있습니다. 분산비를 러브플롯으로 시각화할 때는 stat 옵션을 "variance.ratios"로 바꾸면 됩니다. 또한 분산비의 경우 역치를 '2'로 설정했기 때문에 이에 맞게 threshold 옵션을 바꾸었으며, X축의 범위 역시도 이에 맞게 0.3~3.0으로 조정하였습니다[마지막의 coord_cartesian() 함수].

```
> # 1)ATT-성향점수기반 그리디 매칭, 분산비
> love.plot(greedy_att,
+          s.d.denom="pooled", # 분산은 처치집단과 통제집단 모두에서
+          stat="variance.ratios", # 두 집단간 분산비
+          drop.distance=FALSE, #성향점수도 포함하여 제시
+          threshold=2, # 분산비 역치
+          sample.names=c("Unmatched", "Matched"), #처치집단/통제집단 표시
+          themes=theme_bw())+
+ coord_cartesian(xlim=c(0.3,3)) #X축의 범위
```

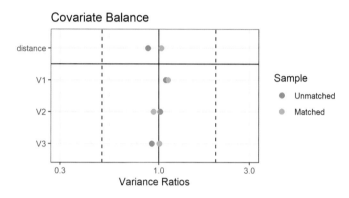

[그림 6-5] ATT 추정을 위한 성향점수기반 그리디 매칭 기법 적용 후 표준화된 성향점수 및 공변량의 분산비 점검
러브플롯

[그림 6-5]를 해석하는 방법도 어렵지 않습니다. 매칭작업 이후의 분산비 역시 푸른색 점들의 위치에서 쉽게 알 수 있듯, 분산비의 허용범위인 0.5~2.0 사이에 놓여 있습니다.

지금까지 cobalt 패키지의 bal.tab() 함수 출력결과, bal.plot() 함수를 이용한 거울상 히스토그램 시각화 결과, love.plot() 함수를 이용한 러브플롯 시각화 결과를 살펴보았습니다. 이 결과들을 종합해볼 때 ATT 추정을 위한 성향점수기반 그리디 매칭 기법을 이용하여 처치집단과 통제집단 간 공변량 균형성을 충분히 달성했다고 평가할 수 있습니다.

이제 다음으로 ATC 추정을 위한 성향점수기반 그리디 매칭 기법을 적용한 후 처치집단과 통제집단 간 공변량 균형성이 달성되었다고 볼 수 있는지 살펴보겠습니다. 앞서 말씀드렸듯 이제부터 본서에서는 매칭 기법 적용 전후 표준화된 성향점수 및 공변량의 평균차이와 분산비의 변화를 시각화한 러브플롯만으로 공변량 균형성을 점검하겠습니다. ATC 추정을 위한 성향점수기반 그리디 매칭 기법을 적용한 후 시각화한 러브플롯은 [그림 6-6]과 같습니다.

```
> # 1)ATC-성향점수기반 그리디 매칭, 평균차이
> love_D_greedy_atc=love.plot(greedy_atc,
+          s.d.denom="pooled", # 분산은 처치집단과 통제집단 모두에서
+          stat="mean.diffs", # 두 집단간 공변량 평균차이
+          drop.distance=FALSE, #성향점수도 포함하여 제시
+          threshold=0.1, # 평균차이 역치
+          sample.names=c("Unmatched", "Matched"), #처치집단/통제집단 표시
+          themes=theme_bw())+
+ coord_cartesian(xlim=c(-0.5,1.00)) #X축의 범위
> # 1)ATC-성향점수기반 그리디 매칭, 분산비
> love_VR_greedy_atc=love.plot(greedy_atc,
+          s.d.denom="pooled", # 분산은 처치집단과 통제집단 모두에서
+          stat="variance.ratios", # 두 집단간 분산비
+          drop.distance=FALSE, #성향점수도 포함하여 제시
+          threshold=2, # 분산비 역치
+          sample.names=c("Unmatched", "Matched"), #처치집단/통제집단 표시
+          themes=theme_bw())+
+ coord_cartesian(xlim=c(0.3,3)) #X축의 범위
> gridExtra::grid.arrange(love_D_greedy_atc,love_VR_greedy_atc,nrow=1)
```

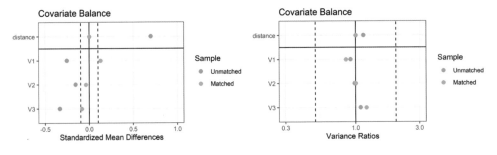

[그림 6-6] ATC 추정을 위한 성향점수기반 그리디 매칭 기법 적용 후 공변량 균형성 점검 러브플롯

[그림 6-6]에서 잘 드러나듯 ATC 추정을 위한 성향점수기반 그리디 매칭 기법을 적용한 결과, 통제집단과 처치집단 간 V1을 제외한 다른 공변량과 성향점수(distance)에서의 균형성은 확보되었다고 볼 수 있습니다. [그림 6-6] 왼쪽 러브플롯에서 볼 수 있듯 V1 공변량의 평균차이는 0.1보다 큰 값이 나타났습니다. 동일한 데이터를 대상으로 하지만 ATT를 추정하기 위한 매칭작업 결과 공변량 균형성과 ATC를 추정하기 위한 매칭작업 결과 공변량 균형성이 서로 다른 것을 알 수 있습니다. 이유는 처치집단과 통제집단의 사례수에서 찾을 수 있습니다. ATT 추정을 위한 매칭작업의 경우 160개의 처치집단 사례와 짝지어질 수 있는 통제집단 사례는 840개가 존재하는 반면, ATC 추정을 위한 매칭작업의 경우 840개 통제집단 사례와 짝지어질 수 있는 처치집단 사례는 160개입니다. 또한 표준화된 공변량 평균차이의 허용범위를 0.25로 적용하기도 한다는 관례를 고려할 때, [그림 6-6]을 통해 ATC 추정을 위한 성향점수 그리디 매칭 기법으로 공변량 균형성을 어느 정도 달성할 수 있었다고 보는 것이 낫지 않을까 싶습니다.

2) 성향점수기반 최적 매칭

이번에는 ATT 추정을 위한 성향점수기반 최적 매칭 기법을 적용한 후의 공변량 균형성을 살펴보겠습니다. 처치집단과 통제집단 간 표준화된 성향점수 및 공변량의 평균차이와 분산비를 러브플롯으로 시각화하면 [그림 6-7]과 같습니다.

```
> # 2)ATT-성향점수기반 최적 매칭, 평균차이
> love_D_optimal_att=love.plot(optimal_att,
+               s.d.denom="pooled", #분산은 처치집단과 통제집단 모두에서
+               stat="mean.diffs", #두 집단간 공변량 평균차이
+               drop.distance=FALSE, #성향점수도 포함하여 제시
+               threshold=0.1, #평균차이 역치
+               sample.names=c("Unmatched", "Matched"), #처치집단/통제집단 표시
+               themes=theme_bw())+
+  coord_cartesian(xlim=c(-0.15,1.00)) #X축의 범위
> # 2)ATT-성향점수기반 최적 매칭, 분산비
> love_VR_optimal_att=love.plot(optimal_att,
+               s.d.denom="pooled", #분산은 처치집단과 통제집단 모두에서
+               stat="variance.ratios", #두 집단간 분산비
+               drop.distance=FALSE, #성향점수도 포함하여 제시
```

```
+              threshold=2, #분산비 역치
+              sample.names=c("Unmatched", "Matched"), #처치집단/통제집단 표시
+              themes=theme_bw())+
+ coord_cartesian(xlim=c(0.3,3)) #X축의 범위
> gridExtra::grid.arrange(love_D_optimal_att,love_VR_optimal_att,nrow=1)
```

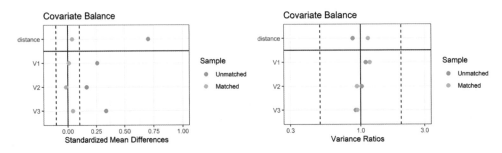

[그림 6-7] ATT 추정을 위한 성향점수기반 최적 매칭 기법 적용 후 공변량 균형성 점검 러브플롯

[그림 6-7]에서 성향점수 및 공변량의 평균차이의 절댓값은 0.1의 역치를 넘지 않으며, 분산비 역시 1.0에 근접한 수준을 보이면서 0.5~2.0 범위에 안착된 모습을 확인할 수 있습니다. 즉 ATT 추정을 위한 성향점수기반 최적 매칭 기법 적용 후 공변량 균형성을 확보했다고 볼 수 있습니다.

ATC의 경우 성향점수기반 최적 매칭을 적용하는 것이 불가능하기 때문에 공변량 균형성 역시 점검할 수 없습니다.

3) 성향점수기반 전체 매칭

세 번째로 ATT 추정을 위한 성향점수기반 전체 매칭 기법을 적용한 후의 공변량 균형성을 살펴보겠습니다. 처치집단과 통제집단 간 표준화된 성향점수 및 공변량의 평균차이와 분산비를 러브플롯으로 시각화하면 [그림 6-8]과 같습니다.

```
> # 3)ATT-성향점수기반 전체 매칭, 평균차이
> love_D_full_att=love.plot(full_att,
+              s.d.denom="pooled", #분산은 처치집단과 통제집단 모두에서
+              stat="mean.diffs", # 두 집단간 공변량 평균차이
+              drop.distance=FALSE, #성향점수도 포함하여 제시
+              threshold=0.1, #평균차이 역치
+              sample.names=c("Unmatched", "Matched"), #처치집단/통제집단 표시
+              themes=theme_bw())+
+  coord_cartesian(xlim=c(-0.15,1.00)) #X축의 범위
> # 3)ATT-성향점수기반 전체 매칭, 분산비
> love_VR_full_att=love.plot(full_att,
+              s.d.denom="pooled", #분산은 처치집단과 통제집단 모두에서
+              stat="variance.ratios", # 두 집단간 분산비
+              drop.distance=FALSE, #성향점수도 포함하여 제시
+              threshold=2, #분산비 역치
+              sample.names=c("Unmatched", "Matched"), #처치집단/통제집단 표시
+              themes=theme_bw())+
+  coord_cartesian(xlim=c(0.3,3)) #X축의 범위
> gridExtra::grid.arrange(love_D_full_att,love_VR_full_att,nrow=1)
```

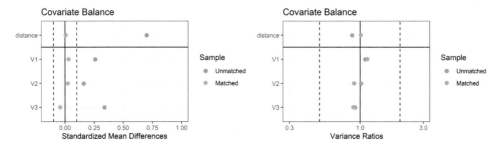

[그림 6-8] ATT 추정을 위한 성향점수기반 전체 매칭 기법 적용 후 공변량 균형성 점검 러브플롯

[그림 6-8]을 통해 성향점수기반 전체 매칭 기법을 적용한 후 성향점수 및 공변량 균형성이 잘 달성된 것을 확인할 수 있습니다. 이제 다음으로 ATC 추정을 위한 성향점수기반 전체 매칭 기법 적용 후 공변량 균형성을 러브플롯을 통해 살펴보겠습니다.

```
> # 3)ATC-성향점수기반 전체 매칭, 평균차이
> love_D_full_atc=love.plot(full_atc,
+              s.d.denom="pooled", # 분산은 처치집단과 통제집단 모두에서
+              stat="mean.diffs", # 두 집단간 공변량 평균차이
+              drop.distance=FALSE, #성향점수도 포함하여 제시
+              threshold=0.1, # 평균차이 역치
+              sample.names=c("Unmatched", "Matched"), #처치집단/통제집단 표시
+              themes=theme_bw())+
+  coord_cartesian(xlim=c(-0.5,1.00)) #X축의 범위
> # 3)ATC-성향점수기반 전체 매칭, 분산비
> love_VR_full_atc=love.plot(full_atc,
+              s.d.denom="pooled", # 분산은 처치집단과 통제집단 모두에서
+              stat="variance.ratios", # 두 집단간 분산비
+              drop.distance=FALSE, #성향점수도 포함하여 제시
+              threshold=2, # 분산비 역치
+              sample.names=c("Unmatched", "Matched"), #처치집단/통제집단 표시
+              themes=theme_bw())+
+  coord_cartesian(xlim=c(0.3,3)) #X축의 범위
> gridExtra::grid.arrange(love_D_full_atc,love_VR_full_atc,nrow=1)
```

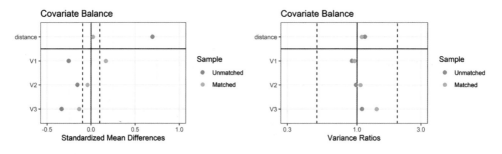

[그림 6-9] ATC 추정을 위한 성향점수기반 전체 매칭 기법 적용 후 공변량 균형성 점검 러브플롯

[그림 6-9]의 오른쪽 그래프에서 알 수 있듯, 성향점수 및 공변량의 분산비에는 큰 문제가 없습니다. 그러나 표준화된 성향점수 및 공변량의 평균차이(절맷값 기준)의 경우 V1과

V3 공변량들이 역치로 설정한 0.1을 다소 넘어서고 있습니다. 사실 [그림 6-9]의 결과는 ATC 추정을 위한 성향점수기반 그리디 매칭 기법 적용 후의 공변량 균형성 점검결과인 [그림 6-6]과 매우 비슷합니다. 다른 점은 [그림 6-6]의 경우 V3 평균차이(절댓값 기준)가 역치보다 낮게 나타났으나 [그림 6-9]에서는 역치보다 다소 높게 나타났다는 것인데, 이는 심각하게 고려할 정도의 차이는 아니라고 보는 것이 합당할 듯합니다.[8] 그러나 표준화된 공변량 평균차이의 허용범위를 0.25로 적용하기도 한다는 관례를 생각해볼 때, ATC 추정을 위한 성향점수기반 전체 매칭 기법으로 공변량 균형성을 어느 정도는 확보했다고 보는 것이 타당할 것 같습니다.

4) 성향점수기반 유전 매칭

네 번째로 ATT 추정을 위한 성향점수기반 유전 매칭 기법을 적용한 후의 공변량 균형성을 살펴보겠습니다. 처치집단과 통제집단 간 표준화된 성향점수 및 공변량의 평균차이와 분산비를 러브플롯으로 시각화하면 [그림 6-10]과 같습니다.

```
> # 4)ATT-성향점수기반 유전 매칭, 평균차이
> love_D_genetic_att=love.plot(genetic_att,
+            s.d.denom="pooled", #분산은 처치집단과 통제집단 모두에서
+            stat="mean.diffs", #두 집단간 공변량 평균차이
+            drop.distance=FALSE, #성향점수도 포함하여 제시
+            threshold=0.1, #평균차이 역치
+            sample.names=c("Unmatched", "Matched"), #처치집단/통제집단 표시
+            themes=theme_bw())+
+  coord_cartesian(xlim=c(-0.15,1.00)) #X축의 범위
> # 4)ATT-성향점수기반 유전 매칭, 분산비
> love_VR_genetic_att=love.plot(genetic_att,
+            s.d.denom="pooled", #분산은 처치집단과 통제집단 모두에서
+            stat="variance.ratios", #두 집단간 분산비
+            drop.distance=FALSE, #성향점수도 포함하여 제시
```

---

[8] 두 기법은 동일하게 성향점수를 이용하여 매칭작업을 진행하지만, 엄연히 다른 매칭 알고리즘에 기반하고 있습니다. 앞서 설명했듯 그리디 매칭 알고리즘은 개별 처치집단 사례의 매칭 수준에 집중하는 반면, 최적 매칭이나 전체 매칭 알고리즘들은 처치집단 사례들 전체 혹은 표본 전체에서의 매칭 수준에 집중하고 있습니다.

```
+              threshold=2, #분산비 역치
+              sample.names=c("Unmatched", "Matched"), #처치집단/통제집단 표시
+              themes=theme_bw())+
+ coord_cartesian(xlim=c(0.3,3)) #X축의 범위
> gridExtra::grid.arrange(love_D_genetic_att,love_VR_genetic_att,nrow=1)
```

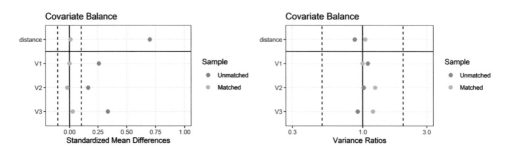

[그림 6-10] ATT 추정을 위한 성향점수기반 유전 매칭 기법 적용 후 공변량 균형성 점검 러브플롯

처치집단과 통제집단 간 표준화된 성향점수 및 공변량의 평균차이(절댓값 기준)는 모두 0.1을 넘지 않으며, 분산비 역시 1에 근접해 매우 안정적인 것으로 나타났습니다. 즉 ATT 추정을 위한 성향점수기반 유전 매칭 데이터는 공변량 균형성을 달성했다고 판단할 수 있습니다.

다음으로 ATC 추정을 위한 성향점수기반 유전 매칭 기법 적용 후 공변량 균형성 점검을 위해 러브플롯을 살펴본 결과는 아래와 같습니다.

```
> # 4)ATC-성향점수기반 유전 매칭, 평균차이
> love_D_genetic_atc=love.plot(genetic_atc,
+              s.d.denom="pooled", #분산은 처치집단과 통제집단 모두에서
+              stat="mean.diffs", #두 집단간 공변량 평균차이
+              drop.distance=FALSE, #성향점수도 포함하여 제시
+              threshold=0.1, #평균차이 역치
+              sample.names=c("Unmatched", "Matched"), #처치집단/통제집단 표시
+              themes=theme_bw())+
+ coord_cartesian(xlim=c(-0.5,1.00)) #X축의 범위
> # 4)ATC-성향점수기반 유전 매칭, 분산비
> love_VR_genetic_atc=love.plot(genetic_atc,
+              s.d.denom="pooled", #분산은 처치집단과 통제집단 모두에서
```

```
+            stat="variance.ratios", # 두 집단간 분산비
+            drop.distance=FALSE, #성향점수도 포함하여 제시
+            threshold=2, # 분산비 역치
+            sample.names=c("Unmatched", "Matched"), #처치집단/통제집단 표시
+            themes=theme_bw())+
+ coord_cartesian(xlim=c(0.3,3)) #X축의 범위
> gridExtra::grid.arrange(love_D_genetic_atc,love_VR_genetic_atc,nrow=1)
```

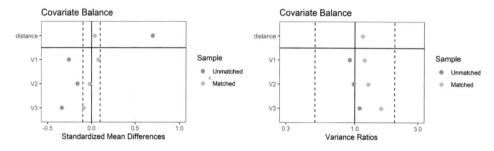

[그림 6-11] ATC 추정을 위한 성향점수기반 유전 매칭 기법 적용 후 공변량 균형성 점검 러브플롯

　　[그림 6-11]에서 나타난 결과를 [그림 6-6]이나 [그림 6-9]와 비교해보시기 바랍니다. ATC 추정을 위해 앞서 살펴본 매칭 기법과 비교할 때, 성향점수기반 유전 매칭 기법으로 매칭된 데이터의 공변량 균형성은 상당히 고무적입니다. 왜냐하면 처치집단과 통제집단 간 표준화된 성향점수 및 공변량의 평균차이(절댓값 기준)가 역치인 0.1을 넘지 않으며, 분산비 또한 2.0보다 작기 때문입니다.[9] 이런 점에서 ATC 추정을 위한 성향점수기반 유전 매칭 기법 적용 후 공변량 균형성이 달성된다고 볼 수 있습니다.

9　그러나 공변량 V1과 V3의 평균차이가 역치를 넘지 않았을 뿐 전반적인 패턴에서는 그리디 매칭 기법이나 전체 매칭 기법들과 크게 다르지 않습니다.

5) 마할라노비스 거리점수기반 그리디 매칭

이제 끝으로 마할라노비스 거리점수기반 그리디 매칭 기법으로 얻은 매칭 데이터의 공변량 균형성을 점검해보겠습니다. 먼저 ATT를 추정하기 위한 마할라노비스 거리점수기반 그리디 매칭 기법 적용 후의 러브플롯은 [그림 6-12]와 같습니다.

```
> # 5)ATT-마할라노비스 거리점수 그리디 매칭, 평균차이
> love_D_mahala_att=love.plot(mahala_att,
+               s.d.denom="pooled", # 분산은 처치집단과 통제집단 모두에서
+               stat="mean.diffs", # 두 집단간 공변량 평균차이
+               drop.distance=FALSE, #성향점수도 포함하여 제시
+               threshold=0.1, # 평균차이 역치
+               sample.names=c("Unmatched", "Matched"), #처치집단/통제집단 표시
+               themes=theme_bw())+
+  coord_cartesian(xlim=c(-0.15,1.00)) #X축의 범위
> # 5)ATT-마할라노비스 거리점수 그리디 매칭, 분산비
> love_VR_mahala_att=love.plot(mahala_att,
+               s.d.denom="pooled", # 분산은 처치집단과 통제집단 모두에서
+               stat="variance.ratios", # 두 집단간 분산비
+               drop.distance=FALSE, #성향점수도 포함하여 제시
+               threshold=2, # 분산비 역치
+               sample.names=c("Unmatched", "Matched"), #처치집단/통제집단 표시
+               themes=theme_bw())+
+  coord_cartesian(xlim=c(0.3,3)) #X축의 범위
> gridExtra::grid.arrange(love_D_mahala_att,love_VR_mahala_att,nrow=1)
```

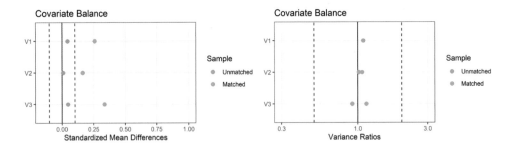

[그림 6-12] ATT 추정을 위한 마할라노비스 거리점수기반 그리디 매칭 기법 적용 후 공변량 균형성 점검 러브플롯

[그림 6-12]에서 확인할 수 있듯 마할라노비스 거리점수를 이용한 매칭 기법의 경우 공변량 균형성만을 점검합니다(즉, 마할라노비스 거리점수기반 매칭에서는 성향점수를 사용하는 것이 아니기 때문에 표준화된 성향점수의 평균차이나 분산비는 공변량 균형성을 평가할 때 사용될 수 없습니다). [그림 6-12]에서 쉽게 확인할 수 있듯 ATT 추정을 위한 마할라노비스 거리점수기반 그리디 매칭 기법을 적용한 매칭 데이터의 경우 공변량 균형성이 확보되었다고 볼 수 있습니다.

다음으로 ATC 추정을 위한 마할라노비스 거리점수기반 그리디 매칭 기법 적용 후 공변량 균형성을 러브플롯을 통해 살펴보겠습니다.

```
> # 5)ATC-마할라노비스 거리점수 그리디 매칭, 평균차이
> love_D_mahala_atc=love.plot(mahala_atc,
+              s.d.denom="pooled", # 분산은 처치집단과 통제집단 모두에서
+              stat="mean.diffs", # 두 집단간 공변량 평균차이
+              drop.distance=FALSE, # 성향점수도 포함하여 제시
+              threshold=0.1, # 평균차이 역치
+              sample.names=c("Unmatched", "Matched"), # 처치집단/통제집단 표시
+              themes=theme_bw())+
+ coord_cartesian(xlim=c(-0.5,1.00)) # X축의 범위
> # 5)ATC-마할라노비스 거리점수 그리디 매칭, 분산비
> love_VR_mahala_atc=love.plot(mahala_atc,
+              s.d.denom="pooled", # 분산은 처치집단과 통제집단 모두에서
+              stat="variance.ratios", # 두 집단간 분산비
+              drop.distance=FALSE, # 성향점수도 포함하여 제시
+              threshold=2, # 분산비 역치
+              sample.names=c("Unmatched", "Matched"), # 처치집단/통제집단 표시
+              themes=theme_bw())+
+ coord_cartesian(xlim=c(0.3,3)) # X축의 범위
> gridExtra::grid.arrange(love_D_mahala_atc,love_VR_mahala_atc,nrow=1)
```

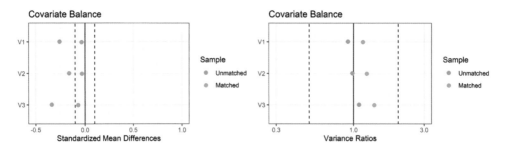

[그림 6-13] ATC 추정을 위한 마할라노비스 거리점수기반 그리디 매칭 기법 적용 후 공변량 균형성 점검 러브플롯

[그림 6-13]의 결과는 앞에서 살펴본 성향점수기반 유전 매칭을 적용해서 얻은 [그림 6-11]의 결과와 매우 유사합니다. 즉 ATC 추정을 위해 앞서 살펴본 성향점수기반 그리디 매칭이나 성향점수기반 전체 매칭 기법과 비교할 때, 마할라노비스 거리점수기반 그리디 매칭 기법으로 매칭된 데이터의 공변량 균형성이 다소나마 나은 편이며, 성향점수기반 유전 매칭 기법으로 얻은 결과와 상당히 유사합니다. 이는 처치집단과 통제집단 간 표준화된 공변량의 평균차이(절댓값 기준)가 역치인 0.1을 넘지 않으며, 분산비 또한 2.0보다 작기 때문입니다.[10] 이런 점에서 ATC 추정을 위한 마할라노비스 거리점수기반 그리디 매칭 기법 적용 후 공변량 균형성이 달성된다고 볼 수 있습니다.

지금까지 총 다섯 가지 매칭 기법으로 얻은 매칭 데이터의 공변량 균형성을 점검해보았습니다. ATT를 추정하는 경우 다섯 가지 매칭 기법을 모두 적용한 결과에서 공변량 균형성을 확보하였다고 볼 수 있었습니다. 반면 ATC를 추정하는 경우에는 공변량 균형성을 달성하지 못했다고 볼 수는 없을지 모르나, 아주 만족스러운 결과를 얻지는 못했습니다.

ATT를 추정하는 목적이든 ATC를 추정하는 목적이든 매칭 기법을 적용하여 공변량 균형성을 성공적으로 달성할 수 있었다면, 이제 매칭된 데이터를 도출한 후 처치효과를 추정하면 됩니다. MatchIt 패키지의 match.data() 함수를 이용하여 매칭된 데이터를

---

10 사실 유전 매칭 알고리즘은 성향점수를 이용하는 것이 아니라, 성향점수를 포함한 '일반화 마할라노비스 거리점수'를 이용하여 매칭작업을 진행합니다. 다시 말해 성향점수기반 유전 매칭 알고리즘의 결과와 마할라노비스 거리점수기반 그리디 매칭 알고리즘은 모두 '마할라노비스 거리점수'를 사용한다는 공통점이 있습니다.

도출한 후 해당 데이터를 기반으로 ATT 및 ATC를 추정하고, 이를 토대로 ATE를 계산하는 방법은 다음 절('4. 처치효과 추정')에서 살펴보겠습니다.

4 처치효과 추정

성향점수가중 기법을 설명하면서 5장에서 말씀드렸듯이 효과추정치를 얻는 방법에는 모수통계기법과 비모수통계기법이 있습니다. 여기서는 MatchIt 패키지 개발자들(Ho et al., 2011)의 제안을 따라 Zelig 패키지를 활용한 비모수통계기법을 이용해 ATT와 ATC를 추정한 후, ATT, ATC, 표본 내 처치집단 비율 정보들을 기반으로 ATE도 추정하였습니다. 앞서 살펴본 다섯 가지 매칭 기법으로 얻은 매칭 데이터를 대상으로 다음의 단계들을 거치면서 ATT, ATC, ATE를 추정하였습니다. 2~5단계까지의 과정은 성향점수가중 기법을 이용해 효과추정치를 추정한 과정과 본질적으로 동일합니다.

- 1단계: 가장 먼저 MatchIt 패키지의 match.data() 함수를 이용하여 ATT, ATC 추정을 위한 매칭 데이터를 추출하였습니다.
- 2단계: '1단계'를 통해 추출된 데이터를 대상으로 Zelig 패키지의 zelig() 함수를 이용해 ATT와 ATC 처치효과를 추정하였습니다.
- 3단계: Zelig 패키지의 setx() 함수를 이용해 처치집단과 통제집단 조건을 가정하였습니다.
- 4단계: Zelig 패키지의 sim() 함수를 이용해 '3단계'에서 가정된 조건에서 얻을 수 있는 처치효과를 재표집을 통해 1만 번 추정하였습니다.
- 5단계: '4단계'에서 얻은 1만 번의 추정결과를 이용해 ATT, ATC의 점추정치와 95% 신뢰구간(CI)을 추정하였습니다.
- 6단계: 추정된 ATT, ATC와 표본 내 처치집단 비율을 이용하여 ATE의 점추정치와 95% 신뢰구간(CI)을 추정하였습니다.

1) 성향점수기반 그리디 매칭

첫 번째로 성향점수기반 그리디 매칭 기법을 적용하여 ATT를 추정해봅시다. 제일 먼저 match.data() 함수를 이용해 ATT 추정을 위한 성향점수기반 그리디 매칭 데이터를 추출합니다. 추출된 매칭 데이터와 형태는 아래와 같습니다.

```
> # 1)ATT-성향점수기반 그리디 매칭
> # 1단계: 매칭 데이터 생성
> MD_greedy_att=match.data(greedy_att)
> dim(MD_greedy_att) # 사례수 x 변수의 수
[1] 471  8
> head(MD_greedy_att) %>% round(2) # 데이터 형태
     V1    V2    V3  treat  Rtreat      y  distance  weights
1 -2.11  1.68 -1.18     1       0  -2.57     -2.93     1.00
2  0.25  0.28  1.36     1       0   5.50     -0.57     1.00
3  2.13 -0.07 -0.83     1       0   3.15     -1.06     1.00
4 -0.41  1.24  1.04     1       0   3.57     -0.64     1.00
7 -0.15  1.56  0.52     0       1   2.80     -0.63     0.99
8 -0.96  0.78  1.02     0       1   1.35     -1.25     0.99
```

매칭된 데이터에는 총 471개의 사례와 총 8개의 변수가 존재합니다. head() 함수를 이용하여 데이터 형태를 살펴본 결과에서 잘 드러나듯, 원 데이터에는 없는 새로운 변수 2개(distance, weights)가 첨부된 것을 알 수 있습니다. distance라는 변수는 선형로짓 형태의 성향점수이고, weights라는 변수는 매칭된 사례에 부여된 가중치입니다. 여기서 weights 변수는 매우 중요합니다. 처치효과를 추정할 때 가중치로 반드시 weights 변수를 지정해주어야만 합니다.[11]

이제 두 번째 단계로 Zelig 패키지의 zelig() 함수를 이용하여 처치효과를 추정해

---

[11] 성향가중기법(PSW)과 마찬가지로 '성향점수'에 기반을 두었다고 해도, 이 weights는 PSW에서 설명했던 IPTW와는 다릅니다. MatchIt 패키지에서는 전체표본 중 처치집단에 속한 사례들의 비율(즉 $\hat{\pi}$), 매칭된 사례의 개수[matchit() 함수의 ratio 옵션], 반복표집 여부[matchit() 함수의 replace 옵션] 등에 따라 서로 다르게 가중치 변수 weights가 계산됩니다. 구체적인 계산방식에 대해 궁금한 독자께서는 개발자의 링크(https://r.iq.harvard.edu/docs/matchit/2.4-20/How_Exactly_are.html)를 참고하시기 바랍니다.

보겠습니다. 성향점수가중 기법에서 소개했던 방법과 동일합니다. 즉 아래와 같이 처치효과 추정을 위한 공식을 지정한 후, 매칭된 데이터(여기서는 MD_greedy_att 오브젝트)의 weights 변수를 가중치로 지정한 후, 결과변수의 형태에 맞게 model='ls'를 지정하면 됩니다.

```
> # 1단계: 모형추정
> set.seed(1234) #동일한 결과를 얻고자 할 경우
> z_model=zelig(formula=y~treat+V1+V2+V3,
+                data=MD_greedy_att,
+                model='ls',
+                weights="weights",cite=FALSE)
```

세 번째 단계로 setx() 함수를 이용하여 처치집단과 통제집단을 각각 가정합니다.

```
> # 3단계: 추정된 모형을 적용할 X변수의 조건상정
> x_0=setx(z_model,treat=0,data=MD_greedy_att) #통제집단가정 상황
> x_1=setx(z_model,treat=1,data=MD_greedy_att) #처치집단가정 상황
```

네 번째 단계로 sim() 함수를 이용하여 앞서 설정된 x_0와 x_1 조건에서 z_model을 시뮬레이션합니다. 총 1만 번의 시뮬레이션을 실시했습니다.

```
> # 4단계: 1단계와 2단계를 근거로 기댓값(expected value, ev) 시뮬레이션
> s_0=sim(z_model,x_0,num=10000)
> s_1=sim(z_model,x_1,num=10000)
```

다섯 번째 단계로 1만 번의 시뮬레이션 결과를 이용하여 ATT를 추정하고, 이후 점추정치와 95% 신뢰구간을 계산한 후, 아래와 같이 summary_est1이라는 이름의 오브젝트로 저장하였습니다.

```
> # 5단계: ATT의 값을 추정한 후 95%신뢰구간 계산
> EST1=get_qi(s_1,"ev")-get_qi(s_0,"ev")
> summary_est1=tibble(
+ LL95=quantile(EST1,p=c(0.025)),
+ PEst=quantile(EST1,p=c(0.500)),
+ UL95=quantile(EST1,p=c(0.975)),
+ estimand="ATT",model="Greedy matching using propensity score"
+ )
> summary_est1
# A tibble: 1 x 5
  LL95  PEst  UL95 estimand model
 <dbl> <dbl> <dbl> <chr>    <chr>
1 1.35  1.56  1.78 ATT      Greedy matching using propensity score
```

저장결과에서 잘 드러나듯 성향점수기반 그리디 매칭 기법을 이용해 추정한 ATT는 약 1.56이며, 95% 신뢰구간은 (1.35, 1.78)로 나타났습니다.

2단계부터 5단계까지의 ATT를 추정하는 과정은 다른 매칭 기법들을 적용해 효과추정치를 얻는 방법에도 그대로 적용됩니다. 이에 앞으로는 반복작업을 줄이기 위해 아래와 같은 이용자정의 함수를 만들어서 사용하겠습니다.

```
> # ATT추정을 위한 이용자정의 함수
> SUMMARY_EST_ATT=function(myformula,matched_data,n_sim,model_name){
+ # 2단계: 모형추정
+ z_model=zelig(as.formula(myformula),
+               data=matched_data,
+               model='ls',
+               weights="weights",cite=FALSE)
+ # 3단계: 추정된 모형을 적용할 X변수의 조건상정
+ x_0=setx(z_model,treat=0,data=matched_data) #통제집단가정 상황
+ x_1=setx(z_model,treat=1,data=matched_data) #처치집단가정 상황
+ # 4단계: 1단계와 2단계를 근거로 기댓값(expected value, ev) 시뮬레이션
+ s_0=sim(z_model,x_0,num=n_sim)
+ s_1=sim(z_model,x_1,num=n_sim)
+ # 5단계: ATT의 값을 추정한 후 95%신뢰구간 계산
+ EST1=get_qi(s_1,"ev")-get_qi(s_0,"ev") #ATE계산시 활용
+ summary_est1=tibble(
+   LL95=quantile(EST1,p=c(0.025)),
```

```
+     PEst=quantile(EST1,p=c(0.500)),
+     UL95=quantile(EST1,p=c(0.975)),
+     estimand="ATT",model=model_name
+   )
+   rm(z_model,x_0,x_1,s_0,s_1)
+   list(EST1,summary_est1)
+ }
```

SUMMARY_EST_ATT() 함수의 출력결과는 리스트 형식의 오브젝트이며 두 부분으로 구성되어 있습니다. 첫 번째 결과는 n_sim번만큼의 시뮬레이션 결과들입니다. 이 부분은 ATC 추정결과를 얻은 후 최종적으로 ATE를 계산할 때 활용할 예정입니다. 두 번째 결과는 ATT의 점추정치와 95% 신뢰구간 정보입니다. 예를 들어 앞서 얻은 결과를 SUMMARY_EST_ATT() 함수를 이용해 다시 추정해보면 아래와 같습니다.

```
> set.seed(1234)
> greedy_ATT=SUMMARY_EST_ATT(myformula="y~treat+V1+V2+V3",
+                            matched_data=MD_greedy_att,
+                            n_sim=10000,
+                            model_name="Greedy matching using propensity score")
> length(greedy_ATT[[1]]) # 시뮬레이션 결과(ATE 계산시 활용)
[1] 10000
> greedy_ATT[[2]] #95% 신뢰구간
# A tibble: 1 x 5
   LL95  PEst  UL95 estimand model
  <dbl> <dbl> <dbl> <chr>    <chr>
1  1.35  1.56  1.78 ATT      Greedy matching using propensity score
```

이제 다음으로 성향점수기반 그리디 매칭 기법을 적용하여 ATC를 추정하겠습니다. ATC를 추정하는 과정도 ATT를 추정하는 과정과 본질적으로 동일하지만, 매칭 기법을 실시할 때 한 가지 중요한 차이점이 있습니다. 4장에서 잠시 살펴보았듯, '기준집단(reference group)'을 바꾸어주어야 한다는 점입니다. 여기서 기준집단이란 0과 1 중 0의 값을 갖는 집단을 의미합니다. 매칭 기법을 이용해 ATC를 추정하는 경우 통제집단 사례들을 중심으로 처치집단 사례들에 매칭시킵니다. 이는 ATT를 추정하는 경우 처치집단 사례들이 중심이 되는 것과 반대입니다. 즉 처치효과를 추정할 때 처치집단과 통제집단을 반대로 지정해주어야 합니다(ATC를 추정할 경우, 실제 상황에서 원인처치를 받은 처치집단이 '통제집단처럼' 사용되고, 원인처치를 받지 않은 통제집단이 '처치집단처럼' 사용되기 때문임). 이를 기준집단 측면에서 설명하면 ATT의 경우 통제집단이, ATC의 경우 처치집단이 기준집단 역할을 담당합니다. 즉 ATT의 경우 통제집단 사례들이 $T=0$의 값을 가졌다면, ATC의 경우에는 처치집단 사례들이 $T_{recoded}=0$의 값을 갖습니다. 처치집단과 통제집단의 위치가 바뀐다는 점을 제외하면 ATT를 추정하는 것과 ATC를 추정하는 것은 본질적으로 동일합니다. 이에 ATC를 추정하기 위한 이용자정의 함수를 다음과 같이 설정하였습니다.

```
> # 1)ATC-성향점수기반 그리디 매칭
> # 1단계: 매칭 데이터 생성
> MD_greedy_atc=match.data(greedy_atc)
> # ATC추정을 위한 이용자정의 함수
> SUMMARY_EST_ATC=function(myformula,matched_data,n_sim,model_name){
+ # 2단계: 모형추정
+ z_model=zelig(as.formula(myformula),
+                 data=matched_data,
+                 model='ls',
+                 weights="weights",cite=FALSE)
+ # 3단계: 추정된 모형을 적용할 X변수의 조건상정
+ x_0=setx(z_model,Rtreat=1,data=matched_data) #통제집단가정 상황(이 부분 주의)
+ x_1=setx(z_model,Rtreat=0,data=matched_data) #처치집단가정 상황(이 부분 주의)
+ # 4단계: 1단계와 2단계를 근거로 기댓값(expected value, ev) 시뮬레이션
+ s_0=sim(z_model,x_0,num=n_sim)
+ s_1=sim(z_model,x_1,num=n_sim)
+ # 5단계: ATT의 값을 추정한 후 95%신뢰구간 계산
+ EST1=get_qi(s_1,"ev")-get_qi(s_0,"ev")
+ summary_est1=tibble(
+   LL95=quantile(EST1,p=c(0.025)),
+   PEst=quantile(EST1,p=c(0.500)),
+   UL95=quantile(EST1,p=c(0.975)),
+   estimand="ATC",model=model_name
+ )
+ rm(z_model,x_0,x_1,s_0,s_1)
+ list(EST1,summary_est1)
+ }
```

SUMMARY_EST_ATC() 함수를 이용하여 성향점수기반 그리디 매칭 기법을 통한 ATC를 추정한 결과는 아래와 같습니다. ATC의 점추정치는 약 0.97이며, 95% 신뢰구간은 (0.79, 1.14)인 것을 알 수 있습니다.

```
> set.seed(4321)
> greedy_ATC=SUMMARY_EST_ATC(myformula="y~Rtreat+V1+V2+V3",
+                            matched_data=MD_greedy_atc,
+                            n_sim=10000,
+                            model_name="Greedy matching using propensity score")
> greedy_ATC[[2]] #95% 신뢰구간
# A tibble: 1 x 5
  LL95  PEst  UL95 estimand model
  <dbl> <dbl> <dbl> <chr>    <chr>
1 0.789 0.965  1.14 ATC      Greedy matching using propensity score
```

1부에서 설명했듯 ATE를 추정하기 위해서는 ATT와 ATC, 그리고 표본 내 처치집단 비율($\hat{\pi}$) 등이 필요합니다. 먼저 표본 내 처치집단 비율을 아래와 같이 계산하였습니다.

```
> # ATE-성향점수기반 그리디 매칭
> # 표본 내 처치집단 비율
> mypi=prop.table(table(mydata$treat))[2]
> mypi
   1
0.16
```

ATE의 계산과정은 아래와 같습니다. 우선 greedy_ATT 리스트 오브젝트의 1만 개의 시뮬레이션된 ATT와 greedy_ATC 리스트 오브젝트의 1만 개의 시뮬레이션된 ATC를 ATE 공식에 맞게 계산하여 greedy_ATE 리스트 오브젝트에 저장하였습니다.

```
> # 6단계: ATE 점추정치와 95% CI
> greedy_ATE=list()
> greedy_ATE[[1]]=mypi*greedy_ATT[[1]]+(1-mypi)*greedy_ATC[[1]] #10000개의 ATE
```

이렇게 얻은 1만 개의 시뮬레이션된 ATE를 이용하여 ATE의 점추정치와 95% 신뢰구간을 계산하면 아래와 같습니다.

```
> greedy_ATE[[2]]=tibble(
+ LL95=quantile(greedy_ATE[[1]],p=c(0.025)),
+ PEst=quantile(greedy_ATE[[1]],p=c(0.500)),
+ UL95=quantile(greedy_ATE[[1]],p=c(0.975)),
+ estimand="ATE",model="Greedy matching using propensity score")
> greedy_ATE[[2]]
# A tibble: 1 x 5
   LL95  PEst UL95 estimand model
  <dbl> <dbl> <dbl> <chr>   <chr>
1 0.907  1.06  1.22 ATE     Greedy matching using propensity score
```

끝으로 이와 같은 방식으로 추정한 ATT, ATC, ATE의 세 가지 효과추정치를 모아 greedy_estimands라는 이름의 오브젝트로 저장하였습니다. greedy_estimands 오브젝트에 저장된 성향점수기반 그리디 매칭 기법으로 얻은 효과추정치들은 나중에 다른 매칭 기법들로 얻은 효과추정치들과 비교할 때 사용하도록 하겠습니다.

```
> # 효과추정치 저장
> greedy_estimands=bind_rows(greedy_ATT[[2]],
+                            greedy_ATC[[2]],
+                            greedy_ATE[[2]])
> greedy_estimands
# A tibble: 3 x 5
   LL95  PEst  UL95 estimand model
  <dbl> <dbl> <dbl> <chr>    <chr>
1 1.35   1.56  1.78 ATT      Greedy matching using propensity score
2 0.789 0.965  1.14 ATC      Greedy matching using propensity score
3 0.907  1.06  1.22 ATE      Greedy matching using propensity score
```

2) 성향점수기반 최적 매칭

두 번째로 성향점수기반 최적 매칭 기법을 적용하여 ATT를 추정해봅시다. ATT를 추정하는 과정은 앞서 소개한 성향점수기반 최적 매칭 기법과 동일합니다. 우선 match.data() 함수를 이용해 매칭 데이터를 추출합니다.

```
> # 2)ATT-성향점수기반 최적 매칭
> # 1단계: 매칭 데이터 생성
> MD_optimal_att=match.data(optimal_att)
```

이후 2~5단계의 과정, 즉 Zelig 패키지의 부속함수들을 이용하여 ATT의 점추정치와 95% 신뢰구간을 추정하는 과정은 앞서 소개한 이용자정의 함수인 SUMMARY_EST_ATT() 함수를 이용하면 됩니다.

```
> # 2-5단계: 매칭 데이터 생성
> set.seed(1234)
> optimal_ATT=SUMMARY_EST_ATT(myformula="y~treat+V1+V2+V3",
+                     matched_data=MD_optimal_att,
+                     n_sim=10000,
+                     model_name="Optimal matching using propensity score")
> optimal_ATT[[2]] #95% 신뢰구간
# A tibble: 1 x 5
  LL95  PEst  UL95  estimand model
  <dbl> <dbl> <dbl> <chr>    <chr>
1 1.45  1.66  1.86  ATT      Optimal matching using propensity score
```

끝으로 성향점수기반 최적 매칭 기법으로 얻은 ATT의 점추정치와 95% 신뢰구간을 optimal_estimands라는 이름으로 저장하였습니다. 이 오브젝트는 매칭 기법들을 이용해 얻은 효과추정치들을 비교할 때 사용하도록 하겠습니다. 참고로 최적 매칭 기법의 경우 ATC와 ATE를 추정할 수 없습니다.

```
> # 효과추정치 저장
> optimal_estimands=optimal_ATT[[2]]
```

3) 성향점수기반 전체 매칭

세 번째로 성향점수기반 전체 매칭 기법을 이용해 ATT, ATC, ATE를 추정해보겠습니다. ATT를 추정하는 과정은 앞서 소개한 과정과 동일합니다. match.data() 함수를 이용해 매칭 데이터를 생성한 후(1단계), SUMMARY_EST_ATT() 함수를 이용해 효과추정치를 추정하면 됩니다(2~5단계). 아래에서 확인할 수 있듯, 성향점수기반 전체 매칭 기법을 이용해 얻은 ATT의 점추정치는 1.65이며 95% 신뢰구간은 (1.45, 1.83)입니다.

```
> # 1)ATT-성향점수기반 전체 매칭
> # 1단계: 매칭 데이터 생성
> MD_full_att=match.data(full_att)
> # 2-5단계: ATT 추정
> set.seed(1234)
> full_ATT=SUMMARY_EST_ATT(myformula="y~treat+V1+V2+V3",
+                 matched_data=MD_full_att,
+                 n_sim=10000,
+                 model_name="Full matching using propensity score")
> full_ATT[[2]] #95% 신뢰구간
# A tibble: 1 x 5
  LL95  PEst  UL95  estimand model
  <dbl> <dbl> <dbl> <chr>    <chr>
1 1.45  1.65  1.83  ATT      Full matching using propensity score
```

ATC를 추정하는 과정 역시 어렵지 않습니다. match.data() 함수를 이용해 매칭 데이터를 생성한 후(1단계), SUMMARY_EST_ATC() 함수를 이용해 효과추정치를 추정하면 됩니다(2~5단계). 아래에서 확인할 수 있듯, 성향점수기반 전체 매칭 기법을 이용해 얻은 ATC의 점추정치는 0.88이며 95% 신뢰구간은 (0.71, 1.06)입니다.

```
> # 1)ATC-성향점수기반 전체 매칭
> # 1단계: 매칭 데이터 생성
> MD_full_atc=match.data(full_atc)
> # 2-5단계: ATC 추정
> set.seed(4321)
> full_ATC=SUMMARY_EST_ATC(myformula="y~Rtreat+V1+V2+V3",
```

```
+                     matched_data=MD_full_atc,
+                     n_sim=10000,
+                     model_name="Full matching using propensity score")
> full_ATC[[2]] #95% 신뢰구간
# A tibble: 1 x 5
  LL95  PEst  UL95 estimand model
  <dbl> <dbl> <dbl> <chr>    <chr>
1 0.708 0.883  1.06 ATC      Full matching using propensity score
```

이렇게 얻은 ATT와 ATC를 이용하여 ATE를 추정하는 과정은 아래와 같습니다. ATE를 추정하는 과정은 성향점수기반 그리디 매칭 기법을 소개할 때 사용했던 ATE 추정과정과 본질적으로 동일합니다.

```
> # 6단계: ATE 점추정치와 95% CI
> full_ATE=list()
> full_ATE[[1]]=mypi*full_ATT[[1]]+(1-mypi)*full_ATC[[1]]
> full_ATE[[2]]=tibble(
+ LL95=quantile(full_ATE[[1]],p=c(0.025)),
+ PEst=quantile(full_ATE[[1]],p=c(0.500)),
+ UL95=quantile(full_ATE[[1]],p=c(0.975)),
+ estimand="ATE",model="Full matching using propensity score")
> full_ATE[[2]]
# A tibble: 1 x 5
  LL95  PEst  UL95 estimand model
  <dbl> <dbl> <dbl> <chr>    <chr>
1 0.854  1.00  1.16 ATE      Full matching using propensity score
```

끝으로, 매칭 기법들로 얻은 효과추정치들을 비교할 때 사용하기 위해 성향점수기반 전체 매칭을 통해 얻은 효과추정치들을 full_estimands라는 이름의 오브젝트로 아래와 같이 저장하였습니다.

```
> # 효과추정치 저장
> full_estimands=bind_rows(full_ATT[[2]],
+                          full_ATC[[2]],
+                          full_ATE[[2]])
```

```
> full_estimands
# A tibble: 3 x 5
   LL95  PEst  UL95 estimand model
  <dbl> <dbl> <dbl> <chr>    <chr>
1 1.45  1.65  1.83 ATT      Full matching using propensity score
2 0.708 0.883 1.06 ATC      Full matching using propensity score
3 0.854 1.00  1.16 ATE      Full matching using propensity score
```

4) 성향점수기반 유전 매칭

이제 성향점수기반 유전 매칭 기법을 이용해 ATT, ATC, ATE를 추정해보겠습니다. 앞서 소개한 과정과 동일한 방식으로 진행하면 됩니다. 아래에서 확인할 수 있듯, 성향점수기반 유전 매칭 기법을 이용해 얻은 ATT의 점추정치는 1.50이며 95% 신뢰구간은 (1.27, 1.73) 입니다.

```
> # 1)ATT-성향점수기반 유전 매칭
> # 1단계: 매칭 데이터 생성
> MD_genetic_att=match.data(genetic_att)
> # 2-5단계: ATT 추정
> set.seed(1234)
> genetic_ATT=SUMMARY_EST_ATT(myformula="y~treat+V1+V2+V3",
+                    matched_data=MD_genetic_att,
+                    n_sim=10000,
+                    model_name="Genetic matching using propensity score")
> genetic_ATT[[2]] #95% 신뢰구간
# A tibble: 1 x 5
   LL95  PEst  UL95 estimand model
  <dbl> <dbl> <dbl> <chr>    <chr>
1 1.27  1.50  1.73 ATT      Genetic matching using propensity score
```

성향점수기반 유전 매칭 기법으로 추정한 ATC는 다음과 같습니다. ATC의 점추정치는 0.93이며 95% 신뢰구간은 (0.76, 1.11)입니다.

```
> # 1)ATC-성향점수기반 유전 매칭
> # 1단계: 매칭 데이터 생성
> MD_genetic_atc=match.data(genetic_atc)
> # 2-5단계: ATC 추정
> set.seed(4321)
> genetic_ATC=SUMMARY_EST_ATC(myformula="y~Rtreat+V1+V2+V3",
+                             matched_data=MD_genetic_atc,
+                             n_sim=10000,
+                             model_name="Genetic matching using propensity score")
> genetic_ATC[[2]] #95% 신뢰구간
# A tibble: 1 x 5
   LL95  PEst  UL95 estimand model
  <dbl> <dbl> <dbl> <chr>    <chr>
1 0.757 0.934  1.11 ATC      Genetic matching using propensity score
```

추정된 ATT와 ATC, 그리고 표본의 처지집단 비율을 이용해 계산한 ATE의 점추정치는 1.02이며 95% 신뢰구간은 (0.87, 1.18)입니다.

```
> # 6단계: ATE 점추정치와 95% CI
> genetic_ATE=list()
> genetic_ATE[[1]]=mypi*genetic_ATT[[1]]+(1-mypi)*genetic_ATC[[1]]
> genetic_ATE[[2]]=tibble(
+ LL95=quantile(genetic_ATE[[1]],p=c(0.025)),
+ PEst=quantile(genetic_ATE[[1]],p=c(0.500)),
+ UL95=quantile(genetic_ATE[[1]],p=c(0.975)),
+ estimand="ATE",model="Genetic matching using propensity score")
> genetic_ATE[[2]]
# A tibble: 1 x 5
   LL95  PEst  UL95 estimand model
  <dbl> <dbl> <dbl> <chr>    <chr>
1 0.869  1.02  1.18 ATE      Genetic matching using propensity score
```

끝으로, 앞서 추정한 세 가지 효과추정치를 묶어 genetic_estimands라는 이름의 오브젝트로 저장하였습니다.

```
> # 효과추정치 저장
> genetic_estimands=bind_rows(genetic_ATT[[2]],
+                             genetic_ATC[[2]],
+                             genetic_ATE[[2]])
> genetic_estimands
# A tibble: 3 x 5
  LL95  PEst  UL95 estimand model
  <dbl> <dbl> <dbl> <chr>    <chr>
1 1.27  1.50  1.73 ATT      Genetic matching using propensity score
2 0.757 0.934 1.11 ATC      Genetic matching using propensity score
3 0.869 1.02  1.18 ATE      Genetic matching using propensity score
```

5) 마할라노비스 거리점수기반 그리디 매칭

마지막으로 마할라노비스 거리점수기반 그리디 매칭 기법을 이용해 ATT, ATC, ATE를 추정해보겠습니다. 각 효과추정치를 얻는 방법은 앞서 살펴본 네 가지 매칭 기법과 동일합니다. 우선 마할라노비스 거리점수기반 그리디 매칭 기법을 이용해 얻은 ATT의 점추정치는 1.52이며 95% 신뢰구간은 (1.31, 1.73)입니다.

```
> # 1)ATT-마할라노비스 거리점수기반 그리디 매칭
> # 1단계: 매칭 데이터 생성
> MD_mahala_att=match.data(mahala_att)
> # 2-5단계: ATT 추정
> set.seed(1234)
> mahala_ATT=SUMMARY_EST_ATT(myformula="y~treat+V1+V2+V3",
+                 matched_data=MD_mahala_att,
+                 n_sim=10000,
+                 model_name="Greedy matching using Mahalanobis distance")
> mahala_ATT[[2]] #95% 신뢰구간
# A tibble: 1 x 5
  LL95  PEst  UL95 estimand model
  <dbl> <dbl> <dbl> <chr>    <chr>
1 1.31  1.52  1.73 ATT      Greedy matching using Mahalanobis distance
```

ATC를 추정하는 방법 역시 마찬가지입니다. ATC의 점추정치는 0.97이며 95% 신뢰구간은 (0.79, 1.15)입니다.

```
> # 1)ATC-마할라노비스 거리점수기반 그리디 매칭
> # 1단계: 매칭 데이터 생성
> MD_mahala_atc=match.data(mahala_atc)
> # 2-5단계: ATC 추정
> set.seed(4321)
> mahala_ATC=SUMMARY_EST_ATC(myformula="y~Rtreat+V1+V2+V3",
+                            matched_data=MD_mahala_atc,
+                            n_sim=10000,
+                            model_name="Greedy matching using Mahalanobis distance")
> mahala_ATC[[2]] #95% 신뢰구간
# A tibble: 1 x 5
  LL95  PEst  UL95 estimand model
 <dbl> <dbl> <dbl> <chr>    <chr>
1 0.793 0.969  1.15 ATC      Greedy matching using Mahalanobis distance
```

이제 마할라노비스 거리점수기반 그리디 매칭 기법으로 얻은 ATT와 ATC, 그리고 표본의 처치집단 비율 정보를 이용해 ATE를 추정하면 아래와 같습니다.

```
> # 6단계: ATE 점추정치와 95% CI
> mahala_ATE=list()
> mahala_ATE[[1]]=mypi*mahala_ATT[[1]]+(1-mypi)*mahala_ATC[[1]]
> # ATE 95% 신뢰구간
> mahala_ATE[[2]]=tibble(
+ LL95=quantile(mahala_ATE[[1]],p=c(0.025)),
+ PEst=quantile(mahala_ATE[[1]],p=c(0.500)),
+ UL95=quantile(mahala_ATE[[1]],p=c(0.975)),
+ estimand="ATE",model="Greedy matching using Mahalanobis distance")
> mahala_ATE[[2]]
# A tibble: 1 x 5
  LL95  PEst  UL95 estimand model
 <dbl> <dbl> <dbl> <chr>    <chr>
1 0.904  1.06  1.21 ATE      Greedy matching using Mahalanobis distance
```

이렇게 얻은 세 가지 효과추정치를 다른 매칭 기법들로 얻은 효과추정치들과 비교하기 위해 아래와 같이 저장하였습니다.

```
> # 효과추정치 저장
> mahala_estimands=bind_rows(mahala_ATT[[2]],
+                            mahala_ATC[[2]],
+                            mahala_ATE[[2]])
> mahala_estimands
# A tibble: 3 x 5
   LL95  PEst  UL95 estimand model
  <dbl> <dbl> <dbl> <chr>    <chr>
1 1.31   1.52  1.73 ATT      Greedy matching using Mahalanobis distance
2 0.793  0.969 1.15 ATC      Greedy matching using Mahalanobis distance
3 0.904  1.06  1.21 ATE      Greedy matching using Mahalanobis distance
```

지금까지 총 다섯 가지의 매칭 기법을 살펴보았습니다. 또한 5장에서는 성향점수가중(PSW) 기법을 이용해 ATT, ATC, ATE를 추정해보았습니다. 이렇게 얻은 총 여섯 가지의 성향점수분석 기법 효과추정치들을 서로 비교해보겠습니다. 아울러 일반적으로 많이 사용되는 OLS 회귀분석 결과, 다시 말해 공변량을 통제한 후 얻은 원인변수의 회귀계수의 95% 신뢰구간과 비교할 때, 매칭 기법으로 얻은 효과추정치가 어떻게 다른지 비교해보겠습니다.

우선 앞서 저장한 성향점수가중 기법 효과추정치를 불러옵시다. 또한 lm() 함수를 이용해서 통상적인 OLS 회귀분석 결과로 얻은 원인변수 회귀계수의 95% 신뢰구간 역시 다음과 같이 추출해봅시다.

```
> # 매칭기법별 효과 추정치 비교
> # PSW 효과추정치 불러오기(2부 5장)
> PSW_estimands=readRDS("PSW_estimands.RData")
> PSW_estimands
# A tibble: 3 x 5
   LL95  PEst  UL95 estimand model
  <dbl> <dbl> <dbl> <chr>    <chr>
1 1.32   1.51  1.70 ATT      Propensity score weighting
2 0.858  0.986 1.12 ATC      Propensity score weighting
3 0.916  1.04  1.18 ATE      Propensity score weighting
```

```
> # 일반적 OLS
> OLS_estimands=lm(y~treat+V1+V2+V3, mydata) %>%
+   confint("treat") %>% as_tibble()
> names(OLS_estimands)=c("LL95","UL95")
> OLS_estimands
# A tibble: 1 x 2
  LL95  UL95
  <dbl> <dbl>
1 1.29  1.66
```

이제 앞서 매칭 기법들로 얻은 효과추정치들과 함께 성향점수가중 분석, 그리고 일반적 OLS 회귀계수의 95% 신뢰구간을 그래프로 나타내보겠습니다.

```
> # 기법별 효과추정치 비교
> bind_rows(PSW_estimands,greedy_estimands,
+           optimal_estimands,full_estimands,
+           genetic_estimands,mahala_estimands) %>%
+ mutate(rid=row_number(),
+        model=fct_reorder(model,rid)) %>%
+ ggplot(aes(x=estimand,y=PEst,color=model))+
+ geom_point(size=3,position=position_dodge(width=0.3))+
+ geom_errorbar(aes(ymin=LL95,ymax=UL95),
+               width=0.2,lwd=1,
+               position=position_dodge(width=0.3))+
+ geom_hline(yintercept=OLS_estimands$LL95,lty=2)+
+ geom_hline(yintercept=OLS_estimands$UL95,lty=2)+
+ geom_label(x=0.7,y=0.5*(OLS_estimands$LL95+OLS_estimands$UL95),
+            label="Naive OLS\n95% CI",color="black")+
+ labs(x="Estimands",
+      y="Estimates, 95% Confidence Interval",
+      color="Models")+
+ coord_cartesian(ylim=c(0.5,2.5))+
+ theme_bw()+theme(legend.position="top")+
+ guides(color=guide_legend(nrow=3))
> ggsave("Part2_ch6_Comparison_Estimands.png",height=12,width=16,units='cm')
```

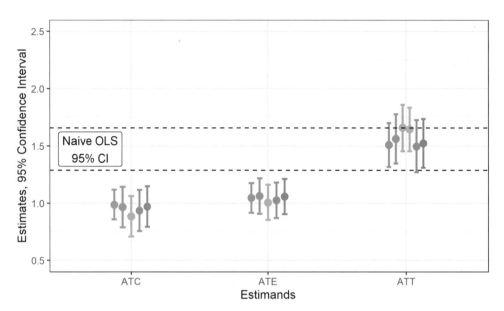

[그림 6-14] 효과추정치 비교(성향점수가중 기법, 다섯 가지 매칭 기법, 일반적 OLS 회귀분석)

[그림 6-14]를 보면 성향점수분석 기법들, 구체적으로 성향점수가중(PSW) 기법과 성향점수매칭(PSM) 기법으로 추정한 ATT, ATE, ATC는 상당히 유사한 것을 알 수 있습니다(성향점수기반 최적 매칭 기법의 경우 ATC, ATE 추정결과는 없음). 또한 성향점수분석 기법들로 얻은 각각의 효과추정치들은 시뮬레이션 데이터의 모수를 매우 잘 반영하고 있는 것을 확인할 수 있습니다.

흥미롭게도 일반적 OLS 회귀분석 결과로 추정한 효과추정치(점선 수평선)는 성향점수분석 기법들로 얻은 ATT와 매우 유사합니다. 일반적 OLS 회귀분석에서는 ATT, ATC, ATE를 구분하지 않는다는 점을 고려할 때, 적어도 이 데이터의 경우 일반적 OLS 회귀분석 추정결과로는 ATC나 ATE를 타당하게 추정할 수 없습니다. 또한 '일반적 OLS 회귀분석으로 ATT를 잘 추정할 수 있다'라고 결론을 내리는 것 역시 타당하지 않을 수 있습니다. 현재 데이터의 경우 일반적 OLS 회귀분석의 결과가 ATT와 상당히 비슷하게 나타나지만, 상황에 따라 ATC와 비슷한 값이 나올 수 있거나 아니면 아주 동떨어진 결과가 나타날 수도 있기 때문입니다.

그렇다면 성향점수매칭 기법들로 얻은 효과추정치는 얼마나 '누락변수편향(omitted variable bias)'에 취약할까요? 앞서 우리는 성향점수가중 기법으로 얻은 처치효과에 대해 카네기·하라다·힐의 민감도분석(Carnegie et al., 2016)을 실시한 바 있습니다. 성향점수매칭 기법의 경우 로젠바움의 민감도분석(Rosenbaum, 2015)을 통해 누락변수편향에도 불구하고 처치효과가 얼마나 강건한지(robust) 살펴보겠습니다.

여기서는 효과추정치에 대해 민감도분석을 실시해보겠습니다. 먼저 효과추정치 중 ATT, ATC만이 매칭작업을 통해 얻은 효과추정치이기 때문에 ATE에 대해서는 민감도분석을 실시할 수 없습니다. 따라서 순서대로 ATT 추정치에 대한 민감도분석과 ATC 추정치에 대한 민감도분석을 실시하도록 하겠습니다.

3장에서 R 패키지들을 소개하면서 말씀드렸듯 민감도분석 함수를 제공하는 R 패키지들은 여럿 존재합니다. 그러나 MatchIt 패키지의 오브젝트(혹은 Matching이나 designmatch 등과 같은 다른 성향점수매칭 작업 패키지도 포함)와 쉽게 연동해서 사용할 수 있는 패키지는 매우 적은 편이고, 연동되는 패키지라고 하더라도(이를테면 sensitivityR5 패키지나 causalsens 패키지) 매칭과정에서 배제된 사례가 존재하거나, 혹은 성향점수기반 전체 매칭과 같이 통제집단 사례에 매칭된 통제집단 사례수가 들쑥날쑥한 경우에는 사용할 수 없다는 아쉬움이 있습니다. 현재로서는 MatchIt 패키지의 matchit() 함수 결과 오브젝트를 대상으로 추가 프로그래밍을 실시한 후 로젠바움이 개발한 민감도분석 패키지 부속함수에 투입하는 것이 적어도 저희가 아는 범위에서 가장 적절한 방법입니다. 어쩌면 독자께서 본서를 접하는 시점에는 MatchIt 패키지와 연동되는 보다 이용하기 쉬운 패키지가 개발되거나 sensitivityR5 패키지나 causalsens 패키지와 같은 기존 패키지들이 업데이트되었을 수도 있으니, 한번 조사해보시기 바랍니다. 만약 사용하기 쉬운 새로운 패키지가 개발되거나 기존 패키지가 업데이트되지 않았다면, 여기서 소개하는 민감도분석이 유용할 것 같습니다.

우선 여기서 소개해드릴 민감도분석 패키지 두 가지는 모두 로젠바움이 개발한 것입니다. 먼저 sensitivitymw 패키지의 senmw() 함수를 이용하면 성향점수기반 그리디 매칭, 성향점수기반 최적 매칭, 성향점수기반 유전 매칭, 마할라노비스 거리점수기반 그리디 매칭의 네 가지 매칭 기법을 통해 얻은 ATT나 ATC에 대한 민감도분석을 실시할 수 있습니다. 로젠바움 민감도분석과 sensitivitymw 패키지의 senmw() 함수에 대해서는 성향점수기반 그리디 매칭으로 추정한 효과추정치를 대상으로 한 민감도분석 결과에서 설명하겠습니다. 둘째, sensitivityfull 패키지의 senfm() 함수를 이용하면 성향점수기반 전체 매칭 기법으로 얻은 ATT나 ATC에 대한 민감도분석을 실시할 수 있습니다. sensitivityfull 패키지의 senfm() 함수에 대해서는 성향점수기반 전체 매칭 기법으로 얻은 효과추정치를 대상으로 한 민감도분석 결과에서 설명하겠습니다.

1) 성향점수기반 그리디 매칭

첫 번째로 성향점수기반 그리디 매칭 기법으로 추정한 ATT와 ATC에 대한 민감도분석 결과를 살펴봅시다. 여기서는 로젠바움이 개발한 sensitivitymw 패키지의 senmw() 함수를 이용하여 성향점수기반 그리디 매칭으로 얻은 ATT와 ATC에 대한 민감도분석을 실시해보겠습니다. senmw() 함수에는 최소 다음의 세 입력값이 필수적입니다.

senmw(사례별_종속변수_매칭_데이터, gamma, method)

senmw() 함수의 세 입력값을 역순으로 설명하겠습니다. 첫째, method 옵션은 민감도분석의 테스트 통계치를 얻는 방법입니다. 여기서 저희는 method="w"를 사용하였습니다. method="w"는 가중치가 부여된 후버의 M통계치(Huber's M-statistic)라는 의미입니다. senmw() 함수의 method 옵션의 디폴트는 method="h"이며 이는 가중치를 부여하지 않은 후버의 M통계치입니다. 로젠바움이 저술한 민감도 테스트 관련 문헌들(Rosenbaum, 2007, 2015)을 보면 매우 다양한 민감도 테스트들이 소개되어 있으며, 각 테스트 기법들에 수반되는 (다음에 설명할) 감마(Γ) 모수 외에 여러 모수들(이를테면 τ, λ 등)에 대한 설명이 상세히 제시되어 있습니다. 그러나 아쉽게도 일반적인 응용학문 연구자 입장에서 여러 민감도분석 기법들[senmw() 함수의 method 옵션은 총 7가지입니다]과 이에 수반되는 모수들의 조건과 의미를 알아야만 하는지에 대해서는 다소 회의적입니다. 이에 여기서는 로젠바움이 가장 추천하는 method="w"를 사용하였습니다. 로젠바움은 가중치가 부여된 후버의 M통계치를 얻을 수 있는 method="w" 방식이 "견실하며, 여러 목적에 사용되는 가중치 부여방식으로 처치집단 사례당 2-4개의 통제집단 사례가 매칭된 데이터의 경우 method="h"를 사용하는 것보다 종종 나은 경우가 많다(These weights are sturdy, all-purpose weights, often better than method="h" with 2-4 controls per matched set)"[12]라고 말하고 있습니다.

둘째, gamma 옵션은 민감도 테스트를 이해하는 핵심인 감마(Γ) 모수를 의미합니다. 로젠바움(Rosenbaum, 2007)에 따르면 Γ는 "특정 개체가 통제집단에 속할 확률 대비 처치집단에 속할 확률의 비율"을 의미합니다. 즉 누락변수편향이 전혀 없는 상황에서 매칭된 데이터가 무작위배치를 실시한 실험설계 데이터와 원인처치 배치과정이 동일한 상황이라면 $\Gamma = 1$이라고 가정할 수 있습니다. 하지만 누락변수편향으로 균형성이 완벽하게 보장되지 않은 경우, Γ의 값은 1에서 점점 멀어지게 될 것입니다. 로젠바움의 민감도 테스트는 누락변수편향으로 Γ의 값이 1에서 멀어지는 상황에서 매칭된 데이터를 대상으로 얻은 처치효과가 통계적으로 여전히 유의미한지 여부에 대해 통계적 유의도 테스트를 실시합니다. 예를 들어 이런 상황을 생각해봅시다. 매칭기법을 통해 통계적으로 유의미한($p < .05$) 처치효과를 확인할 수 있었습니다. 만약 누락변수편향으로 인해 매칭된 표본의 개체가 처치집단에 속할 확률이 통제집단에 속할 확률보다 2배 높아질 수 있다고 가정했을 때에도 여전히 이 효과가 통계적으로 유의미하다고 말할 수 있을까요? 이 경우 균형성 가정이 충족된 상황($\Gamma = 1$)에서 얻었던 통계적 유의도 테스트 결과는 제1종 오류(type-I error)에 취약할 것이라고 예상할 수 있습니다. 그렇다면 얼마나 취약할까요? 로젠바움의 민감도 테스트에서의 귀무가설(H_0)은 다음과 같습니다. "$\Gamma = 2$인 경우를 가정할 때 처치집단과 통제집단의 평균차이는 0이다"(다시 말해 "$\Gamma = 2$인 경우를 가정할 수 있을 정도의 누락변수편향이 발생하면 처치효과는 0이다"). 로젠바움 민감도 테스트 결과 귀무가설을 받아들인다면($p \geq .05$) 우리는 "$\Gamma = 2$인 상황을 초래할 수 있는 누락변수편향이 존재한다면 매칭된 표본에서 확인할 수 있었던 처치효과는 더 이상 통계적으로 유의미하다고 말할 수 없다"라는 결론을 얻게 될 것입니다. 반대로 귀무가설을 기각한다면($p < .05$) "$\Gamma = 2$인 상황을 초래할 수 있는 누락변수편향이 존재하더라도 매칭된 표본에서 확인할 수 있었던 평균처치효과는 여

---

12 해당 표현은 senmw( ) 함수의 설명 파일에 제시된 표현입니다.

전히 통계적으로 유의미한 효과라고 볼 수 있다"는 결론을 얻을 수 있습니다.[13] 당연한 것이지만 누락변수편향이 매우 강하게 나타난다고 가정할수록, 즉 Γ가 1에서 멀어지면 멀어질수록 매칭된 표본에서 확인할 수 있었던 평균처치효과가 존재하지 않는다고 볼 가능성이 높아집니다. 즉 Γ가 큰 값을 갖는다는 것은 아주 극단적인 상황을 가정한 누락변수편향이 발생한다는 것을 의미합니다. 따라서 귀무가설이 기각되는 Γ값이 1에 근접할수록 누락변수편향의 위험성은 높지만, Γ값이 1에서 더 멀어지면 멀어질수록 누락변수편향의 위험성은 낮습니다.[14] 특정한 Γ값에서 얻은 통계적 유의도에 대해서는 senmw() 함수 추정결과를 살펴보면서 다시 설명하겠습니다.

끝으로, '사례별_종속변수_매칭_데이터'는 처치집단의 사례별 종속변수에 통제집단 사례(일대일 매칭인 경우) 혹은 사례들(일대k 매칭인 경우)의 종속변수를 가로줄을 기준으로 매칭시킨 데이터를 뜻합니다. 4장에서 [표 4-2]와 [표 4-3]의 형식으로 제시한 데이터가 바로 '사례별_종속변수_매칭_데이터'의 데이터 형태입니다. 개념적으로는 어렵지 않지만, MatchIt 패키지를 이용해 매칭된 데이터를 이러한 형식의 데이터로 변환시키기 위해서는 다소 번거로운 프로그래밍 과정을 거쳐야 합니다. 앞서 성향점수기반 그리디 매칭의 matchit() 함수 결과 오브젝트인 greedy_att를 이용해 '사례별_종속변수_매칭_데이터'를 생성한 후 senmw() 함수에 투입하여 민감도 테스트를 실시해보겠습니다.

greedy_att 오브젝트에서 '사례별_종속변수_매칭_데이터'를 뽑는 과정은 다음과 같습니다. greedy_att 오브젝트의 한 요소로 match.matrix를 지정하면, 처치집단 사례별 통제집단 사례들이 매칭된 행렬 데이터를 확인할 수 있습니다.

---

13 로젠바움의 민감도 테스트 및 senmw() 함수에서는 대안가설(H_1)로서 '양(+)의 처치효과가 존재한다'는 가설을 설정합니다. 예를 들어 Γ=2를 테스트하는 경우, 처치집단에 속할 확률이 통제집단에 속할 확률보다 2배 높은 상황에서 $H_0 : \tau = 0$ vs. $H_1 : \tau > 0$에 대해 단측검정(one-sided test)을 실시합니다(이때 τ는 0이 디폴트값이고 다른 값으로 지정해줄 수도 있음). 따라서 senmw() 함수를 사용해 민감도 테스트를 하기 위해서는 처치효과가 양수가 되도록 처치집단 및 통제집단 데이터를 투입해주어야 합니다. 만일 양측검정(two-sided test)을 하고자 한다면 통계도 유의수준을 절반으로 나누어주는 방식(예를 들어 통상적인 통계도 유의수준 α=0.05인 경우 $\dfrac{0.05}{2}$ =0.025)을 택하면 되며, 본서에서는 이 방식으로 양측 민감도 테스트를 실시하였습니다.

14 senmw() 함수에서는 양(+)의 처치효과를 기준으로 삼았듯(즉 처치집단의 평균이 통제집단보다 큼) Γ에 대해서도 특정한 상황, 즉 1보다 큰 경우(처치집단에 속할 확률이 통제집단에 속할 확률보다 큼)를 기준으로 합니다. 즉 $\Gamma < 1$인 상황은 고려되지 않으며, 1보다 작은 Γ를 투입할 경우에는 에러가 발생합니다.

```
> # 1)ATT-성향점수기반 그리디 매칭
> # 매칭된 형태의 행렬 추출
> my_match_mat=greedy_att$match.matrix
> head(my_match_mat)
    1     2
1  "585" "550"
2  "424" "126"
3  "43"  "978"
4  "659" "749"
14 "286" "861"
17 "107" "532"
```

추출한 행렬 데이터에서 총 2개의 세로줄(column)을 발견할 수 있습니다. 2개의 세로줄이 바로 매칭된 통제집단 사례들이고, 출력결과의 가로줄 이름(row name)이 바로 처치집단 사례입니다. 예를 들어 위의 출력결과에서 첫 번째 가로줄 1 "585" "550"은 1번 처치집단 사례와 매칭된 통제집단 사례들이 585번 사례와 550번 사례라는 뜻이고, 다섯 번째 가로줄 14 "286" "861"은 14번 처치집단 사례에 매칭된 통제집단 사례들이 286번 사례와 861번 사례라는 뜻입니다.

이제 이 행렬 데이터의 사례들을 처치집단 사례를 나타내는 세로줄 하나(treated case), 그리고 통제집단 사례들을 나타내는 세로줄 2개(controlcase1, controlcase2)로 명시한 데이터를 갖는 데이터프레임 오브젝트로 전환해보겠습니다. my_match_mat 오브젝트가 바로 이 데이터프레임 오브젝트입니다.[15]

```
> # ratio=2 옵션을 지정했기 때문에 통제집단 사례는 2개씩 매칭된 것 확인
> my_match_mat=data.frame(my_match_mat) #데이터프레임 형태로 변환
> names(my_match_mat)=str_c("controlcase",1:2) #변수이름 생성
> head(my_match_mat)
  controlcase1 controlcase2
1          585          550
2          424          126
3           43          978
```

---

15 my_match_mat 오브젝트에는 처치집단 사례들이 가로줄 이름(row name)으로 저장되어 있습니다. 따라서 행이름을 보존하기 위해서는 티블(tibble) 형태 데이터보다 데이터프레임 형태가 적합합니다.

4	659	749
14	286	861
17	107	532

```
> # 처치집단 사례생성(행렬의 가로줄 이름이 바로 처치집단 사례 번호)
> # 현재 매칭된 사례번호가 수치형 변수가 아니기에 이를 수치형으로 변환
> my_match_mat=my_match_mat %>%
+ mutate(
+   treatedcase=as.numeric(as.character(row.names(my_match_mat))),
+   controlcase1=as.numeric(as.character(controlcase1)),
+   controlcase2=as.numeric(as.character(controlcase2))
+ )
> summary(my_match_mat)
 controlcase1    controlcase2    treatedcase
 Min.   : 12.0   Min.   :  7.0   Min.   :  1.0
 1st Qu.: 238.0  1st Qu.:334.0   1st Qu.:234.2
 Median : 489.0  Median :560.0   Median :444.0
 Mean   : 494.5  Mean   :544.6   Mean   :475.1
 3rd Qu.: 746.8  3rd Qu.:784.5   3rd Qu.:712.8
 Max.   :1000.0  Max.   :997.0   Max.   :998.0
 NA's   :2       NA's   :5
```

my_match_mat 오브젝트에는 결측값이 포함되어 있습니다. 여기서 결측값은 매칭되지 않은(unmatched), 다시 말해 처치집단 사례들의 성향점수와 매칭될 수 없는 성향점수를 갖는 통제집단 사례들을 의미합니다. 현재 senmw() 함수의 입력 데이터에는 결측값이 포함될 수 없기 때문에 이들을 데이터에서 배제해야 합니다. 만약 matchit() 함수에서 discard 옵션을 'control' 혹은 'both'라고 지정할 경우 −1의 값이 표현됩니다(본서의 경우 discard='none'을 지정하였기 때문에 −1의 값이 표현되지 않았습니다). 이러한 경우 아래와 같이 정의된 이용자정의 함수인 dropCSR() 함수를 추가적으로 적용해주어야 합니다.

```
> # 공통지지영역(common support region)을 벗어난 사례들 제거(-1 혹은 NA)
> dropCSR=function(myvar){
+ mynewvar=ifelse(myvar<0,NA,myvar)} #-1을 결측값으로
```

결측값 처리가 완료되었다면 drop_na() 함수로 NA값, 즉 매칭되지 않은 사례들을 배제해주면 됩니다.

```
> my_match_mat=my_match_mat %>%
+ mutate_all(dropCSR) %>%
+ drop_na()
> summary(my_match_mat) #NA제거 확인
 controlcase1    controlcase2   treatedcase
 Min.   : 12.0   Min.   :  7.0   Min.   :  1.0
 1st Qu.: 244.5  1st Qu.:334.0   1st Qu.:233.5
 Median : 494.0  Median :560.0   Median :448.0
 Mean   : 499.4  Mean   :544.6   Mean   :477.0
 3rd Qu.: 749.5  3rd Qu.:784.5   3rd Qu.:713.5
 Max.   :1000.0  Max.   :997.0   Max.   :998.0
```

이제 각 사례들의 결과변수값을 찾아 새로운 데이터세트를 만들면 senmw() 함수를 사용할 수 있습니다. 다음과 같은 방식으로 성향점수기반 그리디 매칭 작업으로 얻은 처치집단 사례들과 통제집단 사례들의 결과변수값을 찾은 후 이를 data.frame() 함수를 이용해 묶었습니다.

```
> #매칭된 사례의 종속변수값을 찾아 새롭게 매칭된 데이터를 만들어 봅시다
> myT=mydata[my_match_mat$treatedcase,][["y"]]
> myC1=mydata[my_match_mat$controlcase1,][["y"]]
> myC2=mydata[my_match_mat$controlcase2,][["y"]]
> SA_greedy_att=data.frame(myT,myC1,myC2)
> head(SA_greedy_att)
          myT         myC1         myC2
1 -2.56984896  -1.1713305  -1.2735598
2  5.50009081   0.9056673   1.9407885
3  3.15025442   1.8643698   1.8088058
4  3.56623263   1.9693455   2.3956165
5 -0.09648533  -0.6256513   0.5118986
6  1.31993699  -0.2040180   0.5292704
```

이렇게 얻은 SA_greedy_att 데이터를 senmw() 함수에 투입하여 민감도 테스트를

실시해봅시다. 우선 $\Gamma=2$를 지정하고, 로젠바움의 제언에 따라 가중치가 부여된 후버의 M통계치를 추정한 후 이에 대한 통계적 유의도를 산출하였습니다.

```
> # senmw() 함수로 민감도 테스트 실시
> senmw(SA_greedy_att, gamma=2, method="w")
$pval
[1] 3.828826e-12

$deviate
[1] 6.844814

$statistic
[1] 612.6273

$expectation
[1] 172.9162

$variance
[1] 4126.782
```

$pval 부분에서 잘 나타나듯 민감도분석 결과 $\Gamma=2$를 상정해도, 성향점수기반 그리디 매칭 기법을 통해 얻은 ATT는 여전히 통상적인 통계적 유의도 수준에서 통계적으로 유의미한 처치효과임을 알 수 있습니다($p < .001$).

여기까지 따라오시면서, senmw() 함수를 이용해 민감도분석을 실시하는 것보다 senmw() 함수에 투입될 데이터(여기서는 SA_greedy_att)를 생성하는 것이 더 까다롭다는 것을 느끼셨을지도 모르겠습니다. 위와 같은 작업들을 MATCH_PAIR_GENERATE()라는 이름의 이용자 정의함수를 이용해 저장하였습니다.

```
> # 위의 과정을 이용자 함수로 만들어서 반복적으로 사용
> MATCH_PAIR_GENERATE=function(obj_matchit, rawdata){
+ my_match_mat=obj_matchit$match.matrix
+ my_match_mat=data.frame(my_match_mat)[,1:2] #데이터프레임형태로 변환
+ names(my_match_mat)=str_c("controlcase",1:2) #변수이름 생성
+ my_match_mat=my_match_mat %>%
+  mutate(
```

```
+     treatedcase=row.names(my_match_mat),
+     controlcase1=as.numeric(as.character(controlcase1)),
+     controlcase2=as.numeric(as.character(controlcase2))
+   )
+ my_match_mat=my_match_mat %>%
+   mutate_all(function(myvar) {mynewvar=ifelse(myvar<0, NA, myvar)}) %>%
+   drop_na()
+ myT=rawdata[my_match_mat$treatedcase,][["y"]]
+ myC1= rawdata[my_match_mat$controlcase1,][["y"]]
+ myC2= rawdata[my_match_mat$controlcase2,][["y"]]
+ data.frame(myT,myC1,myC2)
+ }
> SA_greedy_att=MATCH_PAIR_GENERATE(greedy_att,mydata)
> senmw(SA_greedy_att, gamma=2, method="w")
$pval
[1] 3.828826e-12

$deviate
[1] 6.844814

$statistic
[1] 612.6273

$expectation
[1] 172.9162

$variance
[1] 4126.782
```

그렇다면 성향점수기반 그리디 매칭을 이용해서 얻은 ATT가 더 이상 통계적으로 유의미하지 않은 Γ의 최솟값은 어느 정도나 될까요? 다시 말해 Γ가 어느 정도나 커야 앞서 우리가 발견한 ATT는 더 이상 통계적으로 유의미하지 않은 처치효과가 될까요? 이를 위해 다음과 같은 while () {} 루프(loop)를 활용하였습니다[while () {} 루프의 활용방식에 대해서는 졸저《R을 이용한 사회과학데이터 분석: 응용편》(2016) 혹은 중급수준 이상의 R 프로그래밍을 소개하는 문헌을 참조하시기 바랍니다]. 이 과정을 GAMMA_RANGE_SEARCH() 함수라는 사용자 함수로 다음과 같이 저장하였습니다. GAMMA_RANGE_SEARCH() 함수를 이용해 별도로 지정된 Γ 초기값을 시작점으로 Γ값을 0.1씩 순차적으로 조금씩 늘리면서, 양측테스트(two-sided test)[16] 기준으로 통상적인 통계적 유의도에 미치지 못하는 ATT가 나타나는 Γ를 탐색해보았습니다.

```
> #귀무가설을 수용하게 되는 감마 수치를 탐색
> GAMMA_RANGE_SEARCH=function(Matched_Pair_data,gamma_start){
+ mygamma=gamma_start
+ pvalue_2tail=0  #Gamma의 시작값은 1, p-value의 경우 양측검정 기준
+ myresult=data.frame()
+ while (pvalue_2tail < 0.025) { #양측검정으로 H0를 기각하면 중단
+   result_SA=data.frame(senmw(Matched_Pair_data,gamma=mygamma,method="w"))
+   pvalue_2tail=result_SA$pval
+   temp=data.frame(cbind(mygamma,result_SA[,c("pval")]))
+   names(temp)=c("Gamma","p_value")
+   myresult=rbind(myresult,temp)
+   mygamma=mygamma+0.1
+ }
+ myresult
+ }
```

누락변수편향이 전혀 없다고 가정한 상태, 즉 $\Gamma=1$을 시작점으로 Γ값이 어느 정도나 클 때 성향점수기반 그리디 매칭 기법을 이용해 추정한 ATT가 통계적으로 유의미하지 않은지 GAMMA_RANGE_SEARCH() 함수를 이용하여 살펴보도록 하겠습니다.

```
> #감마값 범위 탐색
> SA_greedy_att_gamma_range=GAMMA_RANGE_SEARCH(SA_greedy_att, 1)
> tail(SA_greedy_att_gamma_range)
    Gamma    p_value
98   10.7  0.02004604
99   10.8  0.02105825
100  10.9  0.02210132
```

---

16 Γ는 '비(ratio)'입니다. 즉 $\Gamma=2$(통제집단 대비 처치집단 배치 확률이 2배)라는 말은 $\Gamma=0.5$(처치집단 대비 통제집단 배치 확률이 2배)라는 말과 개념적으로 크게 다르지 않습니다. 양측테스트라는 것은 바로 이러한 Γ의 특성을 반영하기 위한 것입니다.

```
101   11.0   0.02317537
102   11.1   0.02428054
103   11.2   0.02541691
```

위의 결과에서 알 수 있듯 $\Gamma > 11.1$인 조건에서야 비로소 성향점수기반 그리디 매칭 기법을 이용해 추정한 ATT는 통계적으로 더 이상 유용한 처치효과라고 볼 수 없습니다. 다시 말해 통제집단 대비 처치집단 배치확률을 약 11배 이상 차이나게 만들 수 있는 누락변수(들)가 존재해야지만 앞서 우리가 얻은 성향점수기반 그리디 매칭 기법으로 얻은 ATT가 통계적으로 유의미하지 않은 효과가 됩니다. 그런데 상식적으로 이렇게 교란효과를 나타내는 누락변수를 상정하기는 어렵습니다. 다시 말해 우리가 얻은 성향점수기반 그리디 매칭 기법으로 얻은 ATT는 누락변수효과에 매우 강건한(robust) 통계치라고 판단할 수 있습니다.

이제는 성향점수기반 그리디 매칭 기법으로 얻은 ATC를 대상으로 민감도분석을 실시해보겠습니다. ATC에 대한 민감도분석을 실시하기 위해서는 앞서 생성한 이용자 정의 함수들, 즉 MATCH_PAIR_GENERATE() 함수와 GAMMA_RANGE_SEARCH() 함수를 이용하면 매우 편합니다. ATC의 경우 통제집단 사례들의 성향점수와 매칭 가능한 성향점수를 갖는 처치집단 사례들을 매칭시킨다는 점에서 MATCH_PAIR_GENERATE() 함수 출력결과에 –1을 곱했습니다.[17]

```
> # 1)ATC-성향점수기반 그리디 매칭
> # ATC의 경우 원인처치변수를 역코딩하였기 때문에 -1을 곱하여 줌
> SA_greedy_atc=-1*MATCH_PAIR_GENERATE(greedy_atc,mydata)
> SA_greedy_atc_gamma_range=GAMMA_RANGE_SEARCH(SA_greedy_atc, 1)
> tail(SA_greedy_atc_gamma_range)
   Gamma    p_value
70   7.9   0.00956194
71   8.0   0.01180863
```

---

17 기준집단이 ATT의 통제집단에서 ATC의 처치집단으로 바뀌었더라도, 처치효과를 계산하는 방향은 이전과 동일해야 하기 때문입니다. 즉 –1을 곱해주면 아래와 같이 바뀝니다.

$$(-1) \times (통제집단 - 처치집단) = 처치집단 - 통제집단$$

72	8.1	0.01446132
73	8.2	0.01756921
74	8.3	0.02117702
75	8.4	0.02535350

위의 결과에서 알 수 있듯 성향점수기반 그리디 매칭 기법으로 얻은 ATC의 경우 $\Gamma >$ 8.3일 때 ATC의 통계적 유의미성을 잃게 됩니다. 앞서 살펴본 ATT와 비교하면 누락변수 편향에 대한 강건함이 다소 낮지만, 여전히 매우 강력한 누락변수편향을 고려하지 않는다면 우리가 성향점수기반 그리디 매칭 기법으로 얻은 ATC는 통계적으로 유의미한 처치효과라고 판단할 수 있습니다.

두 가지 민감도분석 결과를 종합할 때, 우리는 성향점수기반 그리디 매칭 기법으로 얻은 ATT와 ATC 모두 누락변수편향에서 상당히 자유롭다고 결론 내릴 수 있습니다.

2) 성향점수기반 최적 매칭

두 번째로 성향점수기반 최적 매칭 기법으로 추정한 ATT에 대한 민감도분석 결과를 살펴봅시다. 앞서 말씀드렸듯 성향점수기반 최적 매칭 기법으로는 ATC를 추정할 수 없었기 때문에 ATC에 대한 민감도분석은 실시할 수 없습니다. 마찬가지로 로젠바움이 개발한 sensitivitymw 패키지의 senmw() 함수를 이용하면 되고, MATCH_PAIR_GENERATE() 함수와 GAMMA_RANGE_SEARCH() 함수를 이용하면 아래와 같이 간단하게 성향점수기반 최적 매칭 기법으로 추정한 ATT에 대한 민감도분석 결과를 얻을 수 있습니다.

```
> # 2)ATT-성향점수기반 최적 매칭
> SA_optimal_att=MATCH_PAIR_GENERATE(optimal_att,mydata)
> SA_optimal_att_gamma_range=GAMMA_RANGE_SEARCH(SA_optimal_att, 1)
> tail(SA_optimal_att_gamma_range)
      Gamma    p_value
136   14.5   0.02206088
137   14.6   0.02275584
138   14.7   0.02346299
139   14.8   0.02418231
140   14.9   0.02491379
141   15.0   0.02565741
```

위의 결과에서 잘 나타나듯 $\Gamma > 14.9$인 조건이 되어야 성향점수기반 최적 매칭 기법으로 추정한 ATT가 통계적으로 유의미하지 않은 처치효과로 바뀝니다. 그런데 현재보다 통제집단 대비 처치집단 배치 가능성을 약 15배가량 증가시키는 누락변수가 존재한다고 생각하기 매우 어렵습니다. 즉 성향점수기반 최적 매칭 기법으로 추정한 ATT는 누락변수 편향에 매우 강건한(robust) 추정효과라고 볼 수 있습니다.

3) 성향점수기반 전체 매칭

세 번째로 성향점수기반 전체 매칭 기법을 통해 얻은 ATT와 ATC에 대한 민감도분석을 실시해보겠습니다. 앞서 살펴본 성향점수기반 그리디 매칭 혹은 최적 매칭으로 얻은 처치효과에 대한 민감도분석 결과를 얻는 것도 어쩌면 쉽지 않았을 것입니다. 보다 정확하게는 sensitivitymw 패키지의 senmw() 함수에 투입되는 입력 데이터 형태를 얻는 것이 쉽지 않았을 수 있습니다. 안타깝지만 성향점수기반 전체 매칭 기법의 민감도분석 함수인 sensitivityfull 패키지의 senfm() 함수에 투입되는 데이터를 얻는 것은 더 복잡하고 어렵습니다. 만약 독자 여러분께서 성향점수기반 전체 매칭 기법을 꼭 사용하겠다는 분이 아니라면 성향점수기반 전체 매칭 기법으로 얻은 처치효과에서 민감도분석 부분은 뛰어 넘어서도 무방하지 않을까 조심스럽게 말씀드립니다. R을 이용한 데이터 관리 및 사전처리가 익숙한 분들이라면 여기 제시된 R 코드를 이해하시는 데 큰 무리가 없지만, R에 익숙하지 않은 독자분이라면 제시된 R 코드를 이해하는 것이 꽤 버거울 것으로 생각합니다.

먼저 전체 매칭 기법을 통해 얻은 효과추정치에 대한 민감도분석을 실시하기 위해서는 sensitivityfull 패키지를 사용해야 합니다. sensitivityfull 패키지의 senfm() 함수는 sensitivitymw 패키지의 senmw() 함수와 형태가 조금 다르기는 하지만 그 자체로는 사용하기가 어렵지 않습니다. sensitivityfull 패키지 senfm() 함수의 경우 최소 3개의 입력값이 필요합니다.

```
senfm(전체매칭작업으로_얻은_매칭사례행렬,매칭사례행렬_가로줄_배치순서,gamma)
```

첫 번째 입력값인 전체매칭작업으로_얻은_매칭사례행렬을 생성하는 것이 상당히 까다롭습니다. 앞서 말씀드렸듯 성향점수기반 전체 매칭 기법의 경우 처치집단 사례당 하나 혹은 여러 개의 통제집단 사례들이 매칭됩니다. 처치집단 사례들과 통제집단 사례들이 어떻게 매칭되는가에 대해서는 조금 후에 full_att 오브젝트로 전체 매칭된 데이터 MD_full_att를 통해 보다 구체적으로 말씀드리겠습니다. 우선 MD_full_att를 구체적으로 살펴봅시다.

```
> # 3)ATT-성향점수기반 전체 매칭
> MD_full_att=match.data(full_att)
> head(MD_full_att) %>% round(2) #데이터 형태
      V1    V2    V3 treat Rtreat     y distance weights subclass
1 -2.11  1.68 -1.18     1      0 -2.57    -2.93    1.00        1
2  0.25  0.28  1.36     1      0  5.50    -0.57    1.00       72
3  2.13 -0.07 -0.83     1      0  3.15    -1.06    1.00       97
4 -0.41  1.24  1.04     1      0  3.57    -0.64    1.00      121
5 -0.28  0.29 -0.65     0      1 -1.49    -2.24    0.35        4
6  0.40  0.69 -0.66     0      1 -1.95    -1.59    1.75       68
```

위의 결과에서 맨 마지막 세로줄인 subclass라는 변수에 주목해봅시다. 이 변수는 매칭된 처치집단 사례들과 통제집단 사례들이 매칭된 '집단'을 의미합니다. 예를 들어 subclass 변수가 1인 경우라면 '1이라는 집단'으로 분류된 처치집단 사례(들)와 모든 통제집단 사례들이 매칭되었다는 의미입니다. 그렇다면 총 몇 개의 집단이 존재하는지 살펴봅시다.

```
> MD_full_att %>% count(subclass)
# A tibble: 156 x 2
  subclass     n
     <dbl> <int>
1        1    15
2        2     4
3        3    18
4        4    16
5        5    16
6        6     4
7        7     3
8        8     4
```

```
 9      9    2
10     10   14
# ... with 146 more rows
```

위의 결과를 통해 우리는 총 1,000개의 사례가 156개의 집단으로 분류되는 방식으로 매칭된 것을 알 수 있습니다. 이 점에서 성향점수기반 전체 매칭 기법은 7장에서 소개할 성향점수층화(propensity score subclassification) 기법과 매우 밀접한 관련을 갖습니다. 이 부분에 대해서는 다음 장에서 다시 말씀드리겠습니다. 아무튼 156개를 모두 살펴보면 이해하는 데 어려움을 겪을 수도 있기 때문에 이 중 1번, 2번, 3번 세 집단만 선별한 후, 원인변수(treat)와 집단구분변수(subclass)의 교차표를 구해봅시다.

```
> MD_full_att %>%
+ filter(subclass<4) %>%  #1,2,3번 집단만 선별
+ xtabs(~treat+subclass,data=.)  #교차표 구하기
     subclass
treat  1 2 3
    0 14 3 17
    1  1 1 1
```

교차표에서 잘 드러나듯 하나의 처치집단 사례에 대해 1번 집단의 경우 총 14개, 2번 집단의 경우 3개, 3번 집단의 경우 17개의 통제집단 사례가 매칭된 것을 발견할 수 있었습니다. 이들의 결과변수 값은 아래와 같습니다.

```
> MD_full_att %>%
+ filter(subclass<4) %>%  #1,2,3번 집단만 선별
+ select(treat,subclass,y) %>%
+ arrange(subclass,desc(treat)) %>% round(2) %>%
+ mutate(treat=ifelse(treat==1,"Treat","Control"))
    treat subclass     y
1   Treat        1 -2.57
2 Control        1 -0.89
3 Control        1 -0.62
4 Control        1 -1.90
```

```
 5  Control      1  -1.88
 6  Control      1  -1.19
 7  Control      1  -2.28
 8  Control      1  -1.83
 9  Control      1  -2.73
10  Control      1  -1.17
11  Control      1  -1.49
12  Control      1  -2.29
13  Control      1  -1.91
14  Control      1  -2.58
15  Control      1  -1.84
16   Treat       2   1.62
17  Control      2   1.47
18  Control      2   0.64
19  Control      2   1.27
20   Treat       3   3.29
21  Control      3   3.62
22  Control      3   1.12
23  Control      3   1.37
24  Control      3   2.00
25  Control      3  -1.25
26  Control      3   1.79
27  Control      3   2.29
28  Control      3   1.32
29  Control      3   1.07
30  Control      3  -0.43
31  Control      3   0.44
32  Control      3   0.54
33  Control      3   2.05
34  Control      3   1.73
35  Control      3  -0.12
36  Control      3   1.62
37  Control      3   1.44
```

처치집단과 통제집단이 매칭되는 경우의 수는 세 가지가 있습니다. ① 하나의 처치집단 사례에 여러 개의 통제집단 사례들이 매칭된 경우, ② 하나의 통제집단 사례에 여러 개의 처치집단 사례들이 매칭된 경우, 그리고 ③ 하나의 통제집단 사례에 하나의 처치집단 사례가 매칭된 경우(즉 매칭된 처치집단과 통제집단의 사례수가 같음)입니다.[18] sensitivityfull 패키지의 senfm() 함수의 경우 각 집단별로 ① 하나의 처치집단 사례에 여러 통제집단 사례들이 매칭된 경우에는(③ 처치집단 사례수와 통제집단 사례수가 같은 경우 포함) '처치집단 사례 → 통제집단 사례들'의 순서로 데이터를 배치하고, 반대로 ② 통제집단 사례 하나에 여러 처치집단들이 배치된 경우에는 '통제집단 사례 → 처치집단 사례들'의 순서로 데이터를 배치합니다. 이때, 두 번째로 제시되는 사례들의 경우 배치 순서가 뒤바뀌어도 상관없습니다. 다시 말해 처치집단 사례 하나당 1개 이상의 통제집단 사례들이 매칭된 경우, 1번째 사례는 반드시 처치집단 사례가 제시되어야 하지만, 2번째 이후 사례들의 제시 순서는 뒤바뀌어도 큰 문제 없습니다. 마찬가지로 통제집단 사례 하나당 여러 개의 처치집단 사례들이 매칭된 경우, 1번째 사례는 반드시 통제집단 사례가 제시되어야 하지만, 2번째 이후 사례들의 제시 순서는 뒤바뀌어도 큰 문제 없습니다.

앞에서 얻은 1번, 2번, 3번 집단들은 ① 하나의 처치집단 사례에 여러 개의 통제집단 사례들이 매칭된 경우에 해당합니다. 1번, 2번, 3번 집단으로 매칭된 3개의 처치집단 사례들과, 34개의 통제집단 사례들을 sensitivityfull 패키지의 senfm() 함수에 투입되는

---

[18] 전체 매칭된 데이터 MD_full_att에는 다음과 같은 세 가지 경우의 수가 존재합니다. 첫 번째 가로줄은 ② 하나의 통제집단에 2개의 처치집단 사례가 매칭된 경우, 두 번째 가로줄은 ③ 처치집단과 통제집단의 사례수가 1로 같은 경우, 세 번째 가로줄 이후는 ① 하나의 처치집단에 2개 이상의 통제집단 사례들이 매칭된 경우입니다.

```
> MD_full_att %>%
+ group_by(subclass) %>%
+ summarize(lengthT=sum(treat),lengthC=length(treat)-lengthT) %>%
+ count(lengthT,lengthC) %>%
+ arrange(-lengthT)
# A tibble: 21 x 3
   lengthT lengthC     n
     <dbl>   <dbl> <int>
 1       2       1     4
 2       1       1    41
 3       1       2    22
 4       1       3    17
 5       1       4    11
 6       1       5     9
 7       1       6     9
 8       1       7     6
 9       1       8     4
10       1       9     3
# ... with 11 more rows
```

입력 데이터 형태로 나타내면 아래와 같습니다.[19]

	1번째	...	4번째	5번째	...	15번째	...	18번째	1번째 사례가 처치집단?
1번 집단	-2.57	관측값	-1.90	-1.88	관측값	-1.84	결측값	결측값	TRUE
2번 집단	1.62	관측값	1.27	결측값	결측값	결측값	결측값	결측값	TRUE
3번 집단	3.29	관측값	2.00	-1.25	관측값	1.73	관측값	1.44	TRUE

위의 데이터에서 외곽선으로 표시된 부분의 행렬이 바로 **전체매칭작업으로_얻은_매칭사례행렬**입니다. 이때 하나의 세로줄은 하나의 사례를 뜻하며, 세로줄의 개수는 집단별 사례수의 최댓값을 의미합니다(예를 들어 3번 집단의 경우 18개 사례, 즉 처치집단 사례 1개와 17개의 통제집단 사례가 됩니다). 또한 '결측값'에 확인할 수 있듯 해당 사례가 처치집단 혹은 통제집단에 속하지 않을 경우 결측이 됩니다. 그리고 맨 마지막 세로줄에 음영으로 표시된 부분의 벡터(변수)가 바로 **매칭사례행렬_가로줄_배치순서**입니다(논리값으로 입력).

문제는 이런 과정을 총 156개 집단에 대해 적용해야 한다는 것입니다. 저희는 다음과 같은 프로그래밍 과정을 거쳐 MATCH_PAIR_GENERATE_FULL()이라는 이름의 이용자 함수를 하나 생성했습니다. 첫째, 매칭된 데이터의 집단 개수를 가로줄로 하고, 가장 큰 집단의 사례수를 세로줄로 하는 행렬을 하나 생성하였습니다. 둘째, 각 집단을 기준으로 통제집단 사례수가 처치집단 사례수보다 같거나 많을 경우는 처치집단 사례를 첫 번째에 배치한 후 나머지 통제집단 사례들을 배치하였고, 그렇지 않은 경우에는 통제집단 사례를 먼저 배치한 후 나머지 처치집단 사례들을 배치하였습니다. 셋째, 둘째 조건에 따라 처치집

---

19 가로줄별 제시된 데이터를 얻는 방법을 설명하면 아래와 같습니다.

```
> g1=MD_full_att %>% filter(subclass==1) %>% arrange(desc(treat))
> round(g1$y,2)
 [1] -2.57 -0.89 -0.62 -1.90 -1.88 -1.19 -2.28 -1.83 -2.73 -1.17
[11] -1.49 -2.29 -1.91 -2.58 -1.84
> g2=MD_full_att %>% filter(subclass==2) %>% arrange(desc(treat))
> round(g2$y,2)
[1] 1.62 1.47 0.64 1.27
> g3=MD_full_att %>% filter(subclass==3) %>% arrange(desc(treat))
> round(g3$y,2)
 [1] 3.29 3.62 1.12 1.37 2.00 -1.25 1.79 2.29 1.32 1.07
[11] -0.43 0.44 0.54 2.05 1.73 -0.12 1.62 1.44
```

단 사례가 첫 번째로 배치된 경우는 TRUE를 부여하고, 통제집단 사례가 첫 번째로 배치된 경우는 FALSE를 부여하였습니다(즉 처치집단 사례수가 통제집단 사례수보다 작거나 같은 경우 TRUE, 처치집단 사례수가 통제집단 사례수보다 많은 경우 FALSE). 끝으로 이와 같은 과정으로 얻은 전체매칭작업으로_얻은_매칭사례행렬과 매칭사례행렬_가로줄_배치순서를 리스트 형식의 R 오브젝트로 결합한 오브젝트를 최종 출력물로 제시하였습니다. 이러한 과정을 프로그래밍한 결과는 아래와 같습니다.

```r
> # 민감도분석 : senfm() 함수를 이용해야 함. 상대적으로 더 복잡
> MATCH_PAIR_GENERATE_FULL=function(full_matched_data, raw_data){
+ mynewdata=raw_data
+ mynewdata$full_subclass=full_matched_data$subclass
+ temp_row_count=mynewdata %>% count(full_subclass)
+ temp_col_count=mynewdata %>%
+  group_by(full_subclass) %>%
+  mutate(rid=row_number()) %>% ungroup()
+ ROW_NUMBER_MATRIX_FULL=dim(temp_row_count)[1]
+ COL_NUMBER_MATRIX_FULL=max(temp_col_count$rid)
+ mymatrix=matrix(NA,nrow=ROW_NUMBER_MATRIX_FULL,
+                 ncol=COL_NUMBER_MATRIX_FULL)
+ myTCstatus=rep(NA,ROW_NUMBER_MATRIX_FULL)
+ for (i in 1:ROW_NUMBER_MATRIX_FULL){
+  temp_subclass=mynewdata %>% filter(full_subclass==i)
+  y_trt=temp_subclass$y[temp_subclass$treat==1]
+  y_ctrl=temp_subclass$y[temp_subclass$treat==0]
+  CtoT=c(y_ctrl,y_trt)
+  TtoC=c(y_trt,y_ctrl)
+  lengthC=rep(length(y_ctrl),length(CtoT))
+  lengthT=rep(length(y_trt),length(TtoC))
+  y_row=ifelse(lengthC >= lengthT, TtoC, CtoT)
+  WhichFirst=ifelse(length(y_ctrl)>=length(y_trt),TRUE,FALSE)
+  mymatrix[i,1:length(y_row)]=y_row
+  myTCstatus[i]=WhichFirst
+ }
+ final_result=list(mymatrix, myTCstatus)
+ final_result
+ }
```

이렇게 작성한 이용자 함수를 이용하여 생성한 오브젝트를 이용하여 성향점수기반 전체 매칭 기법으로 추정한 ATT에 대해 $\Gamma=1$을 가정한 후 민감도분석을 실시한 결과는 다음과 같습니다.

```
> SA_match_data_full_att=MATCH_PAIR_GENERATE_FULL(full_att, mydata)
> senfm(SA_match_data_full_att[[1]],SA_match_data_full_att[[2]],gamma=1)
$pval
[1] 0

$deviate
[1] 10.94171

$statistic
[1] 47.87443

$expectation
[1] 7.499796e-16

$variance
[1] 19.14418
```

출력결과는 앞서 sensitivitymw 패키지의 senmw() 함수를 이용하여 얻은 민감도분석 출력결과와 동일합니다.[20] 이제 얼마나 극단적인 누락변수편향 발생 가능성을 상정해야 앞서 우리가 성향점수기반 전체 매칭 기법을 통해 얻은 ATT가 통계적으로 유의미하지 않은 결과로 바뀌는지 Γ통계치의 범위를 탐색해보겠습니다. sensitivitymw 패키지의 senmw() 함수를 이용했던 이전의 방식과 유사합니다. 이번에도 while () {} 루프(loop)를 활용한 GAMMA_RANGE_SEARCH_FULL()이라는 이름의 이용자정의 함수를 설정

---

20 앞서 senmw() 함수와 마찬가지로 senfm() 함수 역시 단측검정(one-sided test)을 실시합니다. 한편 senmw() 함수와 달리 alternative 옵션을 이용해 검정의 방향을 지정해줄 수 있는데, 디폴트값인 alternative="greater"는 처치효과가 사전에 설정한 τ(디폴트값은 0)값보다 '큰지' 여부를 테스트하며, 만약 alternative="less"를 설정하면 '작은지' 여부를 테스트할 수도 있습니다. 본서에서는 양측 민감도 테스트를 위해 디폴트값 "greater"를 유지한 다음(즉 0보다 '큰지'를 테스트) 통상적인 통계도 유의수준 $\alpha=0.05$를 절반으로 나누어 사용하였습니다.

하여 사용하였습니다.

```
> GAMMA_RANGE_SEARCH_FULL=function(Matched_Matrix, TC_status, gamma_start) {
+ mygamma=gamma_start
+ pvalue_2tail=0  #Gamma의 시작값은 1, p-value의 경우 양측검정 기준
+ myresult=data.frame()
+ while (pvalue_2tail < 0.025) { #양측검정으로 H0를 기각하면 중단
+   result_SA=data.frame(senfm(Matched_Matrix,
+                                   TC_status,gamma=mygamma))
+   pvalue_2tail=result_SA$pval
+   temp=data.frame(cbind(mygamma,result_SA[,c("pval")]))
+   names(temp)=c("Gamma","p_value")
+   myresult=rbind(myresult,temp)
+   mygamma=mygamma+0.1
+ }
+ myresult
+ }
> SA_full_att_gamma_range=GAMMA_RANGE_SEARCH_FULL(
+ SA_match_data_full_att[[1]],
+ SA_match_data_full_att[[2]],1)
> tail(SA_full_att_gamma_range)
   Gamma    p_value
55   6.4  0.01263266
56   6.5  0.01483012
57   6.6  0.01732218
58   6.7  0.02025971
59   6.8  0.02350827
60   6.9  0.02724343
```

위의 결과에서 알 수 있듯 처치집단과 통제집단의 비율이 약 6.9배 이상 차이가 날 정도의 누락변수(들)를 가정할 경우, 앞서 우리가 성향점수기반 전체 매칭 기법을 이용해 추정했던 ATT는 더 이상 통계적으로 유의미한 처치효과라고 볼 수 없게 됩니다. 앞서 성향점수기반 그리디 매칭 혹은 최적 매칭 기법으로 추정한 ATT를 대상으로 한 민감도분석 결과와 비교할 때 귀무가설을 기각하게 되는 Γ통계치 범위에 큰 차이가 있기는 합니다만, $\Gamma > 6.8$이라는 결과만으로도 성향점수기반 전체 매칭 기법으로 얻은 ATT가 누락변수편향에서 매우 자유롭다고 볼 수 있습니다.

다음으로 성향점수기반 전체 매칭 기법으로 얻은 ATC에 대한 민감도분석을 실시해보겠습니다. 앞서 정의한 **MATCH_PAIR_GENERATE_FULL**() 함수와 **GAMMA_RANGE_SEARCH_FULL**() 함수를 이용하면 번거롭지 않게 민감도분석을 실시할 수 있습니다.

```
> # 3)ATC-성향점수기반 전체 매칭
> SA_match_data_full_atc=MATCH_PAIR_GENERATE_FULL(
+ full_atc,mydata)
> SA_full_atc_gamma_range=GAMMA_RANGE_SEARCH_FULL(
+ SA_match_data_full_atc[[1]],
+ SA_match_data_full_atc[[2]],1)
> tail(SA_full_atc_gamma_range)
   Gamma    p_value
55   6.4   0.01264763
56   6.5   0.01483514
57   6.6   0.01731459
58   6.7   0.02023874
59   6.8   0.02363626
60   6.9   0.02716719
```

출력결과에서 알 수 있듯 처치집단과 통제집단의 비율이 약 6.9배 이상 차이가 날 정도의 누락변수(들)를 가정할 경우, 앞서 우리가 성향점수기반 전체 매칭 기법을 이용해 추정했던 ATC는 더 이상 통계적으로 유의미한 처치효과라고 볼 수 없게 됩니다. $\Gamma > 6.8$이라는 결과를 볼 때 성향점수기반 전체 매칭 기법으로 얻은 ATC는 누락변수편향에서 상당히 자유롭다고 판단할 수 있습니다.[21]

---

21 전체 매칭의 경우 모든 사례들을 매칭에 활용하기 때문에 ATT 추정을 위해 매칭시킨 데이터와 ATC 추정을 위해 매칭시킨 데이터가 민감도분석 결과에서 크게 다르지 않은 경우가 많습니다. 위에서 다룬 데이터의 경우 시뮬레이션한 데이터인 만큼 정확하게 일치하는 것을 확인하실 수 있습니다.

4) 성향점수기반 유전 매칭

네 번째로 성향점수기반 유전 매칭 기법을 이용하여 추정한 ATT, ATC에 대해 민감도분석을 실시해봅시다. 성향점수기반 그리디 매칭이나 최적 매칭 기법으로 추정한 효과추정치와 마찬가지로 로젠바움이 개발한 sensitivitymw 패키지의 senmw() 함수를 이용하면 되지만, 앞서 저희가 만들어둔 이용자정의 함수인 MATCH_PAIR_GENERATE() 함수와 GAMMA_RANGE_SEARCH() 함수를 이용하면 다음과 같이 간단하게 성향점수기반 유전 매칭 기법으로 추정한 처치효과에 대한 민감도분석 결과를 얻을 수 있습니다. 먼저 ATT에 대한 민감도분석을 실시한 결과는 아래와 같습니다.

```
> # 4)ATT-성향점수기반 유전 매칭
> SA_genetic_att=MATCH_PAIR_GENERATE(genetic_att,mydata)
> SA_genetic_att_gamma_range=GAMMA_RANGE_SEARCH(SA_genetic_att, 1)
> tail(SA_genetic_att_gamma_range)
   Gamma    p_value
80   8.9  0.01904451
81   9.0  0.02033978
82   9.1  0.02192134
83   9.2  0.02334514
84   9.3  0.02482628
85   9.4  0.02636526
```

$\Gamma > 9.3$을 가정할 수 있을 정도로 강력한 누락변수(들)가 존재한다면 성향점수기반 유전 매칭 기법으로 추정한 ATT는 통계적으로 유의미하지 않은 처치효과일 수 있습니다. 그러나 이렇게 강력한 누락변수(들)의 존재를 가정하는 것은 현실성이 낮다고 생각합니다. 따라서 성향점수기반 유전 매칭 기법으로 추정한 ATT는 누락변수편향에서 자유롭다고 보는 것이 타당할 것입니다.

다음으로 성향점수기반 유전 매칭 기법으로 추정한 ATC에 대해 민감도분석을 실시해보겠습니다.

```
> # 4)ATC-성향점수기반 유전 매칭
> SA_genetic_atc=-1*MATCH_PAIR_GENERATE(genetic_atc,mydata)
> SA_genetic_atc_gamma_range=GAMMA_RANGE_SEARCH(SA_genetic_atc, 1)
```

```
> tail(SA_genetic_atc_gamma_range)
   Gamma    p_value
71   8.0  0.009605593
72   8.1  0.011931069
73   8.2  0.014690174
74   8.3  0.017935117
75   8.4  0.021719579
76   8.5  0.026097637
```

$\Gamma > 8.4$를 가정할 수 있을 정도로 강력한 누락변수(들)가 존재한다면 성향점수기반 유전 매칭으로 추정한 ATC는 통계적으로 유의미하지 않은 처치효과일 수 있습니다. ATT를 대상으로 얻은 민감도분석 결과와 마찬가지로, 성향점수기반 유전 매칭 기법으로 추정한 ATC는 누락변수편향에서 자유롭다고 보는 것이 합당합니다.

5) 마할라노비스 거리점수기반 그리디 매칭

끝으로 마할라노비스 거리점수기반 그리디 매칭 기법을 이용하여 추정한 ATT, ATC에 대해 민감도분석을 실시해봅시다. 성향점수기반 그리디 매칭, 최적 매칭, 유전 매칭 기법 등으로 추정한 효과추정치와 저희가 만들어둔 이용자정의의 함수인 MATCH_PAIR_GENERATE() 함수와 GAMMA_RANGE_SEARCH() 함수를 이용하겠습니다. 먼저 ATT에 대한 민감도분석을 실시한 결과는 아래와 같습니다.

```
> # 5)ATT-마할라노비스 거리점수기반 그리디 매칭
> SA_mahala_att=MATCH_PAIR_GENERATE(mahala_att,mydata)
> SA_mahala_att_gamma_range=GAMMA_RANGE_SEARCH(SA_mahala_att, 1)
> tail(SA_mahala_att_gamma_range)
   Gamma    p_value
89    9.8  0.01915894
90    9.9  0.02028817
91   10.0  0.02145865
92   10.1  0.02267071
93   10.2  0.02392462
94   10.3  0.02522065
```

$\Gamma > 10.2$를 가정할 수 있을 정도로 강력한 누락변수(들)가 존재한다면 마할라노비스 거리점수기반 그리디 매칭 기법으로 추정한 ATT는 통계적으로 유의미하지 않은 처치효과일 수 있습니다. 하지만 이토록 강력한 누락변수(들)의 존재를 가정하는 것은 비현실적입니다. 따라서 마할라노비스 거리점수기반 그리디 매칭 기법으로 추정한 ATT는 누락변수편향에서 자유롭다고 보는 것이 타당할 것입니다.

다음으로 마할라노비스 거리점수기반 그리디 매칭 기법으로 추정한 ATC에 대해 민감도분석을 실시해보겠습니다.

```
> # 5)ATC-마할라노비스 거리점수기반 그리디 매칭
> SA_mahala_atc=-1*MATCH_PAIR_GENERATE(mahala_atc,mydata)
> SA_mahala_atc_gamma_range=GAMMA_RANGE_SEARCH(SA_mahala_atc, 1)
> tail(SA_mahala_atc_gamma_range)
      Gamma    p_value
101   11.0   0.01444882
102   11.1   0.01647551
103   11.2   0.01872692
104   11.3   0.02120060
105   11.4   0.02391803
106   11.5   0.02689298
```

$\Gamma > 11.4$를 가정할 수 있을 정도로 강력한 누락변수(들)가 존재한다면 마할라노비스 거리점수기반 유전 매칭으로 추정한 ATC는 통계적으로 유의미하지 않은 처치효과일 수 있습니다. ATT를 대상으로 얻은 민감도분석 결과와 마찬가지로, 마할라노비스 거리점수기반 유전 매칭 기법으로 추정한 ATC 역시 누락변수편향에서 자유롭다고 보는 것이 합당합니다.

지금까지 살펴본 총 다섯 가지 매칭 기법으로 추정한 ATT와 ATC를 대상으로 실시한 민감도분석 결과를 종합하면 다음 그래프와 같습니다. 제시된 결과는 추정된 처치효과가 통상적인 통계적 유의도 수준에서 여전히 유효하다고 판단할 수 있는 Γ값의 범위입니다.

```
> # 효과추정치와 매칭기법 덧붙이기 이용자정의 함수
> temporary_function=function(obj_gamma_range,
+                                 names_estimand,
```

```
+                                name_model){
+ obj_gamma_range$estimand=names_estimand
+ obj_gamma_range$model=name_model
+ obj_gamma_range
+ }
> # 5개 매칭 기법들 민감도분석 결과 통합
> G_range=bind_rows(
+ temporary_function(SA_greedy_att_gamma_range,
+                     "ATT","Greedy matching\nusing propensity score"),
+ temporary_function(SA_greedy_atc_gamma_range,
+                     "ATC","Greedy matching\nusing propensity score"),
+ temporary_function(SA_optimal_att_gamma_range,
+                     "ATT","Optimal matching\nusing propensity score"),
+ temporary_function(SA_full_att_gamma_range,
+                     "ATT","Full matching\nusing propensity score"),
+ temporary_function(SA_full_atc_gamma_range,
+                     "ATC","Full matching\nusing propensity score"),
+ temporary_function(SA_genetic_att_gamma_range,
+                     "ATT","Genetic matching\nusing propensity score"),
+ temporary_function(SA_genetic_atc_gamma_range,
+                     "ATC","Genetic matching\nusing propensity score"),
+ temporary_function(SA_mahala_att_gamma_range,
+                     "ATT","Greedy matching\nusing Mahalanobis distance"),
+ temporary_function(SA_mahala_atc_gamma_range,
+                     "ATC","Greedy matching\nusing Mahalanobis distance")
+ )
> # 민감도분석 결과 종합 비교
> G_range %>%
+ mutate(
+   Gamma=ifelse(p_value>0.025,NA,Gamma), #0.025를 넘는 유의도인 경우 결측값
+   rid=row_number(),
+   estimand=fct_reorder(estimand,rid),
+   model=fct_rev(fct_reorder(model,rid))
+ ) %>% drop_na() %>%
+ ggplot(aes(x=model,y=Gamma))+
+ geom_point(size=2)+
+ coord_flip(ylim=c(5,16))+
+ scale_y_continuous(breaks=2*(3:9),)+
+ labs(x="Matching technique\n",
+      y=expression(paste(Gamma," statistic")))+
```

```
+ theme_bw()+
+ facet_wrap(~estimand)
> ggsave("Part2_ch6_sensitivity_analysis_gamma.png",height=8,width=13,units='cm')
```

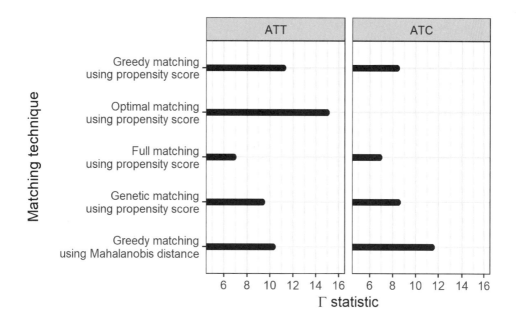

분석에 사용한 데이터는 저희가 시뮬레이션한 데이터인만큼, 다섯 가지 매칭 기법을 이용해 추정한 ATT 및 ATC가 누락변수편향으로부터 비교적 자유롭습니다(최적 매칭 기법의 경우 ATC는 추정이 가능하지 않음). 단, 로젠바움의 민감도 테스트로 탐색한 Γ값은 매칭 기법들끼리 서로 비교 가능한 기준이 아님에 유의하시기 바랍니다. 예를 들어 ATT의 경우 최적 매칭 기법에서 Γ값이 가장 크고(약 15), 전체 매칭 기법에서 가장 작습니다(약 7). 그러나 이 결과를 '최적 매칭 기법이 전체 매칭 기법에 비해 누락편수편향으로부터 강건하다'고 해석할 수 없습니다. 왜냐하면 이 Γ값 자체가 매칭 기법의 특성을 반영하기 마련이며, 전체 매칭의 경우 최적 매칭에 비해 더 많은 사례들을 고려하는 특성이 반영되어 보다 작은 Γ값에서 귀무가설을 수용하게 되는 것이기 때문입니다. 즉 적절한 매칭 기법을 선택하는 기준은 Γ값이 아니라, 연구자의 이론적 판단과 활동하는 학문분과의 관례에 따라 이루어져야 할 것입니다.

지금까지 성향점수매칭(PSM, propensity score matching) 기법들을 살펴보았습니다. 물론 마할라노비스 거리점수기반 매칭 기법은 성향점수를 추정하지 않는다는 점에서 엄밀하게 말해 PSM 기법과 구분되지만, 효과추정치를 도출하는 과정은 PSM 기법과 크게 다르지 않습니다. 끝으로 PSM 기법의 진행과정을 요약하면서 이번 장을 마무리하겠습니다.

첫째, 공변량을 이용해 성향점수를 추정합니다. 이때 어떤 방법으로 성향점수를 추정할지(로지스틱 회귀분석과 같은 모수통계기법을 쓸지, 기계학습과 같은 비모수통계기법을 쓸지 결정하는 것 등) 결정합니다.

둘째, 매칭 알고리즘을 결정하며, 각 알고리즘의 특성에 맞는 세부 조건들을 결정합니다. 본서에서는 그리디 매칭, 최적 매칭, 전체 매칭, 유전 매칭의 네 가지 매칭 알고리즘과 이에 따른 부속 조건들을 MatchIt 패키지의 matchit() 함수의 옵션들을 통해 간략하게 소개하였습니다.

셋째, 공변량 균형성을 점검합니다. 일반적으로 처치집단과 통제집단 간 표준화된 성향점수 및 공변량의 평균차이 및 분산비를 살펴봅니다. 본서에서는 처치집단과 통제집단 간 표준화된 성향점수 및 공변량의 평균차이(절댓값 기준)는 0.1을 기준으로, 분산비의 범위는 0.5~2.0을 기준으로 설정했습니다. PSM 기법을 적용한 옛날 연구들의 경우 공변량 균형성 점검을 위해 '독립표본 티테스트'를 활용하기도 하였으나, 이 방법은 최근 여러 PSM 연구자들에 의해 부정되고 있습니다.

넷째, 공변량 균형성이 확보되었다고 판단되면, 매칭된 데이터를 도출한 후 처치효과를 추정합니다. 본서에서는 Zelig 패키지의 부속함수들을 이용하여 비모수통계기법을 기반으로 처치효과의 점추정치와 95% 신뢰구간을 도출하였습니다.

다섯째, 네 번째 단계에서 얻은 처치효과를 대상으로 '민감도분석'을 실시합니다. PSM 기법의 제안자인 로젠바움 교수님의 민감도분석을 간단하게 소개하였으며, 로젠바움 교수님이 개발한 sensitivitymw 패키지와 sensitivityfull 패키지의 민감도분석 함수들을 이용하였습니다. 절대적인 기준은 없으나 Γ통계치가 크면 클수록 PSM 기법으로 얻은 처치효과는 누락변수편향에서 '강건하다(robust)'고 볼 수 있습니다.

7장

성향점수층화 기법

1 개요

7장에서는 성향점수분석 기법들 중 세 번째로 성향점수층화(propensity score sub classification) 기법을 살펴보겠습니다. 성향점수층화 기법 역시 앞서 살펴본 성향점수가중(PSW) 기법이나 성향점수매칭(PSM) 기법과 마찬가지로 성향점수를 추정한 후 ATT, ATC, ATE를 추정합니다. 그러나 성향점수층화 기법은 앞서 소개한 성향점수분석 기법들과 접근방식이 다소 다릅니다.

먼저 PSW 기법과 PSM 기법은 추정된 성향점수를 중심으로 표본 내 개별사례에 초점을 맞춥니다. PSW 기법의 경우 성향점수를 이용해 각 사례가 처치집단에(혹은 통제집단에) 속할 확률에 역수를 취하는 방식으로 표본 내 개별 사례의 처치역확률(IPTW, inverse probability of treatment weight)을 계산한 후 이를 가중치로 투입하여 처치효과를 추정합니다. PSM 기법의 경우 처치집단 사례의 성향점수와 동등하다고 간주할 수 있는 성향점수를 갖는 통제집단 사례들을 매칭하는 방식으로 데이터를 재구성한 후 매칭된 데이터를 이용해 처치효과를 추정합니다. 반면, 성향점수층화 기법에서는 개별사례들을 묶는 하위집단을 가정합니다. 추정된 성향점수를 이용해 처치집단 사례들을 사전지정된 개수(k)의 하위집단들로 나눈 다음 이에 맞는 통제집단 사례들을 나누는 방식입니다. 즉 전체표본을 k개의 유층(stratum)들로 층화(層化, subclassification)시키고, 각 하위집단별로 추정한 효과추정치를 기반으로 전체표본의 효과추정치를 추정합니다. 이처럼 성향점수층화 기법은 처치집단의 개별사례가 아니라 k개 하위집단에 대해 매칭을 시키기 때문에 표본손실 문제로부터 비교적 자유롭습니다. 다시 말해 매칭에서 배제되는 경우 없이 모든 사례들이 매칭작업에 활용됩니다.

그러나 개인적으로는 다음과 같은 몇 가지 이유로 성향점수층화 기법을 그다지 선호하지 않습니다. 첫째, k개 유층들을 가정함에 있어서 타당성을 확보하기가 어렵습니다. k값에 따라 동일한 처치효과의 효과추정치가 꽤 달라질 가능성이 높기 때문입니다. 둘째, 공변량 균형성을 점검하는 과정이 다소 복잡합니다. 우선 성향점수층화 기법의 경우 앞서 우리가 애용했던 패키지의 love.plot() 함수를 사용할 수 없습니다. 물론 bal.tab() 함수를 이용해 앞서 채택했던 역치 기준들, 다시 말해 처치집단과 통제집단 간 표준화시킨 성향점수 및 공변량의 평균차이(절댓값 기준)는 0.1을 넘지 않고, 분산비는 0.5~2.0 범위를 넘지 않는다는 기준을 사용할 수 있습니다. 그러나 여기서도 까다로운 고려사항들이 종종 발견됩니다. 예를 들어 한 집단에서는 공변량 균형성이 달성되지 않았는데, 이 집단을 뺀 다른 모든 집단에서는 공변량 균형성이 달성되었다고 가정해봅시다. 이 경우 공변량 균형성에 대한 판단을 어떻게 내려야 할까요? 매우 판단하기 어려운 문제일 것입니다. 끝으로 저희들이 아는 범위 내에서 성향점수층화 기법에 적용할 수 있는 알려진 '민감도분석'이 없습니다. 물론 개별 하위집단 각각에 대해 얻은 처치효과에 대해 개별적으로 민감도분석을 실시하는 것을 고려할 수 있습니다. 그러나 이 경우 여러 민감도분석 결과를 어떻게 통합시켜야 할까요?

이처럼 성향점수층화 기법은 분석과정에서 연구자가 정당화시키기 어려운 실질적 난관들(이를테면 k값 선정, 공변량 균형성 판단, 민감도분석이 불가능하기 때문에 누락변수편향을 정량화하기 어려움)이 너무 많지 않나 생각됩니다. 물론 이것은 개인적인 의견에 불과하니 오해 없으시기 바랍니다. 연구맥락이나 연구분과에 따라, 혹은 데이터의 성격에 따라 성향점수층화 기법은 종종 활용되고 있습니다. 이에 이번 장에서는 성향점수층화 기법을 실습해보도록 하겠습니다.

성향점수층화 기법 진행과정은 앞서 소개한 성향점수기반 최인접사례 매칭 기법과 동일합니다. 즉 먼저 matchit() 함수를 이용하여 성향점수를 계산한 후, 처치집단 사례들을 k개 하위집단으로 구분하고, 각 하위집단별 성향점수 범위에 맞게 통제집단 사례들을 매칭시킵니다. 즉 성향점수에 따라 전체표본을 k개 유층으로 나눕니다. 다음으로 처치집단과 통제집단의 균형성을 점검합니다. 이때는 표본 전체와 아울러 각 유층별, 그리고 전체유층을 대상으로 균형성을 점검합니다. 공변량 균형성이 확보되었다고 판단되면, 집단별로 매칭된 데이터를 추출한 후, 이를 대상으로 ATT, ATC와 같은 효과추정치를 추정합니다. 이때 각 유층별로 효과추정치를 먼저 추정한 후, 각 유층별 효과추정치를 각 유층의 비율에 따라 가중합산하여 효과추정치를 추정합니다. 아울러 최종적으로 ATT, ATC와 함께 표본 내 처치집단 비율 정보를 이용하여 ATE도 추정합니다.

성향점수층화 기법을 실습하기 위해 이번 장에서 사용할 R 패키지는 tidyverse, Zelig, MatchIt, cobalt 네 가지입니다. 각 패키지에 대해서는 3장에서 간략하게 설명한 바 있습니다. library() 함수를 이용해 이들 패키지를 구동시킨 후, 시뮬레이션 데이터를 불러오는 과정은 다음과 같습니다.

```
> library("tidyverse")  #데이터관리 및 변수사전처리
> library("Zelig")  #비모수접근 95% CI 계산
> library("MatchIt")  #매칭기법 적용
> library("cobalt")  #처치집단과 통제집단 균형성 점검
> #데이터 소환
> setwd("D:/data")
> mydata=read_csv("simdata.csv")
Parsed with column specification:
cols(
 V1=col_double(),
 V2=col_double(),
 V3=col_double(),
 treat=col_double(),
 Rtreat=col_double(),
 y=col_double()
)
> mydata
# A tibble: 1,000 x 6
      V1      V2     V3 treat Rtreat      y
   <dbl>   <dbl>  <dbl> <dbl>  <dbl>  <dbl>
1  -2.11    1.68  -1.18     1      0  -2.57
2  0.248   0.279   1.36     1      0   5.50
3   2.13 -0.0671 -0.825     1      0   3.15
4 -0.415    1.24   1.04     1      0   3.57
5 -0.280   0.292 -0.645     0      1  -1.49
6  0.403   0.688 -0.659     0      1  -1.95
```

```
 7 -0.151    1.56  0.524      0       1  2.80
 8 -0.960   0.781   1.02      0       1  1.35
 9  -1.39    1.33   1.03      0       1  1.22
10 0.449    0.578  -1.44      0       1 -0.294
# ... with 990 more rows
```

성향점수층화 기법의 첫 단계는 PSW 기법이나 PSM 기법과 마찬가지로 성향점수를 계산하는 것입니다. 6장에서도 잠시 소개한 바 있습니다만, matchit() 함수의 method 옵션을 "subclass"로 지정하면 성향점수층화 기법을 사용할 수 있습니다. 그러나 PSM 기법을 설명하면서 사용했던 옵션들 중 일부는 사용할 수 없습니다.

첫째, ratio 옵션은 사용할 수 없습니다. 왜냐하면 개별사례를 대상으로 매칭작업을 진행하는 것이 아니기 때문입니다. 둘째, caliper 옵션도 사용할 수 없습니다. 왜냐하면 *k*개의 집단별 성향점수의 범위를 기준으로 통제집단 사례들을 집단별로 매칭시키기 때문입니다.

또한 PSM 기법에서 소개하지 않은 subclass 옵션을 지정해야만 합니다. subclass 옵션은 집단개수 k를 지정해주는 옵션입니다. 여기서는 집단개수를 mysubclassN이라는 오브젝트로 별도 지정한 후 subclass 옵션에 mysubclassN을 지정하는 방법을 사용하였습니다. matchit() 함수에서 method="subclass"를 사용할 때의 집단개수 디폴트값은 6입니다. 여기서는 집단개수를 8개로 지정했는데, 그 이유는 처치집단의 사례수(160)와 통제집단의 사례수(840)가 모두 8로 나누어떨어지기 때문입니다(집단당 20개 사례).

우선 성향점수층화 기법을 이용하여 ATT를 추정해보았습니다. distance, discard 옵션 등은 앞에서 PSM 기법을 설명하면서 말씀드린 바 있습니다.

```
> mysubclassN=8 # 집단수에 따라 추정결과가 조금씩 달라짐(디폴트는 6)
> # ATT 추정
> set.seed(1234)
```

```
> class_att=matchit(formula=treat~V1+V2+V3,
+                    data=mydata,
+                    distance="linear.logit",
+                    method="subclass",  # 층화 기법
+                    discard='none',
+                    subclass=mysubclassN)
> class_att

Call:
matchit(formula=treat ~ V1+V2+V3, data=mydata, method="subclass",
  distance="linear.logit", discard="none", subclass=mysubclassN)

Sample sizes by subclasses:
```

	Control	Treated
All	840	160
Subclass 1	298	20
Subclass 2	158	20
Subclass 3	114	20
Subclass 4	57	20
Subclass 5	58	20
Subclass 6	48	20
Subclass 7	74	20
Subclass 8	33	20

위의 결과에서 잘 나타나듯, 총 160개의 처치집단 사례가 20개 사례씩 8개 집단으로 '층화'된 것을 알 수 있습니다. 그러나 각 집단별 매칭된 통제집단의 개수는 크게 다릅니다. 예를 들어 첫 번째 집단(Subclass 1)의 경우 298개의 통제집단 사례가 20개의 처치집단 사례에 매칭되었으나, 여덟 번째 집단(Subclass 8)의 경우 33개의 통제집단 사례가 20개의 처치집단 사례에 매칭되어 있습니다.

한 가지 주목할 점은 매칭작업에 동원된 처치집단과 통제집단 사례의 개수입니다. 위의 출력결과에서 잘 드러나듯, 160개 처치집단 사례와 840개 통제집단 사례가 '모두' 매칭과정에 동원되었습니다. 이러한 점에서 성향점수층화 기법은 앞서 소개한 PSM 기법 중 하나인 성향점수기반 전체 매칭(Full matching using propensity score) 기법과 매우 밀접한 관계를 갖습니다. 다시 말해 모든 사례를 매칭작업에 동원한다는 점, 그리고 매칭되는 처

치집단 사례개수와 통제집단 사례개수의 변동이 심하다는 점에서 성향점수층화 기법과 성향점수기반 전체 매칭 기법은 서로 유사합니다. 달리 표현하면 전체 매칭 기법은 처치집단 사례의 개수만큼의 유층을 가정한, 성향점수층화 기법의 특수한 경우로도 볼 수 있습니다.

　　다음으로 성향점수층화 기법을 이용하여 ATC를 추정해보았습니다. ATT를 추정할 때와 비교하여 formula 옵션을 다르게 지정하였고, 다른 옵션들은 모두 동일하게 지정하였습니다. 아래 출력결과에서 나타나듯 이번에는 840개의 통제집단 사례(Treated라고 되어 있으나 Rtreat 변수는 treat 변수를 역코딩한 것임을 상기하시기 바랍니다)를 105개 사례씩 8개 집단으로 구분하였고, 매칭된 처치집단 사례들의 개수가 집단마다 서로 다릅니다.

```
> # ATC 추정
> set.seed(4321)
> class_atc=matchit(formula=Rtreat~V1+V2+V3,
+                   data=mydata,
+                   distance="linear.logit",
+                   method="subclass",  # 층화 기법
+                   discard='none',
+                   subclass=mysubclassN)
> class_atc

Call:
matchit(formula=Rtreat ~ V1+V2+V3, data=mydata, method="subclass",
  distance="linear.logit", discard="none", subclass=mysubclassN)

Sample sizes by subclasses:

            Control   Treated
All             160       840
Subclass 1       40       105
Subclass 2       37       105
Subclass 3       27       105
Subclass 4       21       105
Subclass 5       12       105
Subclass 6       11       105
Subclass 7        6       105
Subclass 8        6       105
```

3 **공변량 균형성 점검**

이제 성향점수층화 기법으로 처치집단과 통제집단의 공변량 균형성이 달성되었는지 살펴보겠습니다. 앞에서도 말씀드렸지만 성향점수층화 기법을 사용할 경우 cobalt 패키지의 love.plot() 함수를 사용할 수 없습니다.

여기서는 k개의 집단마다 처치집단과 통제집단 간 표준화된 성향점수 및 공변량의 평균차이(절댓값 기준)와 분산비를 살펴보았습니다. 먼저 ATT 추정을 위한 성향점수층화 기법 적용결과를 살펴보겠습니다. 성향점수기반 그리디 매칭 기법을 소개할 때 설명한 bal.tab() 함수를 이용하여 표본 전체, 그리고 8개 집단별 처치집단과 통제집단 간 표준화된 성향점수 및 공변량의 평균차이(절댓값 기준)와 분산비를 살펴본 결과는 아래와 같습니다.[1]

```
> ## 공변량 균형성 점검: cobalt 패키지(4.0.0)의 경우 러브플롯이 지원되지 않음
> # ATT-성향점수층화 기법, 평균차이/분산비
> bal.tab(class_att,
+          continuous="std",s.d.denom="pooled",
+          m.threshold=0.1,v.threshold=2)
Call
 matchit(formula=treat ~ V1+V2+V3, data=mydata, method="subclass",
   distance="linear.logit", discard="none", subclass=mysubclassN)

Balance measures across subclasses
            Type Diff.Adj    M.Threshold V.Ratio.Adj  V.Threshold
distance Distance   0.0522                    1.0072
V1        Contin.   0.0339 Balanced, <0.1     1.1411  Balanced, <2
V2        Contin.   0.0047 Balanced, <0.1     0.9956  Balanced, <2
V3        Contin.   0.0183 Balanced, <0.1     1.0062  Balanced, <2

Balance tally for mean differences across subclasses
```

---

[1] bal.tab() 함수에서 disc.subclass 옵션을 TRUE로 지정하면 집단별로 보다 자세한 공변량 균형성 결과를 살펴볼 수 있습니다. 여기서는 분량상의 문제로 disc.subclass 옵션을 FALSE로 지정된 디폴트를 따랐습니다.

	Subclass 1	Subclass 2	Subclass 3	Subclass 4
Balanced, <0.1	0	3	1	0
Not Balanced, >0.1	3	0	2	3

	Subclass 5	Subclass 6	Subclass 7	Subclass 8
Balanced, <0.1	1	0	1	0
Not Balanced, >0.1	2	3	2	3

Variable with the greatest mean difference across subclasses

	Variable	Diff.Adj	M.Threshold
Subclass 1	V3	0.3381	Not Balanced, >0.1
Subclass 2	V1	-0.0773	Balanced, <0.1
Subclass 3	V1	-0.1795	Not Balanced, >0.1
Subclass 4	V3	-0.4709	Not Balanced, >0.1
Subclass 5	V3	-0.3670	Not Balanced, >0.1
Subclass 6	V1	0.4583	Not Balanced, >0.1
Subclass 7	V3	0.2721	Not Balanced, >0.1
Subclass 8	V3	0.4170	Not Balanced, >0.1

Balance tally for variance ratios across subclasses

	Subclass 1	Subclass 2	Subclass 3	Subclass 4
Balanced, <2	3	3	3	3
Not Balanced, >2	0	0	0	0

	Subclass 5	Subclass 6	Subclass 7	Subclass 8
Balanced, <2	3	3	3	3
Not Balanced, >2	0	0	0	0

Variable with the greatest variance ratios across subclasses

	Variable	V.Ratio.Adj	V.Threshold
Subclass 1	V3	0.6036	Balanced, <2
Subclass 2	V2	1.2941	Balanced, <2
Subclass 3	V1	1.3298	Balanced, <2
Subclass 4	V1	1.7186	Balanced, <2
Subclass 5	V1	1.4581	Balanced, <2
Subclass 6	V3	1.4497	Balanced, <2
Subclass 7	V2	0.5713	Balanced, <2
Subclass 8	V2	1.3765	Balanced, <2

Sample sizes by subclass

	1	2	3	4	5	6	7	8	All
Control	298	158	114	57	58	48	74	33	840

```
Treated    20   20   20  20 20 20 20  20   160
Total         318 178 134 77 78 68 94  53  1000
```

우선 Balance measures across subclasses 부분은 성향점수층화 기법에 사용된 모든 사례를 대상으로 살펴본, 표준화된 성향점수 및 3개의 공변량의 처치집단과 통제집단 간 평균차이와 분산비입니다. 평균차이와 분산비 모두 통상적으로 인정되는 역치를 넘지 않은 것을 알 수 있습니다.

그러나 Balance tally for mean differences across subclasses 부분에서 알 수 있듯, 개별집단으로 나누어 처치집단과 통제집단 간 표준화된 성향점수 및 공변량의 평균차이(절댓값)를 살펴본 결과는 다소 당황스럽습니다. 두 번째 집단(Subclass 2)을 제외한 다른 일곱 집단들의 경우 처치집단과 통제집단 간 최소 하나 이상의 공변량에서 0.1이라는 역치보다 큰 평균차이가 나타났기 때문입니다. 그나마 다행스러운 것은 Balance tally for variance ratios across subclasses 부분에서 나타나듯, 처치집단과 통제집단 간 표준화된 성향점수 및 공변량의 분산비는 2.0을 넘지 않아 큰 문제가 없는 것으로 나타났습니다. 일단 여기서는 8개 집단을 모두 고려한 결과를 바탕으로 공변량 균형성이 큰 문제가 없다고 판단하였습니다(꼭 이런 판단이 맞다고 말씀드리는 것은 아니니 오해가 없기 바랍니다).

이제 다음으로 ATC 추정을 위한 성향점수층화 기법 적용결과를 살펴보겠습니다. 마찬가지로 bal.tab() 함수를 사용하였습니다.

```
> # ATC-성향점수층화 기법, 평균차이 /분산비
> bal.tab(class_atc,
+          continuous="std",s.d.denom="pooled",
+          m.threshold=0.1,v.threshold=2)
Call
matchit(formula=Rtreat ~ V1+V2+V3, data=mydata, method="subclass",
  distance="linear.logit", discard="none", subclass=mysubclassN)

Balance measures across subclasses
              Type  Diff.Adj      M.Threshold  V.Ratio.Adj
distance  Distance    0.0891                        1.0173
V1          Contin.    0.0763    Balanced, <0.1      0.8894
```

V2	Contin.	−0.0476	Balanced, <0.1	1.0063
V3	Contin.	−0.1172	Not Balanced, >0.1	1.2144

	V.Threshold
distance	
V1	Balanced, <2
V2	Balanced, <2
V3	Balanced, <2

Balance tally for mean differences across subclasses

	Subclass 1	Subclass 2	Subclass 3	Subclass 4
Balanced, <0.1	1	1	1	0
Not Balanced, >0.1	2	2	2	3
	Subclass 5	Subclass 6	Subclass 7	Subclass 8
Balanced, <0.1	1	1	0	0
Not Balanced, >0.1	2	2	3	3

Variable with the greatest mean difference across subclasses

	Variable	Diff.Adj	M.Threshold
Subclass 1	V3	−0.3752	Not Balanced, >0.1
Subclass 2	V3	0.4180	Not Balanced, >0.1
Subclass 3	V2	−0.3198	Not Balanced, >0.1
Subclass 4	V2	0.2939	Not Balanced, >0.1
Subclass 5	V1	0.2999	Not Balanced, >0.1
Subclass 6	V3	−0.2961	Not Balanced, >0.1
Subclass 7	V3	−0.2492	Not Balanced, >0.1
Subclass 8	V3	−0.4670	Not Balanced, >0.1

Balance tally for variance ratios across subclasses

	Subclass 1	Subclass 2	Subclass 3	Subclass 4
Balanced, <2	3	3	3	3
Not Balanced, >2	0	0	0	0
	Subclass 5	Subclass 6	Subclass 7	Subclass 8
Balanced, <2	3	3	0	2
Not Balanced, >2	0	0	3	1

Variable with the greatest variance ratios across subclasses

	Variable	V.Ratio.Adj	V.Threshold
Subclass 1	V3	1.0625	Balanced, <2
Subclass 2	V2	0.7660	Balanced, <2
Subclass 3	V2	1.4504	Balanced, <2

Subclass 4	V1	0.7300	Balanced, <2
Subclass 5	V3	0.8705	Balanced, <2
Subclass 6	V2	0.6588	Balanced, <2
Subclass 7	V2	8.6311	Not Balanced, >2
Subclass 8	V2	0.4775	Not Balanced, >2

```
Sample sizes by subclass
            1    2    3    4    5    6    7    8   All
Control    40   37   27   21   12   11    6    6   160
Treated   105  105  105  105  105  105  105  105   840
Total     145  142  132  126  117  116  111  111  1000
```

공변량 균형성 점검결과는 비슷합니다. 집단들을 모두 통합하여 고려할 경우 성향점수층화 기법을 통해 처치집단과 통제집단 간 표준화된 성향점수 및 공변량의 평균차이(절댓값 기준)와 분산비는 모두 사전 설정된 역치(각각 0.1, 2.0)를 넘지 않아 공변량 균형성이 확보되었다고 볼 수 있습니다. 그러나 집단별로 공변량 균형성을 살펴본 결과는 매우 다릅니다. Balance tally for mean differences across subclasses 부분에서 알 수 있듯, 개별집단으로 나누어 처치집단과 통제집단 간 표준화된 성향점수 및 공변량의 평균차이(절댓값)를 살펴본 경우 모든 집단에서 최소 하나 이상의 공변량이 역치를 넘는 결과가 나타났습니다. 심지어 Balance tally for variance raios across subclasses 부분의 경우, 7번 집단(Subclass 7)에서는 분산비가 8을 넘는 것으로 나타났고(공변량 V2 8.6311), 8번 집단(Subclass 8)의 경우 분산비가 0.5보다 작은 값(공변량 V2 0.4775)이 나타났습니다.

일단 이에 대해서도 8개 집단을 모두 고려한 결과를 바탕으로 공변량 균형성이 큰 문제가 없다고 판단하였습니다만, 과연 이 판단이 타당한지에 대해서는 독자 여러분이 스스로 판단하시길 부탁드립니다.

공변량 균형성이 확보되었다는 판단에 동의하신다면, 이제 성향점수층화 기법으로 층화된 데이터를 대상으로 ATT와 ATC를 추정하시면 됩니다. 성향점수층화 기법으로 층화된 데이터의 경우 각 집단별로 처치효과를 추정한 후, 이 처치효과들에 전체집단에서 각 집단이 차지하는 비율에 맞는 가중치를 부여한 후 통합하는 방식으로 전체표본의 처치효과를 추정합니다. 먼저 ATT를 추정해보죠. 우선 match.data() 함수를 이용해 층화된 매칭 데이터를 추출합니다.

```
> # ATT추정
> MD_class_att=match.data(class_att)
> head(MD_class_att) %>% round(2)
      V1    V2    V3 treat Rtreat     y distance weights subclass
1  -2.11  1.68 -1.18     1      0 -2.57    -2.93    1.00        1
2   0.25  0.28  1.36     1      0  5.50    -0.57    1.00        8
3   2.13 -0.07 -0.83     1      0  3.15    -1.06    1.00        6
4  -0.41  1.24  1.04     1      0  3.57    -0.64    1.00        8
5  -0.28  0.29 -0.65     0      1 -1.49    -2.24    0.35        1
6   0.40  0.69 -0.66     0      1 -1.95    -1.59    1.84        4
```

출력결과에서 알 수 있듯 층화된 매칭 데이터는 성향점수기반 전체 매칭 기법을 적용한 후 추출한 매칭 데이터와 유사합니다. 성향점수층화 기법과 성향점수기반 전체 매칭 기법의 유사성에 대해서는 앞에서 간략하게 설명한 바 있습니다.

성향점수층화 기법을 적용한 층화된 매칭 데이터의 경우에도 '모수통계기법'과 '비모수통계기법'을 이용해 처치효과를 추정할 수 있습니다. 둘 중 모수통계기법으로 효과추정치를 추정하는 방법이 상대적으로 간단하기 때문에, 먼저 모수통계기법을 이용해 ATT를 추정해보겠습니다.

앞서 저희는 총 8개의 집단을 상정한 후 성향점수층화 기법을 실행하였습니다. 다시 말해 8개 집단별로 처치효과를 각각 추정해야 합니다. 예를 들어 4번 집단을 대상으로 처치효과를 추정하면 다음과 같습니다.

```
> # 집단별 ATT추정방법(예시)
> MD_class_att %>% filter(subclass==4) %>% #4번 집단의 경우
+   lm(y~treat+V1+V2+V3,weights=weights,.)

Call:
lm(formula=y ~ treat+V1+V2+V3, data=., weights=weights)

Coefficients:
(Intercept)      treat         V1         V2         V3
    -0.5888     1.3567     2.4122     2.1731     2.2294
```

문제는 이런 작업을 총 8번 실시한 후, 먼저 treat 변수의 계수를 추출하고, 다음으로 전체표본에서 각 집단의 비중이 얼마인지를 정량화한 가중치를 계산해야 한다는 것입니다. 먼저 8개 집단의 효과추정치를 정리하기 위해 for () {} 구문을 활용하여 treat 변수의 계수를 추출한 결과를 class8_att라는 이름의 하나의 벡터로 저장하였습니다. 결과는 아래와 같습니다.

```
> # 모수통계기법
> # 효과추정치 for 루프
> class8_att=rep(NA,8)
> for (i in 1:8){
+   temp=MD_class_att %>%
+     filter(subclass==i) %>%
+     lm(y~treat+V1+V2+V3,weights=weights,.) #처치효과 추정모형
+   class8_att[i]=temp$coef['treat'] # 처치효과 투입
+ }
> class8_att %>% round(3)
[1] -0.030 1.079 0.582 1.357 1.555 2.356 2.621 3.282
```

다음으로 전체표본 중 각 집단의 비중이 얼마인지 계산한 결과를 wgt8_prop이라는 이름의 벡터로 저장하였습니다. 사실 전체 사례를 8개 집단으로 구분했다는 점에서 굳이 아래의 과정을 거칠 필요는 없습니다(왜냐하면 각 집단은 1/8의 가중치를 받기 때문입니다). 그러나 집단수를 어떻게 지정하는가에 따라, 그리고 matchit() 함수에서 discard 옵션을 어떻게 지정하는가에 따라 집단별 비중이 달라질 수 있다는 점을 감안하여 아래와 같

은 과정을 밟았습니다.

```
> # 가중치 for 루프
> wgt8_prop=rep(NA,8)
> wgt_total=sum(MD_class_att$weights)
> for (i in 1:8){
+ wgt_class=sum(MD_class_att$weights[MD_class_att$subclass==i])  #비중
+ wgt8_prop[i]=wgt_class/wgt_total  #가중치
+ }
> wgt8_prop %>% round(3)
[1] 0.125 0.125 0.125 0.125 0.125 0.125 0.125 0.125
```

이제 추정된 8개 집단의 ATT에 가중치를 부여한 후, 전체표본을 대상으로 얻은 ATT를 구해봅시다. 아래와 같은 방식을 적용하면 됩니다.

```
> # 전체표본에서 얻을 것으로 기대되는 처치효과
> tibble(class8_att,wgt8_prop) %>%
+ mutate(att_wgt=class8_att*wgt8_prop) %>%
+ summarize(sum(att_wgt))
# A tibble: 1 x 1
  `sum(att_wgt)`
         <dbl>
1          1.60
```

이제는 비모수통계기법을 적용하여 ATT를 추정해봅시다. 앞서 소개한 성향점수가중 기법이나 성향점수매칭 기법을 적용하여 처치효과를 추정했을 때와 마찬가지로 Zelig 패키지의 부속함수들을 이용하였으며, 총 1만 번의 시뮬레이션을 실시하였습니다. 각 집단별 ATT를 추정하는 방법과 전체표본 내 각 집단의 비중을 계산하는 방법은 방금 소개한 모수통계기법을 적용하여 ATT를 추정하는 과정과 본질적으로 동일합니다.

```
> # 비모수통계기법 ATT 추정
> set.seed(1234)
> all_sub_sim=list()        # 집단별 시뮬레이션 결과 저장
> for(i in 1:mysubclassN){
```

```
+ temp_md_sub=MD_class_att %>% filter(subclass==i) #i번째 유층
+ # 효과추정치 추정모형
+ z_sub_att=zelig(y~treat+V1+V2+V3,data=temp_md_sub,
+                 model='ls',weights="weights",cite=F)
+ # 독립변수 조건
+ x_sub_att0=setx(z_sub_att,treat=0,data=temp_md_sub)
+ x_sub_att1=setx(z_sub_att,treat=1,data=temp_md_sub)
+ # 시뮬레이션
+ s_sub_att0=sim(z_sub_att,x_sub_att0,num=10000)
+ s_sub_att1=sim(z_sub_att,x_sub_att1,num=10000)
+ temp_sim=get_qi(s_sub_att1,"ev")-get_qi(s_sub_att0,"ev") #Estimand
+ # 각 유층이 전체표본에서 차지하는 비중으로 가중
+ temp_sim_portion=sum(temp_md_sub$weights)/sum(MD_class_att$weights)
+ # 결과도출
+ sub_sim=tibble(subclass=rep(i,10000),
+                sim_ev=temp_sim*temp_sim_portion,
+                sim_num=1:10000)
+ # 유층별로 얻은 결과 합치기
+ all_sub_sim=bind_rows(all_sub_sim,sub_sim)
+ }
> # 8개 유층들의 효과추정치 합산
> all_sub_sim_agg=all_sub_sim %>%
+ group_by(sim_num) %>%
+ summarize(att=sum(sim_ev))
> # 95% 신뢰구간 계산
> SUB_ATT=all_sub_sim_agg$att
> myATT=quantile(SUB_ATT,p=c(0.025,0.5,0.975)) %>%
+ data.frame() %>%
+ t() %>% data.frame()
> names(myATT)=c("LL95","PEst","UL95")
> myATT$estimand="ATT"
> myATT$model="Propensity score subclassification (8 groups)"
> myATT %>% as_tibble()
#A tibble: 1 x 5
  LL95  PEst  UL95 estimand model
  <dbl> <dbl> <dbl> <chr>    <chr>
1 1.40  1.60  1.80 ATT      Propensity score subclassification (8 groups)
```

위의 출력결과에서 알 수 있듯 성향점수층화 기법을 이용하여 얻은 ATT의 점추정치는 1.60이며 95% 신뢰구간은 (1.40, 1.80)입니다.

비슷한 방법으로 ATC를 추정한 결과는 아래와 같습니다.

```
> # 비모수통계기법 ATC 추정
> MD_class_atc=match.data(class_atc)
> set.seed(1234)
> all_sub_sim=list()        # 집단별 시뮬레이션 결과 저장
> for(i in 1:mysubclassN){
+   temp_md_sub=MD_class_atc %>% filter(subclass==i) #i번째 집단
+   # 효과추정치 추정모형
+   z_sub_atc=zelig(y~Rtreat+V1+V2+V3,data=temp_md_sub,
+                   model='ls',weights="weights",cite=F)
+   # 독립변수 조건
+   x_sub_atc0=setx(z_sub_atc,Rtreat=1,data=temp_md_sub)
+   x_sub_atc1=setx(z_sub_atc,Rtreat=0,data=temp_md_sub)
+   # 시뮬레이션
+   s_sub_atc0=sim(z_sub_atc,x_sub_atc0,num=10000)
+   s_sub_atc1=sim(z_sub_atc,x_sub_atc1,num=10000)
+   temp_sim=get_qi(s_sub_atc1,"ev")-get_qi(s_sub_atc0,"ev") #Estimand
+   # 각 집단이 전체표본에서 차지하는 비중으로 가중
+   temp_sim_portion=sum(temp_md_sub$weights)/sum(MD_class_atc$weights)
+   # 결과도출
+   sub_sim=tibble(subclass=rep(i,10000),
+                  sim_ev=temp_sim*temp_sim_portion,
+                  sim_num=1:10000)
+   # 집단별로 얻은 결과 합치기
+   all_sub_sim=bind_rows(all_sub_sim,sub_sim)
+ }
> # 8개 유층들의 효과추정치 합산
> all_sub_sim_agg=all_sub_sim %>%
+   group_by(sim_num) %>%
+   summarize(atc=sum(sim_ev))
> # 95% 신뢰구간 계산
> SUB_ATC=all_sub_sim_agg$atc
> myATC=quantile(SUB_ATC,p=c(0.025,0.5,0.975)) %>%
+   data.frame() %>%
+   t() %>% data.frame()
> names(myATC)=c("LL95","PEst","UL95")
```

```
> myATC$estimand="ATC"
> myATC$model="Propensity score subclassification (8 groups)"
> myATC %>% as_tibble()
# A tibble: 1 x 5
   LL95  PEst  UL95 estimand model
  <dbl> <dbl> <dbl> <chr>    <chr>
1 0.817 0.984  1.15 ATC      Propensity score subclassification (8 groups)
```

성향점수층화 기법을 적용하여 추정한 ATC의 점추정치는 0.98이며 95% 신뢰구간은 (0.82, 1.15)로 나타났습니다.

이제 우리가 추정한 ATT, ATC, 그리고 표본집단 내 처치집단 비율($\hat{\pi}$)을 이용하여 ATE를 추정해봅시다. 추정하는 방법은 PSM 기법들에서 사용한 방법과 동일합니다.

```
> # ATE 추정: ATT, ATC, 처치집단비율(pi)을 이용하여 계산
> mypi=prop.table(table(mydata$treat))[2]
> SUB_ATE=mypi*SUB_ATT+(1-mypi)*SUB_ATC
> myATE=quantile(SUB_ATE,p=c(0.025,0.5,0.975)) %>%
+ data.frame() %>%
+ t() %>% data.frame()
> names(myATE)=c("LL95","PEst","UL95")
> myATE$estimand="ATE"
> myATE$model="Propensity score subclassification (8 groups)"
> myATE %>% as_tibble()
# A tibble: 1 x 5
   LL95  PEst  UL95 estimand model
  <dbl> <dbl> <dbl> <chr>    <chr>
1 0.939  1.08  1.23 ATE      Propensity score subclassification (8 groups)
```

이렇게 추정한 ATT, ATC, ATE를 묶어 class_estimands라는 이름의 데이터 오브젝트로 저장한 후, 성향점수층화 기법으로 추정한 효과추정치들을 PSW 기법과 여러 PSM 기법들을 적용하여 얻은 효과추정치들과 한번 비교해보겠습니다.

```
> class_estimands=bind_rows(myATT,myATC,myATE) %>%
+   as_tibble()
> # 효과추정치 시각화
> bind_rows(PSW_estimands,greedy_estimands,
+           optimal_estimands,full_estimands,
+           genetic_estimands,mahala_estimands,
+           class_estimands) %>%
+   mutate(rid=row_number(),
+          model=fct_reorder(model,rid)) %>%
+   ggplot(aes(x=estimand,y=PEst,color=model))+
+   geom_point(size=3,position=position_dodge(width=0.3))+
+   geom_errorbar(aes(ymin=LL95,ymax=UL95),
+                 width=0.2,lwd=1,
+                 position=position_dodge(width=0.3))+
+   geom_hline(yintercept=OLS_estimands$LL95,lty=2)+
+   geom_hline(yintercept=OLS_estimands$UL95,lty=2)+
+   geom_label(x=0.7,y=0.5*(OLS_estimands$LL95+OLS_estimands$UL95),
+              label="Naive OLS\n95% CI",color="black")+
+   labs(x="Estimands",
+        y="Estimates, 95% Confidence Interval",
+        color="Models")+
+   coord_cartesian(ylim=c(0.5,2.5))+
+   theme_bw()+theme(legend.position="top")+
+   guides(color=guide_legend(nrow=4))
> ggsave("Part2_ch7_Comparison_Estimands.png",height=14,width=17,units='cm')
```

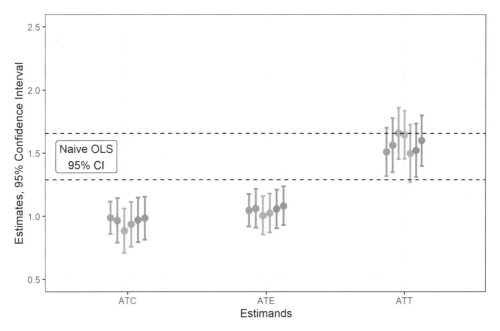

[그림 7-1] 성향점수층화 기법 및 다른 성향점수분석 기법들로 추정한 효과추정치 비교

[그림 7-1]을 보면 8개의 집단을 가정한 성향점수층화 기법을 적용해 얻은 효과추정
치들과 다른 성향점수분석 기법들로 얻은 효과추정치들이 크게 다르지 않은 것을 알 수
있습니다.

5 민감도분석: 알려진 방법 없음

아쉽게도, 적어도 저희들이 아는 한 성향점수층화 기법을 적용하여 얻은 처치효과에 대한 민감도분석 방법은 존재하지 않습니다. 어쩌면 성향점수층화 기법을 적용하여 얻은 개별집단별로 카네기·하라다·힐의 민감도분석(Carnegie, Harada, & Hill, 2016)을 실시하는 것을 고려해볼 수 있을 것입니다. 하지만 문제는 집단개수, 즉 k개만큼의 민감도분석 결과를 어떻게 통합할지, 그리고 어떤 기준으로 해석할지가 매우 불투명하다는 것입니다. 본질적으로 실험연구와 달리 관측연구는 '누락변수편향'에서 결코 자유로울 수 없습니다. 성향점수층화 분석의 경우 민감도분석을 실시할 수 없다는 점에서 성향점수층화 기법을 적용하여 얻은 처치효과가 누락변수편향에 대해 얼마나 강건한지(robust) 평가하기 어렵습니다.

6 요약

이상으로 성향점수층화 기법을 살펴보았습니다. 성향점수층화 기법의 진행과정은 다음과 같습니다.

첫째, 성향점수(propensity score)를 추정합니다.

둘째, 전체표본을 몇 개의 집단으로 층화시킬 것인지 집단개수(k)를 설정한 후, k개의 처치집단 사례들에 맞는 통제집단 사례들을 매칭시킵니다.

셋째, 공변량 균형성을 점검합니다.

넷째, 공변량 균형성이 확보되었다고 판단되면, 각 집단별 처치효과를 계산한 후 전체표본에서 각 집단이 차지하는 비중으로 가중한 후 전체표본에서 나타난 처치효과를 계산합니다.

다섯째, 계산된 처치효과들(ATT, ATC)과 전체표본의 처치집단 비율 정보를 이용해 ATE를 추정합니다.

8장

준-정확매칭 기법

1 개요

이번 장에서는 준(準)-정확매칭(CEM, coarsened exact matching) 기법을 소개하겠습니다. CEM 기법은 본서에서 소개한 여러 매칭 기법 중 최근에 개발된 기법입니다. 우선 왜 본서에서 'coarsened exact matching'이라는 용어를 '준-정확매칭'이라고 번역했는지부터 말씀드리겠습니다. '정확 매칭(exact matching)'이라는 말은 처치집단과 통제집단의 공변량이 정확하게 동일한 매칭이라는 의미이며, 4장에서 성향점수매칭 기법을 수계산하였을 때 이미 사용하기도 했습니다. 정확 매칭 기법은 공변량 개수가 많지 않고 각 공변량이 범주형 변수인 경우 사용할 수도 있겠지만, 현실적으로 이러한 조건을 만족시키는 관측연구 데이터는 거의 존재하지 않기 때문에 정확 매칭 기법을 사용한 관측연구를 찾기는 매우 어렵습니다. 하지만 정확 매칭 기법은 그 이름에서 알 수 있듯, (실제로 적용할 수만 있다면) 처치집단과 통제집단 사이의 균형성을 '정확하게' 달성할 수 있는 매칭 기법입니다.

　매칭작업 결과가 '정확하다'는 특성 때문에 정확 매칭은 매우 매력적입니다만, 현실적으로 이런 사례가 존재할 가능성이 매우 낮다는 한계에서 자유로울 수 없습니다. 반면 준-정확매칭 기법은 '준(準, coarsened)'이라는 용어에서 알 수 있듯 정확 매칭 기법의 장점을 어느 정도는 살리되 정확성의 수준은 다소 완화시키는 방법으로 현실 데이터에 대한 적용가능성을 높이는 매칭 기법입니다. '준(準)'이라고 번역한 영문표현은 coarsened입니다. 흔히 '조잡(粗雜)한'이라고 번역되는 용어지만 아마도 영문 표현의 뉘앙스를 살리자면 '뭉뚱그린'이라는 의미에 가깝지 않을까 싶습니다. '준, 혹은 뭉뚱그린(coarsened)'이라는 표현의 의미를 좀 더 구체적으로 살펴보기 위해 다음과 같은 가상적 데이터를 떠올려봅시다.

[표 8-1] 준-정확매칭(CEM) 이해를 위한 가상 사례 (뭉뚱그리기 이전 데이터)

아이디(ID)	원인처치변수	종속변수	공변량1: 연령	공변량2: 정치성향
A	처치집단	3.40	33	다소 진보적
B	처치집단	2.66	21	진보적
C	처치집단	4.33	45	다소 보수적
D	통제집단	2.99	31	진보적
E	통제집단	2.67	20	진보적
F	통제집단	4.10	49	매우 보수적
G	통제집단	1.78	80	매우 보수적

[표 8-1]과 같은 상황에서 정확 매칭을 이용해 ATT를 계산한다고 가정해봅시다. A, B, C의 세 처치집단 사례의 경우 '연령'과 '정치성향'의 두 공변량 수준이 정확하게 일치하는 통제집단 사례들을 찾을 수 없습니다. 예를 들어 A의 경우 연령이 33이고 정치적 성향이 다소 진보적인데, D, E, F, G의 모든 사례들은 연령과 정치성향이 조금씩 다릅니다.

여기서 '연령'과 '정치성향'의 두 변수를 다음과 같이 뭉뚱그렸다고(coarsened) 가정해봅시다. 첫째, 연령변수는 세대변수로 리코딩하였습니다. 즉 연령변수를 20대, 30대, ……, 80대와 같은 세대변수로 리코딩해보겠습니다. 둘째, 정치성향 변수의 경우 '다소 진보적'과 '진보적'을 '진보성향'으로 '다소 보수적'과 '보수적'을 '보수성향'으로 리코딩해보죠. 이 경우 [표 8-1]은 아래의 [표 8-2]와 같이 바뀔 것입니다.

[표 8-2] 준-정확매칭(CEM) 이해를 위한 가상 사례 (뭉뚱그리기 이후 데이터)

아이디(ID)	원인처치변수	종속변수	공변량1: 세대	공변량2: 정치성향
A	처치집단	3.40	30대	진보성향
B	처치집단	2.66	20대	진보성향
C	처치집단	4.33	40대	보수성향
D	통제집단	2.99	30대	진보성향
E	통제집단	2.67	20대	진보성향
F	통제집단	4.10	40대	보수성향
G	통제집단	1.78	80대	보수성향

공변량을 뭉뚱그린 결과 A는 D와, B는 E와, C는 F와 매칭된다는 것을 발견할 수 있습니다(G는 매칭되지 않는 통제집단 사례입니다).

이런 점에서 준-정확매칭(CEM) 기법은 정확하게는 다르지만 어느 정도 비슷하게 취급할 수 있도록 공변량들을 뭉뚱그린 후 정확 매칭을 실시하는 매칭 기법이라고 이해할 수 있습니다. 이런 점에서 CEM을 '정확 매칭'은 아니지만 '정확 매칭에 준(準)하는 매칭'이라는 의미로 '준-정확매칭'이라고 번역했습니다. CEM을 소개한 문헌들을 보면 CEM을 '단조적 불균형 묶음(MIB, monotonic imbalance bounding) 매칭'이라고 정의하는데 (Iacus et al., 2008; Iacus et al., 2009; Iacus et al., 2012; King & Nielsen, 2019; King et al., 2011), 여기서 말하는 '단조적 불균형(monotonic imbalance)'은 바로 정확하게 동일하지는 않으나 상당히 비슷하다는 의미이며, '묶음(bounding)'은 '단조적 불균형' 상태의 공변량 수준을 묶어 동일한 수준으로 바꾼다는 의미입니다.

어쩌면 몇몇 독자분께서는 CEM이 앞서 소개한 성향점수매칭 기법들과는 본질적으로 다르다고 느끼셨을지도 모르겠습니다. 사실 그렇습니다. CEM은 앞서 소개한 성향점수기반 혹은 마할라노비스 거리점수기반 그리디 매칭, 최적 매칭, 전체 매칭, 유전 매칭, 혹은 성향점수층화 기법 등과 근본적으로 다른 접근을 취하고 있습니다. 예를 들어 성향점수기반 그리디 매칭 기법의 경우 공변량을 이용하여 처치집단과 통제집단 사례들의 성향점수를 추정한 후, 이렇게 추정된 성향점수를 기반으로 처치집단 사례와 통제집단 사례를 매칭시키는 방식으로 매칭작업을 진행합니다. 마할라노비스 거리점수기반 그리디 매칭 기법의 경우도 성향점수가 아닌 마할라노비스 거리점수를 쓸 뿐, 진행과정은 동일합니다(즉, 공변량을 이용하여 마할라노비스 거리점수를 계산한 후 이를 기반으로 그리디 매칭 기법을 적용함). 성향점수기반 최적 매칭, 전체 매칭, 유전 매칭의 경우 매칭작업에 사용하는 알고리즘의 성격이 다를 뿐, 본질적으로 공변량을 기반으로 거리점수(성향점수 혹은 마할라노비스 거리점수 사용)를 계산한 후, 매칭작업을 진행합니다. 성향점수층화 기법의 경우도 성향점수나 마할라노비스 거리점수를 일정 간격으로 구획한 후, 각 집단별로 효과추정치를 계산한다는 점에서 '성향점수를 추정한 후 집단별 매칭'이라는 작업과정을 밟습니다. 그러나 CEM의 경우 공변량 수준을 거칠게 뭉뚱그려 놓은 후, 공변량들의 조건이 '동일한' 처치집단과 통제집단 사례들을 '곧바로' 매칭시키는 특성을 갖습니다. 즉 CEM에서는 공변량들과 원인처치변수의 관계를 하나의 모형을 통해 추출된 거리점수로 환산시킨 후 매칭시키는 일련의 과정을 밟지 않습니다.

이와 같은 특성으로 인해 CEM은 다른 매칭 기법들에 비해 다음과 같은 장점과 단점을 갖습니다. 장점부터 살펴보죠. '공변량을 뭉뚱그리는 과정이 합리적이고 타당하다면' CEM은 다른 매칭 기법들에 비해 각 공변량별 균형성을 더 확실하게 달성할 수 있습니다. 왜냐하면 CEM은 공변량 수준이 매우 비슷한 수준인 경우에만 매칭작업이 진행되기 때문입니다. 예를 들어 처치집단에 속할 확률이 여성보다는 남성에게서, 연령이 낮은 사람들에게서 더 높았다고 가정해봅시다. 이런 상황에서 성향점수기반 최인접사례 매칭 기법을 적용하였을 때, 여성이면서 매우 어린 처치집단 사례와 매칭되는 통제집단 사례는 어떤 모습을 가질지 한번 예상해봅시다. 이 처치집단 사례는 여성이기 때문에 성향점수가 낮지만, 연령이 매우 낮기 때문에 성향점수가 높습니다. 결국 성향점수는 중간 정도 수준을 보이겠죠. 만약 운이 좋다면 여성이면서 매우 어린 통제집단 사례가 매칭될 수도 있습니다. 하지만 상황에 따라 중년 남성이 매칭될 수도 있습니다(왜냐하면 남성은 여성보다 성향점수가 높지만, 나이가 중년이라는 점에서 성향점수가 낮기 때문에). 만약 나이가 어린 여성과 중년 남성이 '단순히 성향점수가 비슷하다는 이유'로 매칭되었다면, 성향점수의 평균차이는 비슷할지 모르지만 성별과 연령이라는 공변량의 평균차이는 꽤 크게 나타날 가능성이 높습니다. 그러나 CEM을 사용하면 이런 가능성이 발생할 가능성이 애초에 낮으므로, 처치집단과 통제집단 사이의 공변량 균형성이 매우 잘 달성되며, 따라서 보다 정확한 효과추정치를 얻을 수 있습니다(이 부분은 CEM 개발자들이 가장 강조하는 부분입니다).

하지만 이러한 CEM의 장점은 동시에 단점이 될 수도 있습니다. 첫째, 처치집단 사례의 공변량 조건과 맞는 통제집단 사례가 존재하지 않는다면 결국 이러한 처치집단 사례들은 분석에서 제외될 수밖에 없습니다. 특히 공변량 개수가 많은 데 반해 처치집단 사례수가 상대적으로 적을 경우 매칭과정에서 배제되는 사례들이 너무 많을 수도 있습니다. 다시 말해 표본손실이 너무 커서 추정된 처치효과의 대표성에 문제가 있을 수 있습니다.

둘째, '공변량을 뭉뚱그리는 과정이 합리적이고 타당하다면'이라는 조건이 성립하지 않을 가능성도 배제하기 어렵습니다. 앞서 [표 8-1]과 [표 8-2]에서 언급한 사례처럼 '연령 → 세대'로 뭉뚱그리는 것이 과연 타당할까요? 우선 '통상적 데이터 분석과정에서 사용되는 관례상' 큰 문제가 없다고 봅니다. 하지만 곰곰이 따져보면 문제가 없다고 확신할 수는 없습니다. 예를 들어 21세, 29세, 30세의 세 사람을 한번 떠올려보죠. 29세 사람은 과연 21세 사람과 가까울까요? 아니면 30세 사람과 가까울까요? 당연한 것이지만, 29세 사람과 비슷한 연배의 사람은 30세 사람이지 21세 사람이 아닙니다. 하지만 '연령'변수를 '세대'변수로 뭉뚱그리는 과정에서 29세 사람은 21세 사람과 동일하게 취급되고, 30세 사람과는 다른 사람으로 취급됩니다. 다시 말해 연구자가 생각하는 '합리적인 방식의 뭉뚱그림'이 독자에게는 전혀 합리적으로 보이지 않을 수도 있습니다. 그리고 무엇보다 연구자의 계획이 데이터를 통해 구현된 현실세계의 합리성과 일치하는지 확신하기 매우 어렵습니다.

셋째, CEM은 아직 개발 초기 단계인 것처럼 보입니다. 매우 매력적이고 흥미로운 매칭 기법이라는 점은 명확하지만, 아쉽게도 민감도분석을 어떻게 실시해야 할지에 대해서는 개발자들이 별다른 언급을 하고 있지 않습니다. CEM 기법을 옹호하는 문헌들의 경우 시뮬레이션 데이터를 기반으로 왜 CEM 기법이 다른 매칭 기법들보다 유사하거나 나은 기법인지를 보여주는 데 집중하고 있는 듯합니다. 현재 CEM 개발자들은 CEM 기법으로 추정한 효과추정치에 대한 민감도분석 방법의 필요성에는 공감하지만, 아직까지 구체적인 민감도분석 기법은 제안되지 않은 상황입니다.[1]

CEM 기법의 아이디어와 장단점에 대해 간단하게 살펴보았습니다. 이제 시뮬레이션된 데이터에 대해 CEM을 적용해봅시다. 먼저 CEM의 독특한 특징, 즉 공변량 뭉뚱그리기를 실행해야 합니다. 이후의 과정[matchit() 함수 사용, 공변량 균형성 점검, 처치효과 추정 등]은 앞서 소개한 성향점수매칭 기법들 혹은 성향점수층화 기법과 동일합니다. 여기서 소개하는 CEM 기법을 실시하기 위해서는 tidyverse, Zelig, MatchIt, cobalt 패키지가 필요합니다. 해당 패키지들을 구동한 후 시뮬레이션된 데이터를 불러오는 방법은 다음과 같습니다.

```
> library("tidyverse")  #데이터관리 및 변수사전처리
> library("Zelig")  #비모수접근 95% CI 계산
> library("MatchIt")  #매칭기법 적용
> library("cobalt")  #처치집단과 통제집단 균형성 점검
> #데이터 소환
> setwd("D:/data")
> mydata=read_csv("simdata.csv")
Parsed with column specification:
cols(
```

---

1 이는 CEM 개발팀을 이끌고 있는 하버드 대학교의 게리 킹(Gary King) 교수와의 전자메일 대담(2020년 1월~2월)을 통해 확인한 내용입니다.

```
  V1=col_double(),
  V2=col_double(),
  V3=col_double(),
  treat=col_double(),
  Rtreat=col_double(),
  y=col_double()
)
> mydata
# A tibble: 1,000 x 6
        V1       V2      V3 treat Rtreat       y
     <dbl>    <dbl>   <dbl> <dbl>  <dbl>   <dbl>
 1  -2.11     1.68   -1.18      1      0   -2.57
 2   0.248    0.279   1.36      1      0    5.50
 3   2.13    -0.0671 -0.825     1      0    3.15
 4  -0.415    1.24    1.04      1      0    3.57
 5  -0.280    0.292  -0.645     0      1   -1.49
 6   0.403    0.688  -0.659     0      1   -1.95
 7  -0.151    1.56    0.524     0      1    2.80
 8  -0.960    0.781   1.02      0      1    1.35
 9  -1.39     1.33    1.03      0      1    1.22
10   0.449    0.578  -1.44      0      1   -0.294
# ... with 990 more rows
```

2 준-정확매칭 실행

앞서 소개하였듯 CEM 기법을 적용하기 위해서는 공변량을 합리적 방식으로 뭉뚱그
려야(coarsening) 합니다. CEM 개발자들은 '뭉뚱그리기(coarsening)' 방법으로 '이용
자 선택 뭉뚱그리기(coarsening by explicit user choice)', '자동화 뭉뚱그리기(automated
coarsening)', '점진적 뭉뚱그리기(progressive coarsening)' 총 세 가지를 제시하고 있습니
다. 세 가지 뭉뚱그리기 방법 중 '이용자 선택 뭉뚱그리기'는 연구자의 사전지식을 바탕으
로 CEM 기법이 적용되는 데이터의 공변량들을 뭉뚱그리는 방식이며, '자동화 뭉뚱그리
기'와 '점진적 뭉뚱그리기' 방식의 경우 데이터를 기반으로 공변량들을 뭉뚱그리는 방식
입니다.

따라서 시뮬레이션 데이터를 대상으로 CEM 기법을 적용할 때는 '자동화 뭉뚱그리기'와 '점진적 뭉뚱그리기' 방식만 제시하였습니다. 왜냐하면 시뮬레이션된 데이터의 공변량들은 이론과 무관하게 생성된(generated) 데이터로, 공변량에 대한 연구자의 사전지식을 활용하는 '이용자 선택 뭉뚱그리기'를 적용하는 것이 불가능하기 때문입니다. 이에 현실 데이터를 대상으로 성향점수분석 기법들을 적용하는 방법을 소개한 9장에서 '이용자 선택 뭉뚱그리기' 방식을 적용한 CEM 기법에 대해 설명하겠습니다.

먼저 자동화 뭉뚱그리기 방식으로 CEM을 실시하는 것은 매우 간단합니다. matchit() 함수의 method 옵션을 "cem"으로 바꾼 후 CEM을 실시하시면 됩니다. 저희는 데이터 사례수(n)와 각 공변량별 표준편차(standard deviation, σ)를 기반으로 하는 '스콧의 방식(Scott's rule)'을 이용하여 공변량의 뭉뚱그리기 작업을 진행하였습니다(스콧의 방식은 디폴트 옵션입니다).[2] 참고로 CEM의 경우 해당 매칭기법의 특성상 caliper, ratio, replace 옵션 등을 적용할 수 없습니다(왜냐하면 성향점수를 추정하는 기법이 아니기 때문입니다). matchit() 함수에서 자동화 뭉뚱그리기 방법을 지정하는 옵션은 L1.breaks입니다. 자동화 뭉뚱그리기 방식을 택한 CEM 기법을 이용하여 ATT 추정을 실시하면 아래와 같습니다.

```
> # ATT, 자동화 뭉뚱그리기(automated coarsening)
> set.seed(1234)
> cem_att=matchit(formula=treat~V1+V2+V3,
+                 data=mydata,
+                 method="cem",
+                 discard='none',
```

---

2 스콧의 방식을 따르는 공변량 뭉뚱그리기는 아래의 공식을 따릅니다(h는 뭉뚱그려진 범위를 의미함).

$$h = \frac{3.5\hat{\sigma}}{\sqrt[3]{n}}$$

만약 스콧의 방식이 아닌 다른 방식으로 자동화 뭉뚱그리기를 적용하고자 한다면 L1.breaks 옵션을 수정하시기 바랍니다. MatchIt 패키지(version 3.0.2)에서 제공되는 CEM 기법에서 제공되는 L1.breaks 옵션들은 "sturges"[스터지의 방법(Sturges' rule)], "fd"[프리드만-디아코니스의 방법(Freedman-Diaconis' rule)], "scott"[스콧의 방법(Scott's rule)], "ss"[시마자키-시노모토의 방법(Shimazaki-Shinomoto's rule)]입니다. '뭉뚱그리기'에 적용되는 옵션은 R 베이스의 히스토그램 함수인 hist() 함수의 옵션과 동일합니다.
MatchIt 패키지는 CEM 추정을 위해 외부 패키지인 "cem"의 함수를 빌려오는 방식을 취하고 있습니다. L1.breaks를 포함해 옵션들에 대한 자세한 안내는 "cem" 패키지를 설치하신 다음 ?cem을 실행하시면 됩니다.

```
+                        L1.breaks='scott') # 자동화 뭉뚱그리기 옵션(스콧의 방법)

Using 'treat'='1' as baseline group
> cem_att

Call:
matchit(formula=treat ~ V1+V2+V3, data=mydata, method="cem",
  discard="none", L1.breaks="scott")

Sample sizes:
          Control  Treated
All          840      160
Matched      424      130
Unmatched    416       30
Discarded      0        0
```

자동화 뭉뚱그리기 방식을 택한 후 CEM 기법을 적용한 결과 총 160개 처치사례 중 130개 사례가 매칭작업에 포함되었고, 30개 사례가 매칭작업에서 배제되었습니다. 앞서 살펴본 성향점수기반 그리디 매칭 기법을 적용할 경우 배제된 처치집단 사례가 2개였다는 점을 감안할 때, 왜 다른 매칭 기법들에 비해 CEM 기법에서 표본손실이 더 크게 나타난 다고 말씀드렸는지 이해하실 수 있을 것입니다.

다음으로 점진적 뭉뚱그리기 방식을 적용하여 CEM 기법을 실행해보겠습니다. 점진적 뭉뚱그리기 작업의 경우 공변량을 k개의 집단으로 뭉뚱그리는 방법입니다. 즉 성향점수 층화 기법과 마찬가지로 k를 사전에 지정한 후, 이에 따라 뭉뚱그리기 작업을 진행한 후 매칭작업을 실시하는 방법입니다. 예를 들어 시뮬레이션 데이터에 포함된 세 공변량을 10개 집단으로 뭉뚱그리는 방식으로 CEM 기법을 적용하면 아래와 같습니다. 여기서는 세 공변량에 모두 $k=10$을 적용했습니다만, 필요에 따라 공변량별로 상이한 값의 k를 적용할 수도 있습니다. matchit() 함수의 cutpoints 옵션을 이용하면 점진적 뭉뚱그리기 방식을 적용할 수 있습니다.

```
> # 점진적 뭉뚱그리기(progressive coarsening)
> set.seed(1234)
> K=10
> cem_p_att=matchit(formula=treat~V1+V2+V3,
```

```
+                 data=mydata,
+                 method="cem",
+                 discard='none',
+                 cutpoints=list(V1=K,V2=K,V3=K)) # 각 공변량을 k개 집단으로

Using 'treat'='1' as baseline group
> cem_p_att

Call:
matchit(formula=treat ~ V1+V2+V3, data=mydata, method="cem",
  discard="none", cutpoints=list(V1=K, V2=K, V3=K))

Sample sizes:
            Control  Treated
All            840      160
Matched        513      142
Unmatched      327       18
Discarded        0        0
```

　자동화 뭉뚱그리기 방식을 택했을 때와 비교해볼 때, 매칭작업에서 배제된 처치집단 사례들이 상대적으로 적은 것을 확인하실 수 있습니다(30 → 18로 감소). 그러나 예상하시듯 점진적 뭉뚱그리기 방식의 경우 *k*를 어떻게 설정하는가에 따라 매칭작업에 포함된 처치집단 사례수가 달라집니다. 예를 들어 *k*를 2부터 10까지 단계적으로 1개씩 늘려가면서 CEM 기법으로 매칭된 처치집단 사례들이 어떻게 변하는지 살펴보죠. 아래와 같은 for () {} 구문을 통해 *k*값을 2부터 10까지 변화시킨 후, 추정된 matchit() 함수 출력결과에서 매칭작업에 포함된 처치집단 개수를 반복 저장하는 방식을 택했습니다.

```
> # 점진적 뭉뚱그리기를 통한 처치집단 사례수 변화
> set.seed(1234)
> Tcases_Included=rep(NA,9)
> for (K in 2:10){
+   m_cem=matchit(formula=treat~V1+V2+V3,
+                 data=mydata,
+                 method="cem",
+                 discard='none',
+                 cutpoints=list(V1=K,V2=K,V3=K)) # 각 공변량을 k개 집단으로
+   Tcases_Included[K-1]=m_cem$nn[2,2] #처치집단 개수
+ }
```

이제 *k*값 변화에 따라 매칭작업에 포함된 처치집단 개수가 어떻게 변화하는지를 시각화해보겠습니다.

```
> # K변화에 따른 매칭작업 포함 처치집단 개수 변화
> tibble(K=2:10,Cases=Tcases_Included) %>%
+ ggplot()+
+ geom_point(aes(x=K, y=Cases))+
+ geom_line(aes(x=K, y=Cases))+
+ scale_x_continuous(breaks=2:10)+
+ scale_y_continuous(breaks=Tcases_Included)+
+ coord_cartesian(ylim=c(140,160))+
+ labs(x="\nK in Progressive coarsening",
+      y="Treated cases matched\n")+
+ theme_bw()
> ggsave("Part2_ch8_pCoarsening_K.jpeg",height=8,width=14,units='cm')
```

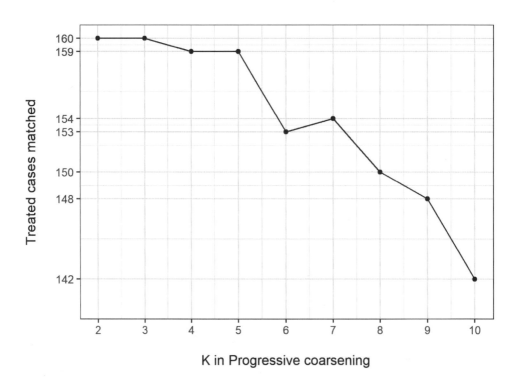

[그림 8-1] 점진적 뭉뚱그리기 적용 시 *k*값 변화에 따른 매칭된 처치집단 사례수 변화

[그림 8-1]에서 잘 나타나듯, k값이 커짐에 따라 매칭된 처치집단 사례수는 점점 감소하고 있습니다. 다시 말해 처치효과를 추정할 때 처치집단 사례수들을 조금이라도 더 많이 포함시키고자 한다면 k값을 작은 값으로 지정하면 좋을 것입니다. 그러나 k값을 너무 작게 할 경우(다시 말해 너무 과도하게 공변량들을 뭉뚱그린 경우), CEM 기법을 적용한 후의 공변량 균형성이 달성되지 않는 문제가 발생합니다. 일반적으로 점진적 뭉뚱그리기 방법을 사용할 때는 공변량 균형성을 충분히 달성하면서 동시에 매칭된 처치집단 사례수를 너무 많이 잃지 않는 가장 최적인 수준의 k를 '점진적으로(progressive)' 탐색하는 것이 권장됩니다. 이 부분은 다음 절('3. 공변량 균형성 점검')에서 보다 구체적인 사례와 함께 살펴보겠습니다.

다음으로 CEM 기법으로 ATC를 추정해보겠습니다. ATC의 경우, matchit() 함수의 formula 옵션이 달라질 뿐 CEM 기법을 적용하는 방법은 동일합니다. 먼저 자동화 뭉뚱그리기 방식을 택한 CEM 기법을 이용하여 ATC 추정을 실시하면 아래와 같습니다.

```
> # ATC, 자동화 뭉뚱그리기(automated coarsening)
> set.seed(4321)
> cem_a_atc=matchit(formula=Rtreat~V1+V2+V3,
+                    data=mydata,
+                    method="cem",
+                    discard='none',
+                    L1.breaks='scott') # 자동화 뭉뚱그리기 옵션(스콧의 방법)

Using 'treat'='1' as baseline group
> cem_a_atc

Call:
matchit(formula=Rtreat ~ V1+V2+V3, data=mydata, method="cem",
    discard="none", L1.breaks="scott")

Sample sizes:
          Control  Treated
All           160      840
Matched       130      424
Unmatched      30      416
Discarded       0        0
```

앞의 출력결과에서 알 수 있듯 거의 절반(49.52%)에 가까운 통제집단 사례들(Treated 라고 되어 있으나 통제집단입니다. ATC 추정 시에는 treat 변수를 역코딩한 Rtreat를 사용하였습니다)이 CEM 과정에서 제외된 것을 발견할 수 있습니다.

점진적 뭉뚱그리기를 적용한 CEM 기법으로 ATC를 추정하는 과정은 다음 절에서 말씀드리겠습니다. 왜냐하면 앞서 ATT 사례에서 나타나듯, 가장 최적의 k값이 얼마인지는 공변량 균형성 점검 과정과 병행되어야 짐작할 수 있기 때문입니다.

３ 공변량 균형성 점검

자동화 뭉뚱그리기 방법을 이용한 CEM 기법 적용 후 공변량 균형성을 살펴보겠습니다. 성향점수매칭(PSM) 기법들을 소개하면서 저희가 애용했던 러브플롯을 이용하면 손쉽게 공변량 균형성이 달성된 수준을 확인할 수 있습니다. 자동화 뭉뚱그리기 방법을 이용한 CEM 기법을 실행한 ATT와 ATC의 공변량 균형성 결과는 아래와 같습니다.

```
> # ATT, 자동화 뭉뚱그리기(automated coarsening), 러브플롯
> # 평균차이
> love_D_cem_att=love.plot(cem_a_att,
+           s.d.denom="pooled", # 분산은 처치집단과 통제집단 모두에서
+           stat="mean.diffs", # 두 집단간 공변량 평균차이
+           drop.distance=TRUE,
+           threshold=0.1, # 평균차이 역치
+           sample.names=c("Unmatched", "Matched"), # 처치집단/통제집단 표시
+           themes=theme_bw())+
+   coord_cartesian(xlim=c(-0.75,1.00))+ # X축의 범위
+   ggtitle("ATT, Covariate balance")
> # 분산비
> love_VR_cem_att=love.plot(cem_a_att,
+           s.d.denom="pooled", # 분산은 처치집단과 통제집단 모두에서
+           stat="variance.ratios", # 두 집단간 분산비
+           drop.distance=TRUE,
+           threshold=2, # 분산비 역치
+           sample.names=c("Unmatched", "Matched"), # 처치집단/통제집단 표시
```

```
+          themes=theme_bw())+
+ coord_cartesian(xlim=c(0.3,3))+ #X축의 범위
+ ggtitle("ATT, Covariate balance")
> # ATC, 자동화 뭉뚱그리기(automated coarsening), 러브플롯
> # 평균차이
> love_D_cem_atc=love.plot(cem_a_atc,
+          s.d.denom="pooled", # 분산은 처치집단과 통제집단 모두에서
+          stat="mean.diffs", # 두 집단간 공변량 평균차이
+          drop.distance=TRUE,
+          threshold=0.1, # 평균차이 역치
+          sample.names=c("Unmatched", "Matched"), #처치집단/통제집단 표시
+          themes=theme_bw())+
+ coord_cartesian(xlim=c(-0.75,1.00))+ #X축의 범위
+ ggtitle("ATC, Covariate balance")
> # 분산비
> love_VR_cem_atc=love.plot(cem_a_atc,
+          s.d.denom="pooled", # 분산은 처치집단과 통제집단 모두에서
+          stat="variance.ratios", # 두 집단간 분산비
+          drop.distance=TRUE,
+          threshold=2, # 분산비 역치
+          sample.names=c("Unmatched", "Matched"), #처치집단/통제집단 표시
+          themes=theme_bw())+
+ coord_cartesian(xlim=c(0.3,3))+ #X축의 범위
+ ggtitle("ATC, Covariate balance")
> gridExtra::grid.arrange(love_D_cem_att,love_VR_cem_att,
+          love_D_cem_atc,love_VR_cem_atc,
+          nrow=2)
```

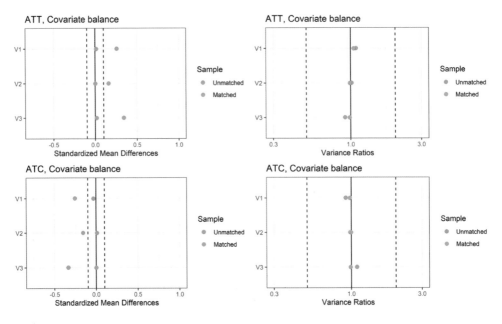

[그림 8-2] 자동화 뭉뚱그리기 적용 CEM 기법으로 추정한 ATT(위), ATC(아래) 공변량 균형성 점검 러브플롯

[그림 8-2]를 보면 ATT와 ATC를 추정하기 위해 자동화 뭉뚱그리기를 적용하여 실시한 CEM 기법을 이용하여 처치집단과 통제집단 간 표준화된 공변량의 평균차이(절댓값 기준)와 분산비가 통상적으로 받아들여지는 역치를 넘지 않는 것을 확인할 수 있습니다.

다음으로 점진적 뭉뚱그리기를 적용하여 CEM 기법을 적용해보겠습니다. 앞서 말씀드렸듯 점진적 뭉뚱그리기 작업의 성패는 적정수의 k를 선정하는 일에 달려 있습니다. 이를 위해 k값의 변화에 따라 ① 매칭된 처치집단 사례수와 ② 공변량 균형성 결과가 어떻게 변하는지를 살펴보겠습니다. 먼저 ATT를 추정할 경우의 k값 탐색 결과는 아래와 같습니다.

```
> # ATT, 점진적 뭉뚱그리기를 통한 균형성 달성수준 변화
> set.seed(1234)
> abs_M_diff=matrix(NA,nrow=9,ncol=3) #공변량 평균차이
> colnames(abs_M_diff)=str_c("Mean_diff_V",1:3)
> rownames(abs_M_diff)=str_c("K",2:10)
> Tcases_Included=rep(NA,9)        #매칭된 처치집단 사례수
> for (K in 2:10){
+ m_cem=matchit(formula=treat~V1+V2+V3,
+                data=mydata,
+                method="cem",
```

```
+                    discard='none',
+                    cutpoints=list(V1=K,V2=K,V3=K)) # 각 공변량을 k개 집단으로
+ # 아래는 표준화 평균차이(절댓값), MatchIt 패키지 부속함수를 사용하였음
+ abs_M_diff[K-1,]=abs(as.vector(summary(m_cem,stanadardized=TRUE)$sum.matched[2:4,4]))
+ # 아래는 매칭된 처치집단 사례수
+ Tcases_Included[K-1]=m_cem$nn[2,2] #처치집단 개수
+ }
> CEM_optimalK=as_tibble(abs_M_diff)
> CEM_optimalK$K=2:10
> CEM_optimalK$Treated=Tcases_Included
> # 시각화
> Fig_covbal=CEM_optimalK %>%
+ pivot_longer(cols=Mean_diff_V1:Mean_diff_V3, names_to="Mean_diff") %>%
+ mutate(Mean_diff=str_remove(Mean_diff, "Mean_diff_")) %>%
+ ggplot()+
+ geom_point(aes(x=K,y=value,color=Mean_diff))+
+ geom_line(aes(x=K,y=value,color=Mean_diff))+
+ geom_hline(yintercept=0.1,lty=2,color='red')+
+ scale_x_continuous(breaks=2:10)+
+ coord_cartesian()+
+ labs(x="\nLevels of covaiates by progressive coarsening",
+    y="Absolute mean difference of covariate \nbetween treated and control groups\n",
+    color="Covariate")+
+ theme_bw()+
+ theme(legend.position="top")
> Fig_TreatedCases=CEM_optimalK %>%
+ ggplot()+
+ geom_point(aes(x=K,y=Treated))+
+ geom_line(aes(x=K,y=Treated))+
+ scale_x_continuous(breaks=2:10)+
+ scale_y_continuous(breaks=Tcases_Included)+
+ coord_cartesian()+
+ coord_cartesian()+
+ labs(x="\nLevels of covaiates by progressive coarsening",
+       y="Number of matched treated cases\n\n")+
+ theme_bw()
> gridExtra::grid.arrange(Fig_covbal,Fig_TreatedCases,nrow=2)
```

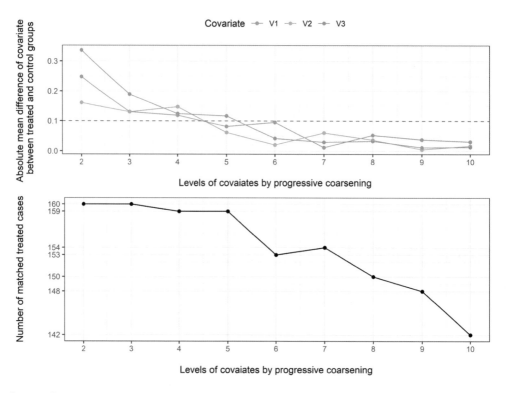

[그림 8-3] *k* 변화에 따른 공변량 균형성 및 CEM 매칭된 처치집단 사례수 변화(ATT)

[그림 8-3]의 결과를 통해 저희는 5를 최적의 *k*로 판단했습니다. [그림 8-3]의 윗단에서 확인할 수 있듯 처치집단과 통제집단의 표준화된 공변량 평균차이는 $k \geq 6$부터 역치를 넘지 않지만, 공변량 *k*=5인 경우 단 하나 V3만이 역치를 아주 조금 넘을 뿐입니다. 반면 *k*=5인 경우와 $k \geq 6$인 경우의 매칭된 처치집단 사례수를 비교해보면 최소 5 이상(약 3%)의 처치집단 사례들을 잃어버리게 됩니다. 이런 점을 전반적으로 고려하여 *k*=5라는 판단을 내렸습니다.

다음으로 ATC를 추정할 경우의 *k*값 탐색 결과는 아래와 같습니다.

```
> # ATC, 점진적 뭉뚱그리기를 통한 균형성 달성수준 변화
> set.seed(4321)
> abs_M_diff=matrix(NA,nrow=9,ncol=3)  #공변량 평균차이
> colnames(abs_M_diff)=str_c("Mean_diff_V",1:3)
> rownames(abs_M_diff)=str_c("K",2:10)
> Tcases_Included=rep(NA,9)          #매칭된 처치집단 사례수
```

```
> for (K in 2:10){
+ m_cem=matchit(formula=Rtreat~V1+V2+V3,
+                 data=mydata,
+                 method="cem",
+                 discard='none',
+                 cutpoints=list(V1=K,V2=K,V3=K)) # 각 공변량을 k개 집단으로
+ # 아래는 표준화 평균차이(절대값), MatchIt 패키지 부속함수를 사용하였음
+ abs_M_diff[K-1,]=abs(as.vector(summary(m_cem,stanadardized=TRUE)$sum.matched[2:4,4]))
+ # 아래는 매칭된 처치집단 사례수
+ Tcases_Included[K-1]=m_cem$nn[2,2] #처치집단 개수
+ }
> CEM_optimalK=as_tibble(abs_M_diff)
> CEM_optimalK$K=2:10
> CEM_optimalK$Treated=Tcases_Included
> # 시각화
> Fig_covbal=CEM_optimalK %>%
+ pivot_longer(cols=Mean_diff_V1:Mean_diff_V3, names_to="Mean_diff") %>%
+ mutate(Mean_diff=str_remove(Mean_diff, "Mean_diff_")) %>%
+ ggplot()+
+ geom_point(aes(x=K,y=value,color=Mean_diff))+
+ geom_line(aes(x=K,y=value,color=Mean_diff))+
+ geom_hline(yintercept=0.1,lty=2,color='red')+
+ scale_x_continuous(breaks=2:10)+
+ coord_cartesian()+
+ labs(x="\nLevels of covaiates by progressive coarsening",
+    y="Absolute mean difference of covariate \nbetween control and treated groups\n",
+    color="Covariate")+
+ theme_bw()+
+ theme(legend.position="top")
> Fig_TreatedCases=CEM_optimalK %>%
+ ggplot()+
+ geom_point(aes(x=K,y=Treated))+
+ geom_line(aes(x=K,y=Treated))+
+ scale_x_continuous(breaks=2:10)+
+ scale_y_continuous(breaks=Tcases_Included)+
+ coord_cartesian()+
+ labs(x="\nLevels of covaiates by progressive coarsening",
+        y="Number of matched\ntreated (actually control) cases\n")+
+ theme_bw()
> gridExtra::grid.arrange(Fig_covbal,Fig_TreatedCases,nrow=2)
```

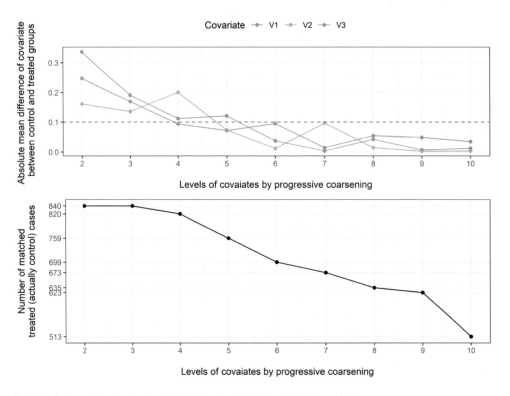

[그림 8-4] *k* 변화에 따른 공변량 균형성 및 CEM 매칭된 처치집단 사례수 변화(ATC)

　　[그림 8-4]의 결과에서도 5를 최적의 *k*로 판단했습니다. 비록 표준화된 V3에서 처치 집단과 통제집단 간 평균차이(절댓값 기준)가 0.1의 역치를 조금 넘었지만, *k*=5인 경우와 *k*≥6인 경우의 매칭된 처치집단 사례수를 비교해보면 약 60개 이상(약 7%)의 통제집단 사례들을 잃어버리게 됩니다. 이를 고려할 때 *k*=6보다는 *k*=5가 더 최적이라는 판단을 내 렸습니다.

　　이제 *k*=5로 설정했으니, 이에 맞도록 matchit() 함수의 cutpoints 옵션을 재지정 한 후 출력결과를 저장하겠습니다.

```
> # ATT, 점진적 뭉뚱그리기(progressive coarsening)
> K=5
> cem_p_att=matchit(formula=treat~V1+V2+V3,
+                    data=mydata,
+                    method="cem",
+                    discard='none',
```

```
+                      cutpoints=list(V1=K,V2=K,V3=K)) # 각 공변량을 k개 집단으로
> # ATC, 점진적 뭉뚱그리기(progressive coarsening)
> cem_p_atc=matchit(formula=Rtreat~V1+V2+V3,
+                      data=mydata,
+                      method="cem",
+                      discard='none',
+                      cutpoints=list(V1=K,V2=K,V3=K)) # 각 공변량을 k개 집단으로
```

공변량 균형성 점검결과를 정리하면 다음과 같습니다. 첫째, 자동화 뭉뚱그리기('스콧의 방법')를 이용한 CEM 기법으로 추정한 ATT, ATC의 경우 공변량 균형성이 충분히 달성되었다고 볼 수 있습니다. 이때 ATT를 추정할 때 매칭된 처치집단에는 약 81%의 사례들이 포함되었으며, ATC를 추정할 때 매칭된 통제집단에는 약 50%의 사례들이 포함되었습니다.

둘째, 점진적 뭉뚱그리기를 적용할 경우 $k=5$가 가장 적절하며, 이를 적용하였을 때 공변량 V3의 균형성이 약간의 문제가 있다고 볼 수는 있으나 역치인 0.1을 아주 미미하게 벗어났다는 점에서 공변량 균형성에 큰 문제가 있다고 결론 내리지는 않았습니다. $k=5$를 가정할 때 ATT의 경우 매칭된 처치집단에는 약 99%의 사례들이 포함되었으며, ATC의 경우 매칭된 통제집단에는 약 90%의 사례들이 포함되었습니다.

4 처치효과 추정

CEM 기법을 이용하여 처치효과를 추정하는 방법은 PSM 기법을 이용하여 처치효과를 추정하는 방법과 동일합니다. 여기서는 6장에서 소개한 이용자정의 함수인 SUMMARY_EST_ATT() 함수와 SUMMARY_EST_ATC() 함수를 이용하겠습니다. 두 가지 이용자정의 함수의 구성 및 의미에 대해서는 6장을 참조하시기 바랍니다.

먼저 자동화 뭉뚱그리기를 이용한 CEM 기법으로 ATT와 ATC를 추정한 결과는 다음과 같습니다.

```
> # 이용자정의 함수 불러오기
> SUMMARY_EST_ATT=readRDS("SUMMARY_EST_ATT.RData")
> SUMMARY_EST_ATC=readRDS("SUMMARY_EST_ATC.RData")
> # ATT, 자동화 뭉뚱그리기(automated coarsening)
> # 1단계: 매칭 데이터 생성
> MD_cem_a_att=match.data(cem_a_att)
> # 2-5단계: ATT 추정
> set.seed(1234)
> CEM_a_ATT=SUMMARY_EST_ATT(myformula="y~treat+V1+V2+V3",
+                          matched_data=MD_cem_a_att,
+                          n_sim=10000,
+                          model_name="CEM, automated coarsening")
> # ATC, 자동화 뭉뚱그리기(automated coarsening)
> # 1)ATC-성향점수기반 전체 매칭
> # 1단계: 매칭 데이터 생성
> MD_cem_a_atc=match.data(cem_a_atc)
> # 2-5단계: ATC 추정
> set.seed(4321)
> CEM_a_ATC=SUMMARY_EST_ATC(myformula="y~Rtreat+V1+V2+V3",
+                          matched_data=MD_cem_a_atc,
+                          n_sim=10000,
+                          model_name="CEM, automated coarsening")
> CEM_a_ATT[[2]] #95% 신뢰구간
# A tibble: 1 x 5
  LL95  PEst  UL95 estimand model
 <dbl> <dbl> <dbl> <chr>    <chr>
1 1.18  1.40  1.62 ATT      CEM, automated coarsening
> CEM_a_ATC[[2]] #95% 신뢰구간
# A tibble: 1 x 5
  LL95  PEst  UL95 estimand model
 <dbl> <dbl> <dbl> <chr>    <chr>
1 0.957 1.16  1.38 ATC      CEM, automated coarsening
```

자동화 뭉뚱그리기를 이용한 CEM 기법으로 추정한 ATT의 점추정치는 1.40이며, 95% 신뢰구간은 (1.18, 1.62)로 나타났습니다. 또한 ATC의 경우 점추정치는 1.16이고, 95% 신뢰구간은 (0.96, 1.38)로 나타났습니다.

자동화 뭉뚱그리기를 이용한 CEM 기법으로 추정한 ATT와 ATC, 그리고 전체표본의 처치집단 비율 정보($\hat{\pi}$)를 이용하여 추정한 ATE는 다음과 같습니다. ATE 계산방법 역시 PSM 기법을 적용한 경우 ATE를 계산하는 방법과 동일합니다. 아래의 출력결과에서 알 수 있듯 ATE의 점추정치는 1.20이며, 95% 신뢰구간은 (1.02, 1.38)로 나타났습니다.

```
> # 6단계: ATE 점추정치와 95% CI
> # 표본 내 처치집단 비율
> mypi=prop.table(table(mydata$treat))[2]
> CEM_a_ATE=list()
> CEM_a_ATE[[1]]=mypi*CEM_a_ATT[[1]]+(1-mypi)*CEM_a_ATC[[1]]
> CEM_a_ATE[[2]]=tibble(
+ LL95=quantile(CEM_a_ATE[[1]],p=c(0.025)),
+ PEst=quantile(CEM_a_ATE[[1]],p=c(0.500)),
+ UL95=quantile(CEM_a_ATE[[1]],p=c(0.975)),
+ estimand="ATE",model="CEM, automated coarsening")
> CEM_a_ATE[[2]]
# A tibble: 1 x 5
  LL95  PEst  UL95 estimand model
 <dbl> <dbl> <dbl> <chr>    <chr>
1 1.02  1.20  1.38 ATE      CEM, automated coarsening
```

다음으로 $k=5$로 설정한 점진적 뭉뚱그리기를 적용한 CEM 기법으로 ATT와 ATC를 추정해봅시다. 효과추정치 추정방법은 동일합니다.

```
> # ATT, K=5, 점진적 뭉뚱그리기(progressive coarsening)
> # 1단계: 매칭 데이터 생성
> MD_cem_p_att=match.data(cem_p_att)
> # 2-5단계: ATT 추정
> set.seed(1234)
> CEM_p_ATT=SUMMARY_EST_ATT(myformula="y~treat+V1+V2+V3",
+                  matched_data=MD_cem_p_att,
+                  n_sim=10000,
+                  model_name="CEM, 5 levels per cov.")
> CEM_p_ATT[[2]] #95% 신뢰구간
# A tibble: 1 x 5
  LL95  PEst  UL95 estimand model
 <dbl> <dbl> <dbl> <chr>    <chr>
1 1.34  1.53  1.71 ATT      CEM, 5 levels per cov.
```

```
>
> # ATC, K=5, 점진적 뭉뚱그리기(progressive coarsening)
> # 1)ATC-성향점수기반 전체 매칭
> # 1단계: 매칭 데이터 생성
> MD_cem_p_atc=match.data(cem_p_atc)
> # 2-5단계: ATC 추정
> set.seed(4321)
> CEM_p_ATC=SUMMARY_EST_ATC(myformula="y~Rtreat+V1+V2+V3",
+                          matched_data=MD_cem_p_atc,
+                          n_sim=10000,
+                          model_name="CEM, 5 levels per cov.")
> CEM_p_ATC[[2]] #95% 신뢰구간
# A tibble: 1 x 5
  LL95  PEst  UL95  estimand model
  <dbl> <dbl> <dbl> <chr>    <chr>
1 0.985 1.16  1.34  ATC      CEM, 5 levels per cov.
```

모든 공변량들을 5개로 뭉뚱그린 후 실시한 CEM 기법으로 추정한 ATT의 점추정치
는 1.53이며, 95% 신뢰구간은 (1.34, 1.71)로 나타났습니다. 또한 ATC의 경우 점추정치는
1.16이고, 95% 신뢰구간은 (0.99, 1.34)로 나타났습니다.

점진적 뭉뚱그리기 방법으로 k를 탐색한 후 실시한 CEM 기법으로 추정한 ATT와
ATC, 그리고 $\hat{\pi}$을 이용하여 계산한 ATE는 다음과 같습니다. 아래의 출력결과에서 알 수
있듯 ATE의 점추정치는 1.22이며, 95% 신뢰구간은 (1.07, 1.38)입니다.

```
> # 6단계: ATE 점추정치와 95% CI
> # 표본 내 처치집단 비율
> mypi=prop.table(table(mydata$treat))[2]
> CEM_p_ATE=list()
> CEM_p_ATE[[1]]=mypi*CEM_p_ATT[[1]]+(1-mypi)*CEM_p_ATC[[1]]
> CEM_p_ATE[[2]]=tibble(
+ LL95=quantile(CEM_p_ATE[[1]],p=c(0.025)),
+ PEst=quantile(CEM_p_ATE[[1]],p=c(0.500)),
+ UL95=quantile(CEM_p_ATE[[1]],p=c(0.975)),
+ estimand="ATE",model="CEM, 5 levels per cov.")
> CEM_p_ATE[[2]]
# A tibble: 1 x 5
```

```
  LL95  PEst  UL95 estimand model
 <dbl> <dbl> <dbl> <chr>    <chr>
1 1.07  1.22  1.38 ATE      CEM, 5 levels per cov.
```

　　이제 두 방식의 뭉뚱그리기를 적용한 CEM 기법으로 추정한 효과추정치들과 앞서 소개한 성향점수가중(PSW) 기법, 성향점수매칭(PSM) 기법, 성향점수층화 기법으로 추정한 효과추정치들을 비교해봅시다. 각 기법별로 추정한 ATT, ATC, ATE를 시각화한 결과는 [그림 8-5]와 같습니다.

```
> # 효과추정치들 저장
> CEM_a_estimands=bind_rows(CEM_a_ATT[[2]],CEM_a_ATC[[2]],CEM_a_ATE[[2]])
> CEM_p_estimands=bind_rows(CEM_p_ATT[[2]],CEM_p_ATC[[2]],CEM_p_ATE[[2]])
> # 앞서 추정한 효과추정치들 불러오기
> OLS_estimands=readRDS("OLS_estimands.RData" )
> PSW_estimands=readRDS("PSW_estimands.RData")
> greedy_estimands=readRDS("greedy_estimands.RData")
> optimal_estimands=readRDS("optimal_estimands.RData")
> full_estimands=readRDS("full_estimands.RData")
> genetic_estimands=readRDS("genetic_estimands.RData")
> mahala_estimands=readRDS("mahala_estimands.RData")
> class_estimands=readRDS("class_estimands.RData")
> # 효과추정치 시각화
> bind_rows(PSW_estimands,greedy_estimands,
+           optimal_estimands,full_estimands,
+           genetic_estimands,mahala_estimands,
+           class_estimands,CEM_a_estimands,CEM_p_estimands) %>%
+ mutate(rid=row_number(),
+        model=fct_reorder(model,rid)) %>%
+ ggplot(aes(x=estimand,y=PEst,color=model))+
+ geom_point(size=3,position=position_dodge(width=0.3))+
+ geom_errorbar(aes(ymin=LL95,ymax=UL95),
+               width=0.2,lwd=1,
+               position=position_dodge(width=0.3))+
+ geom_hline(yintercept=OLS_estimands$LL95,lty=2)+
+ geom_hline(yintercept=OLS_estimands$UL95,lty=2)+
+ geom_label(x=0.7,y=0.5*(OLS_estimands$LL95+OLS_estimands$UL95),
+            label="Naive OLS\n95% CI",color="black")+
```

```
+ labs(x="Estimands",
+       y="Estimates, 95% Confidence Interval",
+       color="Models")+
+ coord_cartesian(ylim=c(0.5,2.5))+
+ theme_bw()+theme(legend.position="top")+
+ guides(color=guide_legend(nrow=5))
> ggsave("Part2_ch8_Comparison_Estimands.png",height=17,width=17,units='cm')
```

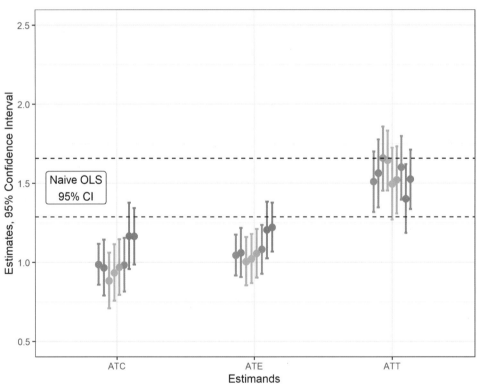

[그림 8-5] CEM 기법 적용 효과추정치들과 다른 성향점수분석 기법 적용 효과추정치들 비교

[그림 8-5]에서 나타나듯 CEM 기법으로 추정한 효과추정치들은 다른 성향점수분석 기법들로 추정한 효과추정치와 사뭇 다른 패턴을 보이고 있습니다. 우선 CEM 기법으로 추정된 ATT는 다른 매칭기법으로 추정된 ATT에 비해서 다소 낮은 편인 것을 알 수 있습니다. 또한 CEM 기법으로 추정된 ATC는 다른 매칭기법으로 추정된 ATC에 비해 다소 높은 편임을 알 수 있습니다. ATT가 다소 낮게 나타난 이유는 CEM과정에서 매칭되지 않은 처치집단 사례들은 매칭된 처치집단에 비해 종속변수의 값이 컸기 때문이며, ATC가 다소 높게 나타난 이유는 매칭되지 않은 통제집단 사례들이 매칭된 통제집단 사례들에 비해 종속변수의 값이 전반적으로 작았기 때문입니다[$k=5$를 설정한 CEM 기법으로 추정한 ATT의 경우 160개 처치집단 중 159개 사례가 매칭되었다는 점을 감안하면, 왜 자동화 뭉뚱그리기를 적용한 CEM 기법을 이용할 때 얻은 ATT(130개 사례)가 다른 기법으로 추정한 ATT와 유독 다른 모습을 보이는지 이해하실 수 있을 것으로 생각합니다].

CEM 기법으로 타당한 효과추정치를 얻을 수 있는지의 문제는 공변량을 '어떻게 뭉뚱그려야(coarsening) 하는지'와 밀접하게 관련되어 있습니다. 일단 저희는 ATT가 약 1.50이고 ATC는 약 1.00이 나오도록 시뮬레이션한 데이터를 사용했기 때문에, 현재의 시뮬레이션 상황에 한하여 생성된 데이터에 대해서는 '현재 저희가 설정한 CEM은 다른 매칭 기법들보다 우수한 효과추정치를 추정한다고 보기 어렵다'고 조심스럽게 판단하고 있습니다.

CEM은 매우 매력적인 매칭 기법임에 틀림없습니다. 그러나 '최적화된 뭉뚱그림(optimized coarsening)'을 어떻게 찾을 것이며 어떻게 이론적 정당성을 확보할 수 있는가의 문제가 해결되어야 할 것 같습니다.

5 민감도분석: 알려진 방법 없음

안타깝지만 현재까지(2020년 4월 기준) CEM 기법으로 추정한 처치효과에 대해 알려진 민감도분석 기법은 없는 것으로 알고 있습니다. 어쩌면 독자들께서 본서를 보는 시점에서는 민감도분석 기법이 제안되고 출시되었을 수도 있습니다. 아쉽지만 CEM 기법에 관심 있는 독자께서는 직접 민감도분석 적용방법에 대해 찾아보셔야 할 것 같습니다.

6 요약

이상으로 준-정확매칭(CEM) 기법을 살펴보았습니다. 준-정확매칭 기법의 진행과정은 다음과 같습니다.

첫째, 연구자는 관측연구 데이터의 공변량들을 어떻게 뭉뚱그릴지 합리적인 결정을 내려야 합니다. MatchIt 패키지에서는 '자동화 뭉뚱그리기', '점진적 뭉뚱그리기', '이용자선택 뭉뚱그리기' 총 세 가지의 공변량 뭉뚱그리기 방법을 제공하고 있습니다. 여기서 실습사례로 소개한 시뮬레이션된 데이터의 공변량의 경우 이론적 판단이 불가능하기 때문에 이번 장에서는 '자동화 뭉뚱그리기'와 '점진적 뭉뚱그리기' 두 가지를 소개하였으며, '이용자선택 뭉뚱그리기'는 다음 장의 실제 데이터에 대한 분석에서 소개하였습니다.

둘째, 뭉뚱그리기 방법이 정해지면 CEM 기법을 적용하여 매칭 작업을 실시합니다.

셋째, 매칭된 데이터를 대상으로 처치집단과 통제집단 간 공변량 균형성을 점검합니다.

넷째, 공변량 균형성이 확보되었다고 판단되면, 처치효과를 추정합니다. 아쉽지만 CEM 기법으로 추정된 처치효과가 '누락변수편향'에 얼마나 취약한지를 테스트하는 민감도분석은 2020년 4월까지 알려진 바 없습니다.

9장

실제 데이터 대상 성향점수분석 기법 비교

앞에서 우리는 시뮬레이션 데이터를 대상으로 성향점수가중(PSW, propensity score weighting), 성향점수매칭(PSM, propensity score matching), 성향점수층화(propensity score subclassification), 준(準)-정확매칭(CEM, coarsened exact matching) 기법들을 적용해보았습니다. 이번 장에서는 실제 관측데이터를 대상으로 앞서 소개한 성향점수분석 기법들을 이용해 효과추정치들을 추정한 후, 일반적인 OLS 회귀분석 결과와 비교해보겠습니다. 구체적으로 [표 9-1]에 제시된 성향점수분석 기법들을 적용해보도록 하겠습니다.

[표 9-1] 성향점수분석 기법별 공변량 균형성 점검방식, 효과추정치, 민감도분석 기법 요약

성향점수분석 기법	공변량 균형성 점검방식	효과추정치	민감도분석
성향점수가중(PSW)	• 가중평균 및 가중분산 계산	ATT, ATC, ATE	카네기 · 하라다 · 힐 민감도분석
성향점수기반 그리디(greedy) 매칭	• 러브플롯	ATT, ATC, ATE	로젠바움 민감도분석
성향점수기반 최적(optimal) 매칭	• 러브플롯	ATT	로젠바움 민감도분석
성향점수기반 전체(full) 매칭	• 러브플롯	ATT, ATC, ATE	로젠바움 민감도분석
성향점수기반 유전(genetic) 매칭[†]	• 러브플롯	ATT, ATC, ATE	로젠바움 민감도분석
마할라노비스 거리점수기반 그리디(greedy) 매칭[†]	• 러브플롯	ATT, ATC, ATE	로젠바움 민감도분석
성향점수층화(subclassification)	• 가중평균 및 가중분산 계산	ATT, ATC, ATE	실시하지 못함
준-정확매칭(CEM), 이용자선택 뭉뚱그리기[†]	• 러브플롯	ATT, ATC, ATE	실시하지 못함

※ 공변량 균형성을 점검할 때, 표준화시킨 성향점수 혹은 공변량에 대한 평균차이(절댓값 기준)의 역치는 0.25[1]로, 분산비의 범위는 0.5~2.0을 기준으로 하였음.

[†] 표시가 있는 기법의 경우 성향점수를 추정하지 않는다는 점에서 엄밀한 의미의 '성향점수분석 기법'이라고 불릴 수 없음.

1 데이터 소개

여기서 사용될 데이터는 사회과학분야의 대표적 관측연구 데이터라고 할 수 있는 '설문조사 데이터'입니다. 여러 성향점수분석 기법들을 적용하기에 앞서 여기서 사용할 설문조사 데이터가 어떤 배경에서 수집되었는지, 이 데이터를 이용해 답하고자 하는 연구문제가 무엇인지, 데이터에 포함된 변수들은 어떤 개념을 나타내는지, 그리고 매칭작업에 사용될 변

---

1 시뮬레이션 데이터와 비교할 때 평균차이(절댓값 기준)의 허용기준을 0.1에서 0.25로 다소 완화하였습니다.

수들에 대한 기술통계분석결과는 어떠한지 먼저 간단하게 살펴봅시다.

1) 설문조사 데이터 수집배경

여기서 사용하게 될 데이터는 지난 19대 대통령 선거 실시 이전에 대한민국에 거주하는 유권자들을 대상으로 수집된 온라인 설문조사 데이터입니다. 해당 데이터는 성별, 세대, 지역별 할당표집을 실시한 것이며, 특히 온라인 조사방식으로 진행되었다는 점에서 '지난 19대 대통령 선거 유권자 모집단을 적절하게 대표한다고 볼 수 없습니다'. 게다가 실습과 정의 편의를 위해 분석에 포함된 변수 중 결측값(무응답이나 응답거부)을 포함한 응답사례들은 모두 리스트 제거(listwise deletion) 방식을 통해 데이터에서 배제시켰습니다.[2] 다시 말해 표본을 통해 추정한 효과추정치들은 모집단에서 실제 나타날 수 있는 효과추정치들과 거리가 멀 가능성을 배제하기 어렵습니다.

그러나 현재 한국의 경제적 발전수준과 사회과학연구에 대한 낮은 투자수준을 고려할 때, 제한적 수준이나마 유권자 모집단 대표성을 일부 확보할 수 있다고 생각합니다. 독자께서도 인지하고 계시듯, 본서의 목적은 19대 대통령 선거에 대한 과학적 연구가 아니며, 성향점수분석 기법들을 숙지하고 실제 데이터에 적용해보는 것입니다. 따라서 여기서 얻은 효과추정치들에 대한 사회과학적 토론을 기대하거나 혹은 선거의 함의를 얻으시려는 시도는 부디 삼가시기 바랍니다.

---

2   1부에서 말씀드렸듯 결측값 분석(missing data analysis)과 성향점수분석 기법은 동시에 진행할 수 있습니다. 만약 독자께서 결측값이 포함된 데이터를 분석해야 하는 상황인데 결측값 분석 기법[예를 들어 다중입력(MI, multiple imputation) 기법]을 적용하실 수 있으시다면, 먼저 결측값 분석을 진행하신 후 매칭 기법을 진행하시면 됩니다. 결측값 분석 기법, 특히 다중입력(MI) 기법은 매칭 기법과 개념적 부분들이 상당히 많이 비슷합니다[매칭 기법 발전에 크게 공헌하신 도날드 루빈(Donald B. Rubin) 교수님은 다중입력 기법을 실질적으로 창안하고 확산시키는 데도 기여하셨습니다]. R을 이용하여 결측값 분석을 실시하는 방법은 다음에 기회가 된다면 별도의 책으로 소개하도록 하겠습니다.

2) 연구문제

9장에서 탐구해보고자 하는 연구문제는 "정치적 집회참여 경험이 투표참여의향을 높이는가?"입니다. 이 연구문제와 관련하여 선행연구결과들은 크게 '참여촉진효과' 가설과 '무효과' 가설 두 가지로 구분할 수 있습니다.[3] 우선 '참여촉진효과'를 주장하는 학자들은 정치적 집회참여자가 집회미참여자에 비해 적극적으로 투표에 참여한다고 주장하며, 다음과 같은 이유들을 언급합니다. 정치적 집회에 참여한 사람들은 인지적(cognitive) 측면에서 정치참여의 중요성을 학습하게 되고, 집단심리(group psychology) 측면에서 정치적 열정(passion)에 동참하게 되며[이른바 전염(contagion)], 자신과 정치적 의견을 같이하는 많은 다른 시민들을 목격함으로써 정치참여 동기(motivation)를 고양(高揚)시킬 수 있습니다.

반면 '무효과'를 주장하는 학자들은 정치의식수준과 선거참여열망이 이미 높은 시민들은 선거에 적극적으로 참여하고 동시에 정치적 집회에도 적극적으로 참여하는 법이라고, 다시 말해 열성적으로 선거에 참여할 시민들은 선거일 이전의 정치적 집회에도 열심히 참여하는 것일 뿐이라고 반론을 제기합니다. 다시 말해 정치적 집회참여여부와 선거참여수준의 관계는 일종의 허위관계에 불과하다는 것이 이들의 반론입니다.

두 가지 주장 모두 이론적으로 타당하며 또한 각각의 주장을 지지하는 실증적 결과들 역시 적지 않게 누적된 상태라 어떤 주장이 절대적으로 옳다고 볼 수는 없습니다. 이런 상황에서 만약 독자 여러분께서 누군가의 의뢰를 받아 이 연구문제에 대한 실증적 연구결과를 도출해야 한다고 가정해보시기 바랍니다. 일단 실험을 실시하는 것은 매우 어렵습니다. 왜냐하면 정치적 집회참여여부를 무작위로 배치하는 것은 매우 비현실적이고, 무엇보다 정치적 집회에 참여하라는 원인처치를 받은 모든 사람이 순순히 집회에 참여할 것이라고 기대할 수 없습니다[1부에서 소개했던 준-실험(quasi-experiment) 상황에서 실험처치 순응(compliance) 개념을 떠올려보시기 바랍니다]. 아마도 일반적인 사회과학 교육을 받은 연구자라면 모집단 대표성을 확보할 수 있는 표본을 바탕으로 설문조사 기법을 적용한 관측연구를 실시할 것입니다. 이후 "정치적 집회참여 경험여부는 투표참여의향 수준과 무관하

---

3 본서의 목적은 정치참여 메커니즘을 이론적으로 밝히고 실증적으로 증명하는 것이 아닙니다. 해당 연구문제에 대해 제시한 이유들은 선거참여 및 정치적 동원 과정과 관련된 일반적 내용입니다. 정치참여 메커니즘에 대한 이론적 지식이 궁금하신 독자들께서는 관련 전공서적을 참고하시길 바랍니다.

다"라는 귀무가설을 설정한 후에, 정치적 집회에 참여한 적이 있는지 여부를 원인처치변수(X)로, 투표참여의향 수준을 종속변수(Y)로, 그리고 원인처치변수와 종속변수의 관계에 영향을 미칠 수 있는 변수들을 공변량들(covariates)로 통제하는 회귀분석을 실시할 것입니다. 다시 말해 공변량이 종속변수에 미치는 효과를 통제한 후, 원인처치변수가 종속변수에 미치는 효과를 추정하는 전략입니다(이런 연구들의 경우 ATT, ATC, ATE는 모두 동등하다고 가정합니다).

그러나 이러한 통상적 방식의 회귀모형에는 최소 두 가지 문제점이 존재합니다. 첫째, 루빈 인과모형(RCM, Rubin's causal model)의 관점에서 볼 때, 이러한 통상적 방식의 회귀모형은 처치집단과 통제집단 사이의 공변량 균형성이 확보되지 않았다는 점에서 처치효과를 제대로 측정하지 못했을 가능성을 배제할 수 없습니다. 1부에서 간단히 설명했듯, 회귀모형을 통해 공변량의 효과를 통제하는 것만으로 불편향(unbiased) 효과추정치를 얻을 수 없는 경우가 종종 발생합니다. 또한 공통지지영역(common support region)에서 벗어나는 사례들이 많을 경우, 통상적 회귀모형을 통해 얻은 효과추정치는 왜곡된 효과추정치일 가능성이 매우 높아집니다.

둘째, 통제해야 할 공변량이 회귀모형에서 누락되었을 가능성을 완전히 배제할 수 없습니다[즉, 누락변수편향(omitted variables bias)]. 물론 매칭기법들 역시도 누락변수편향에서 완전히 자유로울 수는 없습니다. 그러나 앞서 살펴보았듯 매칭기법을 이용하여 추정한 효과추정치를 대상으로 민감도분석을 실시하면, 연구자가 발견한 효과추정치가 누락변수편향에 얼마나 취약한지를 카네기·하라다·힐의 민감도분석의 경우 ζ^T와 ζ^Y로, 로젠바움의 민감도분석의 경우 Γ로 어느 정도 추정할 수 있습니다. 그러나 통상적 회귀모형으로 추정한 효과추정치의 경우 누락변수편향에 얼마나 취약한지를 확인하기가 쉽지 않습니다.[4]

---

4 물론 통상적 회귀모형 맥락에서도 민감도분석을 실시할 수 있습니다(Frank, 2000; Frank et al., 2013). konfound 패키지(version 0.2.1)의 konfound() 함수를 이용하면 회귀모형으로 추정한 처치효과에 대한 민감도분석을 실시할 수 있습니다. konfound::konfound() 함수에서는 원인처치변수 및 종속변수와 상관관계를 갖는 가상의 누락변수를 가정한 후, 원인처치변수와 종속변수의 상관관계가 통계적 유의성을 잃게 되는 순간의 원인처치변수와 가상의 누락변수의 상관관계 크기(r_{xz}) 그리고 종속변수와 가상의 누락변수의 상관관계 크기(r_{yz})를 추정해줍니다(단 반드시 $r_{xz} = r_{yz}$인 상황을 가정함). 즉 개념적으로 r_{xz}와 r_{yz}의 값은 카네기·하라다·힐의 ζ^T와 ζ^Y 그리고 로젠바움이 제안한 민감도분석의 Γ와 유사합니다(다시 말해 r_{xz}와 r_{yz}이 크면 클수록 누락변수편향의 우려는 낮음). 쉽고 직관적이고 흥미롭고도 유익한 민감도분석이라고 생각합니다. 그러나 konfound::konfound() 함수는 '$r_{xz} = r_{yz}$인 상황'만을 가정한 민감도분석 결과를 제공한다는 결정적 약점이 있습니다.

"정치적 집회참여 경험이 투표참여의향을 높이는가?"라는 연구문제를 여기서 다룰 설문조사 맥락에 맞게 보다 구체적으로 다시 쓰면 "박근혜 전(前)대통령 탄핵찬성 집회(일명 '촛불집회') 참여경험이 지난 대통령 선거참여를 촉진시켰는가?"로 표현할 수 있을 것입니다. 단 이번 장에서 언급하는 '촛불집회 비참여자'에는 박근혜 전대통령 탄핵반대 집회(일명 '태극기집회') 참여자는 배제하였다는 점을 유념해주시기 바랍니다. 태극기집회 참여자까지 포함한 집회참여 효과에 대한 분석사례는 10장에서 소개하도록 하겠습니다. 또한 ATT, ATC, ATE의 효과추정치의 의미는 다음과 같이 정리할 수 있습니다.

- 처치집단 대상 평균처치효과(ATT, average treatment effect on the treated): 촛불집회 참여자에게서 나타난 집회참여효과를 의미합니다. 여기서 ATT는 촛불집회 참여자가 집회참여를 하지 않았을 경우와 비교할 때 집회에 참여함으로써 나타난 선거참여의지 변화를 의미합니다.
- 통제집단 대상 평균처치효과(ATC, average treatment effect on the control): 촛불집회 비참여자에게서 나타난 집회참여효과를 의미합니다. 여기서 ATC는 만약 촛불집회 비참여자가 촛불집회에 참석했다면 나타났을 것으로 기대할 수 있는 선거참여의지 변화를 의미합니다.
- 전체표본 대상 평균처치효과(ATE, average treatment effect): 촛불집회 참여자와 촛불집회 비참여자 집단을 총괄하여 나타난 집회참여효과를 의미합니다. 여기서 ATE는 전체표본을 대상으로 집회참여여부에 따라 달라지는 선거참여의지 변화를 의미합니다.

3) 변수소개 및 기술통계분석

예시데이터는 observational_study_survey.csv라는 이름으로 저장되어 있습니다. 해당 데이터는 총 2,070명의 응답자와 14개의 변수로 구성되어 있습니다. 14개의 변수 중 가장 첫 번째 변수(pid)는 응답자 개인아이디 변수이기 때문에 성향점수분석 기법을 적용할 때 사용되지는 않습니다. 나머지 13개 변수는 공변량(10개), 결과변수(1개), 원인변수(2개)입니다. 성향점수분석 기법에 투입되는 변수들의 의미와 측정방식을 간단하게 설명하면 아래와 같습니다.

결과변수(vote_will)는 응답자가 밝힌 제19대 대통령 선거참여의향입니다. 결과변수인 '선거참여의향'은 응답자에게 "선생님께서는 오는 5월 9일 대통령 선거에서 투표하실 생각이십니까?"라는 문항을 제시한 후 '① 절대 투표 안 함', '② 투표 안 함', '③ 아직 모름', '④ 투표함', '⑤ 반드시 투표함' 중 하나를 선택하게 하는 방법으로 측정하였습니다.

원인변수(rally_pro, rally_con)는 응답자가 자기 보고한 탄핵관련 집회참가여부를 의미하며, 구체적으로 rally_pro 변수는 박근혜 전대통령 탄핵지지 집회(소위 '촛불집회') 참여여부를 측정하였으며, rally_con 변수는 박근혜 전대통령 탄핵반대 집회(소위 '태극기집회') 참여여부를 측정하였습니다. 촛불집회 참여여부 변수는 응답자에게 "선생님께서는 박근혜 대통령의 탄핵 및 구속을 주장하는 촛불집회에 참여하신 적이 있습니까?"라는 문항을 제시한 후, 참여한 적이 있다고 응답한 경우는 1, 참여한 적이 없다고 응답한 경우는 0의 값을 부여하였습니다. 태극기집회 참여여부 변수는 "선생님께서는 박근혜 대통령의 탄핵 및 구속에 반대하는 집회에 참여하신 적이 있습니까?"라는 문항을 제시한 후, 참여자인 경우는 1, 비참여자인 경우는 0을 부여하였습니다. 일단 이번 장에서는 '태극기집회 참여시민'은 분석에서 제외하였습니다. 즉 태극기집회에 참여하지 않은 시민들을 '촛불집회 참여자'(처치집단)와 '촛불집회 미참여자'(통제집단)로 구분한 변수가 바로 이번 장에서 살펴보고자 하는 원인변수입니다.[5]

성향점수분석 기법들에 투입될 공변량은 총 10개이며 크게 네 종류로 분류할 수 있습니다. 첫째, 인구통계학적 변수들입니다. 여기서는 응답자의 성별(female), 세대(gen), 교육수준(edu), 가계소득수준(hhinc) 네 변수를 매칭작업에 투입하였습니다. 응답자의 성별은 남성인 경우 0의 값을, 여성인 경우는 1의 값을 부여하였으며, 응답자의 만연령을 기준으로 응답자를 '20대', '30대', '40대', '50대', '60대 이상'의 세대로 분류하였습니다. 응답자의 교육수준은 '① 중졸 이하', '② 고졸', '③ 전문대학 재학 및 졸업', '④ 4년제 대학 재학 및 졸업', '⑤ 대학원 석사 이상'으로 다섯 수준이며, 응답자의 가계소득수준은 월평균 가계소득을 기준으로 200만 원 미만인 경우는 1의 값을 부여한 후, 이후 100만 원 단위로 각각 2, 3, 4, …… 14의 값을 부여하였으며, 월평균 가계소득이 1500만 원 이상인 경우는 15의 값을 부여하였습니다.

---

5 전체 유권자를 '집회 미참여자'(통제집단), '촛불집회 참여자'(처치집단1), '태극기집회 참여자'(처치집단2)로 세 집단으로 구분할 때 어떻게 매칭 기법을 적용하는가에 대해서는 다음 장에서 살펴보기로 하겠습니다.

둘째, 선거행동에 영향을 미치는 응답자의 정치적 심리성향 변수들로 응답자의 정치적 이념성향(political ideology; libcon), 내적 정치효능감(internal political efficacy; int_eff) 두 변수를 성향점수분석 기법에 투입하였습니다. 응답자의 정치적 이념성향은 응답자에게 "선생님의 이념성향은 어디에 가깝습니까?"라는 문항을 제시한 후, 11칸으로 구성된 척도 위에 응답자가 생각하는 자신의 이념성향 위치를 선택하도록 요청하는 방식으로 측정하였습니다. 이후 가장 진보적이라고 응답한 경우는 –5점, 중도적인 경우는 0점, 가장 보수적인 경우는 5점을 부여하였습니다. 다음으로 내적 정치효능감은 흔히 시민 자신의 행동이 정치에 얼마나 영향을 미칠 수 있다고 믿는 주관적 신념을 의미합니다. 응답자의 내적 정치효능감은 "공직자들은 내 생각과 제안에 신경 쓸 것이다"와 "나는 정치에 큰 영향을 미칠 수 있다고 생각한다"라는 두 진술문에 대한 응답자의 주관적 동의수준을 통상적 5점 리커트 척도('1' = '매우 그렇지 않다'; '5' = '매우 그렇다')를 이용해 측정한 후, 두 진술문에 대한 응답을 평균합산하여 매칭작업에 투입하였습니다.

셋째, 선거 당시 정치·경제 상황에 대한 응답자의 평가변수들로 박근혜 전대통령 평가(park_eva_a)와 경제상황 평가(good_eco) 변수를 매칭작업에 투입하였습니다. 대의민주주의 선거는 현직 정치세력에 대한 심판의 성격이 강하며, 특히 제19대 대통령 선거의 경우 현직대통령이 탄핵되면서 국무총리가 대통령 권한대행을 맡고 있었던 상황이라는 점에서 박근혜 전대통령에 대한 평가는 응답자의 투표참여의지에 큰 영향을 미쳤을 것으로 보는 것이 합당합니다. 박근혜 전대통령에 대한 평가는 "국정농단의 책임은 박근혜 전대통령에게 있다"라는 진술문에 대한 응답자의 주관적 동의수준을 통상적 4점 리커트 척도('1' = '매우 그렇지 않다'; '4' = '매우 그렇다')를 이용해 측정하였습니다. 또한 대의민주주의 선거는 경제상황 인식에 따라 영향을 받기 쉽습니다. 경제상황 평가변수는 응답자에게 "선생님께서는 5년 전과 비교해서 현재 우리나라의 경제상황이 어떻다고 생각하십니까?"라는 문항을 제시한 후 '① 나빠졌다', '② 비슷하다', '③ 좋아졌다'라는 세 응답지 중 하나를 선택하도록 요청하는 방식으로 측정하였습니다.

끝으로 선거와 직접적으로 관련된 응답자 성향변수들로 과거 선거참여여부(vote_past)를 측정하였습니다. 과거 선거참여여부는 '2012년 12월 제18대 대통령 선거'에 참여한 적이 있다고 응답한 경우는 1, 그렇지 않은 경우는 0의 값을 부여하는 방식으로 측정하였습니다.

이제 observational_study_survey.csv 데이터를 불러온 후 위에서 소개한 과정에 맞도록 사전처리를 진행해보겠습니다. 먼저 아래의 R코드에서 확인할 수 있듯, 원인변수인 rally_pro의 이름을 treat로, 종속변수인 vote_will의 이름을 y로 바꾸었습니다. 이름을 바꾼 이유는 6장에서 생성했던 이용자정의 함수들을 그대로 사용하고자 하였기 때문입니다. 또한 treat 변수를 역코딩하여 Rtreat 변수도 생성하였는데, 이는 ATC를 추정하고자 했기 때문입니다.

먼저 이번 장에서 사용할 패키지들을 구동하고 설문조사 데이터를 불러와 보겠습니다.

```
> library("optmatch")          #꼭 필요하지는 않으나 warning message를 보고 싶지 않다면
> library("tidyverse")         #데이터관리 및 변수사전처리
> library("Zelig")             #비모수접근 95% CI 계산
> library("MatchIt")           #매칭기법 적용
> library("cobalt")            #처치집단과 통제집단 균형성 점검
> library("treatSens")         #민감도 테스트 실시
> library("sensitivitymw")     #민감도 테스트 실시
> library("sensitivityfull")   #민감도 테스트 실시
> ########################################################################
> ## 1. 데이터 소개
> ########################################################################
> setwd("D:/data")
> mydata=read_csv("observational_study_survey.csv")
Parsed with column specification:
cols(
 pid=col_double(),
 female=col_double(),
 gen=col_character(),
 edu=col_double(),
 hhinc=col_double(),
 libcon=col_double(),
 int_eff=col_double(),
 park_eva_a=col_double(),
 good_eco=col_double(),
 vote_past=col_double(),
 vote_will=col_double(),
 rally_pro=col_double(),
 rally_con=col_double()
)
```

```
> # 세대변수는 가변수들 집단으로 리코딩
> mydata=mydata %>%
+   mutate(
+     gen20=ifelse(gen=='20s',1,0),
+     gen30=ifelse(gen=='30s',1,0),
+     gen40=ifelse(gen=='40s',1,0),
+     gen50=ifelse(gen=='50s',1,0)
+   )
> # 두번째 처치효과인 보수단체 탄핵반대 집회참여여부는 고려하지 않음
> mydata=mydata %>%
+   filter(rally_con==0) %>%
+   select(-rally_con)
> # ATC 계산위해 촛불집회 참석여부 더미변수 역코딩
> mydata$Rtreat=ifelse(mydata$rally_pro==1,0,1)
> # ATT 계산위해 변수이름 재조정
> mydata=mydata %>%
+   rename(y=vote_will,
+          treat=rally_pro)
```

이렇게 사전처리 과정을 거친 데이터를 대상으로 먼저 기술통계분석을 실시해봅시다. 처치집단과 통제집단별로 매칭작업에 투입된 종속변수와 공변량의 기술통계치를 요약한 결과는 다음 [표 9-2]와 같습니다.

```
> #기술통계분석: 변수별 기술통계치 비교
> mean_SD_range=function(myvariable){
+ myM=format(round(mean(myvariable),2),2)
+ mySD=format(round(sd(myvariable),2),2)
+ myMn=format(round(min(myvariable),2),2)
+ myMx=format(round(max(myvariable),2),2)
+ str_c(myM,"\n(",mySD,")","\n[",myMn,", ",myMx,"]")
+ }
> #기술통계분석: 처치집단과 통제집단 비교
> mean_SD=function(myvariable){
+ myM=format(round(mean(myvariable),2),2)
+ mySD=format(round(sd(myvariable),2),2)
+ str_c(myM,"\n(",mySD,")")
+ }
> #집단별 종속변수 및 공변량 비교
> mydata %>% group_by(treat) %>%
+ summarize_at(
+  vars(y,female,edu:vote_past,gen20:gen50),
+  mean_SD
+ ) %>%
+ pivot_longer(cols=2:14, names_to="vars") %>%
+ mutate(treat=ifelse(treat==0,"Control","Treated")) %>%
+ pivot_wider(names_from="treat", values_from=value) %>%
+ write.csv("DesStat_Table01.csv",row.names=FALSE)
```

[표 9-2] 처치집단과 통제집단의 종속변수 및 공변량 기술통계치 비교

	촛불집회미참여 (통제집단, 1594명)	촛불집회참여 (참여집단, 443명)
종속변수		
선거참여의지	4.58 (0.72)	4.83 (0.51)
공변량		
성별(여성비율)	51%	44%
세대		
20대비율	15%	23%
30대비율	16%	17%
40대비율	21%	23%
50대비율	21%	20%
60대이상비율	27%	17%
교육수준	3.57 (0.94)	3.77 (0.79)
가계소득수준	4.44 (2.81)	4.88 (2.93)
정치적 성향 (-5=매우진보적, 5=매우보수적)	-0.02 (2.03)	-1.20 (1.83)
내적 정치효능감	2.68 (1.00)	2.96 (0.99)
현재 경제상황 평가	1.88 (0.77)	1.93 (0.8)
박근혜 전대통령 평가 (4=부정적)	3.45 (0.9)	3.88 (0.42)
이전선거참여자 비율	89%	90%

※ 범주형 변수(이분변수 포함)의 경우는 퍼센트(%)를 제시하였으며, 연속형 변수의 경우 평균과 표준편차(괄호)를 제시하였음.

    [표 9-2]의 결과에서 잘 드러나듯, 촛불집회 참여자들은 촛불집회 미참여자들에 비해 선거참여의향이 높을 뿐만 아니라, 공변량들에서도 두드러진 차이를 보이고 있습니다. 구체적으로 촛불집회 참여자들은 미참여자들에 비해 남성일 확률이 높고, 저연령층에 속하며, 교육수준과 가계소득수준이 높고, 정치적으로 진보적 성향이 강하며 시민이 정치에 영향력을 미칠 수 있다는 믿음(내적 정치효능감)이 강한 편이며, 박근혜 전대통령에 대해

부정적으로 평가하지만 경제상황에 대해서는 다소 낙관적 평가를 내리는 경향이 있는 사람입니다. 즉 촛불집회 참여자들이 미참여자에 비해 선거참여의향이 높게 나타난 이유는 촛불집회 참여로 인한 처치효과일수도 있지만('참여촉진효과'), 처치집단과 통제집단의 공변량 수준 차이를 반영한 것에 불과할 수도 있습니다('무효과').

이제 촛불집회 참여가 투표참여의향에 미치는 효과를 추정해봅시다. 여기서는 통상적 OLS 회귀모형과 함께 앞서 [표 9-1]에서 소개한 8가지 성향점수분석 기법을 이용해 ATT, ATC, ATE 등의 처치효과들을 추정하였습니다.

성향점수분석 기법들을 적용하기에 앞서 먼저 통상적 OLS 회귀모형을 이용해 처치효과를 추정해보겠습니다.

```
> # 통상적 OLS 회귀분석
> # 공식이 길기 때문에 공변량들만 따로 저장
> cvrt="female+gen20+gen30+gen40+gen50+edu+hhinc+libcon+int_eff+
+       park_eva_a+good_eco+vote_past"
> y_T_cov=as.formula(str_c("y~treat+",cvrt))
> OLS_estimands=lm(y_T_cov,mydata) %>%
+  confint("treat") %>% as_tibble()
> names(OLS_estimands)=c("LL95","UL95")
> OLS_estimands
# A tibble: 1 x 2
   LL95  UL95
  <dbl> <dbl>
1 0.0507 0.195
```

위의 출력결과에서 잘 드러나듯, 공변량들을 통제한 후 실시한 통상적 OLS 회귀모형 결과 원인변수 treat의 회귀계수의 95% 신뢰구간은 0을 포함하지 않아 '촛불집회 참여'는 투표의향을 높인다고 결론 내릴 수 있습니다.

그렇다면 OLS 회귀분석으로 얻은 이 효과추정치와 성향점수분석 기법들을 적용한 효과추정치들은 어떻게 서로 다를지 살펴보겠습니다.

2 성향점수분석 기법 적용

관측연구 데이터를 대상으로 [표 9–1]에서 소개한 총 8가지의 성향점수분석 기법들을 적용해보겠습니다. 각 기법들에 대한 보다 자세한 설명은 5장부터 8장까지를 참조해주시기 바랍니다. 성향점수를 추정하기 위한 공식은 여러 차례 반복될 것이기 때문에 아래와 같이 별도의 오브젝트로 저장하였습니다.

```
> att_formula=as.formula(str_c("treat~",cvrt))
> atc_formula=as.formula(str_c("Rtreat~",cvrt))
```

1) 성향점수가중 기법

제일 먼저 성향점수가중 기법을 이용해 촛불집회참여가 투표의향에 미치는 효과를 추정해보겠습니다. ATT, ATC, ATE를 추정하기 위해 아래와 같이 성향점수를 추정한 후 이를 이용해 처치역확률가중치(IPTW)를 구하였습니다.

```
> ## 1) 성향점수가중 기법
> # 성향점수 계산
> mydata$pscore=glm(att_formula,
+                     data=mydata,
+                     family=binomial(link='logit')) %>%
+ fitted()
> # IPTW 계산(ATE, ATT, ATC 추정)
> mydata=mydata %>%
+ mutate(
+ Wate=ifelse(treat==1,1/pscore,1/(1-pscore)),
+ Watt=ifelse(treat==1,1,1/(1-pscore)),
+ Watc=ifelse(treat==1,1/pscore,1)
+ )
```

2) 성향점수기반 그리디 매칭 기법

두 번째로 성향점수기반 그리디 매칭 기법을 이용하여 ATT와 ATC를 추정해보겠습니다. MatchIt 패키지의 matchit() 함수를 사용하였으며, 6장에서 성향점수기반 그리디 매칭 기법을 적용할 때의 옵션들을 그대로 적용하였습니다.

```
> ## 2) 성향점수기반 그리디 매칭(Greedy matching using propensity score)
> # ATT
> set.seed(1234)  #정확하게 동일한 결과를 원한다면
> greedy_att=matchit(formula=att_formula,
+                    data=mydata,
+                    distance="linear.logit", #선형로짓 형태 성향점수
+                    method="nearest",  # 그리디 매칭 알고리즘
+                    caliper=0.15,  #성향점수의 0.15표준편차 허용범위
+                    discard='none',  #공통지지영역에서 벗어난 사례도 포함
+                    ratio=2,  #처치집단 사례당 통제집단 사례는 2개 매칭
+                    replace=FALSE) #동일사례 반복표집 매칭을 허용하지 않음
> greedy_att$nn
           Control  Treated
All           1594      443
Matched        813      443
Unmatched      781        0
Discarded        0        0
> # ATC
> set.seed(4321)  #정확하게 동일한 결과를 원한다면
> greedy_atc=matchit(atc_formula, #통제집단을 '처치집단'으로 가정한 후 실행
+                    data=mydata,
+                    distance="linear.logit", #선형로짓 형태 성향점수
+                    method="nearest",  # 그리디 매칭 알고리즘
+                    caliper=0.15,  #성향점수의 0.15표준편차 허용범위
+                    discard='none',  #공통지지영역에서 벗어난 사례도 포함
+                    ratio=2,  #처치집단 사례당 통제집단 사례는 2개 매칭
+                    replace=TRUE) #동일사례 반복표집 매칭을 허용
> greedy_atc$nn
           Control  Treated
All            443     1594
Matched        426     1501
Unmatched       17       93
Discarded        0        0
```

성향점수기반 그리디 매칭 기법으로 ATT를 추정하는 경우 모든 처치집단 사례(촛불집회 참여자들)가 매칭작업에 투입되었지만, ATC를 추정하는 경우 통제집단에 배치되었던 (즉 촛불집회 혹은 태극기집회 모두에 참여하지 않았던) 총 1,594명의 응답자 중 1,501명만이 매칭작업에 투입되었습니다(약 94%).

3) 성향점수기반 최적 매칭 기법

세 번째로 성향점수기반 최적 매칭 기법을 이용하여 ATT를 추정해보겠습니다. 아쉽지만 ATC는 추정이 어렵습니다(처치집단 사례들이 통제집단 사례들에 비해 매우 적기 때문임). 마찬가지로 MatchIt 패키지의 matchit() 함수를 사용하였으며, 6장에서 성향점수기반 최적 매칭 기법을 적용할 때의 옵션들을 그대로 적용하였습니다.

```
> # 3) 성향점수기반 최적 매칭(Optimal matching using propensity score)
> # ATT
> set.seed(1234)  #정확하게 동일한 결과를 원한다면
> optimal_att=matchit(formula=att_formula,
+                     data=mydata,
+                     distance="linear.logit",  #선형로짓 형태 성향점수
+                     method="optimal",  #최적 매칭 알고리즘
+                     caliper=0.15,  #성향점수의 0.15표준편차 허용범위
+                     discard='none',  #공통지지영역에서 벗어난 사례 보존
+                     ratio=2,  #처치집단 사례당 통제집단 사례는 2개 매칭
+                     replace=FALSE)  #동일사례 반복표집 매칭을 허용
> optimal_att$nn
          Control  Treated
All         1594      443
Matched      886      443
Unmatched    708        0
Discarded      0        0
> # ATC, 추정불가
```

성향점수기반 최적 매칭 기법을 적용한 결과 모든 처치집단 사례(촛불집회 참여자들)가 매칭된 것을 알 수 있습니다.

4) 성향점수기반 전체 매칭 기법

네 번째로 성향점수기반 전체 매칭 기법을 이용하여 ATT와 ATC를 추정해보겠습니다. 마찬가지로 MatchIt 패키지의 matchit() 함수를 사용하였으며, 6장에서 성향점수기반 전체 매칭 기법을 적용할 때의 옵션들을 그대로 적용하였습니다.

```
> # 4) 성향점수기반 전체 매칭(Full matching using propensity score)
> # ATT
> set.seed(1234) #정확하게 동일한 결과를 원한다면
> full_att=matchit(formula=att_formula,
+                   data=mydata,
+                   distance="linear.logit", #선형로짓 형태 성향점수
+                   method="full", #전체 매칭 알고리즘
+                   discard="none") #공통지지영역에서 벗어난 사례 보존
> full_att$nn
           Control  Treated
All           1594      443
Matched       1594      443
Unmatched        0        0
Discarded        0        0
> # ATC
> set.seed(4321) #정확하게 동일한 결과를 원한다면
> full_atc=matchit(formula=atc_formula, #통제집단을 '처치집단'으로 가정한 후 실행
+                   data=mydata,
+                   distance="linear.logit", #선형로짓 형태 성향점수
+                   method="full", #전체 매칭 알고리즘
+                   discard="none") #공통지지영역에서 벗어난 사례 보존
> full_atc$nn
           Control  Treated
All            443     1594
Matched        443     1594
Unmatched        0        0
Discarded        0        0
```

전체 매칭 알고리즘의 특성으로 인해 ATT든 ATC든 모든 사례가 매칭작업에 포함되었습니다.

5) 성향점수기반 유전 매칭 기법

다섯 번째로 성향점수기반 유전 매칭 기법을 이용하여 ATT와 ATC를 추정해보겠습니다. 유전 매칭 알고리즘이 사용하는 일반화 마할라노비스 거리점수(GMD, generalized Mahalanobis distance)를 계산할 때 선형로짓 형태의 성향점수도 추정하여 포함시켰습니다. 마찬가지로 `MatchIt` 패키지의 `matchit()` 함수를 사용하였으며, 6장에서 성향점수기반 유전 매칭 기법을 적용할 때의 옵션들을 그대로 적용하였습니다. 성향점수기반 유전 매칭을 추정할 때는 구글 클라우드 플랫폼의 가상머신(VM)을 이용하였으며, 최종 매칭 결과를 얻는 데까지 ATT의 경우 약 30분, ATC의 경우 약 1시간 정도의 시간이 소요되었습니다. 만약 독자분들께서 일반 PC를 사용하신다면 최종 매칭 결과를 얻는 데까지 더 긴 시간이 소요될 것입니다.[6]

```
> # 5) 성향점수기반 유전 매칭(Genetic matching using propensity score)
> # install.packages("rgenoud") # 패키지 오류가 발생한다면
> # ATT
> set.seed(1234) #정확하게 동일한 결과를 원한다면
> genetic_att=matchit(formula=att_formula,
+                     data=mydata,
+                     method="genetic",
+                     distance="linear.logit",
+                     pop.size=1000, #디폴트는 100인데, 안정적 추정을 위해 늘림
+                     discard='none',
+                     ratio=2,
+                     distance.tolerance=1e-05, # 거리차이 기준값 디폴트
+                     ties=TRUE) #복수의 통제집단 사례들 매칭(디폴트)
[중간출력결과 생략]
Total run time : 0 hours 29 minutes and 51 seconds
> genetic_att$nn
          Control  Treated
All         1594      443
Matched      590      443
```

---

6   저희가 사용한 노트북 PC의 경우 ATT 추정에 약 3시간 15분, ATC를 추정할 때는 약 6시간 45분이 걸렸습니다 (PC 사양에 따라 추정시간은 조금 더 길 수도 있고, 조금 더 짧을 수도 있습니다).

```
Unmatched     1004         0
Discarded        0         0
> # ATC
> set.seed(4321) #정확하게 동일한 결과를 원한다면
> genetic_atc=matchit(formula=atc_formula,
+                     data=mydata,
+                     method="genetic",
+                     distance="linear.logit",
+                     pop.size=1000, #디폴트는 100인데, 안정적 추정을 위해 늘림
+                     discard='none',
+                     ratio=2,
+                     distance.tolerance=1e-05, # 거리차이 기준값 디폴트
+                     ties=TRUE) #복수의 통제집단 사례들 매칭(디폴트)
[중간출력결과 생략]
Total run time : 0 hours 54 minutes and 46 seconds
> genetic_atc$nn
          Control   Treated
All          443      1594
Matched      407      1594
Unmatched     36         0
Discarded      0         0
```

성향점수기반 유전 매칭 기법을 적용하였을 때 ATT의 경우 모든 처치집단 사례가, ATC의 경우 모든 통제집단 사례가 매칭된 것으로 나타났습니다.

6) 마할라노비스 거리점수기반 그리디 매칭 기법

여섯 번째로 마할라노비스 거리점수기반 그리디 매칭 기법을 이용해 ATT와 ATC를 추정해보겠습니다. 마찬가지로 MatchIt 패키지의 matchit() 함수를 사용하였으며, 6장에서 마할라노비스 거리점수기반 그리디 매칭 기법을 적용할 때의 옵션들을 그대로 적용하였습니다.

```
> # 6) 마할라노비스 거리점수기반 그리디 매칭(Greedy matching using Mahalanobis distance)
> # ATT
> set.seed(1234) #정확하게 동일한 결과를 원한다면
```

```
> mahala_att=matchit(formula=att_formula,
+                     data=mydata,
+                     distance="mahalanobis", #마할라노비스 거리점수
+                     method="nearest", # 그리디 매칭 알고리즘
+                     caliper=0.15, #성향점수의 0.15표준편차 허용범위
+                     discard='none', #공통지지영역에서 벗어난 사례도 포함
+                     ratio=2, #처치집단 사례당 통제집단 사례는 2개 매칭
+                     replace=FALSE) #동일사례 반복표집 매칭을 허용하지 않음
> mahala_att$nn
           Control  Treated
All          1594      443
Matched       886      443
Unmatched     708        0
Discarded       0        0
> # ATC
> set.seed(4321) #정확하게 동일한 결과를 원한다면
> mahala_atc=matchit(formula=atc_formula, #통제집단을 '처치집단'으로 가정한 후 실행
+                     data=mydata,
+                     distance="mahalanobis", #마할라노비스 거리점수
+                     method="nearest", # 그리디 매칭 알고리즘
+                     caliper=0.15, #성향점수의 0.15표준편차 허용범위
+                     discard='none', #공통지지영역에서 벗어난 사례도 포함
+                     ratio=2, #처치집단 사례당 통제집단 사례는 2개 매칭
+                     replace=TRUE) #동일사례 반복표집 매칭을 허용
> mahala_atc$nn
           Control  Treated
All           443     1594
Matched       422     1594
Unmatched      21        0
Discarded       0        0
```

　　마할라노비스 거리점수기반 그리디 매칭 기법을 적용하였을 때 ATT의 경우 모든 처치집단 사례가, ATC의 경우 모든 통제집단 사례가 매칭된 것으로 나타났습니다.

7) 성향점수층화 기법

일곱 번째로 성향점수층화 기법을 이용해 ATT와 ATC를 추정해보겠습니다. 마찬가지로 MatchIt 패키지의 matchit() 함수를 사용하였으며, 집단개수(k)를 '6'[7]으로 설정한 것을 제외하면 7장에서 소개한 방법과 동일한 과정을 따랐습니다.

```
> # 7) 성향점수층화 기법(집단수는 디폴트인 6을 적용함)
> # ATT 추정
> mysubclassN=6
> set.seed(1234)
> class_att=matchit(formula=att_formula,
+                    data=mydata,
+                    distance="linear.logit",
+                    method="subclass",  # 층화 기법
+                    discard='none',
+                    subclass=mysubclassN)
> class_att$nn
          Control  Treated
All          1594      443
Matched      1594      443
Unmatched       0        0
Discarded       0        0
> # ATC 추정
> set.seed(4321)
> class_atc=matchit(formula=atc_formula,
+                    data=mydata,
+                    distance="linear.logit",
+                    method="subclass",  # 층화 기법
+                    discard='none',
+                    subclass=mysubclassN)
> class_atc$nn
          Control  Treated
All           443     1594
Matched       443     1594
```

---

7 matchit() 함수를 이용해 성향점수층화 기법을 적용할 경우 디폴트로 지정된 집단개수가 '6'입니다.

```
Unmatched      0      0
Discarded      0      0
```

성향점수층화 기법을 적용하였을 때 ATT의 경우 모든 처치집단 사례가, ATC의 경우 모든 통제집단 사례가 매칭된 것으로 나타났습니다.

8) 준-정확매칭 기법

끝으로 준-정확매칭(CEM) 기법을 이용해 ATT와 ATC를 추정해보겠습니다. 마찬가지로 MatchIt 패키지의 matchit() 함수를 사용하였습니다. 8장에서는 공변량을 뭉뚱그리는 방법으로 '자동화 뭉뚱그리기(automated coarsening)'와 '점진적 뭉뚱그리기(progressive coarsening)'를 소개하였습니다. 여기서는 8장에서 소개하지 않았던 '이용자선택 뭉뚱그리기(coarsening by explicit user choice)'를 이용해 CEM 기법을 어떻게 진행하는지 살펴보겠습니다.

먼저 CEM 기법의 경우 '성향점수'를 추정하는 과정을 거치지 않고, 공변량의 수준을 '뭉뚱그린(coarsening)' 후, 이렇게 뭉뚱그려진 공변량들을 '정확 매칭'시키는 방법으로 매칭된 데이터를 도출합니다. 이런 과정에서 데이터에 따라 적지 않은 사례들이 매칭과정에서 배제되는 것 또한 확인할 수 있었습니다(8장의 [그림 8-1] 참조). 그렇다면 '이용자선택 뭉뚱그리기'가 아니라 matchit() 함수의 디폴트 옵션인 '자동화 뭉뚱그리기'를 적용할 경우 어느 정도의 사례들이 매칭에서 배제되는지 먼저 살펴봅시다.

```
> # 8) 준정확매칭(Coarsened exact matching)
> # 만약 자동화 뭉뚱그리기를 택하는 경우
> matchit(formula=att_formula,data=mydata,
+          method="cem",discard='none',L1.break='scott')$nn

Using 'treat'='1' as baseline group
          Control  Treated
All          1594      443
Matched        34       33
Unmatched    1560      410
Discarded       0        0
```

```
> matchit(formula=atc_formula,data=mydata,
+         method="cem",discard='none',L1.break='scott')$nn

Using 'treat'='1' as baseline group
          Control  Treated
All          443     1594
Matched       33       34
Unmatched    410     1560
Discarded      0        0
```

출력결과에서 나타나듯, 매칭과정에서 너무도 많은 사례가 배제되고 있습니다. ATT를 추정할 경우 96%의 처치집단 사례(촛불집회 참여자들)가 매칭과정에서 배제되며, ATC를 추정할 경우 98%의 통제집단 사례(집회 미참여자들)가 매칭과정에서 배제됩니다. 다시 말해 '자동화 뭉뚱그리기' 방식으로 실시한 CEM 기법으로 얻은 효과추정치는 대표성에 심각한 문제가 있습니다.

'점진적 뭉뚱그리기'를 생각해보는 것도 한 가지 방법일 수 있지만, 각 공변량에 적용시킬 k를 어떻게 설정할지 상당히 난감합니다. 왜냐하면 연속형 변수의 경우와 달리 0과 1의 값을 갖는 더미변수의 경우 k의 값은 '1' 혹은 '2'에 국한될 수밖에 없기 때문입니다. 또한 공변량들이 많을 경우 각 공변량에 어떤 기준으로 상이한 k값을 부여할지 데이터를 기준으로 쉽게 판단하기 어렵습니다.

'이용자선택 뭉뚱그리기'는 연구자의 사전지식을 기반으로 각각의 공변량을 뭉뚱그리는 전략을 취합니다. 이런 점에서 이용자선택 뭉뚱그리기를 적용한 CEM은 지식을 기반으로 공변량을 리코딩한 후, 리코딩된 공변량들을 대상으로 실시한 CEM이라고 볼 수 있습니다. 독자분들은 어떻게 생각하실지 모르겠습니다만, 저희는 다음과 같은 방식으로 이용자선택 뭉뚱그리기 작업을 실시했습니다. 이 생각에 동의하지 못하는 분도 분명 계실 것입니다. 그러나 아래의 작업은 이용자선택 뭉뚱그리기 작업을 이해하는 것이 목적이지, 설문데이터의 변수에 대한 이론적 논의를 진행하는 것이 목적이 아니라는 점에서, 이 판단이 타당하다고 가정해주시기 바랍니다.

- 성별(female): 남성(0)과 여성(1)이라는 집단 구분을 변형하지 않고 그대로 둔다.
- 경제상태 평가(good_eco): 원래의 값을 그대로 둔다. 즉 3개 집단.

- 과거 선거참여여부(vote_past): 참여여부(참여시 1, 불참시 0)를 변형 없이 그대로 둔다.
- 세대(gen20, gen30, gen40, gen50): '20~40대'와 '50~60대'의 두 집단으로 뭉뚱그린다.
- 교육수준(edu), 소득(hhinc), 정치성향(libcon), 내적 정치효능감(int_eff): 세 집단으로 뭉뚱그린다.
- 박근혜 전대통령 평가(park_eva_a): 두 집단으로 뭉뚱그린다.

이용자선택 뭉뚱그리기 사용방법은 점진적 뭉뚱그리기 사용방법과 동일합니다. matchit() 함수의 cutpoints 옵션에 뭉뚱그릴 대상에 적용할 절단지점(cut-points)을 지정해주면 됩니다.[8] 다음과 같이 절단지점을 정의한 후, 정의된 절단지점 오브젝트를 matchit() 함수의 cutpoints 옵션에 배치하는 방법을 사용하였습니다. 먼저 이용자선택 뭉뚱그리기 사용방법으로 CEM 기법을 적용하여 ATT를 추정하는 방법은 아래와 같습니다.

```
> # 분리지점을 수동으로 선택
> # 세대는 20-40/50-60으로(별도의 더미변수 생성)
> mydata=mydata %>%
+   mutate(
+     gen5060=ifelse(gen=="50s"|gen=="60s",1,0) # 세대는 20-40/50-60으로
+   )
> gen20_cp=c(-0.5,1.5);gen30_cp=c(-0.5,1.5);gen40_cp=c(-0.5,1.5)
> gen50_cp=c(-0.5,1.5) # gen5060 변수만 의미를 갖도록
> edu_cp=c(0,3.5,4.5,6)
> hhinc_cp=c(0,2.5,5.5,16)
> libcon_cp=c(-6,-0.5,0.5,6)
> int_eff_cp=c(0,2.5,3.5,5.5)
> park_eva_a_cp=c(0,3.5,5)
> # CEM의 경우 공식재지정
> att_formula_cem=update(att_formula, .~.+gen5060)
> atc_formula_cem=update(atc_formula, .~.+gen5060)
```

---

8 gen20~gen50가 0 또는 1의 값을 갖는다는 점에서, gen20_cp~gen50_cp를 c(-0.5,1.5)로 지정해주면 해당 변수들은 아무런 영향력을 발휘하지 않게 됩니다. 대신 새로 추가한 변수 gen5060만 0 또는 1의 값으로 구분되어 매칭에 활용됩니다. 즉 본서에서는 gen5060를 이용해 CEM 기법을 실시한 후, 기존의 gen20~gen50 변수들을 이용해 균형성을 점검하겠습니다.

```
> # ATT
> set.seed(1234)
> cem_att=matchit(formula=att_formula_cem,
+                 data=mydata,
+                 method="cem",
+                 discard='none',
+                 cutpoints=list(gen20=gen20_cp,
+                                gen30=gen30_cp,
+                                gen40=gen40_cp,
+                                gen50=gen50_cp,
+                                edu=edu_cp,
+                                hhinc=hhinc_cp,
+                                libcon=libcon_cp,
+                                int_eff=int_eff_cp,
+                                park_eva_a=park_eva_a_cp))

Using 'treat'='1' as baseline group
> cem_att$nn
          Control  Treated
All          1594      443
Matched       679      355
Unmatched     915       88
Discarded       0        0
```

여전히 적지 않은 수의 처치집단 사례(약 20%)가 매칭작업에서 배제되었지만, 자동화 뭉뚱그리기를 적용했을 때와 비교할 때 상대적으로 더 많은 처치집단 사례가 매칭과정에 포함된 것을 알 수 있습니다. 다음으로 앞서 정의한 방식으로 이용자선택 뭉뚱그리기 방법을 사용한 CEM 기법으로 ATC 추정을 위한 매칭작업 결과를 살펴봅시다.

```
> # ATC
> set.seed(4321)
> cem_atc=matchit(formula=atc_formula_cem,
+                 data=mydata,
+                 method="cem",
+                 discard='none',
+                 cutpoints=list(gen20=gen20_cp,
+                                gen30=gen30_cp,
```

```
+                                       gen40=gen40_cp,
+                                       gen50=gen50_cp,
+                                       edu=edu_cp,
+                                       hhinc=hhinc_cp,
+                                       libcon=libcon_cp,
+                                       int_eff=int_eff_cp,
+                                       park_eva_a=park_eva_a_cp))

Using 'treat'='1' as baseline group
> cem_atc$nn
          Control  Treated
All          443     1594
Matched      355      679
Unmatched     88      915
Discarded      0        0
```

　　자동화 뭉뚱그리기를 적용했을 때와 비교해보면 상대적으로 더 많은 처치집단 사례들이 매칭과정에 포함되었으나, 여전히 57%가 넘는 처치집단(연구맥락에서는 통제집단) 사례들이 매칭작업에서 배제된 것을 발견할 수 있습니다.

　　CEM 기법의 경우 매칭결과 적지 않은 사례들이 배제됩니다. 만약 더 많은 사례들을 매칭작업에 포함하고 싶다면 공변량을 뭉뚱그리는 방법을 바꾸면 됩니다. 그러나 이보다 더 강하게 공변량을 뭉뚱그리는 것은 적절하지 않다고 생각합니다. 물론 이는 해당 변수들에 대해 저희가 갖고 있는 제한된 지식에 근거한 판단입니다. 이론적 관점이 다른 분은 이와 다른 판단을 내릴 수도 있습니다. 아무튼 저희는 위와 같은 방식으로 공변량을 뭉뚱그린 후 실시한 CEM 기법으로 ATT와 ATC를 추정해보겠습니다.

3 　공변량 균형성 점검결과 비교

이제 성향점수분석 기법을 적용하였을 때 처치집단(촛불집회 참여자)과 통제집단(집회 미참여자) 사이의 성향점수 및 공변량 균형성이 확보되었는지 살펴봅시다. 먼저 앞서 살펴본 시뮬레이션 데이터의 공변량들은 모두 연속형 변수였기 때문에 공변량들을 표준화시키는 것이 가능했습니다. 그러나 공변량이 더미변수인 경우, '공변량 표준화'라는 방식은 현명한 방법이 아닙니다. 이 때문에 보통 연속형 변수 형태의 공변량은 표준화시킨 후 처치집단과 통제집단 간 평균차이(절댓값 기준)와 분산비를 점검하며, 더미변수인 공변량의 경우 표준화 변환작업 없이 평균차이(절댓값 기준)만 점검합니다. 이번 장에서 살펴보는 설문조사 데이터의 경우, 성별(female), 세대를 나타내는 더미변수들(gen20, gen30, gen40, gen50), 과거 투표참여여부(vote_past)의 6개 공변량에 대해서는 표준화 변환을 적용하지 않고 처치집단과 통제집단 간 평균차이(절댓값 기준)만 살펴보겠습니다.

1) 성향점수가중 기법

성향점수가중 기법을 적용할 때의 공변량 균형성 점검방법은 앞서 5장에서 구체적으로 소개한 바 있습니다. 여기서도 당시 사용했던 이용자정의 함수인 balance_check_PSW() 함수를 이용하여 처치집단과 통제집단 간 표준화된 성향점수 및 공변량의 평균차이(절댓값 기준)와 분산비를 점검하되, 더미변수 형태의 6개의 공변량에 대해서는 표준화 변환을 적용하지 않고 평균차이(절댓값 기준)만 살펴보았습니다.

먼저 앞서 사용했던 balance_check_PSW() 함수를 불러온 후, 연속형 변수 형태의 공변량들을 대상으로 공변량 균형성을 점검해보겠습니다. 우선 설문조사 데이터에서 성향점수와 연속형 변수 형태의 공변량들만 선별한 데이터를 생성한 후, 이들을 대상으로 balance_check_PSW() 함수를 적용하여 가중평균과 가중분산을 구하고 성향점수가중 이후에 평균차이와 분산비가 어떠한지 아래와 같이 계산해보았습니다.

```
> # 1) 성향점수가중(PSW) 분석
> # 앞서 PSW때 사용한 이용자정의 함수
> balance_check_PSW=readRDS("balance_check_PSW.RData")
> # 연속형 변수 형태 공변량들만 선별한 데이터
> mydata_cov=mydata %>%
+   select(pscore,edu:good_eco) %>%
+   as.data.frame()
> # 모든 공변량들에 대해 가중평균/가중분산 계산
> result_covbal=list()
> for (i in 1:dim(mydata_cov)[2]){
```

```
+   result_covbal=bind_rows(result_covbal,
+                            balance_check_PSW(
+                            mydata$treat,mydata_cov[,i],mydata$Wate))
+ }
> result_covbal$cov_name=names(mydata_cov)
> result_covbal
# A tibble: 7 x 5
```

	B_wgt_Mdiff	A_wgt_Mdiff	B_wgt_Vratio	A_wgt_Vratio	cov_name
	<dbl>	<dbl>	<dbl>	<dbl>	<chr>
1	0.815	0.00713	1.08	0.977	pscore
2	0.224	0.0320	0.696	0.784	edu
3	0.153	0.0166	1.09	0.818	hhinc
4	-0.576	-0.0610	0.814	0.846	libcon
5	0.284	-0.0196	0.983	0.906	int_eff
6	0.518	-0.0125	0.213	1.08	park_eva_a
7	0.0580	-0.0000936	1.09	0.969	good_eco

위의 결과를 직접 살펴보아도 되지만, 다음과 같은 방식을 적용하면 설정된 평균차이 (절댓값 기준)와 분산비의 역치를 넘어서는 공변량이 무엇인지 쉽게 발견할 수 있습니다. 아래의 결과에서 알 수 있듯, 성향점수와 연속형 변수 형태의 공변량의 경우 처치집단과 통제집단 간 균형성이 달성되었다고 볼 수 있습니다.

```
> # 역치를 넘어서는 공변량은?
> result_covbal %>%
+   filter(abs(A_wgt_Mdiff) >= 0.25|  #절댓값 평균차이가 0.25를 넘는 경우
+          A_wgt_Vratio > 2| A_wgt_Vratio < 0.5) #분산비 0.5미만 혹은 2.0초과
# A tibble: 0 x 5
# ... with 5 variables: B_wgt_Mdiff <dbl>, A_wgt_Mdiff <dbl>,
#   B_wgt_Vratio <dbl>, A_wgt_Vratio <dbl>, cov_name <chr>
```

다음으로 더미변수 형태의 공변량들을 대상으로 처치집단과 통제집단 간 공변량 균형성을 살펴본 결과는 다음과 같습니다. 말씀드렸듯 더미변수의 경우 표준화 변환작업을 진행하지 않기 때문에 `MeanDifferenceRaw()`라는 이름의 이용자정의 함수를 먼저 설정한 후, 6개의 더미변수 형태 공변량들을 대상으로 처치집단과 통제집단 간 평균차이를 살

퍼보았습니다.

```
> # 더미변수들의 경우 표준화를 시키는 것이 타당하지 않을 수도 있음
> MeanDifferenceRaw=function(myV){
+ wgted_M1=Hmisc::wtd.mean(x=myV[mydata$treat==1],weights=mydata$Wate[mydata$treat==1])
+ wgted_M0=Hmisc::wtd.mean(x=myV[mydata$treat==0],weights=mydata$Wate[mydata$treat==0])
+ wgt_MD=abs(wgted_M1-wgted_M0)
+ }
> mydata %>%
+ select(female,gen20:gen50,vote_past) %>%
+ summarize_all(
+   MeanDifferenceRaw
+ ) %>%
+ pivot_longer(cols=female:vote_past,names_to="Var_Raw")
# A tibble: 6 x 2
  Var_Raw     value
  <chr>       <dbl>
1 female      0.0159
2 gen20       0.00966
3 gen30       0.0174
4 gen40       0.0135
5 gen50       0.00460
6 vote_past   0.00734
```

위의 출력결과에서 알 수 있듯 가장 큰 평균차이가 gen30에서 나타났지만, 그 차이는 고작 0.0174에 불과합니다. 다시 말해 더미변수 형태의 공변량들에서도 처치집단과 통제집단 간 공변량 균형성이 달성되었다고 볼 수 있습니다.

2) 성향점수기반 그리디 매칭 기법

여기서는 성향점수기반 그리디 매칭 기법 적용 후 처치집단과 통제집단 사이의 공변량 균형성 달성여부를 판단하기 위해 cobalt 패키지의 love.plot() 함수를 이용한 러브플롯을 활용하였습니다. 러브플롯이 무엇이고, love.plot() 함수를 이용해 어떻게 시각화하며, 어떤 방식으로 해석하는지에 대한 자세한 설명은 6장을 참조하시기 바랍니다.

아래의 러브플롯 시각화 방법에서 stars 옵션을 "raw"로 지정한 것 외의 나머지 옵션들의 의미에 대해서는 이미 설명하였습니다. stars="raw"는 표준화 변환을 하지 않은 채 처치집단과 통제집단의 공변량 평균차이를 계산한 더미변수의 경우 별표(*)를 덧붙인다는 의미입니다. 시각화된 러브플롯을 보시면 stars="raw"의 의미를 쉽게 이해하실 수 있을 것입니다.

ATT와 ATC를 추정하기 위한 성향점수기반 그리디 매칭작업 결과의 공변량 균형성을 살펴보기 위한 러브플롯은 [그림 9-1]과 같습니다.

```
> # 2) 성향점수기반 그리디 매칭
> # 러브플롯
> # ATT, 평균차이
> love_D_greedy_att=love.plot(greedy_att,
+              s.d.denom="pooled", # 분산은 처치집단과 통제집단 모두에서
+              stat="mean.diffs", # 두 집단간 공변량 평균차이
+              drop.distance=FALSE, # 성향점수도 포함하여 제시
+              threshold=0.25, # 평균차이 역치
+              stars="raw", # 표준화점수가 아닌 원점수를 사용한 경우
+              sample.names=c("Unmatched", "Matched"), # 처치집단/통제집단 표시
+              themes=theme_bw())+
+  coord_cartesian(xlim=c(-0.5,1.00))+ggtitle("ATT, covariate balance")
> # ATT, 분산비
> love_VR_greedy_att=love.plot(greedy_att,
+              s.d.denom="pooled", # 분산은 처치집단과 통제집단 모두에서
+              stat="variance.ratios", # 두 집단간 분산비
+              drop.distance=FALSE, # 성향점수도 포함하여 제시
+              threshold=2, # 분산비 역치
+              sample.names=c("Unmatched", "Matched"), # 처치집단/통제집단 표시
+              themes=theme_bw())+
+  coord_cartesian(xlim=c(0.33,3))+ggtitle("ATT, covariate balance")
> # ATC, 평균차이
> love_D_greedy_atc=love.plot(greedy_atc,
+              s.d.denom="pooled", # 분산은 처치집단과 통제집단 모두에서
+              stat="mean.diffs", # 두 집단간 공변량 평균차이
+              drop.distance=FALSE, # 성향점수도 포함하여 제시
+              threshold=0.25, # 평균차이 역치
+              stars="raw", # 표준화점수가 아닌 원점수를 사용한 경우
+              sample.names=c("Unmatched", "Matched"), # 처치집단/통제집단 표시
```

```
+                themes=theme_bw())+
+ coord_cartesian(xlim=c(-0.5,1.00))+ggtitle("ATC, covariate balance")
> # ATC, 분산비
> love_VR_greedy_atc=love.plot(greedy_atc,
+                s.d.denom="pooled", # 분산은 처치집단과 통제집단 모두에서
+                stat="variance.ratios", # 두 집단간 분산비
+                drop.distance=FALSE, # 성향점수도 포함하여 제시
+                threshold=2, # 분산비 역치
+                sample.names=c("Unmatched", "Matched"), # 처치집단/통제집단 표시
+                themes=theme_bw())+
+ coord_cartesian(xlim=c(0.33,3))+ggtitle("ATC, covariate balance")
> gridExtra::grid.arrange(love_D_greedy_att,love_VR_greedy_att,
+                         love_D_greedy_atc,love_VR_greedy_atc,
+                         nrow=2)
```

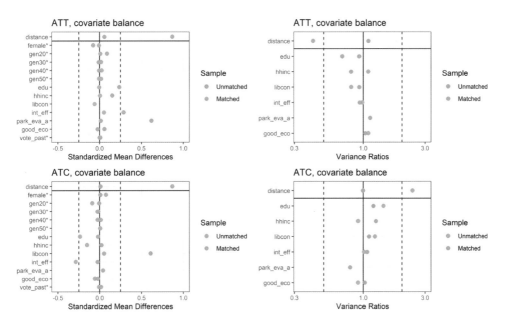

[그림 9-1] 성향점수기반 그리디 매칭 후 공변량 균형성 점검결과(상단은 ATT, 하단은 ATC)

　　[그림 9-1]에서 잘 나타나듯, 성향점수기반 그리디 매칭작업 후 처치집단과 통제집단 간 평균차이와 분산비 모두 역치를 넘지 않는 것으로 나타났습니다. 즉 성향점수 그리디 매칭 기법을 적용하여 매칭된 데이터는 처치집단과 통제집단 간 공변량 균형성을 확보했

다고 볼 수 있습니다. 그리고 [그림 9-1]의 왼쪽(즉 평균차이)을 보면 더미변수들의 경우 별표(*)가 붙어 있습니다. 이것이 곧 stars="raw"로, 이는 *가 붙은 변수들의 경우 표준화 변환되지 않았다는 뜻입니다.

3) 성향점수기반 최적 매칭 기법

성향점수기반 최적 매칭 기법으로 매칭된 데이터의 공변량 균형성 달성여부 역시 러브플롯으로 확인하였습니다. 또한 stars 옵션을 "raw"로 적용함으로써 표준화 변환을 시키지 않은 더미변수 형태의 공변량들이 무엇인지 그래프에 나타내었습니다. ATT를 추정하기 위한 성향점수기반 최적 매칭 작업결과의 공변량 균형성을 살펴보기 위한 러브플롯은 [그림 9-2]와 같습니다.

```
> # 3) 성향점수기반 최적 매칭
> # 러브플롯
> # ATT, 평균차이
> love_D_optimal_att=love.plot(optimal_att,
+                 s.d.denom="pooled", # 분산은 처치집단과 통제집단 모두에서
+                 stat="mean.diffs", # 두 집단간 공변량 평균차이
+                 drop.distance=FALSE, # 성향점수도 포함하여 제시
+                 threshold=0.25, # 평균차이 역치
+                 stars="raw", # 표준화점수가 아닌 원점수를 사용한 경우
+                 sample.names=c("Unmatched", "Matched"), # 처치집단/통제집단 표시
+                 themes=theme_bw())+
+  coord_cartesian(xlim=c(-0.5,1.00))+ggtitle("ATT, covariate balance")
> # ATT, 분산비
> love_VR_optimal_att=love.plot(optimal_att,
+                 s.d.denom="pooled", # 분산은 처치집단과 통제집단 모두에서
+                 stat="variance.ratios", # 두 집단간 분산비
+                 drop.distance=FALSE, # 성향점수도 포함하여 제시
+                 threshold=2, # 분산비 역치
+                 sample.names=c("Unmatched", "Matched"), # 처치집단/통제집단 표시
+                 themes=theme_bw())+
+  coord_cartesian(xlim=c(0.33,3))+ggtitle("ATT, covariate balance")
> gridExtra::grid.arrange(love_D_optimal_att,love_VR_optimal_att,nrow=1)
```

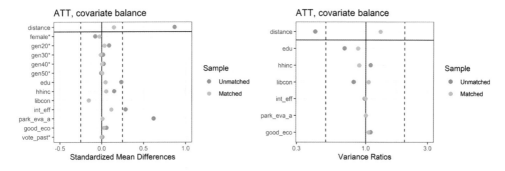

[그림 9-2] 성향점수기반 최적 매칭 후 공변량 균형성 점검결과(ATT)

[그림 9-2]에서 잘 나타나듯, 성향점수기반 최적 매칭으로 매칭된 데이터에서도 처치집단과 통제집단 간 평균차이와 분산비 모두 역치를 넘지 않는 것으로 나타났습니다. 즉 성향점수 최적 매칭 기법을 적용하여 매칭된 데이터는 처치집단과 통제집단 간 공변량 균형성을 확보했다고 볼 수 있습니다.

4) 성향점수기반 전체 매칭 기법

ATT와 ATC를 추정하기 위해 성향점수기반 전체 매칭 기법으로 매칭된 데이터에서 처치집단과 통제집단 사이의 공변량 균형성 달성을 판단하기 위해 그려본 러브플롯은 [그림 9-3]과 같습니다.

```
> # 4) 성향점수기반 전체 매칭
> # 러브플롯
> # ATT, 평균차이
> love_D_full_att=love.plot(full_att,
+           s.d.denom="pooled", # 분산은 처치집단과 통제집단 모두에서
+           stat="mean.diffs", # 두 집단간 공변량 평균차이
+           drop.distance=FALSE, # 성향점수도 포함하여 제시
+           threshold=0.25, # 평균차이 역치
+           stars="raw", # 표준화점수가 아닌 원점수를 사용한 경우
+           sample.names=c("Unmatched", "Matched"), # 처치집단/통제집단 표시
+           themes=theme_bw())+
+ coord_cartesian(xlim=c(-0.5,1.00))+ggtitle("ATT, covariate balance")
```

```
> # ATT, 분산비
> love_VR_full_att=love.plot(full_att,
+              s.d.denom="pooled", # 분산은 처치집단과 통제집단 모두에서
+              stat="variance.ratios", # 두 집단간 분산비
+              drop.distance=FALSE, #성향점수도 포함하여 제시
+              threshold=2, # 분산비 역치
+              sample.names=c("Unmatched", "Matched"), #처치집단/통제집단 표시
+              themes=theme_bw())+
+  coord_cartesian(xlim=c(0.33,3))+ggtitle("ATT, covariate balance")
> # ATC, 평균차이
> love_D_full_atc=love.plot(full_atc,
+              s.d.denom="pooled", # 분산은 처치집단과 통제집단 모두에서
+              stat="mean.diffs", # 두 집단간 공변량 평균차이
+              drop.distance=FALSE, #성향점수도 포함하여 제시
+              threshold=0.25, # 평균차이 역치
+              stars="raw",  #표준화점수가 아닌 원점수를 사용한 경우
+              sample.names=c("Unmatched", "Matched"), #처치집단/통제집단 표시
+              themes=theme_bw())+
+  coord_cartesian(xlim=c(-0.5,1.00))+ggtitle("ATC, covariate balance")
> # ATC, 분산비
> love_VR_full_atc=love.plot(full_atc,
+              s.d.denom="pooled", # 분산은 처치집단과 통제집단 모두에서
+              stat="variance.ratios", # 두 집단간 분산비
+              drop.distance=FALSE, #성향점수도 포함하여 제시
+              threshold=2, # 분산비 역치
+              sample.names=c("Unmatched", "Matched"), #처치집단/통제집단 표시
+              themes=theme_bw())+
+  coord_cartesian(xlim=c(0.33,3))+ggtitle("ATC, covariate balance")
> gridExtra::grid.arrange(love_D_full_att,love_VR_full_att,
+                         love_D_full_atc,love_VR_full_atc,
+                         nrow=2)
```

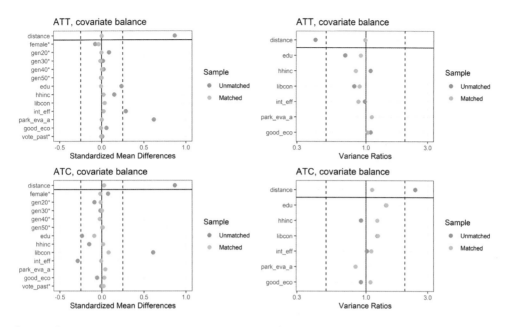

[그림 9-3] 성향점수기반 전체 매칭 후 공변량 균형성 점검결과(상단은 ATT, 하단은 ATC)

[그림 9-3]에서 잘 나타나듯, ATT 및 ATC 추정을 위한 성향점수기반 전체 매칭으로 매칭된 데이터의 경우 처치집단과 통제집단 간 평균차이와 분산비 모두 역치를 넘지 않는 것으로 나타났습니다. 즉 성향점수기반 전체 매칭 기법을 적용하여 매칭된 데이터는 처치집단과 통제집단 간 공변량 균형성을 확보했다고 볼 수 있습니다.

5) 성향점수기반 유전 매칭 기법

ATT와 ATC를 추정하기 위해 성향점수기반 유전 매칭 기법으로 매칭된 데이터에서 처치집단과 통제집단 사이의 공변량 균형성 달성을 판단하기 위해 그려본 러브플롯은 [그림 9-4]와 같습니다.

```
> # 5) 성향점수기반 유전 매칭
> # 러브플롯
> # ATT, 평균차이
> love_D_genetic_att=love.plot(genetic_att,
+                s.d.denom="pooled", # 분산은 처치집단과 통제집단 모두에서
+                stat="mean.diffs", # 두 집단간 공변량 평균차이
```

```
+                drop.distance=FALSE, #성향점수도 포함하여 제시
+                threshold=0.25, #평균차이 역치
+                stars="raw",  #표준화점수가 아닌 원점수를 사용한 경우
+                sample.names=c("Unmatched", "Matched"), #처치집단/통제집단 표시
+                themes=theme_bw())+
+ coord_cartesian(xlim=c(-0.5,1.00))+ggtitle("ATT, covariate balance")
> # ATT, 분산비
> love_VR_genetic_att=love.plot(genetic_att,
+                s.d.denom="pooled", #분산은 처치집단과 통제집단 모두에서
+                stat="variance.ratios", #두 집단간 분산비
+                drop.distance=FALSE, #성향점수도 포함하여 제시
+                threshold=2, #분산비 역치
+                sample.names=c("Unmatched", "Matched"), #처치집단/통제집단 표시
+                themes=theme_bw())+
+ coord_cartesian(xlim=c(0.33,3))+ggtitle("ATT, covariate balance")
> # ATC, 평균차이
> love_D_genetic_atc=love.plot(genetic_atc,
+                s.d.denom="pooled", #분산은 처치집단과 통제집단 모두에서
+                stat="mean.diffs", #두 집단간 공변량 평균차이
+                drop.distance=FALSE, #성향점수도 포함하여 제시
+                threshold=0.25, #평균차이 역치
+                stars="raw",  #표준화점수가 아닌 원점수를 사용한 경우
+                sample.names=c("Unmatched", "Matched"), #처치집단/통제집단 표시
+                themes=theme_bw())+
+ coord_cartesian(xlim=c(-0.5,1.00))+ggtitle("ATC, covariate balance")
> # ATC, 분산비
> love_VR_genetic_atc=love.plot(genetic_atc,
+                s.d.denom="pooled", #분산은 처치집단과 통제집단 모두에서
+                stat="variance.ratios", #두 집단간 분산비
+                drop.distance=FALSE, #성향점수도 포함하여 제시
+                threshold=2, #분산비 역치
+                sample.names=c("Unmatched", "Matched"), #처치집단/통제집단 표시
+                themes=theme_bw())+
+ coord_cartesian(xlim=c(0.33,3))+ggtitle("ATC, covariate balance")
> gridExtra::grid.arrange(love_D_genetic_att,love_VR_genetic_att,
+                         love_D_genetic_atc,love_VR_genetic_atc,
+                         nrow=2)
```

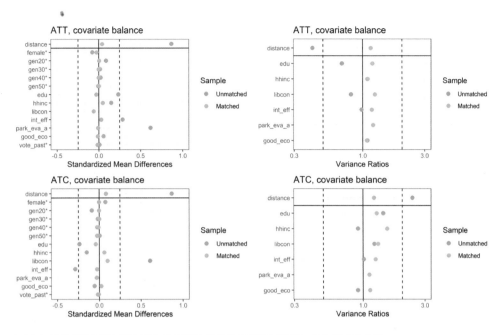

[그림 9-4] 성향점수기반 유전 매칭 후 공변량 균형성 점검결과(상단은 ATT, 하단은 ATC)

[그림 9-4]에서 잘 나타나듯, ATT 및 ATC 추정을 위한 성향점수기반 유전 매칭으로 매칭된 데이터에서도 처치집단과 통제집단 간 평균차이와 분산비 모두 역치를 넘지 않는 것으로 나타났습니다. 즉 성향점수기반 유전 매칭 기법을 적용하여 매칭된 데이터는 처치집단과 통제집단 간 공변량 균형성을 확보했다고 볼 수 있습니다.

6) 마할라노비스 거리점수기반 그리디 매칭 기법

다음으로 ATT와 ATC를 추정하기 위한 마할라노비스 거리점수기반 그리디 매칭 기법으로 매칭된 데이터에서 처치집단과 통제집단 사이의 공변량 균형성 달성을 판단하기 위해 그려본 러브플롯은 [그림 9-5]와 같습니다. 6장에서도 말씀드렸듯, 마할라노비스 거리점수를 활용한 매칭 기법은 별도의 성향점수 추정과정 없이 공변량들을 기준으로 사례들 사이의 마할라노비스 거리점수를 계산한 후 이를 기반으로 매칭작업을 실시합니다. 따라서 [그림 9-5]에서는 성향점수에 대한 결과가 제시되지 않았습니다(또한 drop.distance 옵션도 참조하시기 바랍니다).

```
> # 6) 마할라노비스 거리점수기반 그리디 매칭
> # 러브플롯
> # ATT, 평균차이
> love_D_mahala_att=love.plot(mahala_att,
+                   s.d.denom="pooled", #분산은 처치집단과 통제집단 모두에서
+                   stat="mean.diffs", # 두 집단간 공변량 평균차이
+                   drop.distance=TRUE, #성향점수 없음
+                   threshold=0.25, #평균차이 역치
+                   stars="raw", #표준화점수가 아닌 원점수를 사용한 경우
+                   sample.names=c("Unmatched", "Matched"), #처치집단/통제집단 표시
+                   themes=theme_bw())+
+  coord_cartesian(xlim=c(-0.5,1.00))+ggtitle("ATT, covariate balance")
> # ATT, 분산비
> love_VR_mahala_att=love.plot(mahala_att,
+                   s.d.denom="pooled", #분산은 처치집단과 통제집단 모두에서
+                   stat="variance.ratios", # 두 집단간 분산비
+                   drop.distance=TRUE, #성향점수 없음
+                   threshold=2, #분산비 역치
+                   sample.names=c("Unmatched", "Matched"), #처치집단/통제집단 표시
+                   themes=theme_bw())+
+  coord_cartesian(xlim=c(0.33,3))+ggtitle("ATT, covariate balance")
> # ATC, 평균차이
> love_D_mahala_atc=love.plot(mahala_atc,
+                   s.d.denom="pooled", #분산은 처치집단과 통제집단 모두에서
+                   stat="mean.diffs", # 두 집단간 공변량 평균차이
+                   drop.distance=TRUE, #성향점수 없음
+                   threshold=0.25, #평균차이 역치
+                   stars="raw", #표준화점수가 아닌 원점수를 사용한 경우
+                   sample.names=c("Unmatched", "Matched"), #처치집단/통제집단 표시
+                   themes=theme_bw())+
+  coord_cartesian(xlim=c(-0.5,1.00))+ggtitle("ATC, covariate balance")
> # ATC, 분산비
> love_VR_mahala_atc=love.plot(mahala_atc,
+                   s.d.denom="pooled", #분산은 처치집단과 통제집단 모두에서
+                   stat="variance.ratios", # 두 집단간 분산비
+                   drop.distance=TRUE, #성향점수 없음
+                   threshold=2, #분산비 역치
+                   sample.names=c("Unmatched", "Matched"), #처치집단/통제집단 표시
+                   themes=theme_bw())+
+  coord_cartesian(xlim=c(0.33,3))+ggtitle("ATC, covariate balance")
```

```
> gridExtra::grid.arrange(love_D_mahala_att,love_VR_mahala_att,
+                         love_D_mahala_atc,love_VR_mahala_atc,
+                         nrow=2)
```

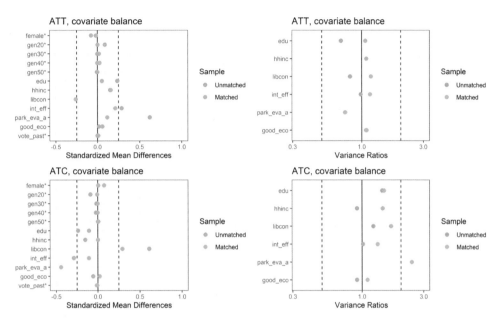

[그림 9-5] 마할라노비스 거리점수기반 그리디 매칭 후 공변량 균형성 점검결과(상단은 ATT, 하단은 ATC)

[그림 9-5]에서 알 수 있듯, ATT 및 ATC 추정을 위한 마할라노비스 거리점수기반 그리디 매칭 기법으로 매칭된 데이터의 경우 정치이념성향(libcon)과 박근혜 전대통령 평가(park_eva_a)의 두 공변량의 균형성에 문제가 있는 것으로 나타났습니다. 정치이념성향(libcon)의 경우 ATT 추정용 매칭 데이터에서 통제집단의 평균이 처치집단 평균에 비해 역치인 0.25 이상 큰 것으로 나타났고, ATC 추정용 매칭 데이터의 경우 처치집단 평균이 통제집단 평균에 비해 역치인 0.25 이상 더 큰 것으로 나타났습니다. 또한 박근혜 전대통령 평가(park_eva_a)의 경우 ATC 추정용 매칭 데이터에서 통제집단 평균이 처치집단 평균에 비해 약 0.5 정도 더 큰 것으로 나타났으며, 무엇보다 처치집단과 통제집단의 분산비가 역치인 2를 넘는 것으로 나타났습니다.

마할라노비스 거리점수기반 그리디 매칭 기법을 적용하여 매칭된 데이터는 처치집단과 통제집단 간 공변량 균형성을 충분히 확보했다고 볼 수 없습니다. 이와 같이 공변량 균형성 확보에 실패한 성향점수분석 기법의 경우, 이후의 과정들(즉 처치효과 추정 및 민감도 분석)을 실시하지 않는 것이 보통입니다. 그러나 일단 본서의 목적은 '실습'이기 때문에 마할라노비스 거리점수기반 그리디 매칭 기법을 이용해 처치효과를 추정하였으며, 민감도분석도 실시했습니다. 그러나 마할라노비스 거리점수기반 그리디 매칭 기법으로 공변량 균형성을 달성하지 못했다는 점은 반드시 유념해두시기 바랍니다.

7) 성향점수층화 기법

성향점수층화 기법을 적용한 데이터를 대상으로 공변량 균형성을 평가할 때 어려운 점들에 대해서는 7장에서 이미 언급한 바 있습니다. 이는 추정된 성향점수를 이용해 전체표본을 k개의 집단으로 층화시킨 후 집단-대-집단을 매칭시키는 성향점수층화 기법의 특징 때문입니다(이번 장에서는 $k=6$을 설정하였음). 일단 여기서는 전체표본에서 나타난 공변량 균형성과 각 집단별로 나타난 공변량 균형성을 모두 살펴보겠습니다. 7장에서와 마찬가지로 성향점수층화 기법을 적용하여 얻은 데이터에서 나타난 공변량 균형성을 살펴보기 위해 cobalt 패키지의 bal.tab() 함수를 이용하였습니다. 먼저 ATT 추정을 위해 성향점수층화 기법을 적용한 데이터에서 나타난 공변량 균형성을 살펴봅시다.

```
> # 7) 성향점수층화 기법
> # ATT-평균차이/분산비
> bal.tab(class_att,
+          continuous="std",s.d.denom="pooled",
+          m.threshold=0.25,v.threshold=2)
Call
matchit(formula=att_formula, data=mydata, method="subclass",
    distance="linear.logit", discard="none", subclass=mysubclassN)

Balance measures across subclasses
              Type  Diff.Adj   M.Threshold    V.Ratio.Adj    V.Threshold
distance   Distance  0.1144                      0.6247
female      Binary   0.0031   Balanced, <0.25
gen20       Binary   0.0111   Balanced, <0.25
gen30       Binary  -0.0059   Balanced, <0.25
gen40       Binary   0.0104   Balanced, <0.25
gen50       Binary   0.0022   Balanced, <0.25
```

edu	Contin.	0.0154	Balanced, <0.25	0.9025	Balanced, <2
hhinc	Contin.	-0.0020	Balanced, <0.25	0.8307	Balanced, <2
libcon	Contin.	-0.0468	Balanced, <0.25	0.8173	Balanced, <2
int_eff	Contin.	0.0312	Balanced, <0.25	0.9518	Balanced, <2
park_eva_a	Contin.	0.1238	Balanced, <0.25	0.4922	Not Balanced, >2
good_eco	Contin.	-0.0117	Balanced, <0.25	1.0335	Balanced, <2
vote_past	Binary	-0.0021	Balanced, <0.25		

Balance tally for mean differences across subclasses

	Subclass 1	Subclass 2	Subclass 3	Subclass 4	Subclass 5	Subclass 6
Balanced, <0.25	11	12	12	12	12	12
Not Balanced, >0.25	1	0	0	0	0	0

Variable with the greatest mean difference across subclasses

	Variable	Diff.Adj	M.Threshold
Subclass 1	park_eva_a	0.6815	Not Balanced, >0.25
Subclass 2	libcon	-0.1251	Balanced, <0.25
Subclass 3	edu	0.1305	Balanced, <0.25
Subclass 4	edu	-0.1408	Balanced, <0.25
Subclass 5	int_eff	0.1684	Balanced, <0.25
Subclass 6	int_eff	0.1166	Balanced, <0.25

Balance tally for variance ratios across subclasses

	Subclass 1	Subclass 2	Subclass 3	Subclass 4	Subclass 5	Subclass 6
Balanced, <2	6	6	5	5	6	5
Not Balanced, >2	0	0	1	1	0	0

Variable with the greatest variance ratios across subclasses

	Variable	V.Ratio.Adj	V.Threshold
Subclass 1	park_eva_a	0.6401	Balanced, <2
Subclass 2	edu	0.7697	Balanced, <2
Subclass 3	park_eva_a	0.2934	Not Balanced, >2
Subclass 4	park_eva_a	0.0000	Not Balanced, >2
Subclass 5	hhinc	0.6967	Balanced, <2
Subclass 6	int_eff	0.8324	Balanced, <2

Sample sizes by subclass

	1	2	3	4	5	6	All
Control	791	240	229	165	91	78	1594
Treated	74	74	73	74	74	74	443
Total	865	314	302	239	165	152	2037

우선 전체표본을 기준으로 볼 때 park_eva_a 변수(박근혜 전대통령에 대한 평가)의 분산비에서 균형성을 달성하지 못했습니다. 그러나 분산비의 허용범위인 0.5~2.0에서 아주 미미하게 벗어난 0.49를 보인다는 점에서 저희는 전체표본을 기준으로 보았을 때 모든 공변량들의 공변량 균형성이 상당히 확보되었다고 생각합니다.

다음으로 층화된 각 집단을 보더라도 공변량 균형성이 어느 정도 확보되었다고 생각합니다. 처치집단과 통제집단 사이의 평균차이에서 기준을 넘는 집단은 Subclass 1 하나였고, 분산비 역시 Subclass 3과 Subclass 4의 두 집단이기 때문입니다. 물론 문제가 아예 없다고 볼 수는 없습니다. 특히 Subclass 4의 park_eva_a 변수의 경우 처치집단과 통제집단 간 분산비가 거의 0에 가깝습니다. 만약 이 부분이 중요하다고 판단하신다면 성향점수층화 기법으로는 ATT를 추정하지 않는 것이 타당할 듯합니다. 일단 여기서는 '실습'이라는 본서의 목적에 충실하게 ATT를 추정하기 위한 성향점수층화 기법 결과에서 공변량 균형성이 달성되었다고 판단하겠습니다.

```
> # ATC-평균차이 /분산비
> bal.tab(class_atc,
+          continuous="std",s.d.denom="pooled",
+          m.threshold=0.25,v.threshold=2)
Call
 matchit(formula=atc_formula, data=mydata, method="subclass",
     distance="linear.logit", discard="none", subclass=mysubclassN)


Balance measures across subclasses
              Type Diff.Adj    M.Threshold V.Ratio.Adj  V.Threshold
distance   Distance   0.0968                    1.2456
female       Binary   0.0047  Balanced, <0.25
gen20        Binary  -0.0132  Balanced, <0.25
gen30        Binary  -0.0194  Balanced, <0.25
gen40        Binary   0.0081  Balanced, <0.25
gen50        Binary   0.0019  Balanced, <0.25
edu          Contin. -0.0058  Balanced, <0.25     1.2122  Balanced, <2
hhinc        Contin. -0.0002  Balanced, <0.25     1.1861  Balanced, <2
libcon       Contin.  0.1174  Balanced, <0.25     1.1689  Balanced, <2
int_eff      Contin. -0.0403  Balanced, <0.25     1.0312  Balanced, <2
park_eva_a   Contin. -0.0352  Balanced, <0.25     1.0253  Balanced, <2
good_eco     Contin.  0.0057  Balanced, <0.25     1.0373  Balanced, <2
vote_past    Binary   0.0057  Balanced, <0.25
```

Balance tally for mean differences across subclasses

	Subclass 1	Subclass 2	Subclass 3	Subclass 4	Subclass 5	Subclass 6
Balanced, <0.25	12	12	12	12	11	10
Not Balanced, >0.25	0	0	0	0	1	2

Variable with the greatest mean difference across subclasses

	Variable	Diff.Adj	M.Threshold
Subclass 1	int_eff	-0.1348	Balanced, <0.25
Subclass 2	edu	-0.1053	Balanced, <0.25
Subclass 3	libcon	0.1107	Balanced, <0.25
Subclass 4	good_eco	-0.1746	Balanced, <0.25
Subclass 5	int_eff	0.2903	Not Balanced, >0.25
Subclass 6	libcon	0.7647	Not Balanced, >0.25

Balance tally for variance ratios across subclasses

	Subclass 1	Subclass 2	Subclass 3	Subclass 4	Subclass 5	Subclass 6
Balanced, <2	5	5	6	6	6	5
Not Balanced, >2	1	1	0	0	0	1

Variable with the greatest variance ratios across subclasses

	Variable	V.Ratio.Adj	V.Threshold
Subclass 1	park_eva_a	3.0032	Not Balanced, >2
Subclass 2	park_eva_a	2.9718	Not Balanced, >2
Subclass 3	edu	1.2353	Balanced, <2
Subclass 4	park_eva_a	0.6737	Balanced, <2
Subclass 5	park_eva_a	0.7261	Balanced, <2
Subclass 6	good_eco	2.1562	Not Balanced, >2

Sample sizes by subclass

	1	2	3	4	5	6	All
Control	202	89	77	39	29	7	443
Treated	266	265	266	265	266	266	1594
Total	468	354	343	304	295	273	2037

ATC 추정을 위해 성향점수층화 기법을 적용한 데이터의 경우도 전체표본과 개별 집단으로 나누어 공변량 균형성을 살펴보겠습니다. 먼저 전체표본을 기준으로 볼 때, 모든 공변량들에서 균형성이 확보되었다고 볼 수 있습니다.

또한 층화된 각 집단을 보더라도 어느 정도의 공변량 균형성은 확보된 것 같습니다. 처치집단과 통제집단 사이의 평균차이에서 기준을 넘는 집단은 Subclass 5와 Subclass 6 두 집단이며, 분산비 역시 Subclass 1과 Subclass 2가 기준을 넘는 것으로 나타났습니다. 물론 연구자에 따라 이 결과를 다르게 판단할 수도 있습니다. 그렇지만 ATT 추정을 위한 성향점수층화 기법 적용결과에 대한 공변량 균형성을 평가하였을 때와 마찬가지 기준에서, ATC 추정을 위한 성향점수층화 기법 결과에서도 공변량 균형성이 달성되었다고 판단하겠습니다.

8) 준-정확매칭 기법

다음으로 ATT와 ATC를 추정하기 위한 준-정확매칭 기법으로 매칭된 데이터에서 처치집단과 통제집단 사이의 공변량 균형성 달성을 판단해보겠습니다. 이를 위해 그려본 러브 플롯은 아래의 [그림 9-6]과 같습니다.

```
> # 8) 준정확매칭
> # 러브플롯
> # ATT, 평균차이
> love_D_cem_att=love.plot(cem_att,
+           s.d.denom="pooled", # 분산은 처치집단과 통제집단 모두에서
+           stat="mean.diffs", # 두 집단간 공변량 평균차이
+           drop.distance=TRUE, # 성향점수 없음
+           threshold=0.25, # 평균차이 역치
+           stars="raw",  # 표준화점수가 아닌 원점수를 사용한 경우
+           sample.names=c("Unmatched", "Matched"), # 처치집단/통제집단 표시
+           themes=theme_bw())+
+ coord_cartesian(xlim=c(-0.5,1.00))+ggtitle("ATT, covariate balance")
> # ATT, 분산비
> love_VR_cem_atc=love.plot(cem_att,
+           s.d.denom="pooled", # 분산은 처치집단과 통제집단 모두에서
+           stat="variance.ratios", # 두 집단간 분산비
+           drop.distance=TRUE, # 성향점수 없음
+           threshold=2, # 분산비 역치
+           sample.names=c("Unmatched", "Matched"), # 처치집단/통제집단 표시
+           themes=theme_bw())+
+ coord_cartesian(xlim=c(0.33,3))+ggtitle("ATT, covariate balance")
> # ATC, 평균차이
```

```
> love_VR_cem_att=love.plot(cem_atc,
+            s.d.denom="pooled", # 분산은 처치집단과 통제집단 모두에서
+            stat="mean.diffs", # 두 집단간 공변량 평균차이
+            drop.distance=TRUE, #성향점수 없음
+            threshold=0.25, # 평균차이 역치
+            stars="raw",  #표준화점수가 아닌 원점수를 사용한 경우
+            sample.names=c("Unmatched", "Matched"), #처치집단/통제집단 표시
+            themes=theme_bw())+
+ coord_cartesian(xlim=c(-0.5,1.00))+ggtitle("ATC, covariate balance")
> # ATC, 분산비
> love_VR_cem_atc=love.plot(cem_atc,
+            s.d.denom="pooled", # 분산은 처치집단과 통제집단 모두에서
+            stat="variance.ratios", # 두 집단간 분산비
+            drop.distance=TRUE, #성향점수 없음
+            threshold=2, # 분산비 역치
+            sample.names=c("Unmatched", "Matched"), #처치집단/통제집단 표시
+            themes=theme_bw())+
+ coord_cartesian(xlim=c(0.33,3))+ggtitle("ATC, covariate balance")
> gridExtra::grid.arrange(love_D_cem_att,love_VR_cem_att,
+                         love_D_cem_atc,love_VR_cem_atc,
+                         nrow=2)
```

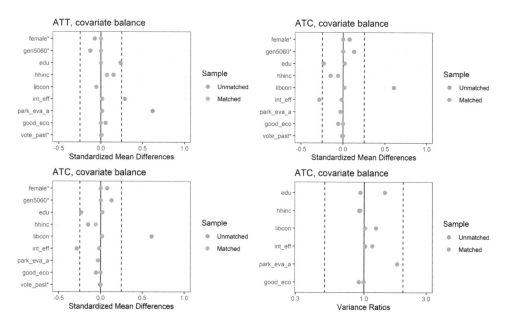

[그림 9-6] 준-정확매칭(CEM) 후 공변량 균형성 점검결과(상단은 ATT, 하단은 ATC)

[그림 9-6]에서 알 수 있듯, ATT 및 ATC 추정을 위해 CEM 기법으로 매칭된 데이터의 경우 처치집단과 통제집단 간 평균차이와 분산비 모두 역치를 넘지 않는 것으로 나타났습니다. 즉 CEM 매칭 기법을 적용하여 매칭된 데이터는 처치집단과 통제집단 간 공변량 균형성을 확보했다고 볼 수 있습니다.

그러나 한 가지 생각해볼 것이 있습니다. 위에서 matchit() 함수로 CEM 기법을 실행했을 때, 매칭에서 배제된 사례들이 적지 않았습니다. 구체적으로 ATT 추정을 위한 CEM 적용 시 약 20%의 처치집단 사례가 매칭과정에서 배제되었으며, ATC 추정을 위한 CEM 적용 시에는 약 57%의 통제집단 사례가 매칭과정에서 배제되었습니다. CEM 기법으로 얻은 데이터에서 나타난 공변량 균형성과 매칭과정에서 배제된 사례들이 전혀 없거나 거의 없었던 다른 성향점수분석 기법들로 얻은 공변량 균형성을 '공정하게' 비교하고자 한다면, 이 부분을 꼭 유념할 필요가 있을 것입니다.

4 처치효과 추정 및 비교

공변량 균형성을 확인했으니, 이제 성향점수분석 기법들을 적용해 ATT, ATC, ATE 등의 처치효과를 추정해보겠습니다. 성향점수기반 최적 매칭 기법을 사용한 경우는 ATT만 추정하고, 다른 기법들의 경우 ATT, ATC, ATE 세 가지 처치효과를 모두 추정하겠습니다. 여기서는 Zelig 패키지의 부속함수들을 이용한 비모수통계기법을 기반으로 처치효과에 대한 통계적 유의도 테스트를 진행하였습니다.

1) 성향점수가중 기법

성향점수가중 기법으로 ATT, ATC, ATE를 순서대로 추정해보겠습니다. 아래 제시된 방법에 대한 자세한 설명은 5장에 제시한 바 있습니다.

```
> # 1) 성향점수가중(PSW) 분석
> # ATT 추정
> set.seed(1234)  # 동일한 결과를 얻고자 한다면....
```

```
> z_model=zelig(y_T_cov,data=mydata,model='ls',
+                weights="Watt",cite=FALSE)
> x_1=setx(z_model,treat=1,data=mydata)
> x_0=setx(z_model,treat=0,data=mydata)
> s_1=sim(z_model,x_1,num=10000)
> s_0=sim(z_model,x_0,num=10000)
> EST_att=get_qi(s_1,"ev")-get_qi(s_0,"ev")
> summary_est_att=tibble(
+ LL95=quantile(EST_att,p=c(0.025)),
+ PEst=quantile(EST_att,p=c(0.500)),
+ UL95=quantile(EST_att,p=c(0.975)),
+ estimand="ATT",model="Propensity score weighting"
+ )
> # ATC 추정
> set.seed(1234)  # 동일한 결과를 얻고자 한다면....
> z_model=zelig(y_T_cov,data=mydata,model='ls',
+                weights="Watc",cite=FALSE)
> x_1=setx(z_model,treat=1,data=mydata)
> x_0=setx(z_model,treat=0,data=mydata)
> s_1=sim(z_model,x_1,num=10000)
> s_0=sim(z_model,x_0,num=10000)
> EST_atc=get_qi(s_1,"ev")-get_qi(s_0,"ev")
> summary_est_atc=tibble(
+ LL95=quantile(EST_atc,p=c(0.025)),
+ PEst=quantile(EST_atc,p=c(0.500)),
+ UL95=quantile(EST_atc,p=c(0.975)),
+ estimand="ATC",model="Propensity score weighting"
+ )
> # ATE 추정
> set.seed(1234)  # 동일한 결과를 얻고자 한다면....
> z_model=zelig(y_T_cov,data=mydata,model='ls',
+                weights="Wate",cite=FALSE)
> x_1=setx(z_model,treat=1,data=mydata)
> x_0=setx(z_model,treat=0,data=mydata)
> s_1=sim(z_model,x_1,num=10000)
> s_0=sim(z_model,x_0,num=10000)
> EST_ate=get_qi(s_1,"ev")-get_qi(s_0,"ev")
> summary_est_ate=tibble(
+ LL95=quantile(EST_ate,p=c(0.025)),
+ PEst=quantile(EST_ate,p=c(0.500)),
```

```
+ UL95=quantile(EST_ate,p=c(0.975)),
+ estimand="ATE",model="Propensity score weighting"
+ )
> # 3가지 효과추정치(estimands) 통합
> PSW_estimands=bind_rows(
+ summary_est_att,summary_est_atc,summary_est_ate
+ )
> PSW_estimands
# A tibble: 3 x 5
   LL95  PEst  UL95 estimand model
  <dbl> <dbl> <dbl> <chr>    <chr>
1 0.0414 0.114 0.187 ATT      Propensity score weighting
2 0.0812 0.132 0.184 ATC      Propensity score weighting
3 0.0739 0.126 0.177 ATE      Propensity score weighting
```

성향점수가중 기법을 이용하여 얻은 처치효과들을 설명하면 다음과 같습니다. 첫째, 촛불집회 참여자들에게서 나타난 촛불집회 참여경험은 선거참여 의향을 약 0.11점 증가시키는 것으로 나타났으며, 이 처치효과는 통계적으로 유의미하다고 할 수 있습니다[95% CI, (0.04, 0.19)], 둘째, 만약 집회미참여자가 촛불집회에 참여했다면 선거참여 의향이 약 0.13점가량 증가하였을 것으로 기대할 수 있으며, 이는 통계적으로 유의미한 처치효과라고 할 수 있습니다[95% CI, (0.08, 0.18)]. 끝으로, 전체표본에서 나타난 촛불집회 참여경험의 처치효과는 약 0.13이며, 이 또한 통계적으로 유의미한 처치효과로 나타났습니다[95% CI, (0.07, 0.18)].

2) 성향점수기반 그리디 매칭 기법

성향점수매칭 기법들을 기반으로 ATT와 ATC를 추정하기 위해 6장에서 작성한 이용자정의 함수인 SUMMARY_EST_ATT() 함수와 SUMMARY_EST_ATC() 함수를 이용하였습니다. 이후 이 함수들을 이용해 추정한 ATT와 ATC, 그리고 표본집단 내 처치집단 비율($\hat{\pi}$) 정보를 이용하여 ATE를 추정하였습니다. 다음은 SUMMARY_EST_ATT() 함수와 SUMMARY_EST_ATC() 함수를 불러오는 과정과 처치효과 추정을 위해 반복 사용하게 될 공식을 오브젝트로 지정한 것입니다.

```
> ## 2) 성향점수기반 그리디 매칭 기법
> # 이용자정의 함수 불러오기 (6장에서 이미 사용된 함수들임)
> SUMMARY_EST_ATT=readRDS("SUMMARY_EST_ATT.RData")
> SUMMARY_EST_ATC=readRDS("SUMMARY_EST_ATC.RData")
> # 처치효과 추정 공식 저장
> y_T_cov=as.formula(str_c("y~treat+",cvrt))
> y_R_cov=as.formula(str_c("y~Rtreat+",cvrt))
```

성향점수기반 그리디 매칭 기법을 적용하여 추정한 ATT, ATC는 다음과 같습니다.

```
> # ATT, ATC 추정
> MD_greedy_att=match.data(greedy_att)
> MD_greedy_atc=match.data(greedy_atc)
> set.seed(1234)
> greedy_ATT=SUMMARY_EST_ATT(myformula=y_T_cov,
+                            matched_data=MD_greedy_att,
+                            n_sim=10000,
+                            model_name="Greedy matching using propensity score")
> set.seed(4321)
> greedy_ATC=SUMMARY_EST_ATC(myformula=y_R_cov,
+                            matched_data=MD_greedy_atc,
+                            n_sim=10000,
+                            model_name="Greedy matching using propensity score")
```

이렇게 저장된 ATT와 ATC를 기반으로 ATE를 추정하기 위한 과정은 다음과 같은 이용자정의 함수를 이용해 추정했습니다. ATE를 추정하는 과정 역시 6장에서 설명한 바 있습니다.

```
> # ATE 추정을 위한 이용자정의 함수
> SUMMARY_EST_ATE=function(Out_ATT,Out_ATC,variable_treat,my_naming){
+ mypi=prop.table(table(variable_treat))[2]
+ EST1000=mypi*as.vector(Out_ATT[[1]])+(1-mypi)*(as.vector(Out_ATC[[1]]))
+ summary_est=tibble(
+  LL95=quantile(EST1000,p=c(0.025)),
+  PEst=quantile(EST1000,p=c(0.500)),
```

```
+   UL95=quantile(EST1000,p=c(0.975)),
+   estimand="ATE",model=my_naming
+   )
+   summary_est
+ }
```

다음으로 ATE를 추정한 후 ATT, ATC, ATE 등을 통합한 결과는 아래와 같습니다.

```
> greedy_ATE=SUMMARY_EST_ATE(greedy_ATT,greedy_ATC,mydata$treat,
+                     "Greedy matching using propensity score")
> # 3가지 효과추정치(estimands) 통합
> greedy_estimands=bind_rows(
+ greedy_ATT[[2]],greedy_ATC[[2]],greedy_ATE
+ )
> greedy_estimands
# A tibble: 3 x 5
   LL95   PEst   UL95 estimand model
  <dbl>  <dbl>  <dbl> <chr>    <chr>
1 0.0172 0.0748 0.135 ATT      Greedy matching using propensity score
2 0.0670  0.136 0.203 ATC      Greedy matching using propensity score
3 0.0671  0.122 0.177 ATE      Greedy matching using propensity score
```

성향점수기반 그리디 매칭 기법을 이용하여 얻은 처치효과들을 설명하면 다음과 같습니다. 첫째, 촛불집회 참여자들에게서 나타난 촛불집회 참여경험은 선거참여 의향을 약 0.07점 증가시키는 것으로 나타났으며, 이 처치효과는 통계적으로 유의미하다고 할 수 있습니다[95% CI, (0.02, 0.14)]. 둘째, 만약 집회미참여자가 촛불집회에 참여했다면 선거참여 의향이 약 0.14점가량 증가하였을 것으로 기대할 수 있으며, 이는 통계적으로 유의미한 처치효과라고 할 수 있습니다[95% CI, (0.07, 0.20)]. 끝으로, 전체표본에서 나타난 촛불집회 참여경험의 처치효과는 약 0.12이며, 이 또한 통계적으로 유의미한 처치효과로 나타났습니다[95% CI, (0.07, 0.18)].

3) 성향점수기반 최적 매칭 기법

성향점수기반 최적 기법을 이용하여 ATT를 추정하기 위해 SUMMARY_EST_ATT() 함수를 이용하였습니다. 성향점수기반 최적 기법의 경우 ATC를 추정할 수 없었기 때문에 ATE 역시 추정할 수 없습니다. ATT 추정결과는 아래와 같습니다.

```
> ## 3) 성향점수기반 최적 매칭 기법
> # ATT 추정
> MD_optimal_att=match.data(optimal_att)
> set.seed(1234)
> optimal_ATT=SUMMARY_EST_ATT(myformula=y_T_cov,
+                     matched_data=MD_optimal_att,
+                     n_sim=10000,
+                     model_name="Optimal matching using propensity score")
> set.seed(4321)
> # 3가지 효과추정치(estimands) 통합
> optimal_estimands=optimal_ATT[[2]]
> optimal_estimands
# A tibble: 1 x 5
   LL95  PEst  UL95 estimand model
  <dbl> <dbl> <dbl> <chr>    <chr>
1 0.0210 0.0811 0.141 ATT     Optimal matching using propensity score
```

성향점수기반 최적 매칭으로 추정한 ATT에서 알 수 있듯, 촛불집회 참여자들에게서 나타난 촛불집회 참여경험은 선거참여 의향을 약 0.08점 증가시키는 것으로 나타났으며, 이 처치효과는 통계적으로 유의미하다고 할 수 있습니다[95% CI, (0.02, 0.14)].

4) 성향점수기반 전체 매칭 기법

성향점수기반 전체 기법을 이용하여 ATT를 추정하기 위해 SUMMARY_EST_ATT() 함수를, ATC를 추정하기 위해 SUMMARY_EST_ATC() 함수를 이용하였습니다. ATT, ATC를 추정한 후 SUMMARY_EST_ATE() 함수를 이용해 ATE를 추정하였습니다. ATT, ATC, ATE 추정결과는 다음과 같습니다.

```
> ## 4) 성향점수기반 전체 매칭 기법
> # ATT, ATC 추정
> MD_full_att=match.data(full_att)
> MD_full_atc=match.data(full_atc)
> set.seed(1234)
> full_ATT=SUMMARY_EST_ATT(myformula=y_T_cov,
+                          matched_data=MD_full_att,
+                          n_sim=10000,
+                          model_name="Full matching using propensity score")
> set.seed(4321)
> full_ATC=SUMMARY_EST_ATC(myformula=y_R_cov,
+                          matched_data=MD_full_atc,
+                          n_sim=10000,
+                          model_name="Full matching using propensity score")
> full_ATE=SUMMARY_EST_ATE(full_ATT,full_ATC,mydata$treat,
+                          "Full matching using propensity score")
> # 3가지 효과추정치(estimands) 통합
> full_estimands=bind_rows(
+ full_ATT[[2]],full_ATC[[2]],full_ATE
+ )
> full_estimands
# A tibble: 3 x 5
   LL95   PEst  UL95 estimand model
  <dbl>  <dbl> <dbl> <chr>    <chr>
1 0.0256 0.0927 0.159 ATT     Full matching using propensity score
2 0.109  0.177  0.246 ATC     Full matching using propensity score
3 0.104  0.159  0.215 ATE     Full matching using propensity score
```

성향점수기반 전체 매칭 기법을 이용하여 얻은 처치효과들을 설명하면 다음과 같습니다. 첫째, 촛불집회 참여자들에게서 나타난 촛불집회 참여경험은 선거참여 의향을 약 0.09점 증가시키는 것으로 나타났으며, 이 처치효과는 통계적으로 유의미하다고 할 수 있습니다[95% CI, (0.03, 0.16)]. 둘째, 만약 집회미참여자가 촛불집회에 참여했다면 선거참여 의향이 약 0.18점가량 증가하였을 것으로 기대할 수 있으며, 이는 통계적으로 유의미한 처치효과라고 할 수 있습니다[95% CI, (0.11, 0.25)]. 끝으로, 전체표본에서 나타난 촛불집회 참여경험의 처치효과는 약 0.16이며, 이 또한 통계적으로 유의미한 처치효과로 나타났습니다[95% CI, (0.10, 0.22)].

5) 성향점수기반 유전 매칭 기법

성향점수기반 유전 매칭 기법을 기반으로 ATT 추정에 SUMMARY_EST_ATT() 함수를, ATC 추정에 SUMMARY_EST_ATC() 함수를 이용하였습니다. 이후 SUMMARY_EST_ATE() 함수를 이용해 ATE를 추정하였습니다. ATT, ATC, ATE 추정결과는 다음과 같습니다.

```
> ## 5) 성향점수기반 유전 매칭 기법
> # ATT, ATC 추정
> MD_genetic_att=match.data(genetic_att)
> MD_genetic_atc=match.data(genetic_atc)
> set.seed(1234)
> genetic_ATT=SUMMARY_EST_ATT(myformula=y_T_cov,
+                     matched_data=MD_genetic_att,
+                     n_sim=10000,
+                     model_name="Genetic matching using propensity score")
> set.seed(4321)
> genetic_ATC=SUMMARY_EST_ATC(myformula=y_R_cov,
+                     matched_data=MD_genetic_atc,
+                     n_sim=10000,
+                     model_name="Genetic matching using propensity score")
> genetic_ATE=SUMMARY_EST_ATE(genetic_ATT,genetic_ATC,mydata$treat,
+                     "Genetic matching using propensity score")
> # 3가지 효과추정치(estimands) 통합
> genetic_estimands=bind_rows(
+ genetic_ATT[[2]],genetic_ATC[[2]],genetic_ATE
+ )
> genetic_estimands
# A tibble: 3 x 5
    LL95   PEst  UL95 estimand model
   <dbl>  <dbl> <dbl> <chr>    <chr>
1 0.0156 0.0753 0.135 ATT      Genetic matching using propensity score
2 0.0757 0.144  0.212 ATC      Genetic matching using propensity score
3 0.0735 0.129  0.184 ATE      Genetic matching using propensity score
```

성향점수기반 유전 매칭 기법을 이용하여 얻은 처치효과들을 설명하면 다음과 같습니다. 첫째, 촛불집회 참여자들에게서 나타난 촛불집회 참여경험은 선거참여 의향을 약

0.08점 증가시키는 것으로 나타났으며, 이 처치효과는 통계적으로 유의미하다고 할 수 있습니다[95% CI, (0.02, 0.14)]. 둘째, 만약 집회미참여자가 촛불집회에 참여했다면 선거참여 의향이 약 0.14점가량 증가하였을 것으로 기대할 수 있으며, 이는 통계적으로 유의미한 처치효과라고 할 수 있습니다[95% CI, (0.08, 0.21)]. 끝으로, 전체표본에서 나타난 촛불집회 참여경험의 처치효과는 약 0.13이며, 이 또한 통계적으로 유의미한 처치효과로 나타났습니다[95% CI, (0.07, 0.18)].

6) 마할라노비스 거리점수기반 그리디 매칭 기법

마할라노비스 거리점수기반 그리디 매칭 기법을 이용하여 ATT를 추정하기 위해 SUMMARY _EST_ATT() 함수를, ATC를 추정하기 위해 SUMMARY_EST_ATC() 함수를 이용하였습니다. 이후 SUMMARY_EST_ATE() 함수를 이용해 ATE를 추정하였습니다. ATT, ATC, ATE 추정결과는 다음과 같습니다.

```
> ## 6) 마할라노비스 거리점수기반 그리디 매칭 기법
> # ATT, ATC 추정
> MD_mahala_att=match.data(mahala_att)
> MD_mahala_atc=match.data(mahala_atc)
> set.seed(1234)
> mahala_ATT=SUMMARY_EST_ATT(myformula=y_T_cov,
+                           matched_data=MD_mahala_att,
+                           n_sim=10000,
+                           model_name="Greedy matching using Mahala. distance")
> set.seed(4321)
> mahala_ATC=SUMMARY_EST_ATC(myformula=y_R_cov,
+                           matched_data=MD_mahala_atc,
+                           n_sim=10000,
+                           model_name="Greedy matching using Mahala. distance")
> mahala_ATE=SUMMARY_EST_ATE(mahala_ATT,mahala_ATC,mydata$treat,
+                           "Greedy matching using Mahala. distance")
> # 3가지 효과추정치(estimands) 통합
> mahala_estimands=bind_rows(
+ mahala_ATT[[2]],mahala_ATC[[2]],mahala_ATE
+ )
> mahala_estimands
```

```
# A tibble: 3 x 5
  LL95  PEst UL95 estimand model
 <dbl> <dbl> <dbl> <chr>    <chr>
1 0.0601 0.125 0.190 ATT     Greedy matching using Mahala. distance
2 0.0964 0.164 0.231 ATC     Greedy matching using Mahala. distance
3  0.100 0.155 0.211 ATE     Greedy matching using Mahala. distance
```

마할라노비스 거리점수기반 그리디 매칭 기법을 이용하여 얻은 처치효과들을 설명하면 다음과 같습니다. 첫째, 촛불집회 참여자들에게서 나타난 촛불집회 참여경험은 선거참여 의향을 약 0.13점 증가시키는 것으로 나타났으며, 이 처치효과는 통계적으로 유의미하다고 할 수 있습니다[95% CI, (0.06, 0.19)]. 둘째, 만약 집회미참여자가 촛불집회에 참여했다면 선거참여 의향이 약 0.16점가량 증가하였을 것으로 기대할 수 있으며, 이는 통계적으로 유의미한 처치효과라고 할 수 있습니다[95% CI, (0.10, 0.23)]. 끝으로, 전체표본에서 나타난 촛불집회 참여경험의 처치효과는 약 0.16이며, 이 또한 통계적으로 유의미한 처치효과로 나타났습니다[95% CI, (0.10, 0.21)].

7) 성향점수층화 기법

성향점수층화 기법을 적용하여 ATT, ATC를 추정하는 방법은 7장에서 소개한 방법과 동일합니다. 즉 성향점수층화 기법을 적용하여 도출된 데이터를 각 집단별로 구분한 후, 각 집단에서 나타난 처치효과를 전체표본에서 각 집단이 차지하는 비중으로 가중한 후 합산하는 방법입니다. 그리고 끝으로 이를 통해 추정한 ATT, ATC, 전체표본 내의 처치집단 비율 정보($\hat{\pi}$)를 이용해 ATE를 추정하였습니다. 성향점수층화 기법을 적용해 처치효과를 얻는 과정은 다음과 같습니다.

```
> ## 7) 성향점수층화 기법
> # ATT
> MD_class_att=match.data(class_att)
> MD_class_atc=match.data(class_atc)
> set.seed(1234)
> total_wgt=sum(MD_class_att$weights) #총 데이터 사례들
> all_sub_sim=list()       #집단별 시뮬레이션 결과 저장
```

```
> for(i in 1:mysubclassN){
+   temp_md_sub=MD_class_att %>% filter(subclass==i) #i번째 집단
+   #효과추정치 추정모형
+   z_sub_att=zelig(y_T_cov,data=temp_md_sub,
+                   model='ls',weights="weights",cite=F)
+   #독립변수 조건
+   x_sub_att0=setx(z_sub_att,treat=0,data=temp_md_sub)
+   x_sub_att1=setx(z_sub_att,treat=1,data=temp_md_sub)
+   #시뮬레이션
+   s_sub_att0=sim(z_sub_att,x_sub_att0,num=10000)
+   s_sub_att1=sim(z_sub_att,x_sub_att1,num=10000)
+   temp_sim=get_qi(s_sub_att1,"ev")-get_qi(s_sub_att0,"ev") #Estimand
+   #각 집단이 전체표본에서 차지하는 비중으로 가중
+   temp_sim_portion=sum(temp_md_sub$weights)/sum(MD_class_att$weights)
+   #결과도출
+   sub_sim=tibble(subclass=rep(i,10000),
+                  sim_ev=temp_sim*temp_sim_portion,
+                  sim_num=1:10000)
+   #집단별로 얻은 결과 합치기
+   all_sub_sim=bind_rows(all_sub_sim,sub_sim)
+ }
Error in eigen(Sigma, symmetric=TRUE) :
  infinite or missing values in 'x'
추가정보: 경고메시지(들):
1: In est.se > 1.5 * rse.se :
  두 객체의 길이가 서로 배수관계에 있지 않습니다
2: In rse.se > 1.5 * est.se :
  두 객체의 길이가 서로 배수관계에 있지 않습니다
```

경고메시지가 나온 이유는 마지막 여섯 번째 집단을 대상으로 처치효과를 추정할 수 없기 때문입니다. 마지막 여섯 번째 집단의 경우, 처치집단이든 통제집단이든 park_eva_a(박근혜 전대통령에 대한 평가) 변수의 분산이 0이라 회귀모형에 투입하는 것이 불가능합니다. 아래의 결과를 살펴보시기 바랍니다.

```
> #park_eva_a 변수
> MD_class_att %>%
+   filter(subclass==6) %>%
```

```
+ group_by(treat) %>%
+ summarize_at(
+   vars(edu:good_eco),
+   function(x){sd(x,na.rm=TRUE)}
+ )
# A tibble: 2 x 7
  treat    edu hhinc libcon int_eff park_eva_a good_eco
  <dbl>  <dbl> <dbl>  <dbl>   <dbl>      <dbl>    <dbl>
1     0  0.594  3.86   1.45   0.939          0    0.845
2     1  0.596  3.65   1.36   0.857          0    0.826
```

이런 이유로 여섯 번째 집단의 경우 park_eva_a 공변량을 제거한 후 처치효과를 계산하였습니다.

```
> # subclass==6 의 경우만 따로
> i=6
> temp_md_sub=MD_class_att %>% filter(subclass==i)
> z_sub_att=zelig(y~treat+female+gen20+gen30+gen40+gen50+edu+hhinc+
+                   libcon+int_eff+good_eco+vote_past,data=temp_md_sub,
+                 model='ls',weights="weights",cite=F)
> x_sub_att0=setx(z_sub_att,treat=0,data=temp_md_sub)
> x_sub_att1=setx(z_sub_att,treat=1,data=temp_md_sub)
> s_sub_att0=sim(z_sub_att,x_sub_att0,num=10000)
> s_sub_att1=sim(z_sub_att,x_sub_att1,num=10000)
> temp_sim=get_qi(s_sub_att1,"ev")-get_qi(s_sub_att0,"ev") #Estimand
> temp_sim_portion=sum(temp_md_sub$weights)/sum(MD_class_att$weights)
> sub_sim=tibble(subclass=rep(i,10000),
+                sim_ev=temp_sim*temp_sim_portion,
+                sim_num=1:10000)
> all_sub_sim=bind_rows(all_sub_sim,sub_sim)
> # 6개 집단들의 효과추정치 합산
> all_sub_sim_agg=all_sub_sim %>%
+ group_by(sim_num) %>%
+ summarize(att=sum(sim_ev))
> # 95% 신뢰구간 계산
> SUB_ATT=all_sub_sim_agg$att
> myATT=quantile(SUB_ATT,p=c(0.025,0.5,0.975)) %>%
+ data.frame() %>%
```

```
+  t() %>% data.frame()
> names(myATT)=c("LL95","PEst","UL95")
> myATT$estimand="ATT"
> myATT$model="Propensity score subclassification (6 groups)"
> myATT %>% as_tibble()
# A tibble: 1 x 5
    LL95   PEst  UL95 estimand model
   <dbl>  <dbl> <dbl> <chr>    <chr>
1 0.0335 0.0983 0.164 ATT      Propensity score subclassification (6 groups)
> # ATC
> set.seed(4321)
> all_sub_sim=list()      # 집단별 시뮬레이션 결과 저장
> for(i in 1:mysubclassN){
+  temp_md_sub=MD_class_atc %>% filter(subclass==i) #i번째 집단
+  # 효과추정치 추정모형
+  z_sub_atc=zelig(y_R_cov,data=temp_md_sub,
+                  model='ls',weights="weights",cite=F)
+  # 독립변수 조건
+  x_sub_atc0=setx(z_sub_atc,Rtreat=1,data=temp_md_sub)
+  x_sub_atc1=setx(z_sub_atc,Rtreat=0,data=temp_md_sub)
+  # 시뮬레이션
+  s_sub_atc0=sim(z_sub_atc,x_sub_atc0,num=10000)
+  s_sub_atc1=sim(z_sub_atc,x_sub_atc1,num=10000)
+  temp_sim=get_qi(s_sub_atc1,"ev")-get_qi(s_sub_atc0,"ev") #Estimand
+  # 각 집단이 전체표본에서 차지하는 비중으로 가중
+  temp_sim_portion=sum(temp_md_sub$weights)/sum(MD_class_atc$weights)
+  # 결과도출
+  sub_sim=tibble(subclass=rep(i,10000),
+                 sim_ev=temp_sim*temp_sim_portion,
+                 sim_num=1:10000)
+  # 집단별로 얻은 결과 합치기
+  all_sub_sim=bind_rows(all_sub_sim,sub_sim)
+ }
> # 6개 집단들의 효과추정치 합산
> all_sub_sim_agg=all_sub_sim %>%
+  group_by(sim_num) %>%
+  summarize(atc=sum(sim_ev))
> # 95% 신뢰구간 계산
> SUB_ATC=all_sub_sim_agg$atc
> myATC=quantile(SUB_ATC,p=c(0.025,0.5,0.975)) %>%
```

```
+ data.frame() %>%
+ t() %>% data.frame()
> names(myATC)=c("LL95","PEst","UL95")
> myATC$estimand="ATC"
> myATC$model="Propensity score subclassification (6 groups)"
> myATC %>% as_tibble()
# A tibble: 1 x 5
   LL95  PEst  UL95 estimand model
  <dbl> <dbl> <dbl> <chr>    <chr>
1 0.0613 0.135 0.207 ATC       Propensity score subclassification (6 groups)
> # ATE 추정: ATT, ATC, 처치집단비율(pi)을 이용하여 계산
> mypi=prop.table(table(mydata$treat))[2]
> SUB_ATE=mypi*SUB_ATT+(1-mypi)*SUB_ATC
> myATE=quantile(SUB_ATE,p=c(0.025,0.5,0.975)) %>%
+ data.frame() %>%
+ t() %>% data.frame()
> names(myATE)=c("LL95","PEst","UL95")
> myATE$estimand="ATE"
> myATE$model="Propensity score subclassification (6 groups)"
> myATE %>% as_tibble()
# A tibble: 1 x 5
   LL95  PEst  UL95 estimand model
  <dbl> <dbl> <dbl> <chr>    <chr>
1 0.0682 0.127 0.184 ATE       Propensity score subclassification (6 groups)
> # 3가지 효과추정치 통합
> class_estimands=bind_rows(myATT,myATC,myATE) %>%
+ as_tibble()
> class_estimands
# A tibble: 3 x 5
   LL95  PEst  UL95 estimand model
  <dbl> <dbl> <dbl> <chr>    <chr>
1 0.0335 0.0983 0.164 ATT       Propensity score subclassification (6 groups)
2 0.0613 0.135  0.207 ATC       Propensity score subclassification (6 groups)
3 0.0682 0.127  0.184 ATE       Propensity score subclassification (6 groups)
```

성향점수층화 기법을 적용하여 얻은 처치효과들을 설명하면 다음과 같습니다. 첫째, 촛불집회 참여자들에게서 나타난 촛불집회 참여경험은 선거참여 의향을 약 0.10점 증가시키는 것으로 나타났으며, 이 처치효과는 통계적으로 유의미하다고 할 수 있습니다[95%

CI, (0.03, 0.16)], 둘째, 만약 집회미참여자가 촛불집회에 참여했다면 선거참여 의향이 약 0.14점가량 증가하였을 것으로 기대할 수 있으며, 이는 통계적으로 유의미한 처치효과라고 할 수 있습니다[95% CI, (0.06, 0.21)]. 끝으로, 전체표본에서 나타난 촛불집회 참여경험의 처치효과는 약 0.13이며, 이 또한 통계적으로 유의미한 처치효과로 나타났습니다[95% CI, (0.07, 0.18)].

8) 준-정확매칭 기법

이용자선택 뭉뚱그리기 방식을 적용한 준-정확매칭(CEM) 기법을 이용하여 ATT를 추정하기 위해 SUMMARY_EST_ATT() 함수를, ATC를 추정하기 위해 SUMMARY_EST_ATC() 함수를 이용하였습니다. 이후 ATE를 추정하기 위해서는 SUMMARY_EST_ATE() 함수를 이용하였습니다. ATT, ATC, ATE 추정결과를 얻는 과정은 다음과 같습니다.

```
> ## 8) 준-정확매칭 기법
> # ATT, ATC 추정
> MD_cem_att=match.data(cem_att)
> MD_cem_atc=match.data(cem_atc)
> set.seed(1234)
> cem_ATT=SUMMARY_EST_ATT(myformula=y_T_cov,
+                    matched_data=MD_cem_att,
+                    n_sim=10000,
+                    model_name="CEM, user-choice coarsening")
> set.seed(4321)
> cem_ATC=SUMMARY_EST_ATC(myformula=y_R_cov,
+                    matched_data=MD_cem_atc,
+                    n_sim=10000,
+                    model_name="CEM, user-choice coarsening")
> cem_ATE=SUMMARY_EST_ATE(cem_ATT,cem_ATC,mydata$treat,
+                    "CEM, user-choice coarsening")
> # 3가지 효과추정치(estimands) 통합
> cem_estimands=bind_rows(
+  cem_ATT[[2]],cem_ATC[[2]],cem_ATE
+ )
> cem_estimands
# A tibble: 3 x 5
```

```
      LL95   PEst    UL95   estimand  model
     <dbl>   <dbl>   <dbl>  <chr>     <chr>
1  -0.00650  0.0556  0.119  ATT       CEM, user-choice coarsening
2   0.0380  0.103    0.165  ATC       CEM, user-choice coarsening
3   0.0399  0.0923   0.143  ATE       CEM, user-choice coarsening
```

이용자선택 뭉뚱그리기를 적용한 준–정확매칭(CEM) 기법을 적용하여 얻은 처치효과들을 설명하면 다음과 같습니다. 첫째, 촛불집회 참여자들에게서 나타난 촛불집회 참여경험은 선거참여 의향을 약 0.06점 증가시키는 것으로 나타났으나, 이 처치효과는 통계적으로 유의미하다고 볼 수 없습니다[95% CI, (−0.01, 0.12)]. 둘째, 만약 집회미참여자가 촛불집회에 참여했다면 선거참여 의향이 약 0.10점가량 증가하였을 것으로 기대할 수 있으며, 이는 통계적으로 유의미한 처치효과라고 할 수 있습니다[95% CI, (0.04, 0.17)]. 끝으로, 전체 표본에서 나타난 촛불집회 참여경험의 처치효과는 약 0.09이며, 이 또한 통계적으로 유의미한 처치효과로 나타났습니다[95% CI, (0.04, 0.14)].

마지막으로 앞서 추정한 8가지 성향점수분석 기법들을 통해 추정한 ATT, ATC, ATE를 비교해보겠습니다. 시각화 결과는 [그림 9-7]과 같습니다.

```
> # 효과추정치 비교 시각화
> bind_rows(PSW_estimands,greedy_estimands,optimal_estimands,full_estimands,
+            genetic_estimands,mahala_estimands,class_estimands,cem_estimands) %>%
+ mutate(rid=row_number(),
+        model=fct_reorder(model,rid)) %>%
+ ggplot(aes(x=estimand,y=PEst,color=model))+
+ geom_point(size=3,position=position_dodge(width=0.3))+
+ geom_errorbar(aes(ymin=LL95,ymax=UL95),
+               width=0.2,lwd=1,
+               position=position_dodge(width=0.3))+
+ geom_hline(yintercept=OLS_estimands$LL95,lty=2)+
+ geom_hline(yintercept=OLS_estimands$UL95,lty=2)+
+ geom_hline(yintercept=0,lty=1,color="red")+
+ geom_label(x=0.3,y=0.17,
+            label="Naive OLS\n95% CI",color="black")+
+ labs(x="Estimands",
+      y="Estimates, 95% Confidence Interval",
```

```
+        color="Models")+
+ coord_cartesian(xlim=c(0.7,3),ylim=c(-0.05,.3))+
+ theme_bw()+theme(legend.position="top")+
+ guides(color=guide_legend(nrow=4))
> ggsave("Part2_ch9_Comparison_Estimands.png",height=14,width=21,units='cm')
```

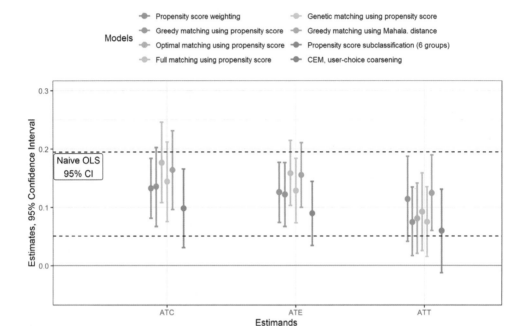

[그림 9-7] 8가지 성향점수분석 기법들로 추정한 처치효과 비교

　끝으로 성향점수분석 기법들을 이용해 추정한 ATT, ATC, ATE를 비교해보겠습니다. 여기서 통상적 OLS 회귀모형으로 얻은 95% 신뢰구간을 기준선으로 제시한 후([그림 9-7] 의 수평점선), 각 성향점수분석 기법으로 얻은 ATT, ATC, ATE의 95% 신뢰구간을 오차막 대(error bar) 형태로 제시하였습니다.

　[그림 9-7]의 결과는 성향점수분석 기법들을 시뮬레이션 데이터에 적용하여 얻은 처 치효과들과 상당히 달라 보입니다. 첫째, ATT와 ATC가 크게 다르지 않습니다(그러다 보 니 ATE도 ATT, ATC와 별반 차이가 없습니다). 다시 말해 처치집단으로 배치된 사례들에서 나타난 처치효과와 통제집단으로 배치된 사례들에서 나타난 처치효과가 대동소이합니다. 둘째, OLS 회귀모형을 통해 추정한 효과추정치와 성향점수분석 기법들로 추정한 효과추

정치들이 별반 다르지 않습니다. 실제로 이런 패턴은 여러 리뷰논문에서 지적된 사항이기도 합니다. 즉 성향점수분석 기법, 특히 매칭 기법들과 통상적인 OLS 회귀모형을 비교한 여러 논문(Shah et al., 2005; Stürmer et al., 2006)에서는 두 기법이 실질적으로 구분되는 효과추정치를 추정한다고 볼 수 없다는 결론을 내리고 있습니다.[9]

이런 경우, 즉 성향점수분석 기법을 통해 얻은 추정결과와 통상적 회귀모형을 통해 얻은 추정결과가 비슷한 경우에는 어떻게 해야 할까요? 솔직히 잘 모르겠습니다만, 조심스럽게 사견을 밝히면 다음과 같습니다. 통상적 회귀모형 추정결과와 함께 성향점수분석 기법으로 추정한 결과들을 모두 청중이나 독자에게 제시합니다. 성향점수분석 기법으로 얻은 효과추정치와 회귀모형으로 얻은 효과추정치가 비슷하다는 사실 자체가 연구자가 분석하고 있는 현상의 특징을 잘 설명해주기 때문입니다. [그림 9-7]과 같은 결과가 나타난 관측연구 데이터에서는 내생성(endogeneity)이나 모형의존성 등과 관련된 위험이 그렇게 심하지 않으며, 따라서 통상적인 회귀모형의 가정을 무리 없이 적용할 수 있다는 정보를 보여주고 있습니다. 즉 통상적 회귀모형 추정결과와 함께 성향점수분석 기법으로 추정한 결과들이 비슷하다는 사실 자체만으로도 관측연구 데이터의 특성을 알 수 있다고 생각합니다. 그러나 최종 판단은 현상과 데이터를 가장 잘 알고 있는 연구자와 이 결과를 평가하게 될 심사위원이 내리는 것이 맞을 듯합니다.

만약 [그림 9-7]의 결과에 대해 조금 과한 해석이 허락된다면, 위의 결과가 '정치집회 참여여부와 선거참여의향의 관계'에 대한 흥미로운 점들을 암시한다고 생각합니다. 저희가 주목하는 점들을 정리하면 다음과 같습니다. 첫째, 전반적으로 ATT, ATC가 유사하게 나타났지만, 전반적으로 ATT의 값은 ATC의 값보다 0에 근접하게 나타난 것을 확인할 수 있습니다. 다시 말해 촛불집회 참여자들에게서 나타난 처치효과보다 집회미참여자

---

9 스터머 등(Stürmer et al., 2006)은 다음과 같은 결론을 내린 바 있습니다. "성향점수 기법에 기반해 결과를 도출한 문헌들이 급격하게 증가하고 있으나, 성향점수 기법을 통해 얻은 결과가 통상적인 다변량 분석 기법을 통해 얻은 결과와 매우 다른 추정치를 보인다는 실증적 증거는 거의 없다(Publication of results based on propensity score methods has increased dramatically, but there is little evidence that these methods yield substantially different estimates compared with conventional multivariable methods)"(p. 437.e1). 또한 샤 등(Shah et al., 2005)도 비슷한 결론을 내린 바 있습니다. "관측연구에서 교란효과를 조정할 때 통상적인 회귀모형을 사용하든 아니면 성향점수 기법을 사용하든 결과는 비슷하다(Observational studies had similar results whether using traditional regression or propensity scores to adjust for confounding)"(p. 550).

들에게서 나타난 처치효과가 미미하지만 조금 더 큰 것 같습니다. 촛불집회의 성격을 한 번 생각해보시기 바랍니다. 일반적인 정치집회와는 달리 규모가 방대했으며, 참여하는 사람들도 매우 이질적이고 다양했습니다. '무효과 가설'에서 주장하듯 정치집회에 열성적으로 참여하는 사람들의 경우 촛불집회 참여경험은 '0'에 가까울 것입니다. 하지만 정치집회에 별 관심이 없다가 참여하는 사람들의 경우 '참여촉진효과 가설'에서 주장하듯 0보다 큰 참여효과가 나타났을 수 있습니다. 촛불집회 참여집단에게서 나타난 '약한 효과'는 어쩌면 '무효과'와 '참여촉진효과'가 섞여서 나타난 결과일 수 있습니다.

둘째, 왜 ATC는 ATT와 비교할 때 다소 크지만 비슷한 처치효과를 보였던 것일까요? 여기서는 '촛불집회'가 사회적 사건(social event)이라는 점에 주목하고 싶습니다. 즉 여기서 사용된 원인처치변수는 '투약여부'와 같이 개인에게 적용된 처치(treatment)와는 다릅니다. 촛불집회는 여러 미디어를 통해 누적적으로 보도되었으며, SNS 등을 통해 직접 참여하지 않았다고 하더라도 실시간 집회상황을 간접적으로 체험하는 것이 가능했습니다. 다시 말해 직접 참여하지 않았다고 하더라도 정치집회참여를 간접적으로 충분히 체험할 수 있었으며, 바로 이러한 유사경험(pseudo-experience)이 선거참여의향을 증가시켰을 가능성이 높습니다. 즉 원인처치가 처치집단 범위를 넘어 통제집단에도 퍼졌기(diffuse) 때문에 ATT와 ATC가 유사하게 나왔을 가능성이 있습니다. 물론 이런 점에서 본다면 여기서 제시된 성향점수분석 기법들은 '사례별 안정처치효과 가정(SUTVA, the stable unit treatment value assumption)'을 어느 정도 위배한 것이라고도 볼 수 있습니다.

5 민감도분석 결과 비교

성향점수분석의 마지막 단계는 민감도분석입니다. 성향점수분석 기법을 활용하였음에도 불구하고 적지 않은 연구들이 민감도분석을 실시하지 않거나 민감도분석 결과를 보고하지 않고 있습니다. 원칙적으로 관측연구 데이터는 '누락변수편향'에 매우 취약합니다. 이런 점에서 민감도분석 결과는 성향점수분석 기법을 통해 추정한 처치효과의 강건성(robustness)을 평가할 수 있는 정량적 지표로서 중요한 의미를 갖습니다.

여기서는 민감도분석 기법이 알려지지 않은 성향점수층화 기법과 준-정확매칭(CEM)

기법을 뺀 나머지 성향점수분석 기법들을 통해 얻은 효과추정치들에 대해 민감도분석을 실시하였습니다. 성향점수가중 기법을 통해 얻은 ATT, ATC, ATE의 경우는 카네기·하라다·힐의 민감도분석(Carnegie et al., 2016)을, 그리고 나머지 성향점수매칭 기법들을 통해 얻은 ATT, ATC에 대해서는 로젠바움의 민감도분석(Rosenbaum, 2015)을 실시하였습니다.[10]

1) 성향점수가중 기법

카네기·하라다·힐의 민감도분석을 실시하기 위해 treatSens 패키지의 treatSens() 함수를 이용하였습니다. 카네기·하라다·힐의 민감도분석에 대한 소개는 5장에서 제시한 바 있습니다. 성향점수가중 기법을 기반으로 추정한 ATT, ATC, ATE에 대한 카네기·하라다·힐의 민감도분석 결과는 아래와 같습니다. 5장에서는 summary() 함수를 이용하여 카네기·하라다·힐의 민감도분석 결과를 살펴보았으나 여기서는 sensPlot() 함수를 이용하였습니다.

```
> ## 1) 성향점수가중 기법
> SA_PSW_ATT=treatSens(formula=y_T_cov,
+                   trt.family=binomial(link='probit'),
+                   grid.dim=c(7,5),nsim=20,
+                   standardize=FALSE,
+                   data=mydata,
+                   weights=mydata$Watt)
model.matrix.default(mt, mf, contrasts)에서 경고가 발생했습니다 :
 non-list contrasts argument ignored
경고: glm.fit: fitted probabilities numerically 0 or 1 occurred
[이후에 제시되는 경고는 제시하지 않았음]
> SA_PSW_ATC=treatSens(formula=y_T_cov,
+                   trt.family=binomial(link='probit'),
+                   grid.dim=c(7,5),nsim=20,
+                   standardize=FALSE,
```

---

10 5장에서 설명했듯 성향점수가중 기법으로는 ATE를 비롯해 ATT, ATC에 대한 민감도분석이 모두 가능하지만, 매칭 기법들로는 ATE는 불가능하고 ATT와 ATC만 가능합니다.

```
+                    data=mydata,
+                    weights=mydata$Watc)
```
model.matrix.default(mt, mf, contrasts)에서 경고가 발생했습니다 :
 non-list contrasts argument ignored
경고: glm.fit: fitted probabilities numerically 0 or 1 occurred
[이후에 제시되는 경고는 제시하지 않았음]
```
> SA_PSW_ATE=treatSens(formula=y_T_cov,
+                    trt.family=binomial(link='probit'),
+                    grid.dim=c(7,5),
+                    nsim=20,
+                    standardize=FALSE,
+                    data=mydata,weights=mydata$Wate)
```
model.matrix.default(mt, mf, contrasts)에서 경고가 발생했습니다 :
 non-list contrasts argument ignored
경고: glm.fit: fitted probabilities numerically 0 or 1 occurred
[이후에 제시되는 경고는 제시하지 않았음]
```
> par(mfrow=c(3,1))
> sensPlot(SA_PSW_ATT)
```
Note: Predictors with negative coefficients for the response surface have been transformed through multiplication by -1 and are displayed as inverted triangles.
```
> title(main="Carnegie, Harada, Hill's Sensitivity analysis for ATT")
> sensPlot(SA_PSW_ATC)
```
Note: Predictors with negative coefficients for the response surface have been transformed through multiplication by -1 and are displayed as inverted triangles.
```
> title(main="Carnegie, Harada, Hill's Sensitivity analysis for ATC")
> sensPlot(SA_PSW_ATE)
```
Note: Predictors with negative coefficients for the response surface have been transformed through multiplication by -1 and are displayed as inverted triangles.
```
> title(main="Carnegie, Harada, Hill's Sensitivity analysis for ATE")
```

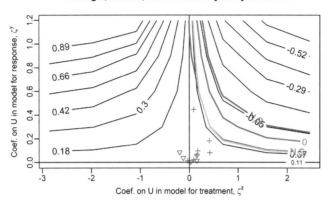

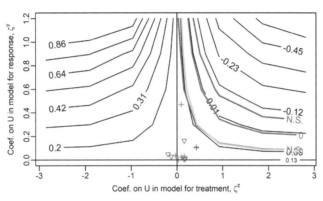

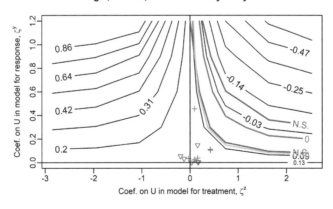

[그림 9-8] 성향점수가중 기법으로 추정한 처치효과 대상 카네기·하라다·힐의 민감도분석 결과

※ 붉은색 십자가 표시와 청색 역삼각형은 공변량이 원인변수와 결과변수에 미치는 효과를 나타냄. 청색 역삼각형은 음의 효과를 갖는 공변량이지만 시각화를 위해 −1을 곱한 후 그래프에 표현하였음.

[그림 9-8]이 잘 보여주듯, 성향점수가중 기법으로 추정한 ATT, ATC, ATE는 누락변수편향에 상대적으로 약합니다. 왜냐하면 처치효과가 통계적으로 더 이상 유의미하지 않도록 만드는 누락변수효과를 의미하는 청색선이 $\zeta^T=0$과 $\zeta^Y=0$ 지점에서 분출한 수직선과 수평선에서 그리 멀지 않기 때문입니다.

2) 성향점수기반 그리디 매칭 기법

성향점수기반 그리디 매칭 기법으로 추정한 ATT, ATC에 대해서는 로젠바움의 민감도 분석을 적용하겠습니다. 이를 위해 6장에서 설정했던 MATCH_PAIR_GENERATE() 함수와 GAMMA_RANGE_SEARCH() 함수를 사용하였습니다. 두 이용자정의 함수를 불러온 후, 성향점수기반 그리디 매칭 기법으로 추정한 ATT와 ATC가 더 이상 통계적으로 유의하지 않게 되는 Γ의 최솟값을 탐색하면 아래와 같습니다.

```
> # 2부 6장에서 사용한 이용자정의 함수 불러오기
> MATCH_PAIR_GENERATE=readRDS("MATCH_PAIR_GENERATE.RData")
> GAMMA_RANGE_SEARCH=readRDS("GAMMA_RANGE_SEARCH.RData")
> ## 2) 성향점수기반 그리디 매칭 기법
> # ATT
> SA_greedy_att=MATCH_PAIR_GENERATE(greedy_att,mydata)
> SA_greedy_att_gamma_range=GAMMA_RANGE_SEARCH(SA_greedy_att, 1)
> tail(SA_greedy_att_gamma_range)
  Gamma    p_value
1   1.0  0.002306358
2   1.1  0.009863809
3   1.2  0.030309424
> # ATC
> SA_greedy_atc=-1*MATCH_PAIR_GENERATE(greedy_atc,mydata)
> SA_greedy_atc_gamma_range=GAMMA_RANGE_SEARCH(SA_greedy_atc, 1)
> tail(SA_greedy_atc_gamma_range)
  Gamma    p_value
2   1.1  5.055294e-10
3   1.2  1.842964e-07
4   1.3  1.642031e-05
5   1.4  4.882196e-04
6   1.5  6.108019e-03
7   1.6  3.842338e-02
```

ATT의 경우 $\Gamma > 1.1$일 때 ATT는 더 이상 통계적으로 유의미한 처치효과가 아니게 되며, ATC의 경우 $\Gamma > 1.5$일 때 ATC는 더 이상 통계적으로 유의미한 처치효과가 아닙니다. 로젠바움 민감도분석 결과를 살펴볼 때, 성향점수기반 그리디 매칭 기법으로 추정한 ATT와 ATC는 누락변수편향에 상당히 취약하다고 보는 것이 합당할 듯합니다.

3) 성향점수기반 최적 매칭 기법

성향점수기반 최적 매칭 기법으로 추정한 ATT에 대해서 로젠바움의 민감도분석을 적용한 결과는 아래와 같습니다.

```
> ## 3) 성향점수기반 최적 매칭 기법
> # ATT
> SA_optimal_att=MATCH_PAIR_GENERATE(optimal_att,mydata)
> SA_optimal_att_gamma_range=GAMMA_RANGE_SEARCH(SA_optimal_att, 1)
> tail(SA_optimal_att_gamma_range)
  Gamma     p_value
1   1.0   0.0008444742
2   1.1   0.0045508737
3   1.2   0.0167556504
4   1.3   0.0460650472
```

$\Gamma > 1.2$인 경우, 성향점수기반 최적 매칭 기법으로 추정한 ATT는 더 이상 통계적으로 유의미한 처치효과가 아닙니다. 로젠바움 민감도분석 결과를 살펴볼 때, 성향점수기반 최적 매칭 기법으로 추정한 ATT는 누락변수편향에 상당히 취약하다고 보는 것이 합당할 듯합니다.

4) 성향점수기반 전체 매칭 기법

성향점수기반 전체 매칭 기법으로 추정한 ATT, ATC에 대해서는 로젠바움의 민감도분석을 적용하겠습니다. 이를 위해 6장에서 설정했던 MATCH_PAIR_GENERATE_FULL() 함수와 GAMMA_RANGE_SEARCH_FULL() 함수를 사용하였습니다. 두 이용자정의 함수를 불러온 후, 성향점수기반 전체 매칭 기법으로 추정한 ATT와 ATC가 더 이상 통계적으로 유의하지 않게 되는 Γ의 최솟값을 탐색하면 아래와 같습니다.

```
> # 2부 6장에서 사용한 이용자정의 함수 불러오기
> MATCH_PAIR_GENERATE_FULL=readRDS("MATCH_PAIR_GENERATE_FULL.RData")
> GAMMA_RANGE_SEARCH_FULL=readRDS("GAMMA_RANGE_SEARCH_FULL.RData")
> ## 4) 성향점수기반 전체 매칭 기법
> # ATT
> SA_match_data_full_att=MATCH_PAIR_GENERATE_FULL(
+ full_att,mydata)
> SA_full_att_gamma_range=GAMMA_RANGE_SEARCH_FULL(
+ SA_match_data_full_att[[1]],
+ SA_match_data_full_att[[2]],1)
> tail(SA_full_att_gamma_range)
  Gamma      p_value
1   1.0  0.0005285239
2   1.1  0.0028411066
3   1.2  0.0106674293
4   1.3  0.0303012249
> # ATC
> SA_match_data_full_atc=MATCH_PAIR_GENERATE_FULL(
+ full_atc,mydata)
> SA_full_atc_gamma_range=GAMMA_RANGE_SEARCH_FULL(
+ SA_match_data_full_atc[[1]],
+ SA_match_data_full_atc[[2]],1)
> tail(SA_full_atc_gamma_range)
  Gamma      p_value
1   1.0  0.0007168115
2   1.1  0.0036962071
3   1.2  0.0133782178
4   1.3  0.0367809711
```

성향점수기반 전체 매칭 기법으로 추정한 ATT와 ATC 모두 $\Gamma > 1.2$인 경우, 통계적 유의도 수준을 벗어나는 것으로 나타났습니다. 로젠바움 민감도분석 결과를 살펴볼 때, 성향점수기반 전체 매칭 기법으로 추정한 ATT와 ATC는 누락변수편향에 상당히 취약하다고 보는 것이 적절합니다.

5) 성향점수기반 유전 매칭 기법

성향점수기반 유전 매칭 기법으로 추정한 ATT, ATC에 대해서는 로젠바움의 민감도분석을 적용해보겠습니다. 이를 위해 6장에서 설정했던 MATCH_PAIR_GENERATE() 함수와 GAMMA_RANGE_SEARCH() 함수를 이용하여 성향점수기반 유전 매칭 기법으로 추정한 ATT와 ATC가 더 이상 통계적으로 유의하지 않게 되는 Γ의 최솟값을 탐색하면 아래와 같습니다.

```
> ## 5) 성향점수기반 유전 매칭 기법
> # ATT
> SA_genetic_att=MATCH_PAIR_GENERATE(genetic_att,mydata)
> SA_genetic_att_gamma_range=GAMMA_RANGE_SEARCH(SA_genetic_att, 1)
> tail(SA_genetic_att_gamma_range)
  Gamma     p_value
1   1.0  0.003445995
2   1.1  0.015442620
3   1.2  0.048022772
> # ATC
> SA_genetic_atc=-1*MATCH_PAIR_GENERATE(genetic_atc,mydata)
> SA_genetic_atc_gamma_range=GAMMA_RANGE_SEARCH(SA_genetic_atc, 1)
> tail(SA_genetic_atc_gamma_range)
   Gamma      p_value
5    1.4  3.974652e-08
6    1.5  2.954097e-06
7    1.6  8.804332e-05
8    1.7  1.246297e-03
9    1.8  9.578686e-03
10   1.9  4.454824e-02
```

성향점수기반 유전 매칭 기법으로 추정한 ATT의 경우 $\Gamma > 1.1$일 때, ATC의 경우 $\Gamma > 1.9$일 때 통계적 유의도 수준을 벗어나는 것으로 나타났습니다. 로젠바움 민감도분석 결과를 살펴볼 때, 성향점수기반 유전 매칭 기법으로 추정한 ATT는 누락변수편향에 상당히 취약하지만 ATC의 경우에는 누락변수편향 우려에서 상대적으로 자유롭다고 보는 것이 적절할 것 같습니다(물론 $\Gamma > 1.8$을 어떻게 볼 것인가는 연구맥락에 따라 다를 수 있습니다).

6) 마할라노비스 거리점수기반 그리디 매칭 기법

끝으로 마할라노비스 거리점수기반 그리디 매칭 기법으로 추정한 ATT, ATC에 대해서는 로젠바움의 민감도분석을 적용해보겠습니다. 민감도분석 결과는 아래와 같습니다.

```
> ## 6) 마할라노비스 거리점수기반 그리디 매칭 기법
> # ATT
> SA_mahala_att=MATCH_PAIR_GENERATE(mahala_att,mydata)
> SA_mahala_att_gamma_range=GAMMA_RANGE_SEARCH(SA_mahala_att, 1)
> tail(SA_mahala_att_gamma_range)
   Gamma      p_value
4    1.3    0.0001775140
5    1.4    0.0007365403
6    1.5    0.0024215832
7    1.6    0.0065813904
8    1.7    0.0152794959
9    1.8    0.0310982000
> # ATC
> SA_mahala_atc=-1*MATCH_PAIR_GENERATE(mahala_atc,mydata)
> SA_mahala_atc_gamma_range=GAMMA_RANGE_SEARCH(SA_mahala_atc, 1)
> tail(SA_mahala_atc_gamma_range)
    Gamma      p_value
12    2.1    1.530608e-05
13    2.2    1.386198e-04
14    2.3    8.793593e-04
15    2.4    4.097196e-03
16    2.5    1.460087e-02
17    2.6    4.121682e-02
```

마할라노비스 거리점수기반 그리디 매칭 기법으로 추정한 ATT의 경우 $\Gamma > 1.7$일 때, ATC의 경우 $\Gamma > 2.5$일 때 더 이상 통계적으로 유의미한 처치효과라고 볼 수 없는 것으로 나타났습니다. 로젠바움 민감도분석 결과를 살펴볼 때, 마할라노비스 거리점수기반 그리디 매칭 기법으로 추정한 ATT와 ATC는 누락변수편향 우려에서 꽤 자유롭다고 보는 것이 적절할 것 같습니다(물론 이러한 결정은 연구자에 따라 혹은 연구맥락에 따라 다르게 평가될 수 있습니다).

적절한 질문은 아니라고 생각합니다만, 그래도 피할 수 있는 질문은 아닐 것 같아 던져봅니다. "그렇다면 8가지 성향점수분석 기법들 중에서 처치효과를 추정할 수 있는 **가장 타당한** 기법은 무엇인가요?" 일단 이 질문에 대한 정답은 없다고 생각합니다. 그러나 질문을 "그렇다면 8가지 성향점수분석 기법들 중에서 처치효과를 추정할 수 있는 **가장 적절한** 기법은 무엇인가요?"로 바꾼다면 어느 정도는 답변의 윤곽을 그려낼 수는 있다고 생각합니다. 현재 살펴본 관측연구(설문조사) 데이터에 한정하여 8가지 성향점수분석 기법에 대한 생각(혹은 평가)을 밝히자면 다음과 같습니다. 이와 같은 생각은 이번 장에서 살펴본 데이터에 대해서만 유효하며, 무엇보다 개인적인 생각 또는 평가이기 때문에 독자분들께서는 얼마든지 이의를 제기할 수 있으며 비판하실 수도 있습니다.

첫째, 매칭과정에서 적지 않은 사례들이 배제된 준-정확매칭(CEM) 기법으로 추정한 처치효과들을 심각하게 고려하지 말아야 한다고 생각합니다(다시 말해 매칭과정에서 배제된 사례들이 많지 않다면 CEM 기법으로 추정한 처치효과들은 어느 정도 믿을 만하다고 볼 수 있습니다). 또한 CEM 기법으로 추정한 효과추정치들에 대해서는 민감도분석을 적용하지 않았다는 점에서 아직까지는 누락변수편향에 상당히 취약하다는 점도 고려할 필요가 있다고 생각합니다.

둘째, 공변량 균형성 달성여부와 관련하여 마할라노비스 거리점수기반 그리디 매칭 기법으로 추정한 처치효과들을 심각하게 고려할 필요는 없다고 생각합니다.

셋째, 민감도분석과 관련하여 성향점수층화 기법으로 추정한 처치효과들의 경우, 매우 조심스럽게 받아들여야만 한다고 생각합니다.

넷째, 성향점수기반 최적 매칭 기법의 경우 통제집단 사례수가 처치집단 사례수보다 많을 때 ATC를 추정할 수 없다는 점을 고려하면, 성향점수기반 최적 매칭 기법의 적용범위는 제한적이라고 생각합니다. 성향점수분석 기법들을 사용한 대부분의 연구에서는 ATT에 주목합니다. 심지어 성향점수분석 기법을 소개하는 개설서들에서도 ATC는 개념만 설명될 뿐 추정방법과 ATC의 현실적 함의에 대해서는 자세한 설명을 제시하지 않고 있습니다(물론 그렇지 않은 문헌도 존재합니다. 예를 들어 Williamson et al., 2012). 그러나 적어도 사회과학적 측면에서 ATC는 매우 중요한 함의를 갖는다고 생각합니다. 왜냐하면 수

많은 사회정책들이 목표로 삼는 인구집단은 처치집단보다는 통제집단에 배치될 가능성이 더 높기 때문입니다. ATC가 존재한다면, 그리고 이들에게 사회정책이 집행되어야 사회적 복리와 편의가 증대되는 원인처치가 필요하다면, 법제화나 최근 주목받고 있는 '넛지 개입 (nudge intervention)' 등을 통해 이들에게 원인처치를 직간접적으로 제공할 수 있기 때문입니다. 그러나 이 점에서 성향점수기반 최적 매칭 기법은 다소 한계가 없지 않습니다.

이 네 가지 성향점수분석 기법을 제외한 나머지 기법들 중에서 개인적으로 '성향점수기반 전체 매칭' 기법과 '성향점수가중 기법'을 선호하는 편입니다. 우선 '성향점수기반 그리디 매칭' 기법의 경우 개별 사례의 매칭 수준에만 집중하는 단점이 발생하지 않는다는 보장이 없고, '성향점수기반 유전 매칭' 기법의 경우 추정시간이 너무 많이 소요되는 단점이 있습니다. 반면 '성향점수기반 전체 매칭' 기법과 '성향점수가중 기법'의 경우 전체표본 사례들을 다 포괄한다는 점이 매력적이며, 추정시간도 그리 많이 소요되지 않습니다.

다시 말씀드립니다만, 앞서 소개한 8가지 성향점수분석 기법들은 각각의 매력과 장단점이 있습니다. 독자분의 판단과 활동하시는 학문분과의 관례에 맞는 성향점수분석 기법을 잘 활용하시기 바랍니다.

10장

범주형 원인변수 대상 성향점수분석 기법

1 개요

지금까지 살펴본 성향점수분석 기법들에서 가정하는 원인변수는 '처치집단'과 '통제집단'으로 구성된 이분변수였습니다. 아쉽게도 루빈 인과모형(RCM, Rubin's causal model)에 근거한 성향점수분석 기법들은 대부분 이러한 이분변수 형태의 원인변수에 초점을 맞추고 있습니다. 그러나 연구목적에 따라, 그리고 수집된 데이터의 특성에 따라 처치집단이 하나가 아니라 둘 이상일 때도 있습니다. 여기서는 원인변수의 수준이 셋 혹은 그 이상일 경우 '범주형 원인변수(categorical treatments)'라는 이름을 붙였으며, 범주형 원인변수인 경우 사용하는 성향점수분석 기법을 소개하겠습니다.

앞서 본서에서는 원인변수가 이분변수 형태인 경우 사용 가능한 성향점수분석 기법들로 '성향점수가중 기법', '성향점수매칭 기법들', '성향점수층화 기법'을 소개한 바 있습니다.[1] 저희가 알고 있는 범위에서 범주형 원인변수 대상 성향점수분석에도 비슷하게 세가지 기법이 존재하고 있습니다.

---

[1] 8장에서도 언급했듯이 '준-정확매칭 기법'은 엄밀하게 말해 성향점수분석 기법에 포함되지 않습니다. 실제로 준-정확매칭 기법 개발자들은 '매칭 기법'에 성향점수를 사용하는 것이 적절하지 않다고 비판하는 입장을 취하고 있습니다(King & Nielsen, 2019 참조).

- 일반화성향점수(GPS, generalized propensity score) 기반 처치역확률가중(IPTW, inverse probability of treatment weighting) 기법 (Imbens, 2000; McCaffrey et al., 2013; Ridgeway et al., 2020)
- 일반화성향점수를 이용한 매칭(matching) 기법 (Lechner, 2002)
- 층화기반 주변부평균가중(MMWTS, marginal mean weighting through stratification) 기법 (Hong, 2012)

본서에서는 이 세 가지 중에서 가장 널리 쓰이고 상대적으로 적용이 쉬운 일반화성향점수(GPS) 기반 처치역확률가중(IPTW) 기법을 소개해드리겠습니다(McCaffrey et al., 2013).[2]

GPS 기반 IPTW 기법을 실습하기 전에 먼저 살펴볼 것은 범주형 원인변수 대상 성향점수분석의 가정입니다. 앞서 소개한 이분변수 형태의 원인변수에 대한 성향점수분석의 경우 '무작위배치화 가정(ITAA, ignorable treatment assignment assumption)'과 '사례별 안정처치효과 가정(SUTVA, the stable unit treatment value assumption)' 두 가지가 필요하다고 말씀드렸습니다.

그러나 범주형 원인변수 대상 성향점수분석의 경우 SUTVA와 함께 '강한 무교란성(strong unconfoundedness)'을 의미하는 ITAA보다는 다소 완화된 '약한 무교란성(weak unconfoundedness)' 가정을 요구합니다. 약한 무교란성 가정이란 비교대상이 되는 집단-쌍(pair)의 잠재결과들에 대해서만 무교란성이 가정되며, 원인변수를 구성하는 모든 집단의 잠재결과에 대해서는 완전한 무교란성을 가정하지 않는다는 뜻입니다. 예를 들어 통제집단과 처치집단A, 처치집단B의 세 집단으로 구성된 원인변수를 가정해봅시다. 특정 사례는 이 세 집단 중 하나에 배치될 것입니다(실험연구라면 무작위배치될 것이며, 관측연구라면 공변량들을 이용해 무작위배치에 가깝게 조정될 수 있을 것입니다). '강한 무교란성' 가정, 즉 ITAA에서는 각 사례가 나타낼 수 있는 세 가지 잠재결과가 서로서로 독립적이어야 한다고 가정하지만, '약한 무교란성' 가정에서는 어떤 사례가 처치집단A와 통제집단 중 하

---

2 MMWTS 기법의 실행방법 예시를 원하시는 독자분들은 라이트(Leite, 2017, pp. 122-125)를 참조하시기 바랍니다. 그리고 GPS를 이용한 매칭 기법의 경우 레크너(Lechner, 2002)의 사례를 참조하시기 바랍니다.

나에 배치된다면 각 집단에 배치될 때 얻을 수 있는 두 가지 잠재결과만 서로 독립적이면 된다고 가정합니다. 마찬가지로 처치집단B와 통제집단, 처치집단A와 처치집단B 쌍에 대해서도 둘 사이의 독립성이 가정됩니다.

'약한 무교란성' 가정과 SUTVA와 함께 추가적으로 고려할 부분은 '공통지지영역'입니다. 이분변수 형태의 원인변수에 대한 성향점수분석 기법과 마찬가지로 비교되는 집단들 사이 사례들의 '일반화성향점수'는 공유되는 부분이 있어야 합니다. 즉 특정 공변량(들)에 따라 원인변수를 구성하는 집단들이 서로서로 심각한 수준으로 분리(separation)되어 나타난다면, 해당 데이터에 대해 성향점수분석을 사용하는 것은 부적절할 수 있습니다.

이번 장에서 실습으로 사용할 데이터는 앞서 9장에서 소개한 설문조사데이터입니다. 9장에서 박근혜 전대통령 탄핵반대 집회, 일명 '태극기집회' 참여자들을 데이터에서 배제한 후, '촛불집회 참여자'를 처치집단으로 설정하고 '집회 미참여자'를 통제집단으로 설정한 원인변수가 결과변수(선거참여의향)에 미치는 처치효과를 다양한 성향점수분석 기법들을 이용해 추정한 바 있습니다. 여기서는 '집회 미참여자'(통제집단), '태극기집회 참여자'(처치집단1), '촛불집회 참여자'(처치집단2)의 세 집단으로 구성된 '집회참여경험'이라는 원인변수가 결과변수에 미치는 처치효과를 추정해보겠습니다. 이번 장에서 범주형 원인변수 대상 GPS 기반 IPTW 기법 실습을 위해 Hmisc, nnet, tidyverse, Zelig 네 패키지의 부속함수들을 사용하였습니다.

```
> library("Hmisc")          #가중평균/가중분산
> library("nnet")           #다항 로지스틱 회귀모형
> library("tidyverse")      #데이터관리 및 변수사전처리
> library("Zelig")          #비모수접근 95% CI 계산
> setwd("D:/data")
> mydata=read_csv("observational_study_survey.csv")
Parsed with column specification:
cols(
 pid=col_double(),
 female=col_double(),
 gen=col_character(),
 edu=col_double(),
 hhinc=col_double(),
 libcon=col_double(),
 int_eff=col_double(),
```

```
     park_eva_a=col_double(),
     good_eco=col_double(),
     vote_past=col_double(),
     vote_will=col_double(),
     rally_pro=col_double(),
     rally_con=col_double()
   )
> mydata=mydata %>%
+   mutate(
+     gen20=ifelse(gen=='20s',1,0),
+     gen30=ifelse(gen=='30s',1,0),
+     gen40=ifelse(gen=='40s',1,0),
+     gen50=ifelse(gen=='50s',1,0)
+   )
```

또한 원인변수를 구성하는 세 집단의 빈도분석 결과는 아래와 같습니다. 태극기집회에 참여했다고 응답한 사람의 비율은 전체표본 중 2%($n=33$) 정도로 매우 작았습니다.

```
> # 탄핵찬성(촛불집회참여자)=2, 탄핵반대(태극기집회참여자)=1, 통제집단(집회미참여자)=0
> mydata=mydata %>%
+   mutate(rally3=factor(2*rally_pro+rally_con))
> count(mydata, rally3) %>%
+   mutate(pct=100*n/(sum(n)))
# A tibble: 3 x 3
  rally3       n    pct
  <fct>    <int>  <dbl>
1      0    1594   77.0
2      1      33   1.59
3      2     443   21.4
```

앞서 살펴본 이분변수 형태의 원인변수 대상 성향점수분석 기법과 마찬가지로, 가장 먼저 해야 할 일은 '성향점수'를 추정하는 일입니다. 우선 범주형 원인변수 대상 성향점수분석 기법에서 사용하게 될 '성향점수'는 '일반화성향점수(GPS, generalized propensity score)' 라고 부르며, 앞서 우리가 추정했던 성향점수와는 그 성격이 다릅니다. 왜냐하면 이분변수 형태의 원인변수의 경우 자유도가 '1'이지만(즉 통제집단이 아니라면 반드시 처치집단임), 범주형 원인변수의 경우 자유도가 '$k-1$(여기서 k는 원인변수를 구성하는 집단개수, $k \geq 3$)'이 되기 때문입니다. 이 때문에 앞서 소개했던 로지스틱 회귀모형을 기반으로 추정한 '성향 점수'가 하나였던 것과 달리, '일반화성향점수(GPS)'는 최소 2개 이상의 개수를 갖습니다 ($k-1 \geq 2$).

GPS 추정에도 다항 로지스틱 회귀모형(multinomial logistic regression model)이나 다 항 프로빗 회귀모형과 같은 '모수통계기법'과 기계학습과 같은 데이터마이닝 기법들이 사 용될 수 있습니다.[3] 여기서는 널리 사용되는 다항 로지스틱 회귀모형을 이용해 GPS를 추 정해보도록 하겠습니다. GPS 추정에 투입되는 공변량들이 매우 많기 때문에 먼저 공변량 들을 별도의 오브젝트로 저장한 후, 아래와 같은 방식으로 다항 로지스틱 회귀모형을 실 행하였습니다.

```
> # GPS 추정을 위한 공식정의
> covs="(female+gen20+gen30+gen40+gen50+edu+hhinc+libcon+int_eff+park_eva_
a+good_eco+vote_past)"
> pred_ps3=as.formula(str_c("rally3~",covs))
> # 다항 로지스틱 회귀모형을 이용하여 GPS 추정
> mnlogit=multinom(pred_ps3, mydata)
```

---

3 데이터마이닝 혹은 기계학습을 이용한 GPS 추정에 관심 있는 분들은 twang 패키지의 mnps( ) 함수를 시도해보 시기 바랍니다. mnps( ) 함수 사용방법에 대해서는 twang 패키지의 매뉴얼(Ridgeway et al., 2020) 혹은 버젯 등 (Burgette et al., 2020)을 참조하시기 바랍니다.

```
# weights: 42 (26 variable)
initial   value 2274.127438
iter   10 value 1208.516285
iter   20 value 1103.684694
iter   30 value 1064.944685
iter   40 value 1062.831329
iter   50 value 1062.815048
final     value 1062.814955
converged
```

　　이제 추정된 다항 로지스틱 회귀모형을 이용하여 집회참여경험 변수(즉 원인변수)를 구성하는 각 집단별 예측확률을 추정하면 아래와 같습니다. 예를 들어 첫 번째 사례의 경우 집회 미참여자로 분류될 확률은 약 0.68이고, 촛불집회 참여자로 분류될 확률은 약 0.32, 그리고 태극기집회 참여자로 분류될 확률은 0.002로 나타났습니다.

```
> # GPS 저장
> gps=fitted(mnlogit) %>% data.frame()
> names(gps)=c("control","con","pro")
> head(gps)
    control          con        pro
1 0.6766470  1.536223e-03  0.321816764
2 0.7406018  5.968673e-08  0.259398178
3 0.9655838  2.671316e-02  0.007703058
4 0.8516050  6.453184e-04  0.147749675
5 0.9689262  1.400229e-02  0.017071541
6 0.5976621  1.859488e-08  0.402337852
```

　　이항 로지스틱 회귀모형을 이용한 예측확률값이 '성향점수'이었듯, 위와 같은 방식으로 다항 로지스틱 회귀모형을 이용해 추정한 각 범주별 예측확률값이 바로 '일반화성향점수(GPS)'입니다. 이 GPS를 이용하여 처치역확률가중치(IPTW)를 계산하기 전에 '공통지지영역'에 포함되거나 혹은 배제된 표본사례들이 어느 정도인지 살펴보도록 하겠습니다. 앞서 2장에서 소개했듯이 공통지지영역에 포함된 혹은 배제된 표본사례들을 점검할 때는 '히스토그램'이나 '박스플롯'과 같은 시각화 방법이 많이 사용됩니다. 여기서는 히스토그램을 이용하여 원인변수를 구성하는 집단의 사례들 사이의 공통지지영역을 점검해보겠습니다.

응답자의 원인변수 상태에 따라 세 집단에 배치될 예측확률(gps 오브젝트)을 정리하여 긴 데이터 형식으로 변환한 결과는 다음과 같습니다.

```
> # 공통지지영역 탐색
> fig_data=bind_cols(mydata %>% select(rally3),
+                         as_tibble(gps)) %>%
+ pivot_longer(cols=control:pro,
+                 names_to="type_GPS",
+                 values_to="value_GPS") %>%
+ mutate(
+   rally3=factor(rally3,labels=c("No rally","Korean Flag","Candlelight")),
+   type_GPS=fct_relevel(type_GPS,"control","con"),
+   type_GPS=factor(type_GPS,labels=c("No rally","Korean Flag","Candlelight"))
+ )
> fig_data
# A tibble: 6,210 x 3
   rally3        type_GPS        value_GPS
   <fct>         <fct>           <dbl>
 1 Candlelight   No rally        0.677
 2 Candlelight   Korean Flag     0.00154
 3 Candlelight   Candlelight     0.322
 4 No rally      No rally        0.741
 5 No rally      Korean Flag     0.0000000597
 6 No rally      Candlelight     0.259
 7 No rally      No rally        0.966
 8 No rally      Korean Flag     0.0267
 9 No rally      Candlelight     0.00770
10 No rally      No rally        0.852
# ... with 6,200 more rows
```

이제 원인변수의 세 집단별로 각 집단에 배치될 확률을 시각화해보겠습니다. 각 집단에 배치될 확률별로 세 집단의 히스토그램을 겹쳐 그린 결과는 [그림 10-1]과 같습니다. geom_density() 함수에 alpha 옵션을 지정하면 여러 히스토그램이 겹쳐진 결과를 효과적으로 제시할 수 있습니다.

```
> # 태극기집회 참여자의 경우 극소수
> fig_data %>% ggplot(aes(x=value_GPS,fill=rally3))+
+ geom_density(alpha=0.4)+
+ labs(x="Treatment conditions",y="Density",fill="Treatment status")+
+ theme_bw()+
+ theme(legend.position="top")+
+ facet_wrap(~type_GPS)
> ggsave("Part2_Ch10_RCommonSupport_3groups.jpeg",unit="cm",width=16,height=13)
```

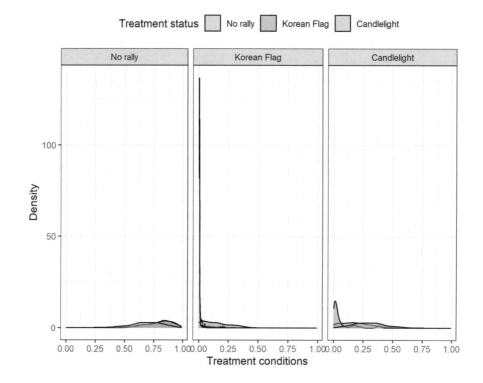

[그림 10-1] 원인변수 각 집단별 일반화성향점수(GPS) 공통지지영역 점검

　　[그림 10-1]의 가운데 히스토그램에서 잘 나타나듯, '태극기집회 참여자' 집단의 경우 전체표본에서 차지하는 비중이 그다지 크지 않았기 때문에 '태극기집회 참여확률'을 제외한 다른 두 집단에 배치될 확률이 0쪽에 과도하게 치우쳐 있는 모습입니다. 이 부분을 유념한 상태에서 [그림 10-1]의 Y축을 0~15까지만 나타나게 시각화한 결과가 [그림 10-2]입니다.

```
> # 태극기집회 참여자의 경우 극소수
> fig_data %>% ggplot(aes(x=value_GPS,fill=rally3))+
+ geom_density(alpha=0.4)+
+ coord_cartesian(ylim=c(0,15))+ #Y축 조정
+ labs(x="Treatment conditions",y="Density",fill="Treatment status")+
+ theme_bw()+
+ theme(legend.position="top")+
+ facet_wrap(~type_GPS)
> ggsave("Part2_Ch10_RCommonSupport_3groups_Yaxis.jpeg",unit="cm",width=16,height=13)
```

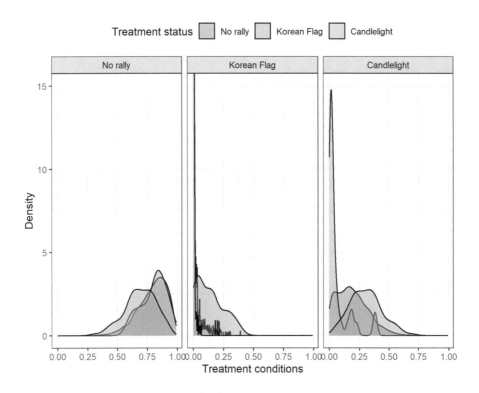

[그림 10-2] 원인변수 각 집단별 일반화성향점수(GPS) 공통지지영역 점검

[그림 10-2]에서 잘 나타나듯 '태극기집회 참여자' 집단의 경우 다른 집단들과 공유되는 영역, 즉 공통지지영역을 벗어나는 집단들이 상대적으로 많습니다. [그림 10-2]의 가운데 히스토그램에서 알 수 있듯 '태극기집회 참여확률'이 약 0.25보다 큰 경우 '태극기집회 참여확률'이 공유되는 사례들은 거의 발견되지 않습니다(즉 초록색 영역만 존재하고, 청색이

나 분홍색 영역은 발견되지 않습니다). 다시 말해 '집회 미참여자'나 '촛불집회 참여자'들과 비교했을 때 '태극기집회 참여자'는 상당한 규모의 '분리(separation)'된 모습을 보입니다. 이 결과는 IPTW를 이용한 가중 기법, 즉 성향점수분석 기법을 적용하는 것에 어느 정도 한계가 있을지도 모른다는 것을 암시합니다. 실제로 이 부분은 나중에 공변량 균형성을 점검할 때에도 다시 등장할 것입니다. 보는 사람에 따라 다를 수는 있지만 여기서는 이 결과를 '완전분리'된 결과라고 보지 않았습니다.

이제 IPTW를 계산하면 다음과 같습니다. 원인변수를 구성하는 집단이 2개에서 3개로 늘었을 뿐 5장에서 소개한 IPTW 계산방식과 본질적으로 동일합니다.

```
> #처치역확률가중치
> mydata$IPTW=ifelse(mydata$rally3==0, 1/gps$control, #미참여자의 경우
+                    ifelse(mydata$rally3==1,1/gps$con,
+                           1/gps$pro)) #참여자의 경우 촛불 대 태극기로
```

3 공변량 균형성 점검

이제는 IPTW로 가중치를 부여했을 때 원인변수의 집단별 공변량 균형성이 어느 정도 달성되었는지 살펴보겠습니다. 5장과 9장에서 소개한 성향점수가중 기법의 공변량 균형성 점검방법과 본질적으로 동일하지만, 한 가지 차이가 있습니다. 이분변수 형태의 원인변수의 경우 비교되는 집단쌍이 1개입니다(즉 처치집단-통제집단). 그러나 k개 범주를 갖는 범주형 원인변수의 경우 총 $\frac{k \times (k-1)}{2}$ 개만큼의 집단쌍이 존재합니다. 다시 말해 여기서 사용하는 예시데이터의 경우 '집회 미참여자-태극기집회 참여자', '집회 미참여자-촛불집회 참여자', '촛불집회 참여자-태극기집회 참여자'의 세 집단쌍이 존재합니다. 이 부분을 뺀 나머지 절차는 앞서 살펴본 이분변수 형태의 원인변수 대상 성향점수가중 기법 공변량 균형성 점검방법과 동일합니다.

지금 살펴보는 예시데이터의 경우 성별(female)과 세대 가변수들(gen20, gen30, gen40, gen50), 과거 선거참여여부(vote_past) 등은 더미변수 형태의 공변량이고, 나머지 변수는 연속형 변수 형태의 공변량입니다(각 변수의 의미와 투입이유에 대해서는 9장에서 꽤 자세

히 소개한 바 있습니다). 공변량 균형성을 점검할 때, 더미변수 형태의 공변량의 경우 집단 간 평균차이(절댓값 기준)만 살펴보았으며, 연속형 변수 형태의 공변량의 경우 표준화 변환을 실시한 후 집단 간 평균차이(절댓값 기준)와 분산비를 살펴보았습니다. 공변량 균형성 판단 기준을 위한 역치로는 평균차이(절댓값 기준)의 경우 0.25를, 분산비의 경우 0.5~2를 적용하였습니다.

먼저 연속형 변수 형태의 공변량들에 표준화 변환을 적용하기 위하여 아래와 같은 이용자정의 함수를 생성하였습니다.

```
> # 표준화변환을 위항 이용자정의 함수
> standardizedF=function(myvar){(myvar-mean(myvar))/sd(myvar)}
```

이후 공변량들을 더미변수 형태와 연속형 변수 형태로 구분한 후, 연속형 변수 형태의 공변량들에 대해서는 표준화 변환을 적용하였습니다.

```
> # 더미변수 형태의 공변량들 선정(표준화 없이 공변량 균형성을 살펴봄)
> covs_data_R=mydata %>%
+   select(female,gen20:gen50,vote_past) %>%
+   as.data.frame()
> # 연속형 변수 형태의 공변량들 선정(표준화 변환 적용)
> covs_data_SD=mydata %>%
+   select(edu:good_eco) %>%
+   mutate_all(
+     standardizedF
+   ) %>%
+   as.data.frame()
> # 공변량 데이터로 합치기(더미+연속형 변수)
> covs_data=bind_cols(covs_data_R,covs_data_SD)
```

이제 원인변수를 구성하는 세 집단쌍에 따라 평균차이(절댓값 기준), 분산비(분산이 큰 집단을 분자에, 분산이 작은 집단을 분모에 배치)를 계산할 수 있는 다음과 같은 이용자정의 함수를 생성하였습니다. IPTW를 가중한 평균과 분산을 계산하기 위해 Hmisc 패키지의 wtd.mean() 함수와 wtd.var() 함수를 사용하였습니다. Hmisc 패키지의 두 함수에 대해서는 5장에서 보다 자세히 소개한 바 있습니다. 0으로 끝나는 경우는 '집회 미참여자'를, 1로 끝나는 경우는 '태극기집회 참여자'를, 2로 끝나는 경우는 '촛불집회 참여자'를 뜻합니다. 예를 들어 M0는 IPTW를 부여한 후 계산한 '집회 미참여자' 집단의 공변량 평균을 의미하고, V2는 IPTW를 부여한 '촛불집회 참여자' 집단의 공변량 분산을 의미합니다. 또한 MD_01은 '집회 미참여자' 집단과 '태극기집회 참여자' 집단 사이의 공변량 평균차이에 절댓값을 취한 것이며, VR_02는 '집회 미참여자' 집단과 '촛불집회 참여자' 집단 사이의 공변량 분산비를 구하되, 보다 큰 분산이 분자에 배치되고 보다 작은 분산이 분모에 배치되도록 계산한 것입니다(따라서 분산비는 언제나 1 이상의 값을 갖게 됨).

```
> # 가중평균후 평균차이(절댓값), 분산비 산출위한 이용자정의 함수
> mybalanceF=function(i){
+ M0=wtd.mean(covs_data[,i][mydata$rally3==0],mydata$IPTW[mydata$rally3==0])
+ M1=wtd.mean(covs_data[,i][mydata$rally3==1],mydata$IPTW[mydata$rally3==1])
+ M2=wtd.mean(covs_data[,i][mydata$rally3==2],mydata$IPTW[mydata$rally3==2])
+ V0=wtd.var(covs_data[,i][mydata$rally3==0],mydata$IPTW[mydata$rally3==0])
+ V1=wtd.var(covs_data[,i][mydata$rally3==1],mydata$IPTW[mydata$rally3==1])
+ V2=wtd.var(covs_data[,i][mydata$rally3==2],mydata$IPTW[mydata$rally3==2])
+ MD_01=abs(M0-M1)
+ MD_02=abs(M0-M2)
+ MD_12=abs(M1-M2)
+ VR_01=max(V0,V1)/min(V0,V1)
+ VR_02=max(V0,V2)/min(V0,V2)
+ VR_12=max(V2,V1)/min(V2,V1)
+ cov_name=names(covs_data)[i]
+ tibble(
+   cov_name,MD_01,MD_02,MD_12,VR_01,VR_02,VR_12
+ )
+ }
```

위의 이용자 정의함수를 모든 공변량에 적용하면 다음과 같습니다. 더미변수 형태의 공변량들에 대해서도 분산비 계산을 실시하였지만, 더미변수의 경우 평균차이(절댓값 기준)에만 초점을 맞추기 때문에 크게 신경 쓰지 않아도 괜찮습니다.

```
> # mybalanceF() 함수 적용(반복계산)
> mysummary=list()
> for (mylocation in 1:dim(covs_data)[2]){
+ mysummary=bind_rows(mysummary,mybalanceF(mylocation))
+ }
> mysummary
# A tibble: 12 x 7
```

cov_name	MD_01	MD_02	MD_12	VR_01	VR_02	VR_12
<chr>	<dbl>	<dbl>	<dbl>	<dbl>	<dbl>	<dbl>
1 female	0.323	0.0183	0.305	1.65	1.00	1.65
2 gen20	0.163	0.00951	0.173	Inf	1.05	Inf
3 gen30	0.111	0.0228	0.134	2.79	1.11	3.09
4 gen40	0.145	0.0137	0.158	2.76	1.05	2.89
5 gen50	0.279	0.00379	0.275	1.53	1.01	1.51
6 vote_past	0.105	0.0115	0.116	25.6	1.09	28.0
7 edu	0.494	0.0309	0.525	1.61	1.29	2.08
8 hhinc	0.00509	0.0148	0.0199	1.17	1.22	1.43
9 libcon	0.201	0.0707	0.131	1.72	1.21	1.43
10 int_eff	0.706	0.0186	0.725	1.61	1.11	1.46
11 park_eva_a	0.0998	0.0100	0.110	1.06	1.06	1.12
12 good_eco	0.311	0.00564	0.305	1.62	1.03	1.57

결과를 살펴보면 '태극기집회 참여자' 집단이 포함된 경우에 공변량 균형성이 맞지 않는 것을 확인할 수 있습니다(즉 MD_01, MD_12, VR_01, VR_12). 즉 IPTW를 가중했음에도 불구하고 여전히 '태극기집회 참여자' 집단의 경우 다른 집단들과 직접비교가 어려운 집단인 것을 알 수 있습니다. 사실 이는 [그림 10-1]과 [그림 10-2], 즉 공통지지영역을 점검하는 과정에서 어느 정도 예견된 일이기도 합니다.

위의 결과를 대상으로 평균차이(절댓값 기준) 및 분산비 역치를 적용하여 보다 알기 쉽게 요약하면 다음과 같습니다. 먼저 평균차이(절댓값 기준) 역치에 따라 허용범위를 넘는 공변량들의 개수를 구하면 다음과 같습니다.

```
> # 평균차이(절댓값 기준) 허용범위를 넘는 공변량 비율
> mysummary %>%
+ select(contains("MD_")) %>%
+ mutate_all(function(x){ifelse(x > .25,1,0)}) %>%
```

```
+ summarize_all(
+   sum
+ )
# A tibble: 1 x 3
  MD_01 MD_02 MD_12
  <dbl> <dbl> <dbl>
1     5     0     5
```

분산비 허용범위를 넘는 공변량들의 개수를 구해보면 아래와 같습니다. 아래의 결과는 더미변수 형태의 공변량들은 제외하고 연속형 변수 형태의 공변량들(6개)만 점검한 것입니다.

```
> # 분산비 허용범위를 넘는 공변량
> mysummary %>%
+   filter(row_number()>6) %>% # 더미변수 형태 공변량들은 포함하지 않았음
+   select(contains("VR_")) %>%
+   mutate_all(function(x){ifelse(x > 2,1,0)}) %>%
+   summarize_all(
+     sum
+   )
# A tibble: 1 x 3
  VR_01 VR_02 VR_12
  <dbl> <dbl> <dbl>
1     0     0     1
```

위의 결과에서 잘 나타나듯 '집회 미참여자-촛불집회 참여자' 집단쌍의 경우 공변량 균형성이 달성되었다고 볼 수 있습니다. 반면 '집회 미참여자-태극기집회 참여자' 집단쌍과 '촛불집회 참여자-태극기집회 참여자' 집단쌍의 경우 공변량들 사이의 분산비에는 큰 문제가 없지만,[4] 평균차이(절댓값 기준)에서는 5개 공변량들의 균형성이 문제가 있다고 볼

---

4 VR_12의 결과에서 알 수 있듯, '촛불집회 참여자-태극기집회 참여자' 집단쌍의 경우 분산비의 역치를 넘는 공변량이 1개 존재합니다.

수 있습니다.

공변량 균형성에 문제가 있다는 점을 고려할 때 다음의 과정, 즉 처치효과 추정과정을 밟지 않는 것이 타당할 수도 있습니다. 그러나 본서의 목적은 실습이지, 집회참여경험이 투표참여의향에 미치는 효과를 과학적으로 탐색하는 학술활동이 아닙니다. 공변량 균형성이 완전히 달성되지 않았지만, 다음 단계인 처치효과 추정을 시도하겠습니다.

4 처치효과 추정

이제 IPTW를 가중한 후 처치효과를 추정해보겠습니다. 여기서는 Zelig 패키지의 부속 함수들을 이용한 비모수통계접근으로 처치효과를 추정하였습니다. 앞서 추정한 IPTW 변수를 가중치로 지정한 후, 1만 번의 시뮬레이션을 거쳐 원인변수를 구성하는 세 집단에서 얻을 수 있는 투표참여의향 예측치를 도출한 후, 세 집단을 쌍별 비교(pairwise comparison)하는 방법을 택하였습니다. 그 과정은 아래와 같습니다.

```
> # 처치효과 추정
> # 공식정의
> set.seed(1234)
> pred_y3=as.formula(str_c("vote_will~rally_con+rally_pro+",covs))
> z_out_ATE=zelig(pred_y3,data=mydata,
+                     model="ls",weights="IPTW",cite=FALSE)
> # 원인변수 조건 지정
> x_control=setx(z_out_ATE,rally_pro=0,rally_con=0,data=mydata)
> x_pro=setx(z_out_ATE,rally_pro=1,rally_con=0,data=mydata)
> x_con=setx(z_out_ATE,rally_pro=0,rally_con=1,data=mydata)
> # 시뮬레이션
> s_control=sim(z_out_ATE,x_control,num=10000)
> s_pro=sim(z_out_ATE,x_pro,num=10000)
> s_con=sim(z_out_ATE,x_con,num=10000)
> # 점추정치 및 95%신뢰구간 계산
> Compare_control_pro=get_qi(s_pro,"ev")-get_qi(s_control,"ev")
> Compare_control_con=get_qi(s_con,"ev")-get_qi(s_control,"ev")
> Compare_pro_con=get_qi(s_pro,"ev")-get_qi(s_con,"ev")
```

```
> PSW_compare=rbind(
+ quantile(Compare_control_pro,p=c(0.025,0.5,0.975)),
+ quantile(Compare_control_con,p=c(0.025,0.5,0.975)),
+ quantile(Compare_pro_con,p=c(0.025,0.5,0.975))
+ ) %>% as_tibble()
> names(PSW_compare)=c("LL95","PEst","UL95")
> PSW_compare$comparison=c("Candlelight-No","Flag-No","Candlelight-Flag")
> PSW_compare$model="Propensity score weighting using GPS"
> PSW_compare
# A tibble: 3 x 5
    LL95    PEst    UL95  comparison       model
   <dbl>   <dbl>   <dbl>  <chr>            <chr>
1 0.0800   0.137   0.195 Candlelight-No   Propensity score weighting using GPS
2 -0.154 -0.0868 -0.0208 Flag-No          Propensity score weighting using GPS
3 0.158    0.224   0.291 Candlelight-Flag Propensity score weighting using GPS
```

각 집단들의 쌍별 비교결과를 보다 쉽게 확인하기 위해 위의 추정결과를 시각화하면 [그림 10-3]과 같습니다.

```
> # 시각화
> PSW_compare %>%
+ ggplot(aes(x=comparison,y=PEst))+
+ geom_point(size=2)+
+ geom_errorbar(aes(ymin=LL95,ymax=UL95),
+               width=0.1,lwd=0.5,position=position_dodge(width=0.2))+
+ geom_hline(yintercept=0,lty=2,lwd=0.1,color='red')+
+ labs(x="Comparison between groups",
+      y="Estimates, 95% Confidence interval")+
+ coord_cartesian(ylim=c(-0.4,0.4))+
+ theme_bw()+
+ theme(legend.position="top")
> ggsave("Part2_Ch10_PSW_GPS.jpeg",unit="cm",width=11,height=9)
```

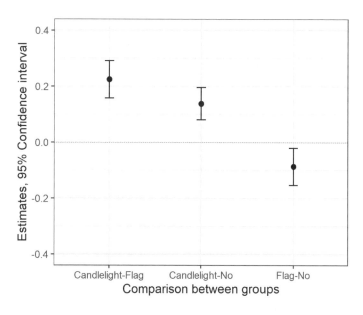

[그림 10-3] GPS 이용 IPTW 기법으로 추정한 집회참여경험이 선거참여의향에 미치는 효과

공변량 균형성을 충분히 확보하지는 못했으나, GPS 이용 IPTW 기법을 적용하는 것이 적절하다고 가정한다면 [그림 10-3]의 결과를 통해 다음과 같은 결과를 도출할 수 있습니다. 첫째, '촛불집회 참여자'는 '태극기집회 참여자'에 비해 약 0.22점가량 투표참여의향이 높았으며, 이는 통계적으로 유의미한 차이입니다[95% 신뢰구간, (0.16, 0.30)]. 둘째, '촛불집회 참여자'는 '집회 미참여자'에 비해 약 0.14점가량 투표참여의향이 높았으며, 이는 통계적으로 유의미한 차이입니다[95% 신뢰구간, (0.08, 0.20)]. 셋째, '태극기집회 참여자'는 '집회 미참가자'들에 비해 약 0.09점가량 투표참여의향이 낮았으며, 이는 통계적으로 유의미한 차이입니다[95% 신뢰구간, (−0.15, −0.02)]. 흥미로운 부분은 집회참여가 선거참여의향에 미치는 효과가 집회의 성격에 따라 상이하다는 점입니다. 즉 촛불집회 참여경험은 선거참여의향 증가로 이어진 반면, 태극기집회 참여경험은 선거참여의향 감소로 이어지고 있습니다.

그렇다면 GPS 이용 IPTW 기법으로 추정한 집회참여경험의 효과는 원인변수를 일련의 더미변수들로 변환한 후 통상적 OLS 회귀분석으로 추정한 집회참여경험의 효과와 어떤 차이가 있을까요? 이를 알아보기 위해 통상적 회귀분석으로 추정한 집회참여경험에 따른 선거참여의향 변화를 살펴본 결과는 다음과 같습니다.

```
> # 통상적 회귀분석 추정결과와의 비교
> # 미참여자 vs 촛불집회; 미참여자 vs 태극기집회
> OLS_control_pro_cons=lm(vote_will ~ rally_pro+rally_con+female+
+                         gen20+gen30+gen40+gen50+edu+hhinc+libcon+
+                         int_eff+park_eva_a+good_eco+vote_past, mydata)
> OLS_pro_control=c(OLS_control_pro_cons$coefficients["rally_pro"],
+                 confint(OLS_control_pro_cons)["rally_pro",])
> OLS_con_control=c(OLS_control_pro_cons$coefficients["rally_con"],
+                 confint(OLS_control_pro_cons)["rally_con",])
> # 촛불집회 vs 태극기집회
> mydata$rally_no=ifelse(mydata$rally3==0,1,0)
> OLS_pro_cons_control=lm(vote_will ~ rally_pro+rally_no+female+
+                         gen20+gen30+gen40+gen50+edu+hhinc+libcon+
+                         int_eff+park_eva_a+good_eco+vote_past, mydata)
> OLS_pro_con=c(OLS_pro_cons_control$coefficients["rally_pro"],
+             confint(OLS_pro_cons_control)["rally_pro",])
> OLS_compare=rbind(OLS_pro_control,OLS_con_control,OLS_pro_con) %>% as_tibble()
> names(OLS_compare)=c("PEst","LL95","UL95")
> OLS_compare$comparison=c("Candlelight-No","Flag-No","Candlelight-Flag")
> OLS_compare$model="Conventional OLS"
> OLS_compare=OLS_compare %>% select(names(PSW_compare)) # 변수의 순서 맞추기
> OLS_compare
# A tibble: 3 x 5
    LL95  PEst  UL95 comparison       model
   <dbl> <dbl> <dbl> <chr>            <chr>
1 0.0533 0.126 0.198 Candlelight-No   Conventional OLS
2 -0.211 0.0213 0.254 Flag-No         Conventional OLS
3 -0.138 0.104  0.346 Candlelight-Flag Conventional OLS
```

　　GPS 기반 IPTW 기법으로 얻은 결과와 통상적 OLS 회귀분석으로 얻은 결과를 효과적으로 비교하기 위한 시각화 결과는 [그림 10-4]와 같습니다.

```
> # 시각화
> bind_rows(PSW_compare,OLS_compare) %>%
+ ggplot(aes(x=comparison,y=PEst,shape=model,color=model))+
+ geom_point(size=2,position=position_dodge(width=0.2))+
+ geom_errorbar(aes(ymin=LL95,ymax=UL95),
+                   width=0.1,lwd=0.5,position=position_dodge(width=0.2))+
+ geom_hline(yintercept=0,lty=2,lwd=0.1,color='red')+
+ labs(x="Comparison between groups",
+      y="Estimates, 95% Confidence interval",
+      shape="Model",color="Model")+
+ coord_cartesian(ylim=c(-0.4,0.4))+
+ theme_bw()+
+ theme(legend.position="top")
> ggsave("Part2_Ch10_estimand_compare.jpeg",unit="cm",width=11,height=9)
```

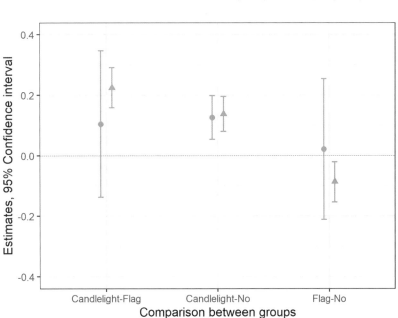

[그림 10-4] GPS 이용 IPTW 기법과 통상적 OLS 회귀분석 비교

[그림 10-4]의 결과는 꽤 흥미롭습니다. GPS 이용 IPTW 기법과 통상적 OLS 회귀분석으로 얻은 집회참여경험의 효과를 비교해본 결과를 요약하자면 다음과 같습니다. 이 차이는 IPTW를 가중하였는가에 따라 달라진 것입니다. 우선 '촛불집회 참여자'와 '집회 미참여자' 사이의 선거참여의향 차이는 엇비슷합니다. 물론 OLS 회귀분석으로 얻은 결과의 95% 신뢰구간이 다소 넓게 나타나기는 하지만, 전반적으로 큰 차이가 없다고 보는 것이 합당할 것 같습니다. 그러나 '태극기집회 참여자'와 다른 집단들을 비교한 결과에서는 상당히 큰 차이가 나타납니다. 예를 들어 GPS 이용 IPTW 기법을 적용한 경우 '태극기집회 참여자'는 '촛불집회 참여자' 혹은 '집회 미참여자'와 비교하였을 때 선거참여의향이 통계적으로 유의미하게 낮게 나타나는 반면, 통상적 OLS 회귀분석을 적용했을 경우에는 다른 집단들과 두드러지게 낮은 선거참여의향이 나타나지 않는 것을 확인할 수 있습니다.

5 민감도분석: 알려진 바 없음

5장에서 이분변수 형태의 원인변수를 대상으로 얻은 처치효과를 성향점수가중 기법으로 추정할 때 카네기·하라다·힐의 민감도분석(Carnegie et al., 2016)을 실시하였습니다.[5] 아쉽게도 일반화성향점수를 기반으로 처치역확률가중 기법을 적용하는 성향점수분석의 경우, 적어도 저희가 아는 한 널리 받아들여지는 민감도분석 기법은 없는 것으로 알고 있습니다. 성향점수분석 기법의 발전과정이 아직은 초창기에 머물고 있으며, 무엇보다 대부분의 성향점수분석 기법들이 이분변수 형태의 원인변수를 대상으로 개발되었다는 점에서 아마도 민감도분석 기법은 조금 더 기다려야 할 것 같습니다.

---

5 카네기·하라다·힐의 민감도분석을 지원하는 treatSens 패키지의 treatSens() 함수의 경우 원인변수가 이분변수이거나 혹은 연속형 변수여야 합니다. 다시 말해 범주형 원인변수의 경우 원인변수의 분포를 지정하는 trt.family 옵션을 설정하는 것이 어렵습니다. 물론 원인변수를 2개의 더미변수로 입력하였다는 점에서 trt.family 옵션을 binomial(link='probit')로 지정한 후 각각의 더미변수에 대해 민감도분석을 실시하는 것도 한 가지 방법일 수 있겠지만, 그 역시 일종의 편법이며 집단쌍들을 대상으로 한번에(simultaneously) 민감도분석을 실시하지 않았다는 문제가 발생합니다.

6 요약

이번 장에서는 3개 혹은 그 이상의 집단들로 구성된 범주형 원인변수에 대해 적용할 수 있는 성향점수분석 기법으로 '일반화성향점수(GPS) 기반 처치역확률가중(IPTW) 기법'을 살펴보았습니다. GPS 기반 IPTW 기법을 실행하는 과정을 요약 정리하면 다음과 같습니다.

첫째, 범주형 원인변수를 종속변수로 하고 공변량들을 독립변수로 하는 다항 로지스틱 회귀모형을 추정한 후, 각 범주별 예측확률을 구합니다. 이때 연구자의 판단과 학문분과의 관례에 따라 다항 로지스틱 회귀모형 대신 다항 프로빗 회귀모형을 사용해도 되며, 데이터마이닝 기법이나 기계학습 기법을 사용할 수도 있습니다.

둘째, 각 범주별 예측확률값들을 이용하여 처치역확률가중치(IPTW)를 도출합니다.

셋째, IPTW를 적용한 후 공변량 균형성을 점검합니다.

넷째, IPTW를 가중치로 설정한 후, 원인변수를 구성하는 집단쌍들을 비교하여 처치효과를 추정합니다. 아쉽게도 GPS 기반 IPTW 기법의 경우 널리 사용되는 민감도분석 기법은 없습니다.

11장

연속형 원인변수 대상
성향점수분석 기법

1 | 개요

끝으로 원인변수가 '연속형 변수'인 경우 사용할 수 있는 성향점수분석 기법을 살펴보겠습니다. 지금까지 살펴본 원인변수는 '처치집단'과 '통제집단'으로 구성된 이분변수든, 아니면 셋 이상의 처치집단 및 통제집단들로 구성된 범주형 변수든 모두 '명목변수'였습니다. 그러나 원인변수가 꼭 '집단 배치' 혹은 '명목변수' 형태를 띨 필요는 없을 것입니다. 연속형 변수 형태를 띤 원인변수의 대표적인 예가 바로 '약물투약량(dose)' 혹은 특정 사건에 대한 '노출량(exposure)'입니다. 예를 들어 방사능에 대한 노출이 건강에 미치는 효과에 관심 있는 연구자를 가정해보시기 바랍니다. 원인변수는 '노출여부'일수도 있지만, 상황에 따라 '얼마나 많은 방사능에 노출되었는지' 역시도 원인변수가 될 수 있습니다. 이번 장에서는 루빈 인과모형(RCM) 관점에서 이러한 연속형 원인변수의 처치효과를 추정하는 방법, 구체적으로는 로빈스 등(Robins et al., 2000, p. 554)의 역확률가중(IPW, inverse probability weighting) 기법을 소개하겠습니다. IPW 기법은 10장에서 소개한 임벤스(Imbens, 2004)의 GPS를 사용하며, 성향점수가중 기법을 설명하면서 5장에서 소개한 처치역확률가중(IPTW, inverse probability of treatment weighting) 기법과 개념적으로 유사

합니다.[1]

일반적으로 연속형 원인변수에 대해 적용한 성향점수분석 기법으로 얻은 원인변수-결과변수의 관계를 '복용량-반응 함수(dose-response function)'라고 부르며, 여기서 소개할 IPW 기법은 복용량-반응 함수를 추정하는 방법들 중 하나입니다. 연속형 원인변수를 대상으로 한 성향점수분석 기법들의 경우 로빈스 등(Robins et al., 2000)의 역확률가중(IPW) 기법 이외에도 히라노·임벤스(Hirano-Imbens) 추정기법도 많이 사용됩니다. 그러나 여기서는 히라노·임벤스 추정기법은 소개하지 않았습니다.

이유는 크게 두 가지입니다. 첫째, 히라노·임벤스 추정기법의 경우 공변량 균형성을 점검하는 방법이 꽤 복잡합니다. 히라노와 임벤스(Hirano & Imbens, 2004)는 연속형 원인변수를 먼저 몇 개의 집단으로 나누고(자신들의 예시데이터에서는 3개 집단으로 구분하였음), 이후 일반화성향점수(GPS)를 기준으로 또 몇 개의 집단으로 층화시킨 다음, 원인변수 수준에 따라 구분된 집단별 공변량의 평균이 통계적으로 유의미한지 일련의 독립표본 티테스트(independent sample t-test)를 실시하는 방식으로 공변량 균형성을 점검하였습니다.[2] 무엇보다 이 같은 히라노·임벤스 추정기법 후 공변량 균형성 점검방식은 매우 복잡합니다. 더구나 이분변수 형태의 원인변수를 대상으로 실시할 수 있는 성향점수분석에서 더 이상 사용이 권장되지 않는 '티테스트'를 이용하여 공변량 균형성을 점검하고 있습니다. 잘 알려져 있듯 티테스트를 이용한 통계적 유의도 테스트 결과는 표본크기에 따라 달라지기 쉽습니다.[3] 반면 IPW 기법은 공변량 균형성을 점검하는 방법이 그다지 복잡하지 않으

---

1 이름이 다르듯, IPTW와 IPW는 완전히 동일하지는 않습니다. 이분변수 형태의 원인변수의 경우 어떤 집단이 '처치집단'인지 명확하게 드러나지만, 연속형 변수 형태의 원인변수에서는 모든 사례들이 일종의 '처치집단'이기 때문입니다. 즉 공변량 X가 주어졌을 때 원인변수 T에서 기대할 수 있는 결과변수 Y의 값을 $E(Y(T=t)|X)$라고 가정할 때, 원인변수가 연속형 변수 형태인 경우의 처치효과는 $E(Y(T=t+1)|X) - E(Y(T=t)|X)$가 됩니다. 이러한 차이로 인해 IPW라는 명칭을 사용하였습니다.

2 아마 여기에 제시된 표현이 쉽게 받아들여지지 않을 것입니다. 히라노·임벤스 추정기법의 진행과정에 대해서는 히라노와 임벤스(Hirano & Imbens, 2004)를 참조하시고, 만약 히라노와 임벤스(Hirano & Imbens, 2004)의 설명이 너무 적다고 느껴지시면 궈와 프레이저(Guo & Fraser, 2014)의 10장을 보시기 바랍니다. 궈와 프레이저의 경우 Stata를 이용해 히라노·임벤스 추정기법을 보다 차근차근 설명하였습니다.

3 또한 '티테스트'는 표본 통계치를 기반으로 모집단 통계치를 추정하는 기법입니다. 그러나 성향점수분석 기법에서 공변량 균형성을 살펴보는 이유는 모집단 통계치를 추정하는 것이 아니라, 표본 내 처치집단과 통제집단의 공변량 균형성을 살펴보는 것입니다. 다시 말해 성향점수분석에서 공변량 균형성을 살펴보는 목적은 주어진 관측연구 데이터 내에서 처치집단과 통제집단을 비교할 수 있는지를 살펴보기 위함이지, 표본통계치를 이용해 모집단 통계치를 추정하기 위한 것이 아닙니다.

며, 무엇보다 앞서 소개해드린 공변량 균형성 점검방법과 비슷한 과정으로 진행됩니다.

둘째, 히라노·임벤스 추정기법의 경우 복용량–반응 함수를 추정하는 과정이 꽤 복잡합니다. 반면 IPW 기법으로 복용량–반응 함수를 추정하는 과정은 상대적으로 꽤 간단한 편입니다. 만약 히라노·임벤스 추정기법으로 복용량–반응 함수를 추정하는 방법에 관심 있는 독자께서는 히라노와 임벤스(Hirano & Imbens, 2004)를 참조하시기 바랍니다.

IPW 기법은 10장에서 소개한 임벤스(Imbens, 2004)의 일반화성향점수(GPS, generalized propensity score)를 이용하여 '역확률가중치(inverse probability weights)'를 계산합니다. 따라서 히라노·임벤스 추정기법 역시 10장에서 말씀드렸던 SUTVA와 '약한 무교란성(weak unconfoundedness)' 가정이 필요합니다.

IPW 기법을 실습하기 위해 이번 장에서 사용할 R 패키지는 tidyverse와 Zelig입니다. 또한 이번 장에서 실습으로 사용할 데이터는 simulated_continuous_cause.csv라는 이름의 데이터로 저희가 시뮬레이션한 것입니다. 결과변수의 이름은 y, 정규분포를 따르는 원인변수의 이름은 treat이고, 공변량은 x1, x2 두 가지입니다. 실습에 필요한 R 패키지들을 구동한 후 데이터를 불러오면 다음과 같습니다.

```
> # 원인변수가 연속형인 경우
> library("tidyverse")  # 데이터관리 및 시각화
> library("Zelig")       # 비모수통계접근
> # 데이터소환
> setwd("D:/data")
> simdata=read_csv("simulated_continuous_cause.csv")
Parsed with column specification:
cols(
 x1=col_double(),
 x2=col_double(),
 treat=col_double(),
 y=col_double()
)
> summary(simdata)
      x1                x2               treat             y
 Min.   :-3.00000   Min.   :-3.31000   Min.   : 0.850   Min.   :-1.360
 1st Qu.:-0.69000   1st Qu.:-0.62000   1st Qu.: 4.830   1st Qu.: 1.420
 Median :-0.02000   Median : 0.06000   Median : 6.010   Median : 2.135
 Mean   :-0.01481   Mean   : 0.00797   Mean   : 5.985   Mean   : 2.131
 3rd Qu.: 0.61000   3rd Qu.: 0.63000   3rd Qu.: 7.170   3rd Qu.: 2.840
 Max.   : 3.45000   Max.   : 2.92000   Max.   :11.760   Max.   : 5.570
```

여느 성향점수분석과 마찬가지로 연속형 원인변수에 적용할 역확률가중(IPW) 기법의 첫 단계는 성향점수를 추정하는 것입니다. 그러나 원인변수가 이분변수 형태를 띠지 않는다는 점에서, 일반화성향점수(GPS, generalized propensity score)를 사용합니다(Imbens, 2004).

IPW 기법에서 사용되는 GPS 역시 공변량이 주어졌을 때 '원인변수 T'와 'T에서의 잠재결과(Y)'는 독립적이라는 가정이 유효해야 합니다('약한 무교란성' 가정). 10장에서 말씀드렸던 약한 무교란성은 3개 이상의 집단이 존재하는 원인변수 T에 대해 쌍별(pairwise) 조건부 독립성을 의미했습니다. 이와 달리 원인변수 T가 연속형 변수일 경우에는 복용량 (dose)이 특정 값으로 주어졌을 때 반응(response)과의 독립성을 의미합니다. 즉 복용량에는 여러 수준이 존재하겠지만(예를 들어 1, 2.5, 3.74 등과 같은 연속형 변수의 관측값), 관측된 값(예를 들어 $T_i=4$)에 대해서만 공변량 X들이 주어졌을 때 원인변수 T와 결과변수 T가 독립적이면 됩니다. 만약 여기에 '강한 무교란성(strong unconfoundedness)'을 가정했다면, 모든 복용량 수준에 대해 이 조건부 독립이 성립해야 할 것입니다.

그렇다면 GPS는 무엇을 의미할까요? 앞서 말씀드렸듯 예시데이터의 원인변수 `treat` 는 공변량 변수들의 값이 주어졌을 때 '정규분포'를 띨 것이라고 가정됩니다(사실 저희가 시뮬레이션할 때에도 정규분포함수를 이용했습니다).

$$T_i \mid X_i \sim N(\beta_0 + \beta_1 X_i, \sigma^2)$$

다시 말해 공변량 변수가 주어졌을 때의 원인변수가 특정한 값을 가질 확률이 바로 GPS입니다. 즉 GPS는 정규분포의 확률밀도함수값으로 추정하며, R에서는 `dnorm()` 함수를 이용하면 이 값을 계산할 수 있습니다. 구체적으로 공식으로 표현하면 다음과 같습니다(단순한 공식 표현을 위해서 공변량은 X 하나만 지정했습니다).[4]

---

[4] 정규분포의 확률밀도함수(probability density function) 공식입니다.

$$GPS_i = \frac{1}{\sqrt{2\pi\sigma^2}} exp\left(-\frac{1}{2\sigma^2}(T_i - \beta_0 - \beta_1 X_i)^2\right)$$

공식이 복잡해 보일 수 있지만 R로 계산하는 과정은 단순합니다. 원인변수 treat 을 공변량 x1과 x2에 대해 회귀모형을 추정한 후, 평균(=$E(T|X)$)과 표준편차 예측값을 dnorm() 함수에 투입하면 됩니다. 즉 위의 공식을 R을 통해 예시데이터에 적용하면 아래 와 같습니다.

```
> # 공변량이 주어졌을 때의 원인변수
> lmGPS=lm(treat~x1+x2,simdata)
> # GPS 추정: 분모부분
> simdata$gps=dnorm(simdata$treat,
+                   mean=lmGPS$fitted,          #예측된 y의 평균
+                   sd=summary(lmGPS)$sigma) #오차항의 분산
```

위의 GPS는 공변량이 주어졌을 때의 확률밀도(density)를 추정한 것입니다. 그렇다면 공변량이 주어지지 않았을 때의 확률밀도는 어떠할까요? 즉 treat 변수의 평균과 표준편 차만을 사용하면 어떤 값을 얻을 수 있을까요? 그 과정은 다음과 같습니다.

```
> # 분자부분
> simdata$numerator=dnorm(simdata$treat,
+                         mean=mean(simdata$treat),
+                         sd=sd(simdata$treat))
```

위 코드에서 확인하실 수 있듯 분자 부분에는 treat 변수의 평균과 표준편차만을 사 용하여 계산한 확률밀도가 들어갑니다. 또는 아래와 같이 lm() 함수를 이용해 표현할 수 도 있습니다. 회귀식의 독립변수에 x1과 x2 없이 1, 즉 절편만 추정하고 있음이 드러납니다.

```
> # 혹은 다음 방법과도 동일
> lmNaive=lm(treat~1,simdata)
> # GPS 추정: 분모부분
```

```
> simdata$numerator=dnorm(simdata$treat,
+                         mean=lmNaive$fitted,        #예측된 y의 평균
+                         sd=summary(lmNaive)$sigma) #오차항의 분산
```

공변량이 주어지지 않았을 때의 확률밀도, 즉 numerator를 추정한 이유는 공변량이 주어졌을 때 원인변수가 어느 정도나 '다르게' 배치될 수 있는가를 추정하기 위함입니다. 그리고 둘 사이의 비율, 즉 공변량이 주어지지 않았을 때에 비해 주어졌을 때 GPS가 얼마나 달라졌는지가 바로 가중치가 됩니다. 이는 이분변수 형태의 원인변수를 대상으로 성향점수를 구하는 방법과 개념적으로 동일합니다[로짓(logit)의 정의를 떠올려보세요]. IPW 기법에서는 다음과 같이 '공변량이 없는 경우 추정된 확률밀도' 대비 '공변량이 주어졌을 경우 추정된 확률밀도'를 계산한 것이 '역확률가중치(IPW, inverse probability weights)'입니다.

```
> # IPW 계산
> simdata$IPW=simdata$numerator/simdata$gps
```

3 공변량 균형성 점검

이제 추정된 GPS를 기반으로 얻은 IPW를 이용하여 공변량 균형성을 살펴보겠습니다. 지금까지 살펴보았던 성향점수분석 기법들의 경우 다음과 같은 과정으로 공변량 균형성을 살펴보았습니다. 첫째, 성향점수와 공변량 등을 표준화시킵니다(성향점수가 계산되지 않는 경우에는 공변량들만 표준화시킴). 만약 공변량이 더미변수인 경우 원래 값을 그대로 사용합니다. 둘째, 표준화된 성향점수와 공변량들을 대상으로 집단 간 평균차이(절댓값 기준)와 분산비를 계산합니다. 성향점수매칭 기법을 사용한 경우는 매칭작업 이전과 이후의 결과를 비교하고, 성향점수가중 기법을 사용한 경우에는 가중치 부여 이전과 이후의 결과를 비교합니다. 셋째, 성향점수분석 기법을 적용한 후의 집단 간 평균차이(절댓값 기준)와 분산비가 사전 설정된 역치를 넘지 않으면 공변량 균형성이 달성되었다고 가정합니다. 본서에서는 시뮬레이션 데이터의 경우 평균차이(절댓값 기준)는 0.1을, 분산비의 경우는 0.5~

2.0의 기준을 적용했으며, 실제 관측연구 데이터의 경우 평균차이(절댓값 기준)는 0.25로 완화시킨 기준을 적용하였습니다.

그러나 연속형 원인변수를 대상으로 할 경우, 원인변수에는 '집단'이라는 범주가 존재하지 않기 때문에 평균차이와 분산비를 계산하는 것이 불가능합니다. 게다가 연속형 변수 형태의 원인변수에 적용하는 성향점수분석 기법은 다른 성향점수분석 기법들에 비해 상대적으로 주목을 받지 못하는 상황입니다. 이런 이유로 저희가 알고 있는 범위에서 아직까지 널리 인정되는 공변량 균형성 점검 기법은 없습니다. 그러나 한 가지 확실하게 말할 수 있는 기준이라면 IPW를 적용한 이후에는 공변량과 원인변수가 서로 무관해야 한다는 점입니다(마치 성향점수가중 기법에서 가중치를 적용한 후에는 처치집단과 통제집단의 평균차이가 0이어야 한다는 것과 마찬가지임). 또한 공변량에 따라 단위(unit, scale)가 제각각일 것이라는 점에서 공변량과 원인변수의 관계는 표준화된 방법, 즉 표준화 회귀계수를 쓰는 것이 보통입니다(마치 공변량 균형성 점검이전에 성향점수와 공변량들을 표준화시키는 것과 마찬가지임).

즉 IPW 기법으로 공변량 균형성이 완전하게 확보되었다면 원인변수에 대한 공변량의 표준화 회귀계수는 0이 될 것으로 기대할 수 있습니다. 일반적으로 IPW 기법을 적용한 후 공변량을 종속변수로, 원인변수를 독립변수로 설정한 후 얻은 표준화 회귀계수의 절댓값이 0.1을 넘지 않는 경우 공변량 균형성이 확보되었다고 판단합니다(Austin, 2018; Zhu et al., 2015).[5] 물론 여기서 제시된 '절댓값을 취한 표준화 회귀계수 < 0.1'이라는 기준은 관례적인 것입니다. 관례적이기는 하지만 본서에서도 '절댓값을 취한 표준화 회귀계수 < 0.1'이라는 기준을 따르겠습니다.

우선 표준화 회귀계수를 얻기 위해 아래와 같은 방식으로 원인변수와 공변량들을 표준화시켰습니다.

```
> # 표준화 회귀계수를 얻기 위해 표준화 변환 실시
> stddata=simdata %>%
+ mutate_at(
+ vars(x1,x2,treat),
+ function(x){(x-mean(x))/sd(x)}
+ )
```

---

5   맥락에 따라 공변량의 이차항, 그리고 공변량들 사이의 상호작용항들과의 표준화 회귀계수를 점검하기도 합니다.

다음으로 IPW를 가중치로 부여하지 않은 상태에서 공변량을 종속변수로, 원인변수를 독립변수로 하는 OLS 회귀모형을 추정한 결과는 아래와 같습니다. x1, x2를 대상으로 얻은 원인변수 treat 변수의 표준화 회귀계수는 각각 0.57, 0.56으로 모두 원인변수와 매우 강한 상관관계를 보이고 있습니다.

```
> lm(x1~treat, stddata)$coef %>% round(4)
(Intercept)    treat
     0.0000   0.5708
> lm(x2~treat, stddata)$coef %>% round(4)
(Intercept)    treat
     0.0000   0.5575
```

이제 IPW를 가중치로 부여한 후 x1, x2를 대상으로 얻은 원인변수 treat 변수의 표준화 회귀계수를 추정해봅시다. 아래 결과에서 잘 나타나듯 x1, x2를 대상으로 얻은 원인변수 treat 변수의 표준화 회귀계수는 각각 0.01, 0.04로 관례적으로 사용되는 기준값인 0.1보다 모두 작은 값을 보여, 원인변수는 각 공변량과 서로 무관하다는 것을 발견할 수 있습니다.

```
> lm(x1~treat, stddata, weights=IPW)$coef %>% round(4)
(Intercept)    treat
     0.0351   0.0131
> lm(x2~treat, stddata, weights=IPW)$coef %>% round(4)
(Intercept)    treat
     0.2080   0.0385
```

4 복용량-반응 함수(dose-response function) 추정

이제 원인변수의 수준별 결과변수의 기댓값, 흔히 복용량-반응 함수 결과를 추정하겠습니다. IPW를 가중치로 부여한 후 원인변수(복용량)와 결과변수(반응)의 관계를 추정하면 됩니다. 공변량을 추가로 통제해야 하는지에 대해서는 연구자마다 판단이 다를 수 있지만, 저희는 공변량들을 추가로 통제하여 원인변수와 결과변수의 관계를 추정하였습니다.

앞서 소개한 Zelig 패키지 부속함수들을 활용하는 비모수통계기법을 활용하였으며, 총 1만 번의 시뮬레이션을 실시하였습니다. 또한 원인변수의 수준 중 하위 10%와 상위 10%를 배제한 후, 원인변수를 10% 간격으로 나눈 지점에서의 결과변수의 점추정치와 95% 신뢰구간을 계산하는 방식으로 원인변수와 결과변수의 관계를 추정하였습니다.

```
> # IPW
> set.seed(1234)
> z_out_ipw=zelig(y~treat+x1+x2,data=simdata,
+                 model="ls",weights="IPW",
+                 cite=FALSE)
> # 시뮬레이션
> Table_Sim10000=data.frame()
> range_treat=quantile(simdata$treat, prob=0.1*(1:9))
> for (i in 1:length(range_treat)){
+   # 원인변수의 수준 설정
+   X=setx(z_out_ipw,treat=range_treat[i],data=mydata)
+   # 지정된 원인변수 수준에서 10000번 시뮬레이션
+   S=sim(z_out_ipw,X,num=10000)
+   # 각 시뮬레이션 단계에서 얻은 기댓값
+   EV=data.frame(t(get_qi(S,"ev")))
+   # 정리
+   Table_Sim10000=rbind(Table_Sim10000, EV)
+ }
> names(Table_Sim10000)=str_c("sim",1:10000)
> Table_Sim10000$treat=range_treat
> # 점추정치, 95% 신뢰구간 계산
> IPW_estimate=Table_Sim10000 %>%
+   pivot_longer(cols=sim1:sim10000,names_to="sim") %>%
+   group_by(treat) %>%
```

```
+  summarize(
+  LL95=quantile(value,p=0.025),
+  PEst=quantile(value,p=0.5),
+  UL95=quantile(value,p=0.975)
+  )
> IPW_estimate
# A tibble: 9 x 4
   treat   LL95   PEst    UL95
   <dbl>   <dbl>  <dbl>   <dbl>
1   3.74   1.54   1.62    1.70
2   4.48   1.70   1.77    1.83
3   5.14   1.84   1.90    1.96
4   5.62   1.93   1.99    2.05
5   6.01   2.01   2.07    2.13
6   6.43   2.09   2.16    2.22
7   6.88   2.17   2.24    2.32
8   7.38   2.26   2.34    2.43
9   8.12   2.39   2.49    2.59
```

그렇다면 IPW 기법을 이용하여 추정한 '복용량–반응 함수' 추정결과는 일반적인 OLS 회귀모형 추정결과와 어떻게 다를까요? 이를 살펴보기 위해 x1, x2 공변량을 통제하고 treat 변수와 y 변수의 관계를 OLS 회귀모형으로 추정한 결과와 비교해보았습니다. OLS 회귀모형을 사용할 때도 동일하게 원인변수의 수준 중 하위 10%와 상위 10%를 배제한 후, 원인변수를 10% 간격으로 나눈 지점에서의 결과변수의 점추정치와 95% 신뢰구간을 계산하는 방식으로 원인변수와 결과변수의 관계를 추정하였습니다.

```
> # Simple OLS
> set.seed(1234)
> z_out_ols=zelig(y~treat+x1+x2,data=simdata,
+                        model="ls",cite=FALSE)
> # 시뮬레이션
> Table_Sim10000=data.frame()
> for (i in 1:length(range_treat)){
+  # 원인변수의 수준 설정
+  X=setx(z_out_ols,treat=range_treat[i],data=mydata)
+  # 지정된 원인변수 수준에서 10000번 시뮬레이션
+  S=sim(z_out_ols,X,num=10000)
```

```
+  # 각 시뮬레이션 단계에서 얻은 기댓값
+  EV=data.frame(t(get_qi(S,"ev")))
+  # 정리
+  Table_Sim10000=rbind(Table_Sim10000, EV)
+ }
> names(Table_Sim10000)=str_c("sim",1:10000)
> Table_Sim10000$treat=range_treat
> OLS_estimate=Table_Sim10000 %>%
+  pivot_longer(cols=sim1:sim10000,names_to="sim") %>%
+  group_by(treat) %>%
+  summarize(
+   LL95=quantile(value,p=0.025),
+   PEst=quantile(value,p=0.5),
+   UL95=quantile(value,p=0.975)
+  )
```

OLS 회귀모형과 IPW 기법으로 각각 추정한 결과를 비교하면 [그림 11-1]과 같습니다.

```
> # 추정결과 비교 시각화
> bind_rows(OLS_estimate %>% mutate(model="OLS"),
+           IPW_estimate %>% mutate(model="IPW")) %>%
+ ggplot(aes(x=treat,y=PEst,fill=model))+
+ geom_point(aes(color=model,shape=model),size=2)+
+ geom_line(aes(color=model))+
+ geom_ribbon(aes(ymin=LL95,ymax=UL95),alpha=0.3)+
+ labs(x="X, continuous variable\n(Dose)",
+      y="Point estimates with their 95% CI\n(Response)",
+      fill="Model",shape="Model",color="Model")+
+ scale_x_continuous(breaks=round(IPW_estimate$treat,1))+
+ coord_cartesian(ylim=c(1,3))+
+ theme_bw()+
+ theme(legend.position="top")
> ggsave("Part2_Ch11_IPW_OLS.png",unit="cm",width=11,height=11)
```

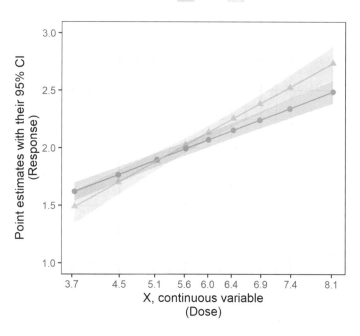

[그림 11-1] 복용량-반응 함수 추정결과 비교

　　[그림 11-1]에서 잘 알 수 있듯, OLS 회귀모형을 추정한 결과와 IPW 기법을 적용하여 얻은 결과는 다소 다릅니다. 특히 복용량(원인변수)이 약 6.9 이상인 경우, OLS로 추정한 결과는 IPW 기법으로 추정한 결과보다 무시하기 어려울 정도로 반응(결과변수)을 과대추정하는 것을 알 수 있습니다. 사실 이 결과는 1장에서 살펴본 '외생성(exogeneity)' 확보 문제를 잘 보여주고 있습니다. 즉 여기서 다루었던 데이터의 원인변수인 treat 변수의 경우 외생성이 확보되지 않았으며, 따라서 [그림 11-1]의 결과는 통상적 OLS 회귀모형 결과가 어느 정도 편향된 추정치임을 보여주는 것입니다.

5 민감도분석: 알려진 바 없음

아쉽게도 IPW 기법의 경우 적용할 수 있는 알려진 민감도분석 기법이 없습니다. 5장에서 이분변수 형태의 원인변수를 대상으로 얻은 처치효과를 성향점수가중 기법으로 추정할 때, 카네기·하라다·힐의 민감도분석(Carnegie et al., 2016)을 실시한 바 있습니다. 연속형 변수에 대해서도 카네기·하라다·힐의 민감도분석을 적용할 수는 있지만, 저희가 아는 범위에서 카네기·하라다·힐의 민감도분석이나 다른 유형의 민감도분석을 적용한 연구사례는 찾지 못하였습니다. 이에 별도의 민감도분석 사례를 제시하지 않았습니다.

6 요약

이번 장에서는 연속형 변수 형태의 원인변수에 적용할 수 있는 성향점수분석 기법들 중 하나로 역확률가중(IPW) 기법을 살펴보았습니다. IPW 기법 적용과정을 요약하면 다음과 같습니다.

첫째, 원인변수를 종속변수로 하고 공변량들을 독립변수로 하는 회귀모형을 추정한 후, 이를 이용하여 일반화성향점수(GPS)를 추정합니다.

둘째, 일반화성향점수를 이용하여 역확률가중치(IPW, inverse probability weights)를 계산합니다.

셋째, IPW를 가중치로 부여하기 이전과 이후의 공변량과 원인변수의 관계를 표준화 회귀계수 형태로 비교합니다. 일반적으로 IPW를 가중치로 부여한 후 공변량에 대한 원인변수의 표준화 회귀계수의 절댓값이 0.1을 넘지 않으면 공변량 균형성이 확보되었다고 판단합니다.

넷째, IPW를 가중치로 설정한 후 흔히 '복용량-반응 함수'라고 불리는 원인변수와 결과변수의 관계를 추정합니다.

3부

마무리

3부에서는 지금까지 살펴본 성향점수분석 기법들을 되짚어보고, 성향점수분석 기법들과 이 기법들의 이론적 근거인 루빈 인과모형(RCM, Rubin's causal model)에 대한 비판들을 간략하게 살펴보았습니다. 아울러 본서에서 다루지 않았던 다른 성향점수분석 기법들도 간략하게 소개하였습니다.

12장

성향점수분석 기법 및 진행과정 요약

여기서는 지금까지 살펴본 성향점수분석 기법들과 관련된 주요 개념들과 용어들을 간략하게 다시 살펴보았습니다. 가볍게 읽어보시되, 잘 이해되지 않는 부분이 있다면 관련된 본서의 앞부분을 다시 살펴보시기 바랍니다.

본서에서는 루빈 인과모형(RCM)을 기반으로 인과관계를 추정하는 여러 성향점수분석(propensity score analysis) 기법들을 살펴보았습니다. 루빈 인과모형에서는 원인변수의 처치수준별로 여러 잠재결과들(potential outcomes)이 존재할 수 있으며, 어떤 개체가 특정한 처치상태에 배치되면 해당 잠재결과가 '관측된 결과(observed outcome)'로 구현된다고 가정합니다(Holland, 1986; Morgan, 2001; Morgan & Winship, 2015; Rubin, 1987; Williamson et al., 2012). 예를 들어 처치집단과 통제집단이라는 두 수준으로 구성된 원인변수가 존재할 때, 어떤 개체(i)에는 처치집단에 놓였을 경우의 잠재결과(Y_i^1)와 통제집단에 놓였을 경우의 잠재결과(Y_i^0)가 존재합니다. 만약 이 개체가 처치집단으로 배치(assign)된 경우라면 Y_i^1가 관측된 결과로 나타나고, 통제집단으로 배치된다면 Y_i^0가 관측된 결과로 나타나게 됩니다. 만약 이 개체가 실제 현실에서 처치집단에 배치된다면 Y_i^1가 측정되어 데이터에 기록되고, Y_i^0는 '대안사실(counterfactual)'로 남게 됩니다.

일반적으로 처치집단과 통제집단을 무작위배치(random assignment)한 실험연구와 달리, 관측연구의 경우 처치집단과 통제집단 배치가 개체의 속성에 따라 달라지는 '자기선택편향(self-selection bias)'이 발생합니다. 즉 무작위배치 덕분에 처치집단에서 나타난 처치효과를 추정할 때, 통제집단에서 나타난 결과변수의 기댓값을 처치집단의 '대안사실'이라고 가정할 수 있다는 것이 타당한 인과추론을 보장하는 실험연구 설계의 원리입니다. 반면 관측연구의 경우 원인처치를 받지 않은 집단(즉 통제집단)과 원인처치를 받은 집단(즉 처치집단)은 개체의 내적 특성들(개별 성향이나 기질 등) 혹은 개체가 처한 외적 특성들(거주지역이나 사회 등의 구조적 특성들)이 다른 경우가 많고, 이러한 '자기선택 편향'으로 인해 타당한 인과추론이 불가능합니다.

성향점수분석 기법에서는 루빈 인과모형과 데이터와 관련된 과학적 지식을 토대로, 자기선택 편향을 일으키는 공변량들을 파악하고 측정할 수 있다면 어떤 개체가 원인처치에 배치될 확률, 즉 성향점수를 추정한 후 이를 이용하여 처치집단과 통제집단을 동등하게 비교할 수 있다고 주장합니다(Rosenbaum & Rubin, 1983; Morgan & Winship, 2015).

이러한 주장이 성립하기 위해서는 두 가지 중요한 가정이 확보되어야 합니다. 첫째, '무작위배치화 가정(ITAA, ignorable treatment assignment assumption)'입니다. ITAA 가정에서는 자기선택 편향을 발생시키는 공변량들의 조건에 따라, 개체가 실험처치를 받을 확률이 두 가지 잠재결과와 독립적이라고 가정합니다. 연구맥락에 따라 '강한 무교란성(strong unconfoundedness) 가정'이라 불리기도 합니다. 이 ITAA 혹은 '강한 무교란성 가정'은 이분변수 형태의 원인변수에 적용되는 성향점수분석 기법들의 경우 반드시 확보되어야 합니다. 그러나 범주형 변수 혹은 연속형 변수 형태의 원인변수에 적용되는 성향점수분석 기법들에서는 다소 완화된 '약한 무교란성 가정'이 요구됩니다.

둘째, '사례별 안정처치효과 가정(SUTVA, the stable unit treatment value assumption)'입니다. SUTVA는 모든 성향점수분석 기법들에 동일하게 요구되는 가정입니다. ITAA와 구분되는 SUTVA의 특징은 어떤 사례가 어떤 원인처치를 받는지와 무관하게 다른 사례들의 잠재결과는 영향을 받지 않아야 한다는 점입니다. SUTVA가 확보되지 않은 경우 사회과학 연구방법론에서 흔히 언급되는 처치효과의 확산(diffusion)이나 모방(imitation), 보상적 경쟁심(compensatory rivalry), 분노로 인한 사기저하(resentful demoralization) 등의 현상이 나타나 타당한 처치효과를 추정할 수 없습니다.

이를 통해 성향점수분석 기법들에서는 '처치집단에서 나타난 평균처치효과(ATT, average treatment effect for the treated)', '통제집단에서 나타난 평균처치효과(ATC, average treatment effect for the control)', '전체표본에서 나타난 평균처치효과(ATE, average treatment effect)' 등과 같은 다양한 처치효과들을 추정합니다. 성향점수분석 기법 연구자들의 경우 주로 ATT에 초점을 맞추지만, 연구맥락에 따라 ATT와 함께 ATC나 ATE에 초점을 맞출 필요도 있습니다.

ATT, ATC, ATE 추정을 위해 구체적으로 본서에서 살펴본 성향점수분석 기법들을 정리하면 다음과 같습니다. 이 기법들 중 일부는 성향점수를 추정하지 않는다는 점에서 볼 때, 성향점수분석 기법으로 분류하기 어려운 것들도 있으나 전체적인 분석과정이 유사하다는 점에서 본서에서는 편의상 성향점수분석 기법과 함께 소개하였습니다.

- 원인변수가 이분변수(처치집단과 통제집단으로 구성)인 경우
  - 성향점수가중(propensity score weighting) 기법 (5장)
  - 성향점수매칭(propensity score matching) 기법 (6장)
    * 성향점수기반 그리디 매칭(greedy matching using propensity score) 기법
    * 성향점수기반 최적 매칭(optimal matching using propensity score) 기법
    * 성향점수기반 전체 매칭(full matching using propensity score) 기법
    * 성향점수기반 유전 매칭(genetic matching using propensity score) 기법[1]
    * 마할라노비스 거리점수기반 그리디 매칭(greedy matching using Mahalanobis distance) 기법[2]
  - 성향점수층화(propensity score subclassification) 기법 (7장)
  - 준(準)-정확매칭(coarsened exact matching) 기법[3] (8장)

- 원인변수가 3수준 이상의 범주형 변수(처치 형태가 다른 여러 처치집단들과 통제집단들로 구성)인 경우
  - 일반화성향점수(GPS, generalized propensity score) 기반 처치역확률가중치(IPTW, inverse probability of treatment weighting) 기법 (10장)

---

1 성향점수를 추정하여 포함할 수도 있고, 포함하지 않을 수도 있습니다. 만약 성향점수를 포함하지 않는다면 '유전 매칭(genetic matching)' 기법이라 부르는 것이 타당합니다.

2 엄밀하게 말하자면 성향점수를 추정하는 과정을 밟지 않기 때문에 성향점수분석 기법이 아닙니다.

3 공변량들을 뭉뚱그린 후 '정확 매칭'을 실시한다는 점에서 성향점수분석 기법이 아니라고 볼 수 있습니다.

- 원인변수가 연속형 변수인 경우
  - 일반화성향점수 기반 역확률가중(IPW, inverse probability weighting) 기법 (11장)

  세부적인 차이점들에도 불구하고, 성향점수분석 기법들의 진행과정은 동일합니다.

- 첫째, 관측연구를 설계할 때 자기선택 편향을 야기하는 주요 공변량들을 꼼꼼하게 살피고 이들을 측정합니다. 핵심 공변량이 빠진 상태에서 추정된 성향점수로는 처치집단과 통제집단의 동등성을 확보할 수 없기 때문입니다.
- 둘째, 수집된 데이터의 여러 변수(결과변수, 원인변수, 공변량 등)를 대상으로 사전처리를 실시합니다. 만약 결측값이 존재하는 경우 성향점수분석을 실시하기 전에 결측값 다중대체(multiple imputation) 등과 같은 방법으로 결측값을 대체합니다.
- 셋째, 공변량들을 이용해 성향점수를 추정합니다. 이때 로지스틱 회귀모형과 같은 모수통계기법 혹은 데이터마이닝이나 기계학습 등의 기법을 사용할 수 있습니다.
- 넷째, 추정한 성향점수를 기반으로 가중이나 매칭 혹은 층화한 이후에 처치집단과 통제집단 간 공변량 균형성이 확보되었는지 살펴봅니다.
- 다섯째, 공변량 균형성이 확보되었다고 판단한 경우 처치효과를 추정합니다.
- 여섯째, 추정한 처치효과에 대해 민감도분석을 실시합니다. 이를 통해 추정된 처치효과가 누락변수편향에도 불구하고 얼마나 강건한지(robust) 혹은 취약한지(vulnerable) 평가합니다.

13장

성향점수분석 기법 비판

이번 장에서는 성향점수분석 기법을 둘러싼 논란을 살펴보고 어떤 점들이 비판되고 있는지 간략하게 소개하겠습니다.

1 철학적 비판

데이위드(Dawid, 2000)는 성향점수분석 기법의 이론적 토대인 루빈 인과모형의 근본적인 철학적 문제를 날카롭게 비판한 바 있습니다.

성향점수분석 기법이 기초하는 루빈 인과모형에서는 '잠재결과들'을 상정합니다. 그러나 현실적으로 우리가 데이터에서 확인할 수 있는 '결과'는 '관측된 결과'뿐입니다. 다시 말해 '관측되지 않은 잠재결과'인 '대안사실(counterfactual)'은 형이상학적으로 가정된 것일뿐 결코 실증될 수 없는 영역입니다. "역사에 가정(if)은 없다"라는 말처럼, 현실은 '대안사실'이 아닌 실제 관측된 결과에 의해 생성된 것입니다. 관측되지도 않은 형이상학적 대상에 집착하는 것은 허망할 수 있고, '대안사실'이라는 형이상학적 대상을 반드시 요구하는 인과관계 혹은 처치효과 역시 허망할 수밖에 없다는 것이 데이위드(Dawid, 2000)의 주장입니다.

매우 타당한 주장이기는 합니다만, 이에 대한 반론도 만만치 않습니다. 데이위드의 주장에 대해 재반론을 펼치는 성향점수분석 기법 창안자 혹은 옹호자들 역시 '대안사실'

이 관측되지 않은 것이라는 사실을 부정하지는 않습니다. 대신 성향점수분석 기법 창안자 혹은 옹호자들은 인과관계라는 개념 자체가 형이상학적이고 관측불가능한 대안사실을 요청하는 것이며, 인과관계를 확립하는 것이 유용하며 무엇보다 인간의 인지구조 혹은 심리구조에 부합하는 자연적인 현상이라고 반박합니다. 여느 철학적 논쟁들과 마찬가지로 '대안사실'을 어떻게 받아들여야 할지에 대한 논란 역시 쉽게 어느 편이 옳다고 말하기 어렵습니다. 데이워드(Dawid, 2000)에 대한 철학적 반론으로는 2000년 *Journal of the American Statistical Association*에 게재된 일련의 논문들을 참조하시기 바랍니다. 또한 2014년 *Sociological Methods and Research*에 게재된 일련의 논문들도 참조하시기 바랍니다.

2 원인변수 성격 논란

본서에서 특정 개체의 원인변수 측정값을 언급할 때 '원인처치에 배치되는……', '처치집단에 배치된……' 등과 같은 표현을 사용하였습니다. 사실 1장에서 홀랜드(Holland, 1986)의 논의를 소개하면서도 언급했습니다만, 성향점수분석 기법들이 가정하는 원인변수는 개체 외부의 사건(event)이나 개입(intervention)입니다. 다시 말해 성향점수분석 기법들에서는 개체 내부의 생래적 특성이나 기질 등은 원인변수로 취급하지 않습니다.[1]

　그러나 학문분과에 따라 개체 내부의 생래적 특성이나 기질을 원인변수로 다루어야 할 필요도 있습니다. 예를 들어 '성차별'을 연구하는 사회과학자를 떠올려봅시다. 성전환수술과 같은 아주 희귀한 사례를 제외하고 거의 절대 다수의 사람들은 남성이나 여성으로 태어난 후 살다가 죽음을 맞습니다. 다시 말해 성별 배치과정은 거의 대부분 '자연적 배치'의 결과입니다. 하지만 이러한 생래적 특성은 성향점수분석 기법들에서 원인변수로 취급받지 못하며, 따라서 처치효과를 추정할 수 없습니다. 그런데 현실에서는 아마도 대부

1　이러한 입장은 홀랜드(Holland, 1986)에 잘 정리되어 있으며, 이후 크게 바뀐 바 없습니다. 개인적으로는 상당히 편협한 방식으로 '원인' 혹은 '인과관계'를 정의했다고 생각합니다.

분의 사람들이 '내가 여성으로(혹은 남성으로) 태어났다면……'이라는 '대안사실'을 꿈꾼 적이 있을 것입니다. 성차별적 상황에 놓인 여성들만 그런 것은 아닐 것입니다. 군대 입대를 앞둔 남성들 중 적지 않은 사람들이 '차라리 여성으로 태어났다면……'이라는 생각을 하기도 합니다. 성별만 그런 것이 아닙니다. 인종 변수도 그러하며, 외국인 여부 변수도 그렇고, 심리학에서 연구하는 수많은 심리적 특성들 또한 상황이 크게 다르지 않을 것입니다.

하지만 안타깝게도 성향점수분석 기법들에서는 성별, 인종, 심리적 기질 등과 같은 변수들을 원인변수로 인정하지 않으며, 따라서 인과관계를 설정하고 테스트하는 것도 어렵다고 주장합니다. 때문에 성차별, 인종차별 등을 겪는 사람들 혹은 자신의 성격으로 인해 불합리한 평판을 얻는 사람들에게 이와 같은 성향점수분석 기법들의 주장은 모형을 위해 현실을 외면하는 것 같은 인상을 안겨줄 뿐입니다.

그러나 최근 모건과 윈쉽(Morgan & Winship, 2015)은 사회과학적 관점에서 생래적 기질이나 특징과 같은 변수들 역시 원인변수로 규정 가능하며, 따라서 성차별 연구나 인종차별 연구 혹은 심리학적 연구에서도 성향점수분석을 사용할 수 있다고 주장하고 있습니다. 구체적으로 예를 들어보겠습니다. 모건과 윈쉽에 따르면 성차별을 연구하는 문헌에서 연구하는 '성별'은 생물학적으로 결정된 것이 아니라 사회적으로 인식되는 '성별 고정관념'입니다. 성별 고정관념이라는 것은 사회적으로 부여되는, 다시 말해 외부적 속성들에 의해 배치(assign)되는 원인으로 볼 수 있다는 것입니다. 즉 호르몬의 특성이나 분비량과 같은 생물학적 결과물이 아니라 사회적 평판이나 인식 등의 사회적 결과물을 다루는 연구라면, 성별과 같은 생래적 본성 역시도 성향점수분석에서 말하는 '원인'이라고 볼 수 있으며, 따라서 '처치효과'를 추정할 수 있다는 주장입니다. 흥미로운 주장이라고 생각합니다. 만약 생래적 특성이나 기질로 인한 인과관계를 성향점수분석 기법 맥락에서 추정해보고 싶은 독자께서는 모건과 윈쉽(Morgan & Winship, 2015)을 읽어보면 좋을 듯합니다.

3 현실적 유용성

성향점수분석 기법과 관련하여 가장 큰 논란은 현실적 유용성입니다. 즉 통상적 회귀분석 기법으로 추정한 처치효과가 성향점수분석 기법으로 얻은 처치효과와 별반 다르지 않으며(Shah et al., 2005; Stürmer et al., 2006), 따라서 응용학문 전공 연구자 입장에서는 통상적 회귀분석보다 더 많은 시간과 노력을 요구하는 성향점수분석 기법을 적용할 필요성을 느끼기 어렵다는 것입니다. 물론 '현실적 유용성' 논란과 관련하여 성향점수분석 기법을 옹호하는 연구자들은 성향점수분석 기법을 적용한 선행연구들 내부의 문제점들을 지적하기도 합니다(Austin & Mamdani, 2006; Shadish, 2013; Shah et al., 2005; Weizen et al., 2004). 다시 말해 성향점수분석 기법 자체의 문제라기보다는 성향점수분석 기법을 적용하면서 ITAA와 SUTVA 등의 가정들이 충족되었는지 잘 살펴보지 않았거나, 공통지지영역 점검, 공변량 균형성 및 민감도분석 결과 등을 적절하게 진행하지 않았다는 주장입니다. 타당한 반박이라고 생각합니다만, 개인적으로는 '현실적 유용성' 논란은 단순히 성향점수분석 기법을 적절하게 수행했는지 여부만으로는 충분히 소명될 성격의 문제가 아니라고 생각합니다.

논문이 출간되기 위해서는 혹은 과학적 연구기법이 정착되기 위해서는 저자나 연구자가 노력해야 할 뿐만 아니라, 논문 심사자나 청중·독자의 이해와 협조가 필수적이기 때문입니다. 저희가 알고 있는 범위에서 성향점수분석 기법에 대한 수요와 이해도는 아직까지 높지 않은 편입니다. 1983년 로젠바움과 루빈의 논문(Rosenbaum & Rubin, 1983)이 출간된 이후 거의 40년에 가까운 시간이 지났지만, 성향점수분석 기법은 사회과학 분과의 주류 데이터 분석 기법으로 아직 정착되지 못한 상황입니다. 아마도 가장 큰 이유는 통상적 회귀분석 기법들과 비교했을 때 내용이 상대적으로 난해하고 무엇보다 일반 응용학문분과 연구자들이 쉽게 접근할 수 있는 패키지나 프로그램이 부족하기 때문이라고 생각합니다.

개인적 평가입니다만, 성향점수분석 기법들의 결정적 문제가 바로 이 점이 아닐까 싶습니다. 비록 다른 연구자들처럼 체계적이고 포괄적인 리뷰를 시도해본 것은 아니지만, 이전에 출간했던 논문들을 대상으로 성향점수분석 기법을 적용했을 때 뚜렷하게 다른 결과를 얻은 경험이 없습니다. 즉 대부분의 경우 ATT와 ATC가 뚜렷하게 구분되는 처치효과로 나타나지 않으며, 무엇보다 OLS 회귀분석이나 기타 일반화선형모형(GLM)과도 명확하게 구분되는 처치효과가 나타난 경우를 본 적이 없습니다.

그러나 통상적 회귀분석 결과와 성향점수분석 기법 결과가 비슷하다는 점으로 인해 성향점수분석 기법이 '복잡하기만 하고 그다지 유용하지 않은 기법'이라고 생각하지는 않습니다. 이렇게 생각하는 이유는 다음과 같습니다.

첫째, 성향점수분석 기법 결과와 통상적 회귀분석 결과가 비슷하다는 것 자체가 현상에 대한 유용한 정보를 제공해준다고 생각합니다. 다시 말해 두 기법으로 얻은 결과가 비슷하다는 것은 회귀분석의 내재적 문제점인 '내생성(endogeneity)' 문제가 적어도 알려진 공변량들에 한해서는 그렇게 심각하지 않다는 것을 말해주는 방증이라고 생각합니다. 어떤 현상을 대상으로 실시된 반복적인 연구들에서 성향점수분석 기법 결과와 비슷한 통상적 회귀분석 결과를 얻었다는 사실 자체로, 우리는 해당 현상에 대한 과학적 지식을 얻었다고 판단할 수 있습니다.

둘째, 성향점수분석 기법으로 추정한 처치효과 그 자체보다 성향점수분석 기법을 적용하는 과정을 통해 연구대상이 되는 현상에 대해 더 많은 것을 배울 수 있기 때문입니다. 대표적인 예가 '공통지지영역(common support region)', '분리(separation)', '모형의존성(model dependence)' 등입니다. 통상적 회귀분석으로 얻은 '뚜렷한 처치효과'들 중에서 몇몇은 공통지지영역이 존재하지 않는, 다시 말해 처치집단과 통제집단이 확연하게 분리되면서 나타난 것들이 적지 않을 것입니다. 특히 원인처치가 사회적으로 독특하거나, 폐쇄된 집단들이 선택하거나 멀리하는 원인처치물인 경우 이러한 현상이 자주 나타납니다. 예를 들어 10장의 결과를 떠올려봅시다. '태극기집회 참여자'들은 '촛불집회 참여자' 혹은 '집회 미참여자'와 비교할 때 전반적으로 매우 독특한 성향의 사람들인 것을 알 수 있습니다. 다시 말해 통상적 회귀분석 기법으로 현상에 내재하는 이 같은 '사회과학적 의미'를 발견하기 쉽지 않습니다.

셋째, 통상적 회귀분석 기법으로 얻은 처치효과와 ATT와 ATC가 뚜렷하게 구분되지 않는다고 하더라도 구분이 어려울 정도로 동일하게 나오지는 않습니다. 다시 말해 9장의 [그림 9-7]과 같이 미미한, 그러나 뚜렷하지 않은 차이가 나타날 뿐이지만, 대부분의 경우 분과학문의 이론들로 설명 가능한 차이가 나는 것이 보통입니다. 뚜렷하지는 않더라도 반복된 결과(replicated results)는 그 자체로 중요한 의미를 지닌다고 생각합니다.

이런 점에서 통상적 회귀분석 추정결과와 성향점수분석 기법 추정결과가 비슷하다고 하더라도 가급적 두 가지를 다 같이 보고하는 것이 장기적인 학문발전에 도움이 된다고 생각합니다.

14장

다양한 상황에서의 성향점수분석 기법

이번 장에서는 본서에서 다루지 않은 데이터 상황에서 적용 가능한 성향점수분석 기법들을 간단하게 소개하였습니다.

1 성향점수분석 기법과 결측값 분석

성향점수분석 기법과 관련하여 가장 먼저 소개할 분석 기법은 결측값 분석(missing data analysis), 특히 '다중투입(multiple imputation)'입니다. 철학적으로 성향점수분석과 결측값 분석은 매우 밀접히 관련되어 있습니다. 실제로 본서에서도 몇 차례 인용한 바 있는 도널드 루빈(Donald Rubin)은 폴 로젠바움(Paul Rosenbaum)과 함께 가장 널리 쓰이는 성향점수분석 기법인 성향점수매칭 기법을 제안한 학자이며, 동시에 결측값 분석의 이론적 토대를 마련하고 다중투입이라는 결측값 분석 기법을 제안하기도 했습니다. 다시 말해 성향점수분석 기법(특히 성향점수매칭 기법)과 결측값 분석은 같은 뿌리에서 나온 가지라고 볼 수 있습니다.

사실 관측된 결과라는 관점에서 보면 '대안사실(counterfactual)'은 일종의 '결측값 (missing value)'입니다. 또한 '잠재결과'라는 용어 역시도 결측값 분석과 매우 밀접하게 연결되어 있습니다. 잠재결과가 특정한 원인처치 상황에서 관측된 결과로 실현(realize)되듯, 데이터의 결측값 역시 데이터가 관측되는 과정에서 실현되지 못한 것이라고 볼 수 있습니다. 성향점수분석 기법에서는 성향점수를 기반으로 '대안사실'을 추정합니다. 마찬가지로 결측값 분석에서도 결측값 생성 메커니즘을 모형화하는 방식으로 '결측값'을 추정합니다.

본서에서는 성향점수분석 기법들에 초점을 맞추어 결측값이 없는 완전한 데이터를 실습 데이터로 사용하였습니다. 그러나 사실 결측값이 없는 관측연구 데이터는 거의 없습니다. 연구설계와 데이터 측정과정을 연구자가 통제할 수 있는 실험연구와 달리 관측연구 데이터에는 다양한 결측값들이 존재합니다(데이터 측정 및 기입 과정에서 생기는 행정적인 실수든 응답자의 의도적인 거절이든). 이런 관점에서 본다면 결측값이 없는 예시 데이터를 사용한 본서의 분석사례들이 예외적이라고 볼 수도 있습니다. 하지만 결측값이 없는 완전한 데이터가 성향점수분석 기법을 처음 접하는 사람의 입장에서 훨씬 더 다루기 쉽다는 데 누구나 동의할 것으로 생각합니다.

결측값 발생과 관련된 일련의 가정들(MCAR, missing at completely random; MAR, missing at random; MNAR, missing not at random)과 결측값 처리기법들[최대우도법(ML, maximum likelihood)과 다중투입(MI, multiple imputation)]에 대한 쉬운 소개서로는 앨리슨(Allison, 2001), 엔더스(Enders, 2010)를 추천하며, 보다 포괄적인 소개를 원하시면 리틀과 루빈(Little & Rubin, 2020)을 참조하시기 바랍니다. R에서 결측값 분석 함수들을 제공하는 패키지로는 Amelia, mice, mi, missForrest 등이 있습니다.

만약 독자께서 결측값 분석을 적용한 후 성향점수분석 기법을 진행하시고 싶다면 라이트(Leite, 2017)를 읽어보시길 권합니다. 라이트(Leite, 2017)의 경우 '다중투입(MI, multiple imputation)' 기법을 이용하여 매번 결측값을 대체 투입한 후 성향점수분석 기법을 설명하고 있습니다. 또한 라이트(Leite, 2017)에서 예시 데이터로 언급된 사례들의 경우 성향점수분석 기법으로 도출된 가중치와 아울러 표집과정에서의 가중치[구체적으로 사후층화 가중치(poststratification weight)]를 부여하여 처치효과를 추정하는 방법을 소개하고 있습니다[survey 패키지의 svydesign() 함수, svyglm() 함수 등]. 다른 학문분과들의 경우에는 잘 모르겠습니다만, 설문조사 자료를 많이 다루는 사회과학 학문분과에서 활동하시는 독자분들이라면 본서와 아울러 라이트(Leite, 2017)를 읽어보시면 큰 도움을 얻을 수 있을 것으로 생각합니다.

사회과학 학문분과에서 자주 사용되는 구조방정식모형 역시 성향점수분석 기법과 같이 사용 가능합니다. 구조방정식모형의 여러 장점 중에서 성향점수분석 기법과 밀접하게 연결된 특징을 꼽자면 바로 '측정(measurement)'입니다.

성향점수분석 기법들에서 나타나는 '측정의 문제'는 크게 두 가지입니다. 첫째, 명시적으로 밝히지는 않지만 대부분의 연구자들은 성향점수분석에 투입되는 결과변수와 공변량들의 경우 측정의 신뢰도에 문제가 없다고 가정합니다(본서 역시 이런 가정에 기초해 있습니다). 그러나 측정의 신뢰도가 완벽하게 보장되는 데이터는 존재하지 않습니다. 반면 구조방정식모형의 경우 동일한 개념을 측정하는 복수의 항목들(multiple items)이 존재할 경우 측정오차(measurement error)를 통제할 수 있으며, 심지어 단일항목으로 측정되었다고 하더라도 '모수제한(parameter restriction)'을 통해 불완전한 신뢰도가 처치효과 추정치에 미치는 효과를 살펴보는 것이 가능합니다(백영민, 2017; Kline, 2015).

둘째, 명시적으로 밝히는 경우는 거의 없지만 성향점수분석을 사용하는 연구자들은 처치집단과 통제집단 사이의 공변량들, 그리고 결과변수의 상관관계가 동일하다고 가정합니다(마찬가지로 본서 역시도 이런 가정을 택했습니다). 본서에서 살펴보았듯, 성향점수가중 혹은 성향점수매칭 기법 등을 적용한 후 공변량 균형성을 점검할 때 처치집단과 통제집단 간 표준화 변환된 성향점수와 공변량 평균차이와 분산비를 점검할 뿐, 공변량들 사이의 상관관계에 대해서는 별도의 점검을 실시하지 않습니다. 또한 공변량들과 결과변수의 상관관계 역시 두 집단 사이에서 동일할 것으로 가정할 뿐입니다. 그러나 구조방정식 모형을 채택할 경우 처치집단과 통제집단 사이의 공변량들을 점검하고 결과변수 사이의 상관관계가 동등한지(equivalent)도 점검할 수 있습니다. 즉 구조방정식모형을 기반으로 한 '동등성 테스트(invariance test)'를 실시하면(백영민, 2017; Kline, 2015), 처치집단과 통제집단 사이 공변량들과 결과변수에 대한 '평균'과 '분산'은 물론, 추가적으로 공변량들 내부 그리고 공변량들과 결과변수 사이의 '상관관계'의 동등성도 점검할 수 있습니다.

'측정'의 신뢰도 테스트와 동등성 테스트라는 장점과 아울러 추가적인 장점들도 생각해볼 수 있습니다. 몇 가지 예를 들어보자면, 구조방정식모형을 이용하면 성향점수분석 기법을 기반으로 매개된 처치효과를 테스트할 수 있고, '다집단 분석(multi-group analysis)'

맥락 속에서 상이한 집단 간 처치효과들을 비교할 수도 있습니다.

　　그러나 구조방정식모형 맥락에서 성향점수분석 기법을 적용하는 것은 상당히 복잡하며, 아직까지는 몇몇 모험적 시도들이 존재하는 정도에 그치고 있습니다. 성향점수분석 기법이 적극적으로 다루지 못하는 측정의 문제를 구조방정식모형 맥락에서 살펴본 연구로는 재쿠보스키(Jakubowski, 2015), 라이트와 동료들(Leite et al., 2010; Leite et al., 2018)과 스타이너와 동료들(Steiner et al., 2011)을 참조하시기 바랍니다. 특히 라이트와 동료들(Leite et al., 2018)에서는 상업용 구조방정식모형 패키지인 Mplus를 기반으로 구조방정식모형 맥락에서 성향점수분석 기법을 어떻게 구현하는지 구체적인 실습과정을 제시해주고 있습니다. 또한 라이트(Leite, 2017, Chapter 8)에서는 R의 lavaan 패키지와 lavaan.survey 패키지를 기반으로 성향점수분석 기법을 적용한 구조방정식모형 추정과정을 제시해주고 있습니다. 흥미로운 시도이기는 하지만 응용분과 연구자들이 사용하기에는 아직까지 까다롭고 복잡한 프로그래밍을 요구한다는 점에서 조금 더 시간을 두고 지켜보아야 할 영역이 아닐까 생각합니다.

3 성향점수분석 기법과 다층모형

일반적인 성향점수분석 기법의 경우 원인처치 배치과정이 발생하는 수준이 '개인수준(individual-level)'에 한정된다고 가정합니다. 그러나 상황에 따라 원인처치 배치과정은 개인수준(level-1)을 넘어 집단수준(level-2)에서 나타날 수도 있습니다. 특히 사회과학 분과에서 진행되는 준-실험연구(quasi-experiment study) 혹은 자연실험연구(natural experiment study)의 경우 원인처치 배치가 개인수준이 아닌 집단수준에서 발생하는 경우도 적지 않습니다. 집단 내 개인들이 배속된 형태의 데이터를 '군집형 데이터(clustered data)'라고 부릅니다. 그리고 비록 원인처치 배치가 개인수준에서 나타난다고 하더라도, 공변량들 혹은 결과변수가 집단수준인 경우도 존재합니다. 또한 집단수준을 가정하지 않아도, 동일한 개인이 여러 시점에 걸쳐 반복적으로 측정된 경우 역시 시간수준(level-1)과 개인수준(level-2)으로 구분됩니다. 예를 들어 작년에는 원인처치에 배치되지 않은(즉, 통제집단으로 배치된) 사례라도 올해에는 원인처치에 배치될(즉, 처치집단으로 배치될) 수 있습니다.

이렇듯 시간에 따라 원인처치 배치 상태가 달라지는 '시계열 데이터(longitudinal data)'의 경우도 역시 본서에서 소개한 통상적인 성향점수분석 기법을 사용하기가 쉽지 않습니다.

이와 같은 '군집형 데이터' 혹은 '시계열 데이터'에 적용할 수 있는 분석기법들 중 가장 널리 알려진 기법은 다층모형(multi-level modeling)입니다(백영민, 2018b; Raudenbush & Bryk, 2012). 그리고 최근 다층모형 맥락에서 성향점수분석 기법을 적용한 연구들이 속속 출간되고 있습니다(Bryer & Pruzek, 2011; Leite et al., 2015; Li et al., 2013; Yang, 2018).

다층모형 맥락에서 적용할 수 있는 성향점수분석 기법은 '성향점수가중(propensity score weighting) 기법'입니다. 앞서 말씀드렸듯 군집형 데이터는 개인(혹은 개별사례)들이 집단수준에 따라 군집화(clustered)되어 있는, 혹은 여러 시점별 관측치가 개인수준에 따라 군집화되어 있는 형태입니다. 즉 각 군집별로 처치효과가 다르게 나타날 가능성이 있으며, ATT와 같은 처치효과를 추정할 때 이러한 '군집'을 감안해야 합니다. 다층모형 맥락에 적용된 성향점수분석 기법의 핵심 아이디어는 성향점수를 추정할 때 각 군집별로 성향점수(propensity scores within clusters)를 추정한 후, 각 군집 내 처치효과를 추정(treatment effects within clusters)한 후에 이를 통합하는 것입니다. 물론 각 군집 내 처치효과를 통합할 때는 군집형 데이터의 특성에 맞게 조정효과를 거칩니다.

다층모형 맥락에서의 성향점수분석 기법 적용의 실제 과정에 대해서는 라이트(Leite, 2017, Chapters 9, 10)를 참조하시기 바랍니다. 라이트(Leite, 2017)의 방법이 번거롭고 복잡하다고 느끼시는 분이라면 최근 군집화 데이터에 성향점수분석 기법을 쉽게 적용할 수 있는 R 패키지인 multilevelPSA(version 1.2.5, 2018)를 시도해보시는 것도 좋을 듯합니다 (Bryer & Pruzek, 2011 참조).

백영민 (2016). 《R를 이용한 사회과학데이터 분석: 응용편》. 서울: 커뮤니케이션북스.

백영민 (2017). 《R를 이용한 사회과학데이터 분석: 구조방정식모형 분석》. 서울: 커뮤니케이션북스.

백영민 (2018a). 《R 기반 데이터과학: tidyverse 접근》. 서울: 한나래.

백영민 (2018b). 《R을 이용한 다층모형》. 서울: 한나래.

백영민 (2019). 《R 기반 제한적 종속변수 대상 회귀모형》. 서울: 한나래.

Allison, P. D. (2001). *Missing data*. Thousands Oaks, CA: Sage.

Angrist, J. D., Imbens, G. W., & Rubin, D. B. (1996). Identification of causal effects using instrumental variables. *Journal of the American Statistical Association*, 91(434), pp. 444–455.

Austin, P. C. (2019). Assessing covariate balance when using the generalized propensity score with quantitative or continuous exposures. *Statistical Methods in Medical Research*, 28(5), pp. 1365–1377.

Austin, P. C., Jembere, N., & Chiu, M. (2018). Propensity score matching and complex surveys. *Statistical methods in medical research*, 27(4), pp. 1240–1257.

Austin, P. C., & Mamdani, M. M. (2006). A comparison of propensity score methods: a case–study estimating the effectiveness of post–AMI statin use. *Statistics in Medicine*, 25(12), pp. 2084–2106.

Barnow, B. S. (1980). *Issues in the Analysis of Selectivity Bias. Discussion Papers. Revised*. Wisconsin Univervisty, Madison. Available at https://eric.ed.gov/?id=ED202979

Berk, R. A. (2004). *Regression analysis: A constructive critique*. Thousands Oaks, CA: Sage.

Blackwell, M. (2014). A selection bias approach to sensitivity analysis for causal effects. *Political Analysis*, 22(2), pp. 169–182.

Bryer, J. M., & Pruzek, R. M. (2011). An international comparison of private and public schools using multilevel propensity score methods and graphics. *Multivariate Behavioral Research*, 46(6), pp. 1010–1011.

Brookhart, M. A., Schneeweiss, S., Rothman, K. J., Glynn, R. J., Avorn, J., & Stürmer, T. (2006). Variable selection for propensity score models. *American Journal of Epidemiology*, 163(12), pp. 1149–1156.

Carnegie, N. B., Harada, M., & Hill, J. L. (2016). Assessing sensitivity to unmeasured confounding using a simulated potential confounder. *Journal of Research on Educational Effectiveness*, 9(3), pp. 395–420.

Dawid, A. P. (2000). Causal inference without counterfactuals. *Journal of the American Statistical Association*, 95(450), pp. 407–424.

Dehejia, R. H., & Wahba, S. (1999). Causal effects in nonexperimental studies: Reevaluating the evaluation of training programs. *Journal of the American Statistical Association*, 94(448), pp. 1053–1062.

Diamond, A., & Sekhon, J. S. (2013). Genetic matching for estimating causal effects: A general multivariate matching method for achieving balance in observational studies. *Review of Economics and Statistics*, 95(3), pp. 932–945.

Enders, C. K. (2010). *Applied missing data analysis*. New York: Guilford press.

Frank, K. (2000). Impact of a Confounding Variable on the Inference of a Regression Coefficient. *Sociological Methods and Research*, 29(2), pp. 147–194.

Frank, K. A., Maroulis, S., Duong, M., & Kelcey, B. (2013). What would it take to change an inference?: Using Rubin's causal model to interpret the robustness of causal inferences. Education, *Evaluation and Policy Analysis*. 35(4), pp. 437–460.

Freedman, D. A. (1991). Statistical models and shoe leather. *Sociological Methodology*, 21, pp. 291–313.

Freedman, D. (1997). From association to causation via regression. *Advances in Applied Mathematics*, 18(1), pp. 59–110.

Gu, X. S., & Rosenbaum, P. R. (1993). Comparison of multivariate matching methods: Structures, distances, and algorithms. *Journal of Computational and Graphical Statistics*, 2(4), pp. 405–420.

Guo, S., & Fraser, M. W. (2014). *Propensity score analysis: Statistical methods and applications*. Thousands Oaks, CA: SAGE publications.

Hansen, B. B. and Klopfer, S.O. (2006), Optimal full matching and related designs via network flows. *Journal of Computational and Graphical Statistics*, 15(3), pp. 609–627.

Hirano, K., & Imbens, G. (2004). The propensity score with continuous treatments. In Gelman, A. & Meng, X–L. (Eds.), *Applied Bayesian modeling and causal inference from incomplete-data perspectives* (pp. 73–84). New York: Wiley.

Ho, D., Imai, K., King, G., & Stuart, E. A. (2011). MatchIt: Nonparametric preprocessing for parametric causal inference. *Journal of Statistical Software* 42(8). http://www.jstatsoft.org/v42/i08

Ho, D. E., Imai, K., King, G., & Stuart, E. A. (2007). Matching as nonparametric preprocessing for reducing model dependence in parametric causal inference. *Political analysis*, 15(3), pp. 199–236.

Holland, P. W. (1986). Statistics and causal inference. *Journal of the American Statistical Association*, 81(396), pp. 945–960.

Iacus, S. M., King, G., & Porro, G. (2012). Causal inference without balance checking: Coarsened exact matching. *Political analysis*, 20(1), pp. 1–24.

Imai, K. (2005). Do get–out–the–vote calls reduce turnout? The importance of statistical methods for field experiments. *American Political Science Review*, 99(2), pp. 283–300.

Imai, K., King, G., & Stuart, E. A. (2008). Misunderstandings between experimentalists and observationalists about causal inference. *Journal of the Royal Statistical Society: Series A (Statistics in Society)*, 171(2), pp. 481–502.

Imai, K., & Van Dyk, D. A. (2004). Causal inference with general treatment regimes: Generalizing the propensity score. *Journal of the American Statistical Association*, 99(467), pp. 854–866.

Jakubowski, M. (2015). Latent variables and propensity score matching: a simulation study with application to data from the Programme for International Student Assessment in Poland. *Empirical Economics*, 48(3), pp. 1287–1325.

Jann, B. (2017). *Why propensity scores should be used for matching*. 2017 German Stata Users Group Meeting. https://boris.unibe.ch/101593/1/kmatch–berlin–2017.pdf

King, G., Lucas, C., & Nielsen, R. A. (2017). The balance–sample size frontier in matching methods for causal inference. *American Journal of Political Science*, 61(2), pp. 473–489.

King, G., & Nielsen, R. (2019). Why Propensity Scores Should Not Be Used for Matching. *Political Analysis*, pp. 1–20. doi:10.1017/pan.2019.11

King, G., Nielsen, R., Coberley, C., Pope, J. E., & Wells, A. (2011). Comparative effectiveness of matching methods for causal inference. Unpublished manuscript, https://gking.harvard.edu/publications/comparative–effectiveness–matching–methods–causal–inference

King, G., & Zeng, L. (2007). When can history be our guide? The pitfalls of counterfactual inference. *International Studies Quarterly*, 51(1), pp. 183–210.

Lang, K. M., & Little, T. D. (2018). Principled missing data treatments. *Prevention Science*, 19(3), pp. 284–294.

Lechner, M. (1999). Earnings and employment effects of continuous gff–the–job training in east germany after unification. *Journal of Business & Economic Statistics*, 17(1), pp. 74–90.

Lechner, M. (2002). Program heterogeneity and propensity score matching: An application to the evaluation of active labor market policies. *Review of Economics and Statistics*, 84(2), pp. 205–220.

Lee, E. S., & Forthofer, R. N. (2006). *Analyzing complex survey data*. Thousands Oaks, CA: Sage Publications.

Leite, W. (2017). *Practical propensity score methods using R*. Thousands Oaks, CA: Sage Publications.

Leite, W. L., Jimenez, F., Kaya, Y., Stapleton, L. M., MacInnes, J. W., & Sandbach, R. (2015). An evaluation of weighting methods based on propensity scores to reduce selection bias in multilevel observational studies. *Multivariate Behavioral Research*, 50(3), pp. 265–284.

Leite, W. L., Stapleton, L. M., & Bettini, E. F. (2019). Propensity score analysis of complex survey data with structural equation modeling: A tutorial with Mplus. *Structural Equation Modeling: A Multidisciplinary Journal*, 26(3), pp. 448–469.

Leite, W. L., Svinicki, M., & Shi, Y. (2010). Attempted validation of the scores of the VARK: Learning styles inventory with multitrait–multimethod confirmatory factor analysis models. *Educational and Psychological Measurement*, 70(2), pp. 323–339.

Li, M. (2013). Using the propensity score method to estimate causal effects: A review and practical guide. *Organizational Research Methods*, 16(2), pp. 188–226.

Li, F., Zaslavsky, A. M., & Landrum, M. B. (2013). Propensity score weighting with multilevel data. *Statistics in Medicine*, 32(19), pp. 3373–3387.

Little, R. J., & Rubin, D. B. (2019). *Statistical analysis with missing data*. New York: John Wiley & Sons.

McCaffrey, D. F., Ridgeway, G., & Morral, A. R. (2004). Propensity score estimation with boosted regression for evaluating causal effects in observational studies. *Psychological Methods*, 9(4), pp. 403–425.

McCaffrey, D. F., Griffin, B. A., Almirall, D., Slaughter, M. E., Ramchand, R., & Burgette, L. F. (2013). A tutorial on propensity score estimation for multiple treatments using generalized boosted models. *Statistics in Medicine*, 32(19), pp. 3388–3414.

Morgan, S. L. (2001). Counterfactuals, causal effect heterogeneity, and the Catholic school effect on learning. *Sociology of Education*, 74(4), pp. 341–374.

Morgan, S. L., & Winship, C. (2015). *Counterfactuals and causal inference: Methods and principles for social research*. Cambridge University Press.

Pearl, J. (2000). *Causality: Models, reasoning and inference*. Cambridge, MA: MIT press.

Pearl, J., & Mackenzie, D. (2018). *The book of why: The new science of cause and effect*. New York: Basic Books.

Raudenbush, S. W. & Bryk, A. S. (2012). *Hierarchical linear models: Applications and data analysis methods*. Thousands Oaks, CA: Sage Publication.

Ridgeway, G., McCaffrey, D., Morral, A., Burgette, L. & Griffin, B. A. (2020). Toolkit for weighting and analysis of nonequivalent groups: A tutorial for the twang package. [twang 패키지 사용설명서] https://cran.r-project.org/web/packages/twang/vignettes/twang.pdf

Robins, J. M., Hernan, M. A., & Brumback, B. (2000). Marginal structural models and causal inference in epidemiology. *Epidemology*, 11(5), pp. 550-560.

Rogosa, D. (1987). Casual models do not support scientific conclusions: A comment in support of Freedman. *Journal of Educational Statistics*, 12(2), pp. 185-195.

Roese, N. J. (1997). Counterfactual thinking. *Psychological bulletin*, 121(1), pp. 133-148.

Rosenbaum, P. R. (1989). Optimal matching for observational studies. *Journal of the American Statistical Association*, 84(408), pp. 1024-1032.

Rosenbaum, P. R. (1991). A characterization of optimal designs for observational studies. *Journal of the Royal Statistical Society: Series B (Methodological)*, 53(3), pp. 597-610.

Rosenbaum, P.R. (2002). *Observational studies*. New York: Springer.

Rosenbaum, P. R. (2005). Heterogeneity and causality: Unit heterogeneity and design sensitivity in observational studies. *The American Statistician*, 59(2), pp. 147-152.

Rosenbaum, P. R. (2007) Sensitivity analysis for m-estimates, tests and confidence intervals in matched observational studies. *Biometrics*, 63(2), pp. 456-464.

Rosenbaum, P. R. (2015). Two R packages for sensitivity analysis in observational studies. *Observational Studies*, 1(1), pp. 1-17.

Rosenbaum, P. R. (2017). *Observation and experiment*. Cambridge, MA: Harvard University Press.

Rosenbaum, P. R., & Rubin, D. B. (1983). The central role of the propensity score in observational studies for causal effects. *Biometrika*, 70(1), pp. 41-55.

Rosenbaum, P. R., & Rubin, D. B. (1985). The bias due to incomplete matching. *Biometrics*, 41(1), pp. 103-116.

Rubin, D.B. (1987) *Multiple Imputation for nonresponse in surveys*. New York: J. Wiley & Sons.

Rubin, D. B. (2001). Using propensity scores to help design observational studies: Application to the tobacco litigation. *Health Services & Outcomes Research Methodology*, 2. pp. 169-188.

Rubin, D. B. (2001). Causal inference using potential outcomes: Design, modeling, decisions. *Journal of the American Statistical Association*, 100(469). pp. 322-331.

Schutt, R. K. (2018). *Investigating the social world: The process and practice of research*. Thousands Oaks, CA: Sage publications.

Sekhon, J. S. (2008). The Neyman–Rubin model of causal inference and estimation via matching methods. In Box–Steffensmeier, J. M., Brady, H. E., & Collier, D. (Eds.). *The Oxford Handbook of Political Methodology*, doi: 10.1093/oxford hb/9780199286546.003.0011

Shah, B. R., Laupacis, A., Hux, J. E., & Austin, P. C. (2005). Propensity score methods gave similar results to traditional regression modeling in observational studies: a systematic review. *Journal of Clinical Epidemiology*, 58(6), pp. 550–559.

Steiner, P. M., Cook, T. D., & Shadish, W. R. (2011). On the importance of reliable covariate measurement in selection bias adjustments using propensity scores. *Journal of Educational and Behavioral Statistics*, 36(2), pp. 213–236.

Stuart, E. (2010). Matching methods for causal inference: A review and a look forward. *Statistical Science*, 25(1), pp. 1–21.

Stürmer, T., Joshi, M., Glynn, R. J., Avorn, J., Rothman, K. J., & Schneeweiss, S. (2006). A review of the application of propensity score methods yielded increasing use, advantages in specific settings, but not substantially different estimates compared with conventional multivariable methods. *Journal of Clinical Epidemiology*, 59(5), pp. 437-e1~437-e.24.

Stoll, H., King, G., & Zeng, L. (2005). WhatIF: R software for evaluating counterfactuals. *Journal of Statistical Software*, 15(4). http://www.jstatsoft.org/v15/i04

Thoemmes, F. J., & Kim, E. S. (2011). A systematic review of propensity score methods in the social sciences. *Multivariate behavioral research*, 46(1), pp. 90–118.

Von Hippel, P. T. (2007). 4. Regression with missing Ys: An improved strategy for analyzing multiply imputed data. *Sociological Methodology*, 37(1), pp. 83–117.

Williamson, E., Morley, R., Lucas, A., & Carpenter, J. (2012). Propensity scores: from naive enthusiasm to intuitive understanding. *Statistical Methods in Medical Research*, 21(3), pp. 273–293.

Yang, S. (2018). Propensity score weighting for causal inference with clustered data. *Journal of Causal Inference*, 6(2). doi: https://doi.org/10.1515/jci-2017-0027 [Online publication]

Zhu, Y., Coffman, D. L., & Ghosh, D. (2015). A boosting algorithm for estimating generalized propensity scores with continuous treatments. *Journal of Causal Inference*, 3(1), pp. 25–40.

R (version 3.6.3)

R-Studio (version 1.2.5033)

R 패키지

- cobalt (version 4.0.0)

- Hmisc (version 4.3-1)

- MatchIt (version 3.0.2)

- nnet (version 7.3-13)

- sensitivityfull (version 1.5.6)

- sensitivitymw (version 1.1)

- tidyverse (version 1.3.0)

- treatSens (version 3.0)

- Zelig (version 5.1.6.1)

본서에서는 `tidyverse`, `Zelig`, `nnet`, `Hmisc`, `MatchIt`, `cobalt`, `sensitivitymw`, `sensitivityfull`, `treatSens` 9개 패키지를 이용해 성향점수분석 기법을 실습하였습니다. 그중에서도 `MatchIt` 패키지는 성향점수분석 작업에 핵심적인 역할을 하는 패키지입니다. 이 별첨 자료에서는 본서를 서술하던 시점(2020년 4월) 이후 `MatchIt` 패키지에서 업데이트된 내용에 대해 소개해드리겠습니다(2020년 12월 기준).

- 본서에서 사용한 버전정보: `MatchIt`(version 3.0.2)
- 가장 최신의 버전정보(2020년 12월 25일 기준): `MatchIt`(version 4.1.0)

먼저 `MatchIt` 패키지는 크게 두 가지가 바뀌었습니다. 첫째, `matchit()` 함수에서 distance 옵션을 지정하는 방식이 변경되었습니다. 기존 3.0.2 버전에서는 선형로짓 형태의 성향점수를 추정하는 경우 `distance="linear.logit"`을, 추정확률 형태의 성향점수를 추정하는 경우 `distance="logit"`을 투입하였습니다. 한편 업데이트된 4.1.0 버전에서는 distance 옵션과 더불어 링크함수인 link 옵션을 지정해주는 방식을 권장합니다. 예를 들어, 추정확률 형태의 성향점수를 추정하는 경우는 다음과 같습니다(밑줄 그은 부분이 변경된 부분입니다).

```
matchit(formula, data, distance="glm", link="logit", method, replace)
```

즉 일반화선형모형(`distance="glm"`)을 기반으로 성향점수를 추정하되, 링크함수는 로짓(logit) 함수(`link="logit"`)를 이용한다는 점을 명시합니다. 이때 link 옵션에서 `linear.` 표현을 추가하면 선형화된(linearized) 성향점수를 사용할 수 있습니다. 즉 선형로짓 형태의 성향점수를 추정하고자 한다면 위 공식에서 `link="linear.logit"`으로 변경해주시면 됩니다.

둘째, summary() 함수에서 분산비 통계치를 제공합니다. 구체적으로 업데이트 이전에는 '처치집단과 통제집단 간 표준화시킨 공변량 및 성향점수의 평균차이' 통계치는 제공하였으나, '처치집단과 통제집단 간 표준화시킨 공변량 및 성향점수의 분산비' 통계치는 제공하지 않았습니다. 이에 본서에서는 cobalt 패키지(version 4.0.0)를 활용해 분산비를 포함한 공변량 균형성을 점검한 바 있습니다. 반면 업데이트된 MatchIt 패키지에서는 분산비를 포함해 empirical CDF 등 추가적인 통계치를 제공하며, 시각화 함수들 역시 보강되었습니다. cobalt 패키지(version 4.2.4), 그리고 업데이트된 MatchIt 패키지의 부속함수들을 이용하면 더욱 쉽고 편리하게 공변량 균형성을 확인하실 수 있을 것 같습니다.

이처럼 패키지 업데이트가 이루어졌기에 동일한 코드 및 시드 넘버(seed number)를 설정하더라도 본서에 제시된 것과 다른 결과를 얻을 수 있습니다. 따라서 본서에 제시된 것과 동일한 매칭결과를 얻고자 하신다면, 3.0.2 버전의 MatchIt 패키지를 이용해주시길 바랍니다. CRAN의 아카이브(archive)를 방문하여 구버전의 패키지를 수동으로 설치하는 방법에 대해서는 1부 3장에서 설명한 바 있습니다.

참고로 Zelig 패키지(version 5.1.6.1)는 2020년 4월에는 CRAN 목록에서 제외되어 수동으로 설치해야 했지만, 2020년 12월 기준 5.1.7 버전으로 CRAN에 등재되었습니다. 따라서 install.packages() 함수를 이용하는 방식으로 간편하게 가장 최신의 Zelig 패키지(version 5.1.7)를 설치하실 수 있습니다.

성향점수분석을 비롯한 인과적 추론(causal inference) 기법들은 현재 활발하게 연구가 진행되고 있습니다. 따라서 독자분들께서 본서를 보는 시점에서 상당수 패키지에 크고 작은 업데이트가 적용되었을 듯합니다. 하지만 성향점수분석의 핵심 아이디어는 변하지 않습니다. 본서에서 소개한 주요 개념들과 진행 절차를 잘 이해하셨다면, 끊임없이 변화하고 있는 분석환경에서도 무리 없이 성향점수분석을 실시하실 수 있을 것으로 기대합니다.

주제어 찾아보기

R 함수 찾아보기